Key Point & Seminar ❶

Key Point & Seminar
工学基礎 線形代数

矢嶋 徹・及川正行　共著

サイエンス社

サイエンス社のホームページのご案内
http://www.saiensu.co.jp
ご意見・ご要望は　rikei@saiensu.co.jp　まで.

まえがき

この本は，大学で学ぶ線形代数のテキスト・演習書で，主として初めて線形代数を学ぶ大学初年級の学生を対象としている．内容は，授業で学んだ事項の自力での復習のほか，他の理工系諸分野で線形代数の知識が要求されるときに，関連事項の学習に使えることをも目的としている．

線形代数は，微積分とともに，理工系の学生が必ず学ぶ教科である．その内容は，連立１次方程式の解法などのように，きわめて実用的なものが多い．と同時に，理工学における他の分野の問題や結果を，線形代数の概念を通じて解決を図ったり解釈したりするなど，現代科学の基礎をなす理論としての側面も重要である．したがって，線形代数の知識・計算技術のみならず，そのもとになっている思考を身につけることは，理工学の学問に接する者にとっては必須の素養と言えるだろう．

さて，線形代数で要求される計算技術自体はそれほど難しいものではなく，初歩的な問題ならば，四則演算さえ正確に行えば解くことはできる．また，解析学における極限値の計算などに見られるような，手の込んだテクニックが必要になることは，発展的な問題においてもあまりない．しかし，これは線形代数という分野の内容が易しいものであることを意味しない．

線形代数の困難さには，大きく分けて２つの側面がある．１つは行列の積，行列式などの演算規則の独特さや，それに起因する計算量の多さという技術的なもの，もう１つは，線形代数の話題を発展させたり応用したりする際の抽象的な議論の展開や，その意外性などの理論的なものである．しかも，これらは独立したものではなく，表裏一体のものであり，それらに均等に気を配らなければ，なかなか学習の効果があがらない．

このような難しさは，ノルマをこなすような感覚で漫然と演習問題を解くだけでは，どれほど多くの問題を解いたとしても克服できないだろう．たとえば，計算規則の習得のためならば，計算練習の問題を数多く解けばよい．しかし，学習が進み，新しい概念に接したり，理論的な話題を学ぶ段階に到ったときには，問題の意味を考えながら学ぶと同時に，以前の学習内容や計算練習の段階の問題を振り返り，その背景や意義を考察することが必要となる．このように，目的意識をもって学習内容にメリハリをつけ，いろいろな事項の相互関係を考えながら学ぶこと，厳選した問題をいろいろな方角から眺めて「手垢のつくまで扱ってみる」ことは，時間に追われる者にとっては一見無駄にも思えるような遠回りな道であるが，線形代数を学ぶ際の困難さを解決する１つの手段ではないだろうか．また，このような態度は他の教科を学ぶ際にも役立つものであると思う．本書がこのような学習の一助となれば，筆者としてこの上ない喜びである．

本書は，最初はマイベルク・ファヘンアウア著「工科系の数学」シリーズの教科書（邦訳：高見・薩摩・及川，サイエンス社）に準拠するものとして企画されたものであるが，諸般の事情によって独立したシリーズとして刊行されることになった．このため，章や節の構成や内容の選択などには，「工科系の数学」の特徴がかなり反映されている．特に，「工科系の数学」シリーズには，工学上の諸問題に現れる興味深い応用問題が数多く取り上げられているため，本書もそれにならって，工学への応用に関する問題を可能な限り収録するようにした．しかしながら，「工科系の数学」は全編で膨大な量のシリーズの教科書で，多岐にわたる話題が各所に配置されているため，完全に準拠した演習書にまとめるには難しい点もあった．それを補うため，日本で標準的と思われる内容のうち，特に理工系の応用に重要なものを，新しく章を設けて取り上げることとした．これが「工科系の数学」の特色を薄めることになっていないことを願うばかりである．

末筆ながら，本書の原稿を通読していろいろと有益なご意見や，誤りの修正をして頂いた，宇治野秀晃・遠藤博の両先生に厚くお礼申し上げる．また，サイエンス社編集部の田島伸彦・足立豊の両氏には，たび重なる執筆作業の遅れを辛抱強く激励し，原稿に対して多くのご提案とご意見を頂いた．ここに，心より深く感謝を表したい．

平成 16 年 9 月

矢嶋　徹
及川正行

目　　次

1 行　列

1.1 行列の定義と加法・減法

行列の定義　α_{ij} $(i = 1, 2, \ldots, m,\ j = 1, 2, \ldots, n)$ を実数[*1] として，次のような m 行 n 列の長方形の数の配列を，$m \times n$ 型の**行列**または $m \times n$ 行列という．

$$A = \begin{bmatrix} \alpha_{11} & \alpha_{12} & \cdots & \alpha_{1n} \\ \alpha_{21} & \alpha_{22} & \cdots & \alpha_{2n} \\ \vdots & \vdots & \ddots & \vdots \\ \alpha_{m1} & \alpha_{m2} & \cdots & \alpha_{mn} \end{bmatrix} \tag{1.1a}$$

α_{ij} は行列 A の**成分**または**要素**と呼び，式 (1.1a) を次のように書くこともある

$$A = \left[\alpha_{ij}\right]_{m \times n} \quad \text{または} \quad A = \left[\alpha_{ij}\right] \quad \text{（行数・列数が明らかなとき）} \tag{1.1b}$$

行の数と列の数が等しく m である行列を m 次**正方行列**という．

行ベクトル・列ベクトル　次のような $m \times 1$ 行列 $\boldsymbol{s}$ を**列ベクトル**，$1 \times n$ 行列 $\boldsymbol{z}^{\mathrm{T}}$ を**行ベクトル**[*2] と呼ぶ．

$$\boldsymbol{s} = \begin{bmatrix} \alpha_1 \\ \alpha_2 \\ \vdots \\ \alpha_m \end{bmatrix} = \left[\alpha_i\right]_{m \times 1}, \quad \boldsymbol{z}^{\mathrm{T}} = \left[\alpha_1\ \alpha_2\ \cdots\ \alpha_n\right] = \left[\alpha_i\right]_{1 \times n} \tag{1.2}$$

行列の行表現と列表現　$m \times n$ 行列は，次のような**行表現**や**列表現**が可能である．

$$\text{行表現：} A = \begin{bmatrix} \boldsymbol{z}_1^{\mathrm{T}} \\ \boldsymbol{z}_2^{\mathrm{T}} \\ \vdots \\ \boldsymbol{z}_m^{\mathrm{T}} \end{bmatrix}, \quad \boldsymbol{z}_i^{\mathrm{T}} := \left[\alpha_{i1}\ \alpha_{i2}\ \cdots\ \alpha_{in}\right] \quad (i = 1, 2, \ldots, m)$$

[*1] 通常，実数全体を $\mathbb{R}$ と表し，α が実数であることを $\alpha \in \mathbb{R}$ と書く．

[*2] 記号 $\boldsymbol{z}^{\mathrm{T}}$ における，肩の記号「T」に関しては，第 2.3 節を参照．

$$\text{列表現：}\quad A = \begin{bmatrix} \boldsymbol{s}_1 & \boldsymbol{s}_2 & \cdots & \boldsymbol{s}_n \end{bmatrix}, \quad \boldsymbol{s}_j := \begin{bmatrix} \alpha_{1j} \\ \alpha_{2j} \\ \vdots \\ \alpha_{mj} \end{bmatrix} \qquad (j = 1, 2, \ldots, n)$$

行列の集合を表す記号　実数全体を $\mathbb{R}$ と表すことに対応して，実数を成分にもつ行列，列ベクトル，行ベクトルの集合を，それぞれ次のように表す．

$m \times n$ 行列全体		：	$\mathbb{R}^{m\times n}$
m 成分の列ベクトル全体	$(\mathbb{R}^{m\times 1})$	：	$\mathbb{R}^m$
n 成分の行ベクトル全体	$(\mathbb{R}^{1\times n})$	：	$\mathbb{R}_n$

行列の相等　行列 $A = \begin{bmatrix} \alpha_{ij} \end{bmatrix}$ と $B = \begin{bmatrix} \beta_{ij} \end{bmatrix}$ が，同じ型であり，かつ同じ位置にある成分がすべて一致する場合，両者は**等しい**といい，$A = B$ と表す．すなわち，次が 2 つとも成り立つ場合である．

1. A と B はともに同じ $m \times n$ 型である
2. $\alpha_{ij} = \beta_{ij}$ がすべての i, j $(1 \leqq i \leqq m, 1 \leqq j \leqq n)$ で成り立つ

型が異なる行列は，部分的に等しい成分があっても等しい行列であるとはいえない．

零行列と零ベクトル　すべての成分が 0 の行列を**零行列**といい，同様にすべての成分が 0 のベクトルを**零ベクトル**という．

$$O := \begin{bmatrix} 0 & 0 & \cdots & 0 \\ 0 & 0 & \cdots & 0 \\ \vdots & \vdots & \ddots & \vdots \\ 0 & 0 & \cdots & 0 \end{bmatrix}, \quad \mathbf{0} := \begin{bmatrix} 0 \\ 0 \\ \vdots \\ 0 \end{bmatrix}, \quad \mathbf{0} := \begin{bmatrix} 0 & 0 & \cdots & 0 \end{bmatrix} \tag{1.3}$$

行列の和　2 つの行列 A, B（列ベクトルや行ベクトルを特別の場合として含む）：

$$A = \begin{bmatrix} \alpha_{11} & \alpha_{12} & \cdots & \alpha_{1n} \\ \alpha_{21} & \alpha_{22} & \cdots & \alpha_{2n} \\ \vdots & \vdots & \ddots & \vdots \\ \alpha_{m1} & \alpha_{m2} & \cdots & \alpha_{mn} \end{bmatrix}, \quad B = \begin{bmatrix} \beta_{11} & \beta_{12} & \cdots & \beta_{1n} \\ \beta_{21} & \beta_{22} & \cdots & \beta_{2n} \\ \vdots & \vdots & \ddots & \vdots \\ \beta_{m1} & \beta_{m2} & \cdots & \beta_{mn} \end{bmatrix} \tag{1.4a}$$

の**和** $A+B$ は，両者が同じ $m \times n$ 型の場合にのみ定義され，

$$A+B := \begin{bmatrix} \alpha_{11}+\beta_{11} & \alpha_{12}+\beta_{12} & \cdots & \alpha_{1n}+\beta_{1n} \\ \alpha_{21}+\beta_{21} & \alpha_{22}+\beta_{22} & \cdots & \alpha_{2n}+\beta_{2n} \\ \vdots & \vdots & \ddots & \vdots \\ \alpha_{m1}+\beta_{m1} & \alpha_{m2}+\beta_{m2} & \cdots & \alpha_{mn}+\beta_{mn} \end{bmatrix} \tag{1.4b}$$

となる．A, B の型が異なる場合は，$A+B$ は定義されない．

行列の実数倍　λ を実数として，A の**実数倍** λA は次式で定義される．

$$\lambda A := \begin{bmatrix} \lambda\alpha_{11} & \lambda\alpha_{12} & \cdots & \lambda\alpha_{1n} \\ \lambda\alpha_{21} & \lambda\alpha_{22} & \cdots & \lambda\alpha_{2n} \\ \vdots & \vdots & \ddots & \vdots \\ \lambda\alpha_{m1} & \lambda\alpha_{m2} & \cdots & \lambda\alpha_{mn} \end{bmatrix} \tag{1.4c}$$

行列の差　$m \times n$ 行列 A について，$-A := (-1)A$ と定義し，また

$$A - B := A + (-B) \tag{1.4d}$$

によって行列の**差**を定義する[*3]．

計算規則　行列の和・差・実数倍について，次の計算規則が成り立つ．

$A, B, C \in \mathbb{R}^{m\times n}$，$O$ は $\mathbb{R}^{m\times n}$ の零行列，$\lambda, \mu \in \mathbb{R}$ として，

1. $A+B = B+A$
2. $(A+B)+C = A+(B+C)$
3. $A+O = A$
4. $A+(-A) = O$
5. $(\lambda\mu)A = \lambda(\mu A)$
6. $1A = A$
7. $(\lambda+\mu)A = \lambda A + \mu A$
8. $\lambda(A+B) = \lambda A + \lambda B$

(1.5)

[*3] すなわち，$A := [a_{ij}]$, $B := [b_{ij}]$ として $A - B := [a_{ij} - b_{ij}]$ と定めていることになる．これによって，$A - A = O$ が成り立つ．

自然基底 列ベクトル $\boldsymbol{e}_i$ $(1 \leqq i \leqq m)$ を，i 番目の成分が 1，それ以外の成分が 0 であるものとする．すなわち，

$$\boldsymbol{e}_1 := \begin{bmatrix} 1 \\ 0 \\ 0 \\ \vdots \\ 0 \end{bmatrix}, \boldsymbol{e}_2 := \begin{bmatrix} 0 \\ 1 \\ 0 \\ \vdots \\ 0 \end{bmatrix}, \ldots, \boldsymbol{e}_i := \begin{bmatrix} 0 \\ \vdots \\ 1 \\ 0 \\ \vdots \end{bmatrix} \leftarrow i \text{ 番目}, \ldots, \boldsymbol{e}_m := \begin{bmatrix} 0 \\ 0 \\ \vdots \\ 0 \\ 1 \end{bmatrix} \tag{1.6a}$$

とする．これらのベクトルの集合 $\{\boldsymbol{e}_1, \ldots, \boldsymbol{e}_m\}$ を，$\mathbb{R}^m$ の**自然基底**という．任意の列ベクトル $\boldsymbol{a} \in \mathbb{R}^m$ は，自然基底を用いて次のように一意的に表現することができる．

$$\boldsymbol{a} = \begin{bmatrix} \alpha_1 \\ \alpha_2 \\ \vdots \\ \alpha_m \end{bmatrix} = \alpha_1 \boldsymbol{e}_1 + \alpha_2 \boldsymbol{e}_2 + \cdots + \alpha_m \boldsymbol{e}_m = \sum_{i=1}^{m} \alpha_i \boldsymbol{e}_i \tag{1.6b}$$

$\mathbb{R}_n$ の行ベクトルについても同様に，次のベクトルが自然基底をなし，任意の行ベクトルは自然基底を用いて一意的に表現することができる．

$$\boldsymbol{e}'_j := \begin{bmatrix} 0 & \cdots & 0 & 1 & 0 & \cdots & 0 \end{bmatrix} \quad (1 \leqq j \leqq n) \tag{1.6c}$$
$$\uparrow j \text{ 番目}$$

$$\boldsymbol{b}^{\mathrm{T}} = [\beta_1 \ \beta_2 \ \cdots \ \beta_n] = \sum_{j=1}^{n} \beta_j \boldsymbol{e}'_j \tag{1.6d}$$

零行列・零ベクトルなど

$A + B = A$ をみたす行列 B は零行列に限る．また，$A + C = O$ をみたす行列 C は $-A$ に限る．O, $-A$ は，これらの関係式によって特徴づけられるものと考えてよい．列ベクトルや行ベクトルの場合の $\mathbf{0}$ や $-\boldsymbol{a}$ も同じである．

$\mathbf{0}$ や O は，「零ベクトル」「零行列」のように，同じようないい方で呼んでいる．しかし，$-\boldsymbol{a}$ を $\boldsymbol{a}$ の「逆ベクトル」ということはあるが（第 3.1 節），行列 A に対して $-A$ は「逆行列」とはいわない（第 2.4 節）ことに注意したい．

計算上は，本文中にもあるように，列ベクトルや行ベクトルは行列の特別な場合と考えて差し支えない．

例題 1.1 **行列の相等**

次の等式が成り立つかどうか，成り立つならばどのような場合に成り立つかを調べよ．ただし，a, b, c, α, β は実数とする．

(a) $\begin{bmatrix} 1 & 1 \\ -1 & 1 \end{bmatrix} = \begin{bmatrix} 1 & 1 & 0 \\ -1 & 1 & 0 \end{bmatrix}$ (b) $\begin{bmatrix} a & b \\ 1 & a \end{bmatrix} = \alpha \begin{bmatrix} \beta & 2 \\ 1 & -\beta \end{bmatrix}$

(c) $\begin{bmatrix} 1 & \alpha \\ \beta & -1 \end{bmatrix} = \begin{bmatrix} a & b \\ b & -a \end{bmatrix} + \begin{bmatrix} 0 & c \\ -c & 0 \end{bmatrix}$

【解 答】

(a) 行列の型が異なるので等号は成立しない．

(b) 対応する成分が等しいので，

$$a = \alpha\beta, \quad b = 2\alpha, \quad 1 = \alpha, \quad a = -\alpha\beta$$

第 2 式と第 3 式より，$\alpha = 1, b = 2$. また第 1 式と第 4 式から $a = 0$ である．したがって，$\alpha\beta = 0$ となるが，$\alpha = 1 \neq 0$ により $\beta = 0$. よって

$$a = 0, \quad b = 2, \quad \alpha = 1, \quad \beta = 0$$

(c) 対応する成分を等置すると，

$$1 = a, \quad \alpha = b + c, \quad \beta = b - c, \quad -1 = -a$$

第 1 式と第 4 式より $a = 1$ を得る．また，第 2 式と第 3 式を b, c について解くと，$b = \dfrac{\alpha + \beta}{2}, c = \dfrac{\alpha - \beta}{2}$. よって，等号が成り立つのは，

$$a = 1, \quad b = \frac{\alpha + \beta}{2}, \quad c = \frac{\alpha - \beta}{2}$$

問 題

1.1 どのようなときに次の等式が成り立つか調べよ．a, b, c, d, λ は実数とする．

(a) $a \begin{bmatrix} 1 & b \\ c & a \end{bmatrix} = d \begin{bmatrix} 1 & 2 \\ -2 & 1 \end{bmatrix}$ (b) $\begin{bmatrix} 1 & a \\ b & -1 \end{bmatrix} + \begin{bmatrix} c & 1 \\ -1 & c \end{bmatrix} = \begin{bmatrix} 1 & -1 \\ 0 & 1 \end{bmatrix}$

(c) $\begin{bmatrix} 1 & a & b \\ c & 2 & d \end{bmatrix} + \lambda \begin{bmatrix} 1 & -1 & 1 \\ 0 & 1 & 1 \end{bmatrix} = \begin{bmatrix} 2 & 0 & 3 \\ -1 & 3 & -1 \end{bmatrix}$

例題 1.2 **行列の計算規則**

行列の和，差および実数倍の定義を用いて，次の公式を示せ．

(a) $(\lambda\mu)A = \lambda(\mu A)$ (b) $(\lambda + \mu)A = \lambda A + \mu A$

(c) $\lambda(A + B) = \lambda A + \lambda B$

【解 答】 ここでは，行列 M の第 (i, j) 成分を $M\big|_{ij}$ と書くことにする．

(a) 左辺の行列 $(\lambda\mu)A$ の第 (i, j) 成分は，A の第 (i, j) 成分に $\lambda\mu$ をかけたものであるから，$A\big|_{ij} := a_{ij}$ として

$$(\lambda\mu)A\big|_{ij} = (\lambda\mu)a_{ij} = \lambda\mu a_{ij}$$

となる．また，右辺の $\lambda(\mu A)$ は，A の μ 倍をさらに λ 倍したものであるから，その第 (i, j) 成分は

$$\lambda(\mu A)\big|_{ij} = \lambda(\mu a_{ij}) = \lambda\mu a_{ij}$$

となる．以上により，$(\lambda\mu)A = \lambda(\mu A)$ が成り立つ．

(b) $A\big|_{ij} = a_{ij}$ とすると，

$$(\lambda + \mu)A\big|_{ij} = (\lambda + \mu)a_{ij} = \lambda a_{ij} + \mu a_{ij}$$

$$(\lambda A + \mu A)\big|_{ij} = (\lambda A)\big|_{ij} + (\mu A)\big|_{ij} = \lambda a_{ij} + \mu a_{ij}$$

となる．よって，与えられた等式が成り立つ．

(c) $A\big|_{ij} = a_{ij}$, $B\big|_{ij} = b_{ij}$ とすると，$(A + B)\big|_{ij} = a_{ij} + b_{ij}$ であるから，

$$\lambda(A + B)\big|_{ij} = \lambda(a_{ij} + b_{ij}) = \lambda a_{ij} + \lambda b_{ij}$$

である．また，

$$(\lambda A + \lambda B)\big|_{ij} = (\lambda A)\big|_{ij} + (\lambda B)\big|_{ij} = \lambda a_{ij} + \lambda b_{ij}$$

となる．以上から，$\lambda(A + B) = \lambda A + \lambda B$ が成り立つ．

問 題

2.1 A を行列，O を A と同じ型の零行列，k を実数として，次の関係式を示せ．

(a) $1A = A$ (b) $0A = O$ (c) $A \neq O$ ならば，$kA = O \iff k = 0$

2.2 $A, B, C, O \in \mathbb{R}^{m \times n}$（$O$ は零行列）のとき，次を示せ（式 (1.5) 参照）．

(a) $(A + B) + C = A + (B + C)$ (b) $A + O = A$ (c) $A + (-A) = O$

1.2 連立 1 次方程式と行列

連立 1 次方程式　α_{ij}, β_i $(1 \leqq i \leqq m, 1 \leqq j \leqq n)$ を実数とし，n 個の未知数 $x_1, \ldots, x_n$ をもつ m 個の 1 次方程式からなる系

$$\begin{cases} \alpha_{11}x_1 + \alpha_{12}x_2 + \cdots + \alpha_{1n}x_n = \beta_1 \\ \alpha_{21}x_1 + \alpha_{22}x_2 + \cdots + \alpha_{2n}x_n = \beta_2 \\ \\ \alpha_{m1}x_1 + \alpha_{m2}x_2 + \cdots + \alpha_{mn}x_n = \beta_m \end{cases} \tag{1.7a}$$

を**連立 1 次方程式**という．また，α_{ij}, β_i をそれぞれ**係数**，**定数項**という．式 (1.7a) の別の表現として，行列と列ベクトルを用いて

$$\begin{bmatrix} \alpha_{11} & \alpha_{12} & \cdots & \alpha_{1n} \\ \alpha_{21} & \alpha_{22} & \cdots & \alpha_{2n} \\ \vdots & \vdots & \ddots & \vdots \\ \alpha_{m1} & \alpha_{m2} & \cdots & \alpha_{mn} \end{bmatrix} \begin{bmatrix} x_1 \\ x_2 \\ \vdots \\ x_n \end{bmatrix} = \begin{bmatrix} \beta_1 \\ \beta_2 \\ \vdots \\ \beta_m \end{bmatrix} \tag{1.7b}$$

と書くこともある．左辺の行列を**係数行列**という．係数行列を A, 左辺の列ベクトルを $\boldsymbol{x}$, 右辺の列ベクトルを $\boldsymbol{b}$ として，(1.7b) は次のようにまとめられる．

$$A\boldsymbol{x} = \boldsymbol{b} \quad (A \in \mathbb{R}^{m \times n}, \boldsymbol{x} \in \mathbb{R}^n, \boldsymbol{b} \in \mathbb{R}^m) \tag{1.7c}$$

式 (1.7b), (1.7c) は，行列の積の定義と整合する（第 2.1 節参照）．

同次方程式と非同次方程式　連立 1 次方程式 (1.7) で，

$$\boldsymbol{b} = \boldsymbol{0} \quad \text{すなわち} \quad \beta_1 = \beta_2 = \cdots = \beta_m = 0$$

のとき，(1.7) は**同次**，そうでないときは**非同次**という．

$$\begin{cases} \text{同次方程式} & : A\boldsymbol{x} = \boldsymbol{0} \\ \text{非同次方程式} & : A\boldsymbol{x} = \boldsymbol{b} \neq \boldsymbol{0} \end{cases} \tag{1.8}$$

連立 1 次方程式の解　$x_1 = c_1, x_2 = c_2, \ldots, x_n = c_n$ が式 (1.7) をみたすとき，列ベクトル $\boldsymbol{c} := \begin{bmatrix} c_i \end{bmatrix}_{n \times 1}$ を (1.7) の**解**という．

$$\boldsymbol{x} = \boldsymbol{c} \text{ が (1.7) の解} \iff A\boldsymbol{c} = \boldsymbol{b} \tag{1.9}$$

連立１次方程式の解の個数については，次の３つの可能性がある．

1. 連立１次方程式は解をもたない
2. 連立１次方程式は唯一の解をもつ
3. 連立１次方程式は無数に多くの解をもつ

ある連立１次方程式の解の全体を，その方程式の**解集合**という．

同値な方程式　２つの連立１次方程式が同じ解集合をもつとき，それらは**同値**であるという．

$$\begin{aligned} &A\boldsymbol{x}=\boldsymbol{a},\ B\boldsymbol{x}=\boldsymbol{b}\ \text{が同値} \\ &\quad\Longleftrightarrow\ S_A = S_B \quad \left(S_A := \left\{\boldsymbol{x}\middle|A\boldsymbol{x}=\boldsymbol{a}\right\},\ S_B := \left\{\boldsymbol{x}\middle|B\boldsymbol{x}=\boldsymbol{b}\right\}\right) \end{aligned}$$

２つの同値な連立方程式は，次の３種類の操作の有限回の実行で相互に移りあう．

1. 方程式のうちの２つを入れ換える
2. ある１つの方程式の両辺に０でない数をかける　(1.10)
3. ある１つの方程式の定数倍を，他の方程式に加える

これらの変換およびその組み合せによって，解集合は変化しない．

基本行変形　行列に対する次のような操作を，**基本行変形**という．

1. 行列の２つの行を入れ換える
2. 行列のある行に０でない数をかける　(1.11)
3. 行列のある行の定数倍を他の行に加える

拡大係数行列と基本行変形　係数行列と定数項を組み合わせた次のような行列 $\left[A\,\middle|\,\boldsymbol{b}\right]$ を，方程式 $A\boldsymbol{x}=\boldsymbol{b}$ の**拡大係数行列**という．

$$\left[A\,\middle|\,\boldsymbol{b}\right] := \left[\begin{array}{cccc|c} \alpha_{11} & \alpha_{12} & \cdots & \alpha_{1n} & \beta_1 \\ \alpha_{21} & \alpha_{22} & \cdots & \alpha_{2n} & \beta_2 \\ \vdots & \vdots & \ddots & \vdots & \vdots \\ \alpha_{m1} & \alpha_{m2} & \cdots & \alpha_{mn} & \beta_m \end{array}\right]$$

方程式の同値変形を与える３つの変換 (1.10) それぞれに，拡大係数行列に対する (1.11) の同じ番号の基本行変形が対応する．

例題 1.3　　**基本行変形**

次のそれぞれの場合について，A から B に移るのにどのような基本行変形を行えばよいか調べよ．

(a)　$A = \begin{bmatrix} 1 & 0 & 2 \\ 0 & 2 & 0 \\ 2 & 0 & 3 \end{bmatrix}$,　$B = \begin{bmatrix} 1 & 0 & 2 \\ 2 & 2 & 1 \\ 0 & 0 & 1 \end{bmatrix}$

(b)　$A = \left[\begin{array}{cc|c} 1 & 1 & 1 \\ 3 & 2 & 2 \end{array}\right]$,　$B = \left[\begin{array}{cc|c} 1 & 1 & 1 \\ 0 & 1 & 1 \end{array}\right]$

【解　答】

(a)　各列を順に B と同じ形にする．

(1)　第 2 行に第 3 行を加え，$\begin{bmatrix} 1 & 0 & 2 \\ 2 & 2 & 3 \\ 2 & 0 & 3 \end{bmatrix}$ を得る．

(2)　第 3 行から第 1 行の 2 倍を差し引いた後，-1 倍して $\begin{bmatrix} 1 & 0 & 2 \\ 2 & 2 & 3 \\ 0 & 0 & 1 \end{bmatrix}$ を得る．

(3)　第 2 行から第 3 行の 2 倍を差し引いて B を得る．

(b)　第 1 行が変化しておらず，第 $(2,1)$ 成分が 0 であることに注目する．

(1)　第 2 行から第 1 行の 3 倍を差し引き，$\left[\begin{array}{cc|c} 1 & 1 & 1 \\ 0 & -1 & -1 \end{array}\right]$ を得る．

(2)　第 2 行を -1 倍して B を得る．

【注　意】　A から B に到る方法は，必ずしも 1 通りに限られるわけではない．たとえば，(a) においては (1) 第 3 行から第 1 行の 2 倍を差し引く，(2) 第 2 行に第 1 行の 2 倍を加える，(3) 第 2 行から第 3 行の 3 倍を差し引く，としても B を得る．また，一般に行変形の順序が異なると，その結果得られる行列も異なる．

問　題

3.1　例題 1.3 の解答で与えられた，A に対する基本行変形の順序を適当に変え，得られる行列が異なることを確かめよ．

3.2　$A \in \mathbb{R}^{m \times n}$, $\boldsymbol{x}, \boldsymbol{y} \in \mathbb{R}^n$, $\boldsymbol{b}, \boldsymbol{c} \in \mathbb{R}^m$ とする．$\boldsymbol{x}, \boldsymbol{y}$ がそれぞれ $\boldsymbol{z}$ を変数とする連立 1 次方程式 $A\boldsymbol{z} = \boldsymbol{b}$, $A\boldsymbol{z} = \boldsymbol{c}$ をみたすとき，$\boldsymbol{x} + \boldsymbol{y}$ は $A\boldsymbol{z} = \boldsymbol{b} + \boldsymbol{c}$ をみたすことを示せ．

3.3　$A, B \in \mathbb{R}^{m \times n}$ とし，A と B は基本行変形によって互いに移り合うものとする．$\boldsymbol{x} \in \mathbb{R}^n$ が $A\boldsymbol{x} = \boldsymbol{0}$ をみたすならば $B\boldsymbol{x} = \boldsymbol{0}$ も成り立つことを示せ．

例題 1.4　　　　　　　　　　　　　　　　　　　　　**連立 1 次方程式の同値性**

次のそれぞれの場合につき，2 つの連立方程式が同値であるかどうか調べよ．

(a) $\begin{bmatrix} 1 & 2 \\ 2 & 1 \end{bmatrix} \begin{bmatrix} x \\ y \end{bmatrix} = \begin{bmatrix} -1 \\ 1 \end{bmatrix}, \quad \begin{bmatrix} 1 & 1 \\ 3 & -1 \end{bmatrix} \begin{bmatrix} x \\ y \end{bmatrix} = \begin{bmatrix} 0 \\ 4 \end{bmatrix}$

(b) $\begin{bmatrix} 1 & 1 \\ 0 & 1 \end{bmatrix} \begin{bmatrix} x \\ y \end{bmatrix} = \begin{bmatrix} 0 \\ 1 \end{bmatrix}, \quad \begin{bmatrix} 1 & 1 \\ 0 & 1 \end{bmatrix} \begin{bmatrix} x \\ y \end{bmatrix} = \begin{bmatrix} 1 \\ 0 \end{bmatrix}$

(c) $\begin{bmatrix} 1 & -2 \\ -3 & 6 \end{bmatrix} \begin{bmatrix} x \\ y \end{bmatrix} = \begin{bmatrix} 1 \\ 2 \end{bmatrix}, \quad \begin{bmatrix} -2 & 4 \\ 1 & -2 \end{bmatrix} \begin{bmatrix} x \\ y \end{bmatrix} = \begin{bmatrix} 1 \\ 1 \end{bmatrix}$

【解　答】　与えられた連立方程式の拡大係数行列が基本行変形によって一致するかどうかを調べればよい．

(a)　第 2 の方程式の拡大係数行列を基本行変形すると，

$$\left[\begin{array}{cc|c} 1 & 1 & 0 \\ 3 & -1 & 4 \end{array}\right] \longrightarrow \left[\begin{array}{cc|c} 1 & 1 & 0 \\ 8 & 4 & 4 \end{array}\right] \longrightarrow \left[\begin{array}{cc|c} 1 & 1 & 0 \\ 2 & 1 & 1 \end{array}\right] \longrightarrow \left[\begin{array}{cc|c} 3 & 3 & 0 \\ 2 & 1 & 1 \end{array}\right]$$
$$\longrightarrow \left[\begin{array}{cc|c} 1 & 2 & -1 \\ 2 & 1 & 1 \end{array}\right]$$

となる．ただし，最初の変形では第 2 行に第 1 行の 5 倍を加え，最後の変形では第 1 行から第 2 行を減じた．この結果得られた行列は，第 1 の方程式の拡大係数行列に等しい．よって，2 つの方程式は同値である．

(b)　第 1 の方程式と第 2 の方程式の拡大係数行列はそれぞれ

$$\left[\begin{array}{cc|c} 1 & 1 & 0 \\ 0 & 1 & 1 \end{array}\right], \quad \left[\begin{array}{cc|c} 1 & 1 & 1 \\ 0 & 1 & 0 \end{array}\right]$$

である．ここで，後者の行列の第 1 行に第 2 行の定数倍を加えると，行ベクトル $\begin{bmatrix} 1 & 1+t & 1 \end{bmatrix}$ を得る．これは，どのように t を選んでも，第 1 の拡大係数行列のいずれの行にも一致しない．よって，基本行変形だけでは両者の拡大係数行列は一致せず，2 つの連立方程式は同値ではない．

(c)　第 1 の方程式の拡大係数行列を基本行変形して

$$\left[\begin{array}{cc|c} 1 & -2 & 1 \\ -3 & 6 & 2 \end{array}\right] \longrightarrow \left[\begin{array}{cc|c} 1 & -2 & 1 \\ 0 & 0 & 5 \end{array}\right] \quad \text{（第 2 行に第 1 行の 3 倍を加える）}$$

また，第 2 の方程式の拡大係数行列を基本行変形すると，

$$\left[\begin{array}{cc|c} -2 & 4 & 1 \\ 1 & -2 & 1 \end{array}\right] \longrightarrow \left[\begin{array}{cc|c} 1 & -2 & 1 \\ -2 & 4 & 1 \end{array}\right] \quad \text{（第1行と第2行を交換する）}$$

$$\longrightarrow \left[\begin{array}{cc|c} 1 & -2 & 1 \\ 0 & 0 & 3 \end{array}\right] \quad \text{（第2行に第1行の2倍を加える）}$$

$$\longrightarrow \left[\begin{array}{cc|c} 1 & -2 & 1 \\ 0 & 0 & 5 \end{array}\right] \quad \text{（第2行を}\ \frac{5}{3}\ \text{倍する）}$$

となって両者は一致する．よって，2つの方程式は同値である[*4]．

問　題

4.1　次のそれぞれの場合につき，与えられた $\boldsymbol{x}$ が連立方程式 $A\boldsymbol{x} = \boldsymbol{b}$ の解であるかどうか調べよ．ただし，k は実定数とする．

(a)　$A = \begin{bmatrix} 2 & 1 \\ 1 & 2 \end{bmatrix}, \boldsymbol{b} = \begin{bmatrix} 0 \\ 0 \end{bmatrix}, \boldsymbol{x} = \begin{bmatrix} 0 \\ 0 \end{bmatrix}$　　(b)　$A = \begin{bmatrix} 1 & -1 \\ -2 & 2 \end{bmatrix}, \boldsymbol{b} = \begin{bmatrix} 0 \\ 0 \end{bmatrix}, \boldsymbol{x} = \begin{bmatrix} k \\ k \end{bmatrix}$

(c)　$A = \begin{bmatrix} 1 & 3 \\ 2 & -1 \end{bmatrix}, \boldsymbol{b} = \begin{bmatrix} 1 \\ 1 \end{bmatrix}, \boldsymbol{x} = \begin{bmatrix} 1 \\ 0 \end{bmatrix}$

(d)　$A = \begin{bmatrix} 1 & 2 \\ 2 & 4 \end{bmatrix}, \boldsymbol{b} = \begin{bmatrix} 1 \\ 2 \end{bmatrix}, \boldsymbol{x} = \begin{bmatrix} 1-2k \\ k \end{bmatrix}$

(e)　$A = \begin{bmatrix} 1 & -1 \\ -1 & 1 \end{bmatrix}, \boldsymbol{b} = \begin{bmatrix} 1 \\ 0 \end{bmatrix}, \boldsymbol{x} = \begin{bmatrix} k+1 \\ k \end{bmatrix}$

4.2　次の連立方程式の同値性を検討せよ．

(a)　$\begin{bmatrix} 1 & -2 \\ -3 & 6 \end{bmatrix} \begin{bmatrix} x \\ y \end{bmatrix} = \begin{bmatrix} 1 \\ -3 \end{bmatrix}, \quad \begin{bmatrix} -2 & 4 \\ -1 & 2 \end{bmatrix} \begin{bmatrix} x \\ y \end{bmatrix} = \begin{bmatrix} -2 \\ -1 \end{bmatrix}$

(b)　$\begin{bmatrix} 1 & 2 \\ 2 & 1 \end{bmatrix} \begin{bmatrix} x \\ y \end{bmatrix} = \begin{bmatrix} 1 \\ -1 \end{bmatrix}, \quad \begin{bmatrix} 2 & 1 \\ 1 & 2 \end{bmatrix} \begin{bmatrix} x \\ y \end{bmatrix} = \begin{bmatrix} -1 \\ 1 \end{bmatrix}$

(c)　$\begin{bmatrix} 1 & -1 \\ -1 & 1 \end{bmatrix} \begin{bmatrix} x \\ y \end{bmatrix} = \begin{bmatrix} 1 \\ -1 \end{bmatrix}, \quad \begin{bmatrix} 2 & 1 \\ 1 & 2 \end{bmatrix} \begin{bmatrix} x \\ y \end{bmatrix} = \begin{bmatrix} 1 \\ -1 \end{bmatrix}$

[*4] この場合，2つの方程式は解を持たない．このような場合でも，解集合が共に空であるから同値となる．

1.3 ガウスの解法—同次方程式

行階段型の行列　一般に，同次連立 1 次方程式

$$A\boldsymbol{x} = \boldsymbol{0}, \quad A \in \mathbb{R}^{m \times n}, \quad \boldsymbol{x} \in \mathbb{R}^n,\ \boldsymbol{b} \in \mathbb{R}^m \tag{1.12}$$

の係数行列 A は，基本行変形（第 1.2 節）を繰り返し適用することにより，次の**行階段型**の行列に変形できる．

$$M = \left[\begin{array}{ccccccccc} \blacksquare & * & & & & & & & * \\ 0 & \cdots & 0 & \blacksquare & * & & & & * \\ 0 & & & 0 & \blacksquare & * & & & * \\ \vdots & & \vdots & & & \ddots & & & \vdots \\ 0 & & & & 0 & \blacksquare & * & & * \\ \vdots & & & \vdots & & & \ddots & & \vdots \\ 0 & & & & & 0 & \blacksquare & * \cdots & * \\ 0 & & & & & & & & 0 \\ & & & & \vdots & & & & \\ 0 & & & & & & & & 0 \end{array}\right] \begin{array}{l} \left.\begin{array}{l} \\ \\ \\ \\ \\ \\ \\ \end{array}\right\} r \\ \\ \\ \\ \end{array} \tag{1.13}$$

$\blacksquare$ は 0 でない数，$*$ は任意の数．位置により異なる値となり得る．
実線で囲まれた部分以外は全部 0，r は $1 \leqq r \leqq m$ をみたす整数．

行階段型の行列の特徴は，以下の通りである．

1. 第 1 行第 1 列は 0 ではない数（$\blacksquare$ で表したもの）である
2. 第 2 行以後は先頭に 1 つ以上の 0 が続く
3. 各行の $\blacksquare$ は，下の行に移るごとに少なくとも 1 つ右に移動する
   または，各行の先頭の 0 の個数は，下の行になるほど多くなる
4. ある行に 0 しかないならば，それより下の行にも 0 しか現れない

行列のランク　行列 A を，基本行変形によって行階段型の行列 (1.13) に変形したとき，零ベクトルでない行の数 r を行列 A の**ランク**または**階数** と呼び，$\mathrm{Rank}\, A$ と書く．ランクは A のみによって決まる数で，基本行変形のしかたによらない．

A のランクは式 (1.13) に現れる $\blacksquare$（各行で最も左にある非零の数）の個数に等しく，A の行数よりも大きくなることはない．

前進消去と後退代入　同次連立 1 次方程式

$$A\boldsymbol{x} = \boldsymbol{0}, \quad A = \begin{bmatrix} \alpha_{11} & \alpha_{12} & \cdots & \alpha_{1n} \\ \alpha_{21} & \alpha_{22} & \cdots & \alpha_{2n} \\ \vdots & \vdots & \ddots & \vdots \\ \alpha_{m1} & \alpha_{m2} & \cdots & \alpha_{mn} \end{bmatrix}, \quad \boldsymbol{x} = \begin{bmatrix} x_1 \\ x_2 \\ \vdots \\ x_n \end{bmatrix} \tag{1.14}$$

の解は，次に挙げる**前進消去**と**後退代入**を用いた，係数行列 A の書き換えのみによって求められる．

① 前進消去による係数行列の変形

a. 第 1 行の先頭が 0 の場合は，行を入れ換えて先頭を零でない数にする

b. 新しい第 1 行の定数倍を第 2 行以下に順次加え，第 1 列の 2 行目以下が 0 になるようにする

c. 以下，第 1 行を除いた第 2 行以降に対して，これらの手続きを順次繰り返す．ただし，第 i 行から第 m 行を前進消去するときは，a. で第 i 列を先頭とする

前進消去は，手続きの上では基本行変形（第 1.2 節）の繰り返しと同じである．

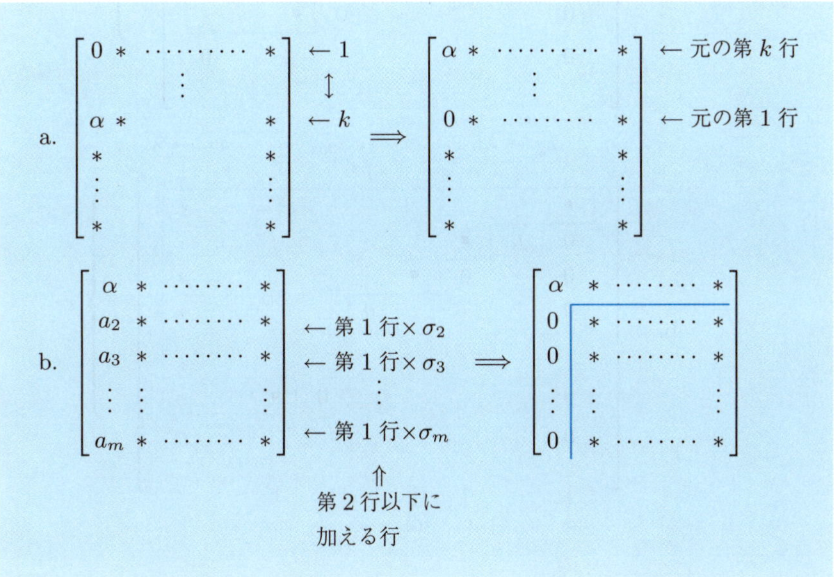

図 1.1　前進消去の模式図．α は 0 でない数，$*$ は任意の数．また，b. における因子は $\sigma_j = -\dfrac{a_j}{\alpha}$ $(j = 2, 3, \ldots, m)$ で与えられる数．

② 後退代入による求解

a. 前進消去によって得られた行階段型の行列の各列に未知変数を対応させる

b. 各行で最も左の非零の数（下図の ■）を持たない列（下図において，その列の中に ■ がどこにも現れず，図 1.2b. で「0」が「*0*」に置き換えられた列）の変数をパラメータ（**自由変数**または**自由パラメータ**）に置き換える

c. 零ベクトルでない行のうち，最も下にあるものを使って，■ に対応する変数を b. で導入した自由変数で表す

d. 以下，上の行に対して，順次 c. と同様の手順を繰り返す

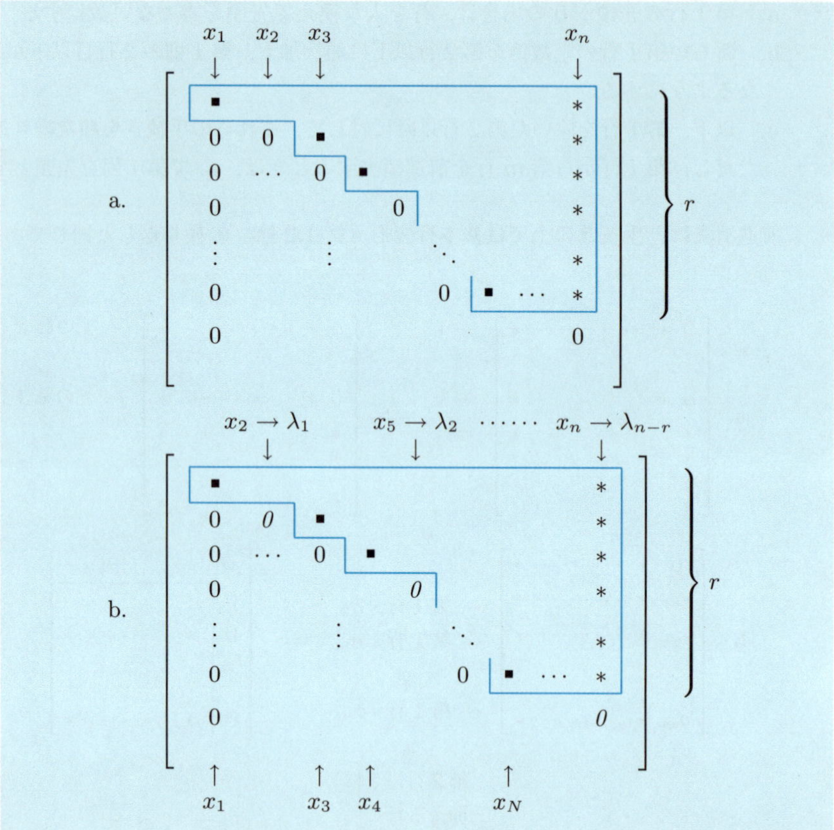

図 1.2　後退代入の模式図．■ は各行で最も左にある非零数，x_N は最も右にある ■ に対応する変数，r は係数行列のランク．r 行目を x_N について解き，以下 $r-1$ 行目，$r-2$ 行目…と順に解く．

同次方程式の解と零解

$$Ax = \mathbf{0} \quad (A \in \mathbb{R}^{m \times n},\ \boldsymbol{x} \in \mathbb{R}^n) \tag{1.15}$$

は，少なくとも**零解**（または**自明解**）

$$x_1 = 0, \quad x_2 = 0,\ \ldots, \quad x_n = 0$$

を解として持つ．同次方程式には零解以外の解が存在する場合もある．

同次方程式の解の個数と係数行列のランク　n 変数の同次連立 1 次方程式 (1.15) の解について，次が成り立つ．

1. $\mathrm{Rank}\,A = n$（変数の個数）の場合は，唯一の解 $\boldsymbol{x} = \mathbf{0}$ を持つ
   逆に解が零解のみとなるのは，$\mathrm{Rank}\,A = n$ の場合に限る
2. 解は最大で $(n - \mathrm{Rank}\,A)$ 個の自由パラメータを含む

同次方程式は，特に未知変数の数より方程式の数が少ないとき（式 (1.15) で $m < n$ のとき）には $\mathrm{Rank}\,A \leqq m$ なので，必ず零解以外の解を持つ．

同次連立 1 次方程式 (1.15) の解集合を A の**核**（**カーネル**）といい，$\mathrm{Kern}\,A$ と表す．

$$\mathrm{Kern}\,A := \{\boldsymbol{x} \mid A\boldsymbol{x} = \mathbf{0}\} \tag{1.16}$$

同次方程式の解の重ね合わせ　同次連立 1 次方程式 (1.15) の解について，その和や定数倍もまた解である．すなわち，

1. $\boldsymbol{y}, \boldsymbol{z}$ が共に解ならば，$\boldsymbol{y} + \boldsymbol{z}$ も解である
2. $\boldsymbol{y}$ が解ならば，$\alpha\boldsymbol{y}$（$\alpha \in \mathbb{R}$）も解である

が成り立つ．

一般解と特解　一般に同次方程式に限らず，連立 1 次方程式

$$\begin{aligned} &A\boldsymbol{x} = \boldsymbol{b} \\ &A\ \text{はランク}\ r\ \text{の}\ m \times n\ \text{行列} \\ &\boldsymbol{x}\ \text{は}\ n\ \text{成分列ベクトル，}\boldsymbol{b}\ \text{は}\ m\ \text{成分列ベクトル} \end{aligned} \tag{1.17}$$

の解で，$n - r$ 個のパラメータを持つものを**一般解**という[*5]．パラメータの値に特別なものを代入するなどによって，パラメータをもたない解が得られる．このような解を**特解**または**特殊解**という．

[*5] 連立 1 次方程式 (1.17) の解が $n - r$ 個よりも多いパラメータを含むことはない．これは，次元公式（第 4.3 節）によって示される．一般解の表現は 1 通りとは限らないが，いずれの表現もパラメータを変更することにより互いに移りあい，等価である（第 6.6 節参照）．

例題 1.5 ——— **後退代入による連立方程式の解**

行階段型の行列を係数とする次の同次連立 1 次方程式を，後退代入を用いて解け．

(a) $\begin{bmatrix}1 & 1\\0 & 1\end{bmatrix}\begin{bmatrix}x\\y\end{bmatrix}=\begin{bmatrix}0\\0\end{bmatrix}$　　(b) $\begin{bmatrix}1 & 2 & 1\\0 & 0 & 1\end{bmatrix}\begin{bmatrix}x\\y\\z\end{bmatrix}=\begin{bmatrix}0\\0\\0\end{bmatrix}$

【解　答】

(a) 係数行列の形から，自由パラメータは存在しない．よって，与えられた方程式を成分ごとに書くと，

$$x+y=0,\quad y=0$$

となる．第 2 の式から $y=0$, これを第 1 の式に代入して $x=0$ を得る．したがって，与えられた方程式の解は，$x=y=0$ である．

(b) 係数行列の第 2 列には，第 1 行，第 2 行で最も左側に位置する非零の数がない．よって y を自由パラメータ k とおき，残りの変数に関する連立方程式を書くと，

$$x+2k+z=0,\quad z=0$$

となる．これらを解いて $x=-2k$, $z=0$ を得るので，求めるべき解は

$$\begin{bmatrix}x\\y\\z\end{bmatrix}=k\begin{bmatrix}-2\\1\\0\end{bmatrix}\quad (k \text{ は実数})$$

である．

問　題

5.1 次の同次連立 1 次方程式を解け．

(a) $\begin{bmatrix}1 & 3\\2 & 6\end{bmatrix}\begin{bmatrix}x\\y\end{bmatrix}=\begin{bmatrix}0\\0\end{bmatrix}$　　(b) $\begin{bmatrix}1 & 1 & 1\\2 & -1 & 1\end{bmatrix}\begin{bmatrix}x\\y\\z\end{bmatrix}=\begin{bmatrix}0\\0\end{bmatrix}$

(c) $\begin{bmatrix}1 & 1 & 1\\0 & 1 & -1\\1 & 3 & -1\end{bmatrix}\begin{bmatrix}x\\y\\z\end{bmatrix}=\begin{bmatrix}0\\0\\0\end{bmatrix}$　　(d) $\begin{bmatrix}1 & 0 & -1\\0 & 1 & 0\\1 & 0 & -1\end{bmatrix}\begin{bmatrix}x\\y\\z\end{bmatrix}=\begin{bmatrix}0\\0\\0\end{bmatrix}$

5.2 次のそれぞれの連立 1 次方程式について，与えられた $\boldsymbol{x}$ が解であるかかどうか，解ならば一般解か特解かを調べよ．

(a) $\begin{bmatrix} 1 & -1 & 2 \\ 2 & -2 & 4 \\ -3 & 3 & 6 \end{bmatrix} \begin{bmatrix} x \\ y \\ z \end{bmatrix} = \begin{bmatrix} 1 \\ 2 \\ 9 \end{bmatrix}, \quad \begin{bmatrix} x \\ y \\ z \end{bmatrix} = \begin{bmatrix} -1 \\ 0 \\ 1 \end{bmatrix} + \begin{bmatrix} k \\ k \\ 0 \end{bmatrix}$

(b) $\begin{bmatrix} 1 & -1 & 2 \\ 2 & -2 & 4 \\ -3 & 3 & -6 \end{bmatrix} \begin{bmatrix} x \\ y \\ z \end{bmatrix} = \begin{bmatrix} 1 \\ 2 \\ -3 \end{bmatrix}, \quad \begin{bmatrix} x \\ y \\ z \end{bmatrix} = \begin{bmatrix} 1 \\ 0 \\ 0 \end{bmatrix} + \begin{bmatrix} k \\ k \\ 0 \end{bmatrix}$

(c) $\begin{bmatrix} 1 & 2 & 1 \\ 1 & 3 & 3 \\ 2 & 3 & 1 \end{bmatrix} \begin{bmatrix} x \\ y \\ z \end{bmatrix} = \begin{bmatrix} 1 \\ 1 \\ 1 \end{bmatrix}, \quad \begin{bmatrix} x \\ y \\ z \end{bmatrix} = \begin{bmatrix} -2 \\ 2 \\ -1 \end{bmatrix}$

(d) $\begin{bmatrix} 1 & -1 & 1 \\ 0 & 2 & 3 \\ 1 & 1 & 4 \\ -1 & 3 & 2 \end{bmatrix} \begin{bmatrix} x \\ y \\ z \end{bmatrix} = \begin{bmatrix} 1 \\ 2 \\ 3 \\ 1 \end{bmatrix}, \quad \begin{bmatrix} x \\ y \\ z \end{bmatrix} = \begin{bmatrix} 2 \\ 1 \\ 0 \end{bmatrix} + k \begin{bmatrix} -5 \\ -3 \\ 2 \end{bmatrix}$

5.3 次の行列 A に対して $\operatorname{Kern} A$ を求めよ．

(a) $A = \begin{bmatrix} 1 & 0 & 1 \\ 0 & 1 & 0 \\ 1 & 0 & 1 \end{bmatrix}$ (b) $A = \begin{bmatrix} 2 & -4 & 2 & -2 \\ -1 & 2 & -1 & 1 \\ 3 & -4 & 3 & -3 \end{bmatrix}$

(c) $A = \begin{bmatrix} 1 & -2 & 1 & -1 \\ 0 & 1 & -2 & 1 \\ -1 & 1 & 1 & 0 \\ 3 & -3 & 1 & -2 \end{bmatrix}$ (d) $A = \begin{bmatrix} 1 & 1 & 0 & 0 \\ 0 & 1 & 0 & 0 \\ 0 & 0 & -1 & 1 \\ 0 & 0 & 0 & -1 \end{bmatrix}$

5.4 $A \in \mathbb{R}^{m \times n}$ のランクを r とする．同次連立 1 次方程式 $A\boldsymbol{x} = \boldsymbol{0}$ $(\boldsymbol{x} \in \mathbb{R}^n)$ が一般解に含まれない解を持つとすれば，この方程式の解で $n - r$ 個より多い自由パラメータを含むものが存在することを示せ[*6]．

[*6] この問題の仮定とは逆に，一般解に含まれる解しか持たないとすると，自由パラメータは最大で $n - r$ 個になる．よって，方程式 $A\boldsymbol{x} = \boldsymbol{0}$ の解が一般解でつくされることと，この方程式の解の自由パラメータの数が $n - r$ 個以下であることは同値である．この問題の結論は，第 4.3 節で述べる次元公式と矛盾するので，同次連立 1 次方程式の解は一般解以外には存在しないことが示される．

例題 1.6 行列のランク

次の行列のランクを求めよ．

(a) $\begin{bmatrix} 1 & 1 & 1 \\ 1 & -1 & 1 \\ 3 & 1 & -3 \end{bmatrix}$ (b) $\begin{bmatrix} 1 & 1 & -1 & -1 \\ 2 & 1 & 1 & 2 \\ 4 & 3 & -1 & 0 \end{bmatrix}$

【解　答】 与えられた行列を基本行変形により行階段型の行列に変形して調べる．

(a) 与えられた行列を基本行変形して，

$$\begin{bmatrix} 1 & 1 & 1 \\ 1 & -1 & 1 \\ 3 & 1 & -3 \end{bmatrix} \longrightarrow \begin{bmatrix} 1 & 1 & 1 \\ 0 & -2 & 0 \\ 0 & -2 & -6 \end{bmatrix} \longrightarrow \begin{bmatrix} 1 & 1 & 1 \\ 0 & -2 & 0 \\ 0 & 0 & -6 \end{bmatrix}$$

ただし，第 1 の変形では第 2 行から第 1 行を，第 3 行から第 1 行の 3 倍を差し引き，第 2 の変形では第 3 行から第 2 行を差し引いた．これにより，与えられた行列のランクは 3 である．

(b) 与えられた行列を基本行変形すると，

$$\begin{bmatrix} 1 & 1 & -1 & -1 \\ 2 & 1 & 1 & 2 \\ 4 & 3 & -1 & 0 \end{bmatrix} \longrightarrow \begin{bmatrix} 1 & 1 & -1 & -1 \\ 0 & -1 & 3 & 4 \\ 0 & -1 & 3 & 4 \end{bmatrix} \longrightarrow \begin{bmatrix} 1 & 1 & -1 & -1 \\ 0 & -1 & 3 & 4 \\ 0 & 0 & 0 & 0 \end{bmatrix}$$

第 1 の変形では，第 2 行から第 1 行の 2 倍を，第 3 行から第 1 行の 4 倍をそれぞれ差し引いた．以上から，与えられた行列のランクは 2 である．

問　題

6.1 次の行列のランクを求めよ．

(a) $\begin{bmatrix} 1 & -1 & 2 \\ 2 & -2 & 4 \\ -3 & 3 & 6 \end{bmatrix}$ (b) $\begin{bmatrix} 1 & 1 & -2 \\ 1 & -1 & 1 \\ 3 & 1 & -3 \end{bmatrix}$ (c) $\begin{bmatrix} 1 & 2 & 1 \\ 2 & 4 & -3 \\ -1 & -2 & 1 \end{bmatrix}$

(d) $\begin{bmatrix} 1 & 1 & 2 & 1 \\ 2 & 1 & 3 & 3 \\ 1 & 2 & 3 & 1 \end{bmatrix}$ (e) $\begin{bmatrix} 1 & -1 & 1 \\ 0 & 2 & 3 \\ 1 & 1 & 4 \\ -1 & 3 & 2 \end{bmatrix}$ (f) $\begin{bmatrix} 1 & 1 & -1 & -1 \\ 1 & 2 & 1 & -2 \\ -1 & 0 & 3 & 0 \\ 2 & 1 & -4 & -1 \end{bmatrix}$

1.4 ガウスの解法—非同次方程式の解法

非同次方程式の可解性と解集合　非同次連立 1 次方程式は，解を持つことも，持たないこともある．非同次連立 1 次方程式

$$A\boldsymbol{x} = \boldsymbol{b} \quad (A \in \mathbb{R}^{m\times n},\ \boldsymbol{x} \in \mathbb{R}^n,\ \boldsymbol{b} \in \mathbb{R}^m) \tag{1.18}$$

の可解性について，次が成り立つ．

方程式 (1.18) は，

1. $\mathrm{Rank}\,A = \mathrm{Rank}\left[\,A \mid \boldsymbol{b}\,\right]$ のときにのみ解を持つ
2. 解を持つならば，その一般解は次のように与えられる

$$\begin{aligned} &\boldsymbol{x} = \boldsymbol{v}_0 + \boldsymbol{v} \\ &\boldsymbol{v}_0 \text{ は } A\boldsymbol{x} = \boldsymbol{b} \text{ の 1 つの特解} \\ &\boldsymbol{v} \text{ は } A\boldsymbol{x} = \boldsymbol{0} \text{ の一般解} \end{aligned} \tag{1.19}$$

3. 解を持つならば，一般解 (1.19) は $(n - \mathrm{Rank}\,A)$ 個の自由パラメータを含む

非同次方程式の解法　非同次方程式 (1.18) を解く手順は次の通りである（解法の具体的な適用は，例題 1.7 参照）．

① 拡大係数行列 $\left[\,A \mid \boldsymbol{b}\,\right]$ に対して前進消去を行い，これを行階段型の行列に変形する

② $\mathrm{Rank}\,A = \mathrm{Rank}\left[\,A \mid \boldsymbol{b}\,\right]$ が成り立つかどうかを調べることにより，方程式の可解性を判定する[*7]

③ 解を持つならば，行階段型に変形した拡大係数行列に後退代入を行い，一般解を求める

[*7] $\left[\,A \mid \boldsymbol{b}\,\right]$ は A の最右列に $\boldsymbol{b}$ をつけ足したものなので，A の前進消去は $\left[\,A \mid \boldsymbol{b}\,\right]$ の前進消去の一部として行うことができ，改めて別に計算する必要はない．

例題 1.7 **非同次連立 1 次方程式の解法**

次の非同次連立方程式が解けるかどうか調べ，解ける場合には一般解を求めよ．

(a) $$\begin{bmatrix} 1 & 1 & 2 \\ 1 & -1 & 4 \\ -1 & -2 & 2 \end{bmatrix} \begin{bmatrix} x \\ y \\ z \end{bmatrix} = \begin{bmatrix} 5 \\ 3 \\ -3 \end{bmatrix}$$

(b) $$\begin{bmatrix} 1 & 2 & 1 & -1 \\ 1 & 3 & 0 & 1 \\ -1 & -1 & -3 & 1 \end{bmatrix} \begin{bmatrix} x \\ y \\ z \\ w \end{bmatrix} = \begin{bmatrix} 1 \\ 0 \\ 1 \end{bmatrix}$$

(c) $$\begin{bmatrix} 1 & 1 & -1 & 2 \\ -1 & 2 & 3 & -1 \\ 2 & -1 & -4 & 3 \end{bmatrix} \begin{bmatrix} x \\ y \\ z \\ w \end{bmatrix} = \begin{bmatrix} 1 \\ 2 \\ 0 \end{bmatrix}$$

【解　答】

(a)　この連立方程式の拡大係数行列を，基本行変形により行階段型に変形すると，

$$\left[\begin{array}{ccc|c} 1 & 1 & 2 & 5 \\ 1 & -1 & 4 & 3 \\ -1 & -2 & 2 & -3 \end{array}\right] \longrightarrow \left[\begin{array}{ccc|c} 1 & 1 & 2 & 5 \\ 0 & -2 & 2 & -2 \\ 0 & -1 & 4 & 2 \end{array}\right] \longrightarrow \left[\begin{array}{ccc|c} 1 & 1 & 2 & 5 \\ 0 & -1 & 1 & -1 \\ 0 & 0 & 3 & 3 \end{array}\right]$$

となる．よって，この方程式の係数行列のランクと拡大係数行列のそれとは一致し，与えられた方程式は解を持つことがわかる．

次に，後退代入によって解を求める．上式の基本行変形によって得られた拡大係数行列に対応する方程式を第 3 行から順次書き下すと，

$$3z = 3, \quad -y + z = -1, \quad x + y + 2z = 5$$

である．これを順に解いて，$z = 1$, $y = z + 1 = 2$, $x = 5 - y - 2z = 1$ を得る．よって，求めるべき解は，$(x, y, z) = (1, 2, 1)$ である．

(b)　拡大係数行列を基本行変形すると，

$$\left[\begin{array}{cccc|c} 1 & 2 & 1 & -1 & 1 \\ 1 & 3 & 0 & 1 & 0 \\ -1 & -1 & -3 & 1 & 1 \end{array}\right] \longrightarrow \left[\begin{array}{cccc|c} 1 & 2 & 1 & -1 & 1 \\ 0 & 1 & -1 & 2 & -1 \\ 0 & 1 & -2 & 0 & 2 \end{array}\right]$$

$$\longrightarrow \left[\begin{array}{cccc|c} 1 & 2 & 1 & -1 & 1 \\ 0 & 1 & -1 & 2 & -1 \\ 0 & 0 & -1 & -2 & 3 \end{array}\right]$$

となり，係数行列と拡大係数行列のランクが一致するのでこの方程式は解ける．ここで，$w = k$ とすると，

$$x + 2y + z - k = 1, \quad y - z + 2k = -1, \quad -z - 2k = 3$$

これらを順次 x, y, z について解くことにより，

$$z = -2k - 3, \quad y = z - 2k - 1 = -4k - 4, \quad x = -2y - z + k + 1 = 11k + 12$$

以上から，求めるべき解は

$$(x, y, z, w) = k(11, -4, -2, 1) + (12, -4, -3, 0) \quad (k \text{ は実数})$$

(c)　基本行変形により，

$$\left[\begin{array}{cccc|c} 1 & 1 & -1 & 2 & 1 \\ -1 & 2 & 3 & -1 & 2 \\ 2 & -1 & -4 & 3 & 0 \end{array}\right] \longrightarrow \left[\begin{array}{cccc|c} 1 & 1 & -1 & 2 & 1 \\ 0 & 3 & 2 & 1 & 3 \\ 0 & -3 & -2 & -1 & -2 \end{array}\right]$$

$$\longrightarrow \left[\begin{array}{cccc|c} 1 & 1 & -1 & 2 & 1 \\ 0 & 3 & 2 & 1 & 3 \\ 0 & 0 & 0 & 0 & 1 \end{array}\right]$$

係数行列のランクが 2 であるのに対して拡大係数行列のそれは 3 である．よって，この方程式は解を持たない．

問　題

7.1　次の拡大係数行列をもつ非同次連立 1 次方程式を解け．

(a) $\left[\begin{array}{cc|c} 2 & 1 & 3 \\ 1 & 3 & -1 \end{array}\right]$　(b) $\left[\begin{array}{cc|c} 2 & 1 & 1 \\ -2 & -1 & -1 \end{array}\right]$　(c) $\left[\begin{array}{cc|c} 1 & -1 & 1 \\ -1 & 1 & -1 \end{array}\right]$

(d) $\left[\begin{array}{ccc|c} 1 & 1 & 2 & -1 \\ 1 & -1 & 3 & 1 \end{array}\right]$　(e) $\left[\begin{array}{cccc|c} 1 & -1 & 1 & -1 & 1 \\ 1 & 1 & 2 & 2 & -1 \\ 2 & -4 & 1 & -5 & 1 \end{array}\right]$

第1章演習問題

1. 次のそれぞれにつき，行列 A の 0 でない定数倍に，これを分割しないように新たに行と列を付け加え，B と同じ型の行列 A' を作る．$A' = B$ となり得るための条件を求めよ．

(a) $A := \begin{bmatrix} 1 & a \\ b & 1 \end{bmatrix},\ B := \begin{bmatrix} 2 & 1 & 0 \\ 0 & 2 & 1 \\ 0 & 0 & 1 \end{bmatrix}$　(b) $A := \begin{bmatrix} a & 1 \\ 0 & b \end{bmatrix},\ B := \begin{bmatrix} 1 & 2 & 3 \\ 0 & 2 & 2 \\ 1 & 0 & 1 \end{bmatrix}$

(c) $A := \begin{bmatrix} 0 & 1 \\ a & 0 \end{bmatrix},\ B := \begin{bmatrix} p & 1 & 0 & 1 \\ 1 & q & 1 & 0 \\ 0 & 1 & r & 1 \\ 1 & 0 & 1 & s \end{bmatrix}$

2. 次の等式が成り立つかどうか調べよ．等号が成り立ち得るならば，成り立つように a, b, c, d の値を決定せよ．

(a) $\begin{bmatrix} a^2 - b^2 & 2 \\ a - b & 1 \end{bmatrix} = \begin{bmatrix} -3 & ab \\ -1 & 1 \end{bmatrix}$　(b) $\begin{bmatrix} a^3 + b^3 & 1 \\ b^2 - a^2 & b/a \end{bmatrix} = \begin{bmatrix} a & 1 \\ a & 2 \end{bmatrix}$

(c) $\begin{bmatrix} a - d & c - a \\ b - c & 2 - d \end{bmatrix} = 2\begin{bmatrix} 1 & d - a \\ 2 - b & d - 5 \end{bmatrix}$

(d) $\begin{bmatrix} a + b & a - b & 1 \\ c + d & 2 & c - d \end{bmatrix} = \begin{bmatrix} 1 & 3 & 1 \\ 2 & 2 & 4 \end{bmatrix}$

3. (a)~(d) については実際に計算せよ．(e)~(h) については与えられた関係をみたす行列 X, Y を求めよ．

(a) $\begin{bmatrix} 1 & -3 & -2 \\ 5 & 2 & 3 \end{bmatrix} + \begin{bmatrix} 4 & -3 & 2 \\ 5 & -2 & 3 \end{bmatrix}$　(b) $3\begin{bmatrix} 1 & 3 \\ -3 & 1 \end{bmatrix} - 2\begin{bmatrix} 2 & -1 \\ -1 & 2 \end{bmatrix}$

(c) $A := \begin{bmatrix} 1 & 0 \\ -3 & 2 \end{bmatrix},\ B := \begin{bmatrix} 2 & 1 \\ 1 & -3 \end{bmatrix}$ として $2A + 2B$

(d) (c) と同様に A, B を定めて，$3(2A - B) - (5A - 2B)$

(e) $A := \begin{bmatrix} 2 & 0 & 1 \\ 1 & -3 & 3 \end{bmatrix},\ B := \begin{bmatrix} -7 & 5 & 4 \\ 4 & 3 & 7 \end{bmatrix},\ 2X + A = \dfrac{1}{3}[B + (X + 2A)]$

(f) $A := \begin{bmatrix} 2 & 1 \\ 1 & 2 \end{bmatrix},\ B := \begin{bmatrix} 3 & 2 \\ 5 & 1 \end{bmatrix},\ \dfrac{1}{2}(3A + B - X) = 2[X + 2(A - 3B)]$

(g) $A := \begin{bmatrix} 1 & -2 \\ 4 & 7 \end{bmatrix}$, $B := \begin{bmatrix} 3 & -6 \\ -8 & 1 \end{bmatrix}$, $2X - Y = A$, $2X + Y = B$

(h) $A := \begin{bmatrix} 2 & 0 \\ 0 & 1 \end{bmatrix}$, $B := \begin{bmatrix} 1 & 2 \\ 3 & 4 \end{bmatrix}$, $3X + 2Y = 5A + B$, $X - Y = 2B$

4. 次の行列のランクを計算せよ．

(a) $\begin{bmatrix} 1 & 2 & 3 \\ 2 & 2 & 3 \\ 3 & 3 & 3 \end{bmatrix}$ (b) $\begin{bmatrix} 1 & 1 & 1 \\ 1 & 2 & 3 \\ 3 & 2 & 1 \end{bmatrix}$ (c) $\begin{bmatrix} 2 & 1 & 5 & 3 \\ 1 & 1 & 1 & 2 \\ 3 & 1 & 9 & 4 \end{bmatrix}$

(d) $\begin{bmatrix} 5 & 1 & 4 \\ 2 & -1 & 1 \\ 1 & 1 & 1 \\ 2 & 4 & 7 \end{bmatrix}$ (e) $\begin{bmatrix} 1 & 1 & 1 & 1 \\ -1 & 1 & -1 & 1 \\ 1 & -1 & 1 & 1 \\ 1 & 0 & 1 & 1 \end{bmatrix}$

5. 連立 1 次方程式の解空間は，拡大係数行列の基本行変形では変わらないことを示せ．

6. (a)～(c) については与えられた係数行列をもつ同次連立 1 次方程式，(d)～(h) については与えられた拡大係数行列をもつ非同次連立 1 次方程式の同値性を，基本行変形などを用いてそれぞれ検討せよ．

(a) $\begin{bmatrix} 3 & 2 \\ 2 & 1 \end{bmatrix}, \begin{bmatrix} 4 & 3 \\ -2 & 2 \end{bmatrix}$ (b) $\begin{bmatrix} 5 & 3 \\ 3 & 1 \end{bmatrix}, \begin{bmatrix} 6 & -3 \\ -2 & 1 \end{bmatrix}$

(c) $\begin{bmatrix} 1 & -1 & 1 \\ 2 & 1 & 3 \\ 4 & -1 & 7 \end{bmatrix}, \begin{bmatrix} 2 & 1 & 5 \\ 1 & 2 & -1 \\ 3 & 3 & 4 \end{bmatrix}$ (d) $\left[\begin{array}{cc|c} 2 & 1 & 3 \\ 1 & 2 & 6 \end{array}\right], \left[\begin{array}{cc|c} 2 & 1 & 3 \\ 1 & 2 & 3 \end{array}\right]$

(e) $\left[\begin{array}{cc|c} 1 & -2 & 1 \\ -2 & 4 & -2 \end{array}\right], \left[\begin{array}{cc|c} 3 & 1 & 3 \\ 6 & 3 & 6 \end{array}\right]$

(f) $\left[\begin{array}{ccc|c} 1 & 3 & 2 & 6 \\ -1 & -1 & 1 & -1 \\ 2 & 1 & 4 & 7 \end{array}\right], \left[\begin{array}{ccc|c} 5 & -1 & 3 & 7 \\ 3 & 1 & 1 & 5 \\ -1 & 3 & 1 & 3 \end{array}\right]$

(g) $\left[\begin{array}{cccc|c} 1 & 4 & 5 & -3 & 4 \\ 1 & -2 & -1 & 3 & -2 \\ 2 & -1 & 1 & 3 & -1 \end{array}\right], \left[\begin{array}{cccc|c} 2 & 1 & 3 & 1 & 1 \\ 3 & 1 & 4 & 2 & 1 \\ 3 & 4 & 7 & -1 & 4 \end{array}\right]$

(h) $\left[\begin{array}{cccc|c} 1 & 1 & -2 & 0 & 2 \\ 1 & 2 & -3 & 1 & 3 \\ -1 & 2 & -1 & 3 & 1 \end{array}\right]$, $\left[\begin{array}{cccc|c} -1 & 2 & 2 & -3 & 3 \\ 1 & -3 & -2 & 4 & -4 \\ 2 & 4 & 6 & -2 & 2 \end{array}\right]$

(i) $\left[\begin{array}{ccc|c} 1 & 1 & 2 & 1 \\ 1 & -1 & 1 & 1 \\ 5 & 1 & 8 & 1 \end{array}\right]$, $\left[\begin{array}{ccc|c} 1 & -2 & 1 & 1 \\ 2 & -4 & 2 & 2 \\ -3 & 6 & -3 & 1 \end{array}\right]$

(j) $\left[\begin{array}{cccc|c} 1 & 1 & -1 & -1 & 1 \\ 2 & -1 & 3 & -4 & 4 \\ 1 & 4 & -2 & -3 & 3 \end{array}\right]$, $\left[\begin{array}{cccc|c} 2 & 1 & 1 & -1 & 1 \\ -5 & -1 & 2 & 1 & -1 \\ 1 & 1 & 2 & -1 & 1 \end{array}\right]$

7. 次の連立 1 次方程式を解け.

(a) $\begin{bmatrix} 1 & 2 & 3 \\ 2 & 2 & 3 \\ 3 & 3 & 3 \end{bmatrix}\begin{bmatrix} x \\ y \\ z \end{bmatrix} = \begin{bmatrix} 0 \\ 0 \\ 0 \end{bmatrix}$ (b) $\begin{bmatrix} 2 & -1 & 1 \\ 2 & 1 & 4 \\ 4 & -4 & 1 \end{bmatrix}\begin{bmatrix} x \\ y \\ z \end{bmatrix} = \begin{bmatrix} 2 \\ -3 \\ 7 \end{bmatrix}$

(c) $\begin{bmatrix} 1 & 2 & -1 \\ -1 & -3 & 2 \\ 2 & 3 & -1 \end{bmatrix}\begin{bmatrix} x \\ y \\ z \end{bmatrix} = \begin{bmatrix} 0 \\ 0 \\ 0 \end{bmatrix}$ (d) $\begin{bmatrix} 2 & 1 & 1 \\ 3 & 1 & 2 \\ -1 & 2 & -3 \end{bmatrix}\begin{bmatrix} x \\ y \\ z \end{bmatrix} = \begin{bmatrix} 1 \\ 1 \\ 2 \end{bmatrix}$

(e) $\begin{bmatrix} 2 & 3 & -5 \\ 2 & 1 & -3 \\ -4 & 1 & 3 \end{bmatrix}\begin{bmatrix} x \\ y \\ z \end{bmatrix} = \begin{bmatrix} 1 \\ 1 \\ 1 \end{bmatrix}$

8. 次のそれぞれの連立 1 次方程式が，零解以外の解を持つための条件を求めよ.

(a) $\begin{bmatrix} a & b \\ c & d \end{bmatrix}\begin{bmatrix} x \\ y \end{bmatrix} = \begin{bmatrix} 0 \\ 0 \end{bmatrix}$ (b) $\begin{bmatrix} 1 & a & b \\ a & 1 & a \\ b & a & 1 \end{bmatrix}\begin{bmatrix} x \\ y \\ z \end{bmatrix} = \begin{bmatrix} 0 \\ 0 \\ 0 \end{bmatrix}$

9. $A \in \mathbb{R}^{m\times n}$ とし，$\mathrm{Rank}\,A = r$ とする．$A(\boldsymbol{x}+\boldsymbol{y}) = A\boldsymbol{x} + A\boldsymbol{y}$ であること，および $A\boldsymbol{x} = \boldsymbol{b}$ には最大で $n-r$ 個の自由パラメータが含まれることを仮定して，以下を示せ.

(a) $\boldsymbol{x}_1, \boldsymbol{x}_2$ が $A\boldsymbol{x} = \boldsymbol{0}$ の解であれば，$\boldsymbol{x}_1 + \boldsymbol{x}_2$ も解である.

(b) $\boldsymbol{x}_1$ が $A\boldsymbol{x} = \boldsymbol{0}$ の解であれば，$\alpha\boldsymbol{x}_1$（$\alpha \in \mathbb{R}$）も解である.

(c) $\boldsymbol{v}_0$ が $A\boldsymbol{x} = \boldsymbol{b}$（$\boldsymbol{b} \neq 0$）の 1 つの解ならば，$A\boldsymbol{x} = \boldsymbol{0}$ の一般解を $\boldsymbol{v}$ として，$A\boldsymbol{x} = \boldsymbol{b}$ の一般解は $\boldsymbol{x} = \boldsymbol{v}_0 + \boldsymbol{v}$ で与えられる.

(d) $A\boldsymbol{x} = \boldsymbol{b}$ には一般解以外の解は存在しない.

10. 下図 (a) のような抵抗 R に電流 i が流れるとき，PQ 間の電位差は iR である．$R_1 \sim R_5$ の抵抗を図 (b) のように組み合わせ，AB 間に電流を流した．

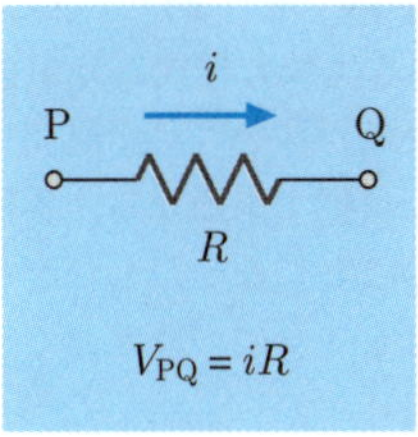

(a)

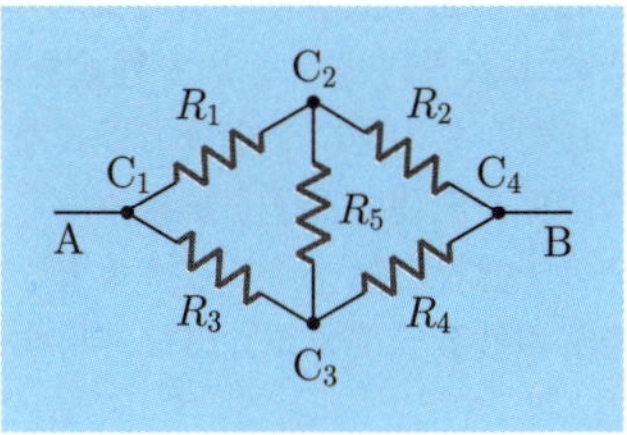

(b)

(a) 抵抗 R_n を流れる電流を i_n として，分岐点 $C_1 \sim C_4$ における電流の保存の式を書け．ただし，A と C_1 の間の電流を I, C_4 と B の間の電流を J とし，各抵抗を流れる電流は分岐点の番号の小さい方から大きい方に流れるとせよ．

(b) (a) で求めた式を $i_1 \sim i_5$ に関する連立 1 次方程式とみなし，その拡大係数行列を基本行変形して行階段型にせよ．また，この方程式が解を持つための条件を導き，それが物理的にどのような意味を持つか述べよ．解を持つ場合，独立に変化し得る電流は，$i_1 \sim i_5$ のうちいくつか．

(c) R_1 以外の抵抗が既知で，i_5 を測定して α という値を得たとする．(b) で求めた，連立 1 次方程式が解ける条件の下で，電流の保存の式とあわせて $i_1 \sim i_4$ を求めよ．抵抗 R_2, R_4, R_5 の経路を 1 周する電位の変化の式を利用して，電流 $i_1, \ldots, i_4$ から I を消去せよ．

(d) (c) のとき，R_1 を求めよ．特に $\alpha = 0$ のときはどうなるか．

11. 抵抗のある導線を図のように立方体状に接続し，最も遠い頂点 AB の間に電圧をかけて電流を流す．各導線を流れる電流を変数とし，各頂点での電流の保存則を $i_1 \sim i_{12}$ に対する連立 1 次方程式と考えて，その解を求めよ．

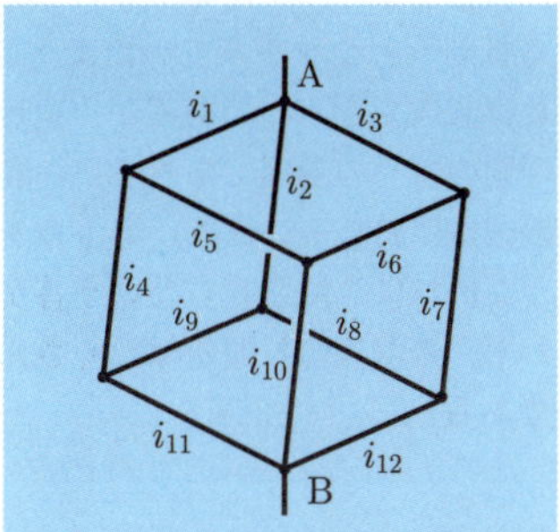

方程式と解

一般に，単一もしくは複数の未知量の間の数学的な関係式を方程式と呼び，方程式をみたす未知量の値や式をその方程式の解という．本章で取り上げた連立 1 次方程式は，単一変数の 1 次方程式や 2 次方程式をはじめとする代数方程式に分類されるものの例である．また，この他にも微分方程式など，重要な例が多い．科学研究では，さまざまな現象の関係や変化の様子を解析することが大きな目標であるから，各種方程式の解の存在やその一意性を調べることは重要な意味を持つことになる．したがって，基本的な方程式の解の性質に関する知識は，科学の研究者として身につけておくべき素養といえよう．

さて，第 1 章では連立 1 次方程式の解について基本的なことを取り上げ，連立 1 次方程式の解の個数が一意的に決まるわけではないことを学んだ．方程式を単に計算して解を求めるだけの対象として考えるならば，このように解の個数を問題にすることは無駄のように考えられるかも知れない．しかしながら，後続の章でも見るように，応用上の問題においては，解が 1 つしかない場合はそれが自明解であることが多く，あまり興味深いものではない．それに対し，一般解は自由パラメータが問題の様々な条件に応じて定められることが多く，より広範な解のクラスを含んでおり，汎用性が高い．

連立方程式を最初に学ぶときに取り上げられるのは，変数が 2 つ，方程式も 2 つの 2 元連立 1 次方程式であろう．中学校で連立方程式の解法を学び始めた頃，「不能」や「不定」という語があったように記憶している．これらを本章の言葉で解釈すると，解が存在しない場合を「不能」，無数に多くの解を持つ場合（自由パラメータがある場合）を「不定」ということになる．中学時代を振り返ると，この 2 つの場合は連立方程式の理解において大きな障壁となっていたように思う．これは，「方程式」というものが何か数学的な機械のようなもので，適当に数値を入れるとただ一つの答が出てくるようなイメージが一般にあって，それと相容れないからではないだろうか．世間に流通している「勝利の方程式」などという言葉はそれを反映しているように思われる．このように，特定の意味を持つ専門用語が本来的な意味から離れて流通することはよくあるようだ．

以前，ある文章で，次のような内容のものを読んだことがある．上記のような「方程式」の用例を挙げた後に，直線のグラフの交点が解を表すことに触れ，グラフが交わらないことがあり，このときは答がない，と述べたものであった．この後，話はすぐに答を求めさせる教育に対する批判へとつながっていたように記憶している．

この記述が意図したことは想像できるのであるが，意地悪な言い方をすると，残念ながら「方程式の解」と「問題の答」の混同であろう．一般にこれらは同じ意味で使われることがあるようだが，厳密には異なることは，第 1 章を注意深く読んだ方にはお分かり頂けると思う．このような例では「解なし」という答がちゃんとある．もちろん，世の中には答がない（すなわち，未解決の）問題はたくさんあり，それをうまく解決することが求められているのである．

2 行列の積

2.1 ベクトルと行列の積

行ベクトルと列ベクトルの積　行ベクトル $\boldsymbol{a}^{\mathrm{T}}$ と列ベクトル $\boldsymbol{b}$ の積 $\boldsymbol{a}^{\mathrm{T}}\boldsymbol{b}$ は，両者の成分の個数が同じときにだけ存在する．$\boldsymbol{a}^{\mathrm{T}} \in \mathbb{R}_n$，$\boldsymbol{b} \in \mathbb{R}^n$ をそれぞれ

$$\boldsymbol{a}^{\mathrm{T}} = \begin{bmatrix} \alpha_1 & \alpha_2 & \cdots & \alpha_n \end{bmatrix}, \quad \boldsymbol{b} = \begin{bmatrix} \beta_1 \\ \beta_2 \\ \vdots \\ \beta_n \end{bmatrix}, \quad \alpha_i, \beta_i \in \mathbb{R} \quad (1 \leqq i \leqq n)$$

とするとき，$\boldsymbol{a}^{\mathrm{T}}\boldsymbol{b}$ は次のようになる：

$$\boldsymbol{a}^{\mathrm{T}}\boldsymbol{b} := \alpha_1\beta_1 + \alpha_2\beta_2 + \cdots + \alpha_n\beta_n = \sum_{i=1}^{n} \alpha_i\beta_i \tag{2.1}$$

ベクトルの積に関する注意事項　式 (2.1) で定義された積の値は，単なる数である．$\boldsymbol{a}^{\mathrm{T}}$ と $\boldsymbol{b}$ の成分の個数が異なる場合は，$\boldsymbol{a}^{\mathrm{T}}\boldsymbol{b}$ は存在しない[*1]．

行列の積　次のような $m \times n$ 行列 A と $n \times r$ 行列 B

$$A = \begin{bmatrix} \alpha_{ij} \end{bmatrix}_{m \times n} = \begin{bmatrix} \boldsymbol{z}_1^{\mathrm{T}} \\ \boldsymbol{z}_2^{\mathrm{T}} \\ \vdots \\ \boldsymbol{z}_m^{\mathrm{T}} \end{bmatrix}, \quad \boldsymbol{z}_i^{\mathrm{T}} = \begin{bmatrix} \alpha_{i1} & \alpha_{i2} & \cdots & \alpha_{in} \end{bmatrix} \quad (1 \leqq i \leqq m)$$

[*1] このベクトルの積は，幾何ベクトルの内積（第 3.5 節参照）$\boldsymbol{a} \cdot \boldsymbol{b}$ を n 成分ベクトルに拡張したものと考えることができる．式 (2.1) では，左側に行ベクトル $\boldsymbol{a}^{\mathrm{T}}$, 右側に列ベクトル $\boldsymbol{b}$ が位置しているが，左が列ベクトル，右が行ベクトルのタイプの積 $\boldsymbol{b}\boldsymbol{a}^{\mathrm{T}}$ も存在する．しかし，一般に $\boldsymbol{a}^{\mathrm{T}}\boldsymbol{b}$ と $\boldsymbol{b}\boldsymbol{a}^{\mathrm{T}}$ とは同じものではなく，この点でスカラー積とは異なる．$\boldsymbol{a}^{\mathrm{T}}\boldsymbol{b}$ や $\boldsymbol{b}\boldsymbol{a}^{\mathrm{T}}$ は，すぐ後で行列の積として定式化される（28 ページ）．なお，記号「T」に関しては，第 2.3 節を参照のこと．

$$B = \big[\beta_{ij}\big]_{n\times r} = \big[\boldsymbol{s}_1 \quad \boldsymbol{s}_2 \quad \cdots \quad \boldsymbol{s}_r\big], \quad \boldsymbol{s}_j = \begin{bmatrix} \beta_{1j} \\ \beta_{2j} \\ \vdots \\ \beta_{nj} \end{bmatrix} \qquad (1 \leqq j \leqq r)$$

に対して，これらの**積** AB は $m \times r$ 行列で，次式で定義される．

$$AB := \begin{bmatrix} \boldsymbol{z}_1^{\mathrm{T}}\boldsymbol{s}_1 & \boldsymbol{z}_1^{\mathrm{T}}\boldsymbol{s}_2 & \cdots & \boldsymbol{z}_1^{\mathrm{T}}\boldsymbol{s}_r \\ \boldsymbol{z}_2^{\mathrm{T}}\boldsymbol{s}_1 & \boldsymbol{z}_2^{\mathrm{T}}\boldsymbol{s}_2 & \cdots & \boldsymbol{z}_2^{\mathrm{T}}\boldsymbol{s}_r \\ \vdots & \vdots & \ddots & \vdots \\ \boldsymbol{z}_m^{\mathrm{T}}\boldsymbol{s}_1 & \boldsymbol{z}_m^{\mathrm{T}}\boldsymbol{s}_2 & \cdots & \boldsymbol{z}_m^{\mathrm{T}}\boldsymbol{s}_r \end{bmatrix} = \left[\sum_{k=1}^{n} \alpha_{ik}\beta_{kj}\right]_{m\times r} \tag{2.2}$$

これは，式 (2.1) で定義した行ベクトルと列ベクトルの積も特別な場合として含む[*2]．

行列の積に関する注意事項

1. 式 (2.2) 中の $\boldsymbol{z}_i^{\mathrm{T}}\boldsymbol{s}_j$ 等は，(2.1) で定義されたベクトルの積である
2. 積 AB は，A の列の数と B の行の数が同じであるときだけ存在する
3. 積 AB は A や B と同じ型であるとは限らない
4. 積 AB が存在しても，積 BA が存在するとは限らない
5. 積 AB と BA が共に存在する場合でも，その型は一致するとは限らない

行列とベクトルの積　行列と列ベクトルの**積**，および行ベクトルと行列の積は，ベクトルを列数または行数 1 の行列としたときの行列の積として定義される．すなわち，行列 A, 列ベクトル $\boldsymbol{s}$, 行ベクトル $\boldsymbol{z}^{\mathrm{T}}$ に対して，

1. A の列数 $=$ $\boldsymbol{s}$ の成分の数 $\Longrightarrow$ 積 $A\boldsymbol{s}$ が存在する
2. A の行数 $=$ $\boldsymbol{z}^{\mathrm{T}}$ の成分の数 $\Longrightarrow$ 積 $\boldsymbol{z}^{\mathrm{T}}A$ が存在する

[*2] 3 次元空間におけるベクトル $\boldsymbol{a} = a_1\boldsymbol{e}_1 + a_2\boldsymbol{e}_2 + a_3\boldsymbol{e}_3$, $\boldsymbol{b} = b_1\boldsymbol{e}_1 + b_2\boldsymbol{e}_2 + b_3\boldsymbol{e}_3$ に付随して，それぞれ $\boldsymbol{a}^{\mathrm{T}} = \big[a_1 \ a_2 \ a_3\big]$ という行ベクトルと，$\boldsymbol{b} = \begin{bmatrix} b_1 \\ b_2 \\ b_3 \end{bmatrix}$ という列ベクトルを考えると，スカラー積 $\boldsymbol{a}\cdot\boldsymbol{b}$ は，行列の積としての $\boldsymbol{a}^{\mathrm{T}}\boldsymbol{b}$ に等しい．また，これらは，$\boldsymbol{a}^{\mathrm{T}}$ の成分を縦に並べた列ベクトル $\boldsymbol{a}$ と，$\boldsymbol{b}$ の成分を横に並べた行ベクトル $\boldsymbol{b}^{\mathrm{T}}$ を用いた積 $\boldsymbol{b}^{\mathrm{T}}\boldsymbol{a}$ にも一致する．一般の次元のベクトルの内積に関して，第 3.2 節も参照せよ．

例題 2.1 　　**行列の積**

次のそれぞれについて，積 AB, BA が存在するかどうか調べ，存在する場合はそれを計算せよ．

(a) $A = \begin{bmatrix} 1 & 1 \\ -2 & 1 \end{bmatrix}$, $B = \begin{bmatrix} 1 \\ -1 \end{bmatrix}$　　(b) $A = \begin{bmatrix} 1 & 2 & 3 \\ 3 & 2 & 1 \end{bmatrix}$, $B = \begin{bmatrix} 1 \\ -1 \\ -1 \end{bmatrix}$

(c) $A = \begin{bmatrix} 1 & 1 & -1 \\ 2 & 1 & 2 \end{bmatrix}$, $B = \begin{bmatrix} 1 & -1 \\ 1 & 1 \end{bmatrix}$

【解　答】

(a) $A \in \mathbb{R}^{2\times 2}$, $B \in \mathbb{R}^{2\times 1}$ であるから，積 AB は存在するが，BA は存在しない．積 AB は $\mathbb{R}^{2\times 1}$ に属し，次のようになる．

$$AB = \begin{bmatrix} 1 & 1 \\ -2 & 1 \end{bmatrix} \begin{bmatrix} 1 \\ -1 \end{bmatrix} = \begin{bmatrix} 1\cdot 1 + 1\cdot(-1) \\ (-2)\cdot 1 + 1\cdot(-1) \end{bmatrix} = \begin{bmatrix} 1-1 \\ -2-1 \end{bmatrix} = \begin{bmatrix} 0 \\ -3 \end{bmatrix}$$

(b) $A \in \mathbb{R}^{2\times 3}$, $B \in \mathbb{R}^{3\times 1}$ であるから，積 AB は存在し，積 BA は存在しない．$AB \in \mathbb{R}^{2\times 1}$ であって，

$$AB = \begin{bmatrix} 1 & 2 & 3 \\ 3 & 2 & 1 \end{bmatrix} \begin{bmatrix} 1 \\ -1 \\ -1 \end{bmatrix} = \begin{bmatrix} 1\cdot 1 + 2\cdot(-1) + 3\cdot(-1) \\ 3\cdot 1 + 2\cdot(-1) + 1\cdot(-1) \end{bmatrix} = \begin{bmatrix} -4 \\ 0 \end{bmatrix}$$

(c) $A \in \mathbb{R}^{2\times 3}$, $B \in \mathbb{R}^{2\times 2}$ であるから，AB は存在せず，BA は存在して $BA \in \mathbb{R}^{2\times 3}$ である．積 BA は，

$$BA = \begin{bmatrix} 1 & -1 \\ 1 & 1 \end{bmatrix} \begin{bmatrix} 1 & 1 & -1 \\ 2 & 1 & 2 \end{bmatrix} = \begin{bmatrix} 1-2 & 1-1 & -1-2 \\ 1+2 & 1+1 & -1+2 \end{bmatrix}$$
$$= \begin{bmatrix} -1 & 0 & -3 \\ 3 & 2 & 1 \end{bmatrix}$$

問　題

1.1 次の場合について，AB と BA を計算してその結果を比較せよ．

(a) $A = \begin{bmatrix} 1 & 2 \\ 2 & 1 \end{bmatrix}$, $B = \begin{bmatrix} 1 & 1 \\ 1 & -1 \end{bmatrix}$　　(b) $A = \begin{bmatrix} 2 & 0 \\ 0 & 2 \end{bmatrix}$, $B = \begin{bmatrix} -1 & 2 \\ 2 & -1 \end{bmatrix}$

(c) $A = \begin{bmatrix} 1 & -1 \end{bmatrix}$, $B = \begin{bmatrix} 2 \\ 1 \end{bmatrix}$　　(d) $A = \begin{bmatrix} 1 & 0 & -1 \\ 0 & 1 & 0 \end{bmatrix}$, $B = \begin{bmatrix} 1 & 3 \\ 2 & 2 \\ 3 & 1 \end{bmatrix}$

2.2 計算規則

対角成分と対角線　n 次正方行列 $A = \left[a_{ij}\right]_{n\times n}$ の第 i 行 i 列成分

$$a_{ii} \quad (1 \leqq i \leqq n) \tag{2.3}$$

を，行列 A の**対角成分**または**対角要素**という．対角成分以外の成分を非対角成分という．A の対角成分 a_{ii}（$1 \leqq i \leqq n$）を連ねた右下がりの対角線（式 (2.4) で実線に囲まれた部分）を行列 A の**対角線**という．

$$A = \begin{bmatrix} a_{11} & & & \\ & a_{22} & & * \\ & & \ddots & \\ & * & & \\ & & & a_{nn} \end{bmatrix} \tag{2.4}$$

跡（トレース）　正方行列の対角成分をすべて加えたものを**跡**または**トレース**と言い，$\operatorname{Tr} A$ のように表す[*3]．すなわち，

$$A = \left[a_{ij}\right] \in \mathbb{R}^{n\times n} \implies \operatorname{Tr} A = \sum_{i=1}^{n} a_{ii} \tag{2.5}$$

単位行列　n 次正方行列のうち，対角成分がすべて 1，それ以外の成分がすべて 0 のものを $n \times n$ **単位行列**と呼び，E_n で表す．

$$E_n := \begin{bmatrix} 1 & 0 & \cdots\cdots & & 0 \\ 0 & 1 & 0 & & \vdots \\ \vdots & 0 & 1 & 0 & \vdots \\ \vdots & & 0 & \ddots & \ddots \\ \vdots & & & \ddots & 0 \\ 0 & \cdots\cdots & & 0 & 1 \end{bmatrix} = \left[\boldsymbol{e}_1 \quad \boldsymbol{e}_2 \quad \cdots \quad \boldsymbol{e}_n\right] = \begin{bmatrix} \boldsymbol{e}'_1 \\ \boldsymbol{e}'_2 \\ \vdots \\ \boldsymbol{e}'_n \end{bmatrix} \tag{2.6}$$

対角成分が 1，それ以外（実線で囲まれた部分）は 0

ただし，$\boldsymbol{e}_i, \boldsymbol{e}'_i$（$1 \leqq i \leqq n$）は，それぞれ $\mathbb{R}^n, \mathbb{R}_n$ の自然基底のベクトルである（第

[*3] この他にも Spur（シュプール）と呼んで，$\operatorname{Sp} A$ や $\operatorname{Spur} A$ などと書くこともある．

1.1 節式 (1.6a), (1.6c) を参照）．単位行列の大きさが明らかな場合は，添字 n を略して単に E と書くこともある．

行列の計算に関する諸性質　行列（行列としての行ベクトルや列ベクトルを含む）の和・差・積や実数倍に関して，次の計算規則が成り立つ．

$A, A_1, A_2 \in \mathbb{R}^{m\times n}$,　$B, B_1, B_2 \in \mathbb{R}^{n\times r}$, $C \in \mathbb{R}^{r\times s}$, $\alpha \in \mathbb{R}$ として，

1. $(A_1 + A_2)B = A_1B + A_2B$,　$A(B_1 + B_2) = AB_1 + AB_2$
2. $\alpha(AB) = (\alpha A)B = A(\alpha B)$
3. $A(BC) = (AB)C$　(2.7)
4. $E_mA = AE_n = A$
5. AB と BA が共に存在し，同じ型であっても，一般に $AB \neq BA$

行列のベキ乗　正方行列は，自分自身を何度でも繰り返しかけることができ，k 回かけたものを A^k と書く．これを行列の**ベキ乗**という．特に，$AB = E, CA = E$ となる B, C が存在するとき（可逆なとき．第 2.4 節）は，$A^0 := E$ と規約する．

$A \in \mathbb{R}^{n\times n}$，$k$ は自然数とするとき，

$$\begin{cases} A^k := A \cdot A^{k-1} = A^{k-1} \cdot A \\ A^0 := E_n \end{cases} \qquad (A\text{ が可逆なとき}) \tag{2.8a}$$

または，

$$A^k := \underbrace{A \cdot A \cdots A}_{k}, \quad A^0 := E_n \quad (A\text{ が可逆なとき}) \tag{2.8b}$$

行列の積とベクトル表示　$A \in \mathbb{R}^{m\times n}$, $\boldsymbol{x} \in \mathbb{R}^n$ のとき，積 $A\boldsymbol{x}$ は A の各列ベクトルを用いて

$$A = \begin{bmatrix} \boldsymbol{a}_1 & \boldsymbol{a}_2 & \cdots & \boldsymbol{a}_n \end{bmatrix}, \quad \boldsymbol{x} = \begin{bmatrix} x_1 \\ x_2 \\ \vdots \\ x_n \end{bmatrix}$$

$$\Longrightarrow A\boldsymbol{x} = x_1\boldsymbol{a}_1 + x_2\boldsymbol{a}_2 + \cdots + x_n\boldsymbol{a}_n = \sum_{j=1}^{n} x_j\boldsymbol{a}_j \tag{2.9}$$

のように表すことができる．

例題 2.2 **行列からのベクトルの抜き出し**

$A \in \mathbb{R}^{m\times n}$，また $\boldsymbol{e}_j$ を $\mathbb{R}^n$ の，$\boldsymbol{e}'_k$ を $\mathbb{R}_m$ の自然基底に属するベクトルの1つとする（$1 \leqq j \leqq n, 1 \leqq k \leqq m$）．積 $A\boldsymbol{e}_j$, $\boldsymbol{e}'_k A$ はどのようなベクトルか．

【解　答】 行列 A を $A = \left[a_{ij}\right]_{m\times n}$ とし，その行表現と列表現を次のように表す：

$$A = \begin{bmatrix} \boldsymbol{z}_1^{\mathrm{T}} \\ \boldsymbol{z}_2^{\mathrm{T}} \\ \vdots \\ \boldsymbol{z}_m^{\mathrm{T}} \end{bmatrix} = \begin{bmatrix} \boldsymbol{s}_1 & \boldsymbol{s}_2 & \cdots & \boldsymbol{s}_n \end{bmatrix}, \quad \boldsymbol{z}_j^{\mathrm{T}} := \left[a_{jk}\right]_{1\times n}, \quad \boldsymbol{s}_i := \left[a_{ki}\right]_{m\times 1}$$

$A\boldsymbol{e}_j$ は $\mathbb{R}^m$ に属する列ベクトルで，その i 番目の成分は

$$\boldsymbol{z}_i^{\mathrm{T}}\boldsymbol{e}_j = \boldsymbol{z}_i^{\mathrm{T}} \text{ の第 } j \text{ 成分} = a_{ij}$$

である．したがって，

$$A\boldsymbol{e}_j = \left[a_{ij}\right]_{m\times 1} = \boldsymbol{s}_j$$

となり，$A\boldsymbol{e}_j$ は行列 A の j 番目の列ベクトルを抜き出したものであることがわかった．

次に，$\boldsymbol{e}'_k A$ について調べると，これは $\mathbb{R}_n$ に属する行ベクトルである．$A\boldsymbol{e}_j$ の場合と同様にして i 番目の成分を調べると，

$$\boldsymbol{e}'_k A \text{ の第 } i \text{ 成分} = \boldsymbol{e}'_k \boldsymbol{s}_i = \boldsymbol{s}_i \text{ の第 } k \text{ 成分} = a_{ki}$$

を得て，$\boldsymbol{e}'_k A = \left[a_{ki}\right]_{1\times n} = \boldsymbol{z}_k^{\mathrm{T}}$．これは A の第 k 行を抜き出したものである[*4]．

問　題

2.1 $I^{(k)}(i,j) \in \mathbb{R}^{k\times k}$ を，第 (i,j) 成分のみ 1 で，それ以外の成分が 0 の行列とする．$A \in \mathbb{R}^{m\times n}$ に対し，積 $AI^{(n)}(i,j)$, $I^{(m)}(i,j)A$ はどのような行列になるか．

2.2 $A \in \mathbb{R}^{2\times 2}$ とする．任意の $B \in \mathbb{R}^{2\times 2}$ に対して $AB = BA$ が成り立つのは，A がどのような場合か．

2.3 任意の $A \in \mathbb{R}^{m\times n}$ に対して $AI_n = A, I_n \in \mathbb{R}^{n\times n}$ ならば，$I_n = E_n$ であることを示せ．また，$I_m A = A, I_m \in \mathbb{R}^{m\times m}$ ならば，$I_m = E_m$ であることを示せ．

[*4] 行列の行や列を抜き出す必要が生じたときは，この問題の結果を用いればよい．他にも，たとえば行列 A の列を適宜抜き出したり，入れ換えたりして行列を変形するためには，$\mathbb{R}^n$ の自然基底から適当なものを選んで並べた行列を右からかければよいことになる．行に関しても同様で，このような取り扱いは，第 4 章での基本変形や基本行列の話題につながるものである．

例題 2.3 行列のべき乗

$A = \begin{bmatrix} 0 & -1 \\ 1 & 0 \end{bmatrix}$ とする．A^2, A^3 を計算せよ．また，一般に A^n を求めよ．

【解　答】 A^2 および A^3 を計算すると，

$$A^2 = \begin{bmatrix} 0 & -1 \\ 1 & 0 \end{bmatrix}\begin{bmatrix} 0 & -1 \\ 1 & 0 \end{bmatrix} = \begin{bmatrix} -1 & 0 \\ 0 & -1 \end{bmatrix} = -E_2$$

$$A^3 = A^2 \cdot A = -E_2 A = -A$$

である．次に，一般の A^n を求める．$A^2 = -E_2$, $A^3 = -A$ は既に求められているから，これをもとに計算すると，

$$A^4 = A^3 \cdot A = -A \cdot A = -A^2 = -(-E_2) = E_2, \quad A^5 = A^4 \cdot A = A$$

となって，元に戻る．以下これを繰り返せば一般の A^n が求められ，

$$A^n = \begin{cases} (-1)^k E_2 & (n = 2k \text{ のとき}) \\ (-1)^k A & (n = 2k-1 \text{ のとき}) \end{cases}$$

となる．ただし，k は自然数である．

問　題

3.1 次の行列に対して，A^n（n は自然数）を求めよ．

(a) $A = \begin{bmatrix} 1 & 1 \\ 0 & 1 \end{bmatrix}$　(b) $A = \begin{bmatrix} 1 & 1 \\ 1 & 1 \end{bmatrix}$　(c) $A = \begin{bmatrix} 1 & 1 & 0 \\ 0 & 1 & 1 \\ 0 & 0 & 1 \end{bmatrix}$

3.2 A を正方行列，x を実数，n を自然数として，$(xA)^n = x^n A^n$ を示せ．

3.3 A を正方行列とするとき，$\exp A$ は $\exp A = E + \sum_{n=1}^{\infty} \frac{A^n}{n!}$ で定義される．上記例題 2.3 および問題 3.1 の各行列に対して，$\exp(xA)$（$x \in \mathbb{R}$）を求めよ．

3.4 $A \in \mathbb{R}^{n\times n}$, $t_1, t_2 \in \mathbb{R}$ とし，行列の指数関数を前問の通りに定義する．さらに，$\cos A := E + \sum_{j=1}^{\infty} \frac{(-1)^j}{(2j)!} A^{2j}$, $\sin A := \sum_{j=0}^{\infty} \frac{(-1)^j}{(2j+1)!} A^{2j+1}$ と定める．

(a) $\exp(t_1 A)\exp(t_2 A) = \exp[(t_1 + t_2)A]$ を示せ．

(b) $\exp(iA) = \cos A + i \sin A$ を示せ．（ただし，i は虚数単位である．複素数を成分とする行列は第 7.1 節を参照）

2.3 行列の転置

転置行列の定義　$m \times n$ 行列 A に対して，A の第 i 行が第 i 列となるように，各行をそのままの順で列に並べた $n \times m$ 行列を，A の**転置行列**といい，A^{T} と書く[*5]．

$$A = \underbrace{\left.\begin{bmatrix} \alpha_{11} & \alpha_{12} & \cdots & \alpha_{1n} \\ \alpha_{21} & \alpha_{22} & \cdots & \alpha_{2n} \\ \vdots & \vdots & \ddots & \vdots \\ \alpha_{m1} & \alpha_{m2} & \cdots & \alpha_{mn} \end{bmatrix}\right\} m}_{n} \Longrightarrow A^{\mathrm{T}} := \underbrace{\left.\begin{bmatrix} \alpha_{11} & \alpha_{21} & \cdots & \alpha_{m1} \\ \alpha_{12} & \alpha_{22} & \cdots & \alpha_{m2} \\ \vdots & \vdots & \ddots & \vdots \\ \alpha_{1n} & \alpha_{2n} & \cdots & \alpha_{mn} \end{bmatrix}\right\} n}_{m} \tag{2.10}$$

転置行列は，行の数と列の数が相異なっていても定義される．

転置行列の性質とその演算規則　転置行列，および転置行列を求める操作について，以下の性質が成り立つ．

A, B を行列，α を実数とするとき，

1. $m \times n$ 行列の転置行列は，$n \times m$ 行列である．すなわち，
$$A \in \mathbb{R}^{m \times n} \Longrightarrow A^{\mathrm{T}} \in \mathbb{R}^{n \times m}$$
2. 転置により，元の行列の列ベクトルは転置した行列の行ベクトルに，行ベクトルは列ベクトルに一致する
3. $(A+B)^{\mathrm{T}} = A^{\mathrm{T}} + B^{\mathrm{T}} \quad (A, B \in \mathbb{R}^{m \times n})$
4. $(\alpha A)^{\mathrm{T}} = \alpha A^{\mathrm{T}}$
5. $(A^{\mathrm{T}})^{\mathrm{T}} = A$
6. $(AB)^{\mathrm{T}} = B^{\mathrm{T}} A^{\mathrm{T}} \quad (A \in \mathbb{R}^{m \times l}, B \in \mathbb{R}^{l \times n})$

[*5] 第 1 章や第 2.1 節で，行ベクトルを $\boldsymbol{z}^{\mathrm{T}}$ のように表したのは，この記法に由来する．

対称行列と反対称行列 n 次正方行列が次のような特別な関係式をみたすとき，**対称行列**または**反対称行列**という．

$$\begin{aligned} A \in \mathbb{R}^{n\times n} \text{ が対称行列} &\iff A^{\mathrm{T}} = A \\ A \in \mathbb{R}^{n\times n} \text{ が反対称行列} &\iff A^{\mathrm{T}} = -A \end{aligned} \tag{2.11a}$$

反対称行列は**交代行列**ということもある*6．正方行列でない場合は，対称行列にも反対称行列にもなり得ない．対称行列・反対称行列を具体的に成分を用いて書くと，次のように表される．

$$A = \left[\alpha_{ij}\right]_{n\times n} \quad (1 \leqq i \leqq n,\ 1 \leqq j \leqq n) \text{ に対して}$$

$$\begin{aligned} &A \text{ が対称行列} \iff \alpha_{ij} = \alpha_{ji} \\ &\qquad \text{すなわち} \quad A = \begin{bmatrix} \alpha_{11} & \alpha_{12} & \cdots & \alpha_{1n} \\ \alpha_{12} & \alpha_{22} & \cdots & \alpha_{2n} \\ \vdots & \vdots & \ddots & \vdots \\ \alpha_{1n} & \alpha_{2n} & \cdots & \alpha_{nn} \end{bmatrix} \\ &A \text{ が反対称行列} \iff \alpha_{ij} = -\alpha_{ji} \\ &\qquad \text{すなわち} \quad A = \begin{bmatrix} 0 & \alpha_{12} & \cdots & \alpha_{1n} \\ -\alpha_{12} & 0 & \cdots & \alpha_{2n} \\ \vdots & \vdots & \ddots & \vdots \\ -\alpha_{1n} & -\alpha_{2n} & \cdots & 0 \end{bmatrix} \end{aligned} \tag{2.11b}$$

反対称行列の対角成分は必ず 0 である．

零行列は対称でも反対称でもある．また，対角行列（対角成分以外の成分が 0 である行列．第 2.5 節）は対称行列である．

---

*6 反対称 (anti-symmetric) のかわりに歪対称 (skew-symmetric) ということもある．この他にも，反エルミート行列（7.2 節）のかわりに歪エルミート行列というなど,「反」のかわりに「歪」を用いることがあるが，本書ではこれを用いないことにする．

「skew」という語は「ゆがんだ」という意味の他に「斜めの」という意味も持ち,「skew coordinate」という語が「斜行座標」と訳されている例がある．

例題 2.4 行列の転置を用いたベクトルの内積の表現

$\mathbb{R}^n$ のベクトル $\boldsymbol{x}, \boldsymbol{a}$ に対して，これらの内積 $\boldsymbol{x} \cdot \boldsymbol{a}$ を

$$\boldsymbol{x} \cdot \boldsymbol{a} := \sum_{i=1}^{n} x_i a_i$$

によって定義する．ベクトル $\boldsymbol{x}$ から作られる，$\boldsymbol{a}$ の定数倍 $(\boldsymbol{x} \cdot \boldsymbol{a})\boldsymbol{a}$ に関して，$(\boldsymbol{x} \cdot \boldsymbol{a})\boldsymbol{a} = (\boldsymbol{a}\boldsymbol{a}^{\mathrm{T}})\boldsymbol{x}$ であることを示せ．

【解　答】 $\boldsymbol{x} \cdot \boldsymbol{a} = \displaystyle\sum_{i=1}^{n} a_i x_i$ であるから，

$$(\boldsymbol{x} \cdot \boldsymbol{a})\boldsymbol{a} \text{ の第 } j \text{ 成分} = \left(\sum_{i=1}^{n} a_i x_i\right) a_j \qquad (*)$$

一方，$(\boldsymbol{a}\boldsymbol{a}^{\mathrm{T}})\boldsymbol{x}$ に対しては，

$$\boldsymbol{a}\boldsymbol{a}^{\mathrm{T}} = \begin{bmatrix} a_1 \\ a_2 \\ \vdots \\ a_n \end{bmatrix} \begin{bmatrix} a_1 & a_2 & \cdots & a_n \end{bmatrix} = \begin{bmatrix} a_i a_j \end{bmatrix}_{n \times n}$$

であるから，

$$(\boldsymbol{a}\boldsymbol{a}^{\mathrm{T}})\,\boldsymbol{x} \text{ の第 } j \text{ 成分} = \sum_{i=1}^{n} (\boldsymbol{a}\boldsymbol{a}^{\mathrm{T}})\Big|_{ij} x_i = \sum_{i=1}^{n} a_i a_j x_i = \left(\sum_{i=1}^{n} a_i x_i\right) a_j \qquad (**)$$

$(*)$ および $(**)$ を比較して，$(\boldsymbol{x} \cdot \boldsymbol{a})\boldsymbol{a} = (\boldsymbol{a}\boldsymbol{a}^{\mathrm{T}})\boldsymbol{x}$ が確かめられた．

問　題

4.1 $\boldsymbol{a}, \boldsymbol{b}, \boldsymbol{c} \in \mathbb{R}^n$ に対して $(\boldsymbol{a} \cdot \boldsymbol{b})\boldsymbol{c} = (\boldsymbol{c}\boldsymbol{a}^{\mathrm{T}})\boldsymbol{b} = (\boldsymbol{c}\boldsymbol{b}^{\mathrm{T}})\boldsymbol{a}$ となることを示せ．

4.2 A, B を行列とするとき，転置行列に関する次の性質を示せ．

(a) $(A+B)^{\mathrm{T}} = A^{\mathrm{T}} + B^{\mathrm{T}}$ (b) $(A^{\mathrm{T}})^{\mathrm{T}} = A$ (c) $(AB)^{\mathrm{T}} = B^{\mathrm{T}} A^{\mathrm{T}}$

4.3 $M \in \mathbb{R}^{n \times n}$ とする．$M + M^{\mathrm{T}}$ が対称行列，$M - M^{\mathrm{T}}$ が反対称行列であることを示せ．

例題 2.5 　**行列の分解**

$M = [m_{ij}]_{n\times n}$ を，対称行列 S と反対称行列 A を用いて $M = S + A$ と表すとき，S, A を求めよ．

【解 答】 S, A をそれぞれ

$$S := \begin{bmatrix} s_{11} & s_{12} & \cdots & s_{1n} \\ s_{12} & s_{22} & \cdots & s_{2n} \\ \vdots & \vdots & \ddots & \vdots \\ s_{1n} & s_{2n} & \cdots & s_{nn} \end{bmatrix}, \quad A := \begin{bmatrix} 0 & a_{12} & \cdots & a_{1n} \\ -a_{12} & 0 & \cdots & a_{2n} \\ \vdots & \vdots & \ddots & \vdots \\ -a_{1n} & -a_{2n} & \cdots & 0 \end{bmatrix}$$

と書き，$M = S + A$ の各成分を比較すると，

$$m_{ii} = s_{ii}, \quad i < j \text{ のとき } m_{ij} = s_{ij} + a_{ij}, \quad i > j \text{ のとき } m_{ij} = s_{ji} - a_{ji}$$

となる．これを s_{ij}, a_{ij} に関して解くと，

$$s_{ij} = \frac{m_{ij} + m_{ji}}{2} \quad (i \leqq j), \quad a_{ij} = \frac{m_{ij} - m_{ji}}{2} \quad (i < j)$$

したがって，S, A は

$$S = \frac{M + M^{\mathrm{T}}}{2}, \quad A = \frac{M - M^{\mathrm{T}}}{2}$$

のようになる．

【別 解】 S, A はそれぞれ対称行列，反対称行列であるから

$$M^{\mathrm{T}} = (S + A)^{\mathrm{T}} = S^{\mathrm{T}} + A^{\mathrm{T}} = S - A$$

である．これと $M = S + A$ を用いて S, A に関して解くと，次の結果を得る．

$$S = \frac{M + M^{\mathrm{T}}}{2}, \quad A = \frac{M - M^{\mathrm{T}}}{2}$$

問 題

5.1 次の行列を，対称行列と反対称行列の和で表せ．

(a) $\begin{bmatrix} 1 & 2 \\ 4 & 3 \end{bmatrix}$ 　(b) $\begin{bmatrix} 0 & 3 \\ 1 & 0 \end{bmatrix}$ 　(c) $\begin{bmatrix} 1 & 2 & 1 \\ 0 & -1 & 2 \\ 3 & 4 & -2 \end{bmatrix}$

5.2 $A \in \mathbb{R}^{2\times 2}$, $k \in \mathbb{R}$, $A^{\mathrm{T}} = kA$ であるとき，k, A に対する条件を求めよ．

2.4 可逆な行列

逆行列　n 次正方行列 A に対して，次のような性質をみたす n 次正方行列 B が存在するとき，A は**可逆**であるという．また，可逆行列を**正則行列**ということもある．

> $A, B \in \mathbb{R}^{n\times n}$，$E_n$ を n 次単位行列として，
> $$AB = BA = E_n \tag{2.12}$$

このような B を，A の**逆行列**または**逆**といい，A^{-1} と書く．逆行列の計算方法については，第 4.4 節および 5.3 節を参照せよ．

逆行列に関する性質と公式　行列の可逆性および逆行列について，次の性質が成り立つ．

> $A, B \in \mathbb{R}^{n\times n}$ とするとき，
> 1. 行列 A が可逆ならば A^{-1} は一意的に定まる
> 2. 行列 A が可逆ならば A^{-1} も可逆で，$(A^{-1})^{-1} = A$
> 3. 行列 A，B が可逆ならば積 AB も可逆で，$(AB)^{-1} = B^{-1}A^{-1}$
> 4. 行列 A が可逆ならばその転置行列も可逆で，$(A^{\mathrm{T}})^{-1} = (A^{-1})^{\mathrm{T}}$

行列の可逆性に関する条件　A を n 次正方行列とするとき，次のそれぞれは同値である*7（演習問題 6. および第 4.4 節参照）．

1. A は可逆な行列である
2. $AB = E_n$ となるような n 次正方行列 B が存在する
3. $CA = E_n$ となるような n 次正方行列 C が存在する
4. $A\boldsymbol{x} = \mathbf{0}$ の解は $\boldsymbol{x} = \mathbf{0}$ に限る
5. $\mathrm{Rank}\, A = n$

---

*7 (2.11) は A の右からかけても左からかけても E_n となることを要求しているが，2., 3. は片側からかけて E_n になることを確かめれば十分であることを意味している．たとえば，$AB = E_n$ となるような B があれば，$BA = E_n$ を確かめなくても $B = A^{-1}$ であることになる．また，2., 3. が成り立てば，実は $B = C$ であることが示される（問題 6.2）．

4., 5. の同値性は，連立方程式の解法とランクの定義により明らかである．よって，2. と 3. が同値であること，およびこれらと 4. または 5. が同値であることが確かめられればよい．

例題 2.6　　**逆行列**

逆行列に関する次の性質を示せ．

(a)　A, B が可逆ならば AB も可逆で，$(AB)^{-1} = B^{-1}A^{-1}$

(b)　A が可逆ならば A^{T} も可逆で，$(A^{\mathrm{T}})^{-1} = (A^{-1})^{\mathrm{T}}$

(c)　A が可逆，$\alpha \neq 0$ ならば αA は可逆で，$(\alpha A)^{-1} = \dfrac{1}{\alpha}A^{-1}$

【解　答】　ここでは，逆行列の定義に基づいて示す．

(a)　A, B は可逆であるから，A^{-1}, B^{-1} が存在する．ここで，

$$(AB)(B^{-1}A^{-1}) = ABB^{-1}A^{-1} = AE_nA^{-1} = AA^{-1} = E_n$$
$$(B^{-1}A^{-1})(AB) = B^{-1}A^{-1}AB = BE_nB^{-1} = BB^{-1} = E_n$$

よって，AB も可逆であり，$(AB)^{-1} = B^{-1}A^{-1}$ が示された．

(b)　転置行列の積の性質 $(AB)^{\mathrm{T}} = B^{\mathrm{T}}A^{\mathrm{T}}$ と，$E_n^{\mathrm{T}} = E_n$ を用いて，

$$A^{\mathrm{T}}(A^{-1})^{\mathrm{T}} = (A^{-1}A)^{\mathrm{T}} = E_n^{\mathrm{T}} = E_n,\ (A^{-1})^{\mathrm{T}}A^{\mathrm{T}} = (AA^{-1})^{\mathrm{T}} = E_n^{\mathrm{T}} = E_n$$

したがって，A^{T} は可逆で，$(A^{\mathrm{T}})^{-1} = (A^{-1})^{\mathrm{T}}$ が確かめられた．

(c)　$(\alpha A)\left(\dfrac{1}{\alpha}A^{-1}\right)$ と $\left(\dfrac{1}{\alpha}A^{-1}\right)(\alpha A)$ をそれぞれ計算すると，

$$(\alpha A)\left(\frac{1}{\alpha}A^{-1}\right) = \alpha\frac{1}{\alpha}AA^{-1} = E_n, \quad \left(\frac{1}{\alpha}A^{-1}\right)(\alpha A) = \frac{1}{\alpha}\alpha A^{-1}A = E_n,$$

したがって，(αA) は可逆で，$(\alpha A)^{-1} = \dfrac{1}{\alpha}A^{-1}$ であることがわかった．

【注　意】 上記では，逆行列の定義に基づいて証明したため，たとえば (a) では $(AB)(B^{-1}A^{-1}) = E_n$ と $(B^{-1}A^{-1})(AB) = E_n$ の両方の成立を確かめて単位行列になることを示したが，行列の可逆性に関する条件によると，どちらか一方の成立を示せば十分である（問題 6.2 参照）．

問　題

6.1　$E_n^{-1} = E_n$ であることを示せ．

6.2　正方行列 A に対して，$AB = E, CA = E$ となる正方行列 B, C が存在すれば，$B = C$ であることを示せ．

6.3　対称行列の逆行列もまた対称行列であることを示せ．

2.5 三角行列と対角行列

三角行列　　n 次正方行列 A で,

対角線よりも下側の成分がすべて 0 であるような行列を**上三角行列**

対角線よりも上側の成分がすべて 0 であるような行列を**下三角行列**

という. 上三角行列と下三角行列をあわせて**三角行列**という. $A = \left[\alpha_{ij}\right]_{n \times n}$ のとき,

A が上三角行列 $\iff \alpha_{ij} = 0 \quad (i > j)$ すなわち,

$$A = \begin{bmatrix} \alpha_{11} & \alpha_{12} & \cdots & \alpha_{1n} \\ & \alpha_{22} & & \vdots \\ & & \ddots & \\ \text{\Large 0} & & & \alpha_{nn} \end{bmatrix} \tag{2.13a}$$

A が下三角行列 $\iff \alpha_{ij} = 0 \quad (i < j)$ すなわち,

$$A = \begin{bmatrix} \alpha_{11} & & & \text{\Large 0} \\ \alpha_{21} & \alpha_{22} & & \\ \vdots & \vdots & \ddots & \\ \alpha_{n1} & \alpha_{n2} & \cdots & \alpha_{nn} \end{bmatrix} \tag{2.13b}$$

対角行列　　三角行列の特別な場合として, 対角成分以外の成分がすべて 0 の行列を, **対角行列** といい, 記号 Diag（ダイアゴナル）を用いて次のように書き表す. 対角行列は, 上三角でも下三角でもある. また, 対角行列は対称行列でもある.

$$\mathrm{Diag}\left(\alpha_1, \alpha_2, \ldots, \alpha_n\right) := \begin{bmatrix} a_{11} & & & \text{\Large 0} \\ & a_{22} & & \\ & & \ddots & \\ \text{\Large 0} & & & a_{nn} \end{bmatrix} \tag{2.13c}$$

三角行列の逆行列　　三角行列の可逆性に関連して次が成り立つ.

1. 三角行列は, 対角成分に 0 が現れないときにだけ可逆である
2. 上三角行列の逆行列は上三角, 下三角行列の逆行列は下三角である.
3. $\alpha_j \neq 0 \ (1 \leqq j \leqq n)$ の場合,

$$A = \mathrm{Diag}\left(\alpha_1, \alpha_2, \ldots, \alpha_n\right) \implies A^{-1} = \mathrm{Diag}\left(\frac{1}{\alpha_1}, \frac{1}{\alpha_2}, \ldots, \frac{1}{\alpha_n}\right)$$

例題 2.7 **対角行列の指数関数**

$A := \mathrm{Diag}\left(\alpha_1, \ldots, \alpha_n\right)$ とする．

(a) $A^m = \mathrm{Diag}\left(\alpha_1^m, \ldots, \alpha_n^m\right)$ を示せ．

(b) $\exp(tA) = \mathrm{Diag}\left(e^{t\alpha_1}, \ldots, e^{t\alpha_n}\right)$ となることを示せ．

【解　答】

(a) $\mathbb{R}^n$ の自然基底を $\boldsymbol{e}_1, \ldots, \boldsymbol{e}_n$, $\mathbb{R}_n$ の自然基底を $\boldsymbol{e}'_1, \ldots, \boldsymbol{e}'_n$ とすると，A の行表現は $A = \begin{bmatrix} \alpha_1 \boldsymbol{e}'_1 \\ \vdots \\ \alpha_n \boldsymbol{e}'_n \end{bmatrix}$, 列表現は $A = \begin{bmatrix} \alpha_1 \boldsymbol{e}_1 & \cdots & \alpha_n \boldsymbol{e}_n \end{bmatrix}$ である．したがって，

$$A^2 = \begin{bmatrix} \alpha_1^2 \boldsymbol{e}'_1 \boldsymbol{e}_1 & \cdots & \alpha_1 \alpha_n \boldsymbol{e}'_1 \boldsymbol{e}_n \\ \alpha_2 \alpha_1 \boldsymbol{e}'_2 \boldsymbol{e}_1 & \cdots & \alpha_2 \alpha_n \boldsymbol{e}'_2 \boldsymbol{e}_n \\ \vdots & & \vdots \\ \alpha_n \alpha_1 \boldsymbol{e}'_n \boldsymbol{e}_1 & \cdots & \alpha_n^2 \boldsymbol{e}'_n \boldsymbol{e}_n \end{bmatrix} = \left[\alpha_i \alpha_j \delta_{i,j}\right] = \mathrm{Diag}\left(\alpha_1^2, \ldots, \alpha_n^2\right)$$

となる．以下同様に繰り返して $A^k = A^{k-1}A = \begin{bmatrix} \alpha_1^{k-1} \boldsymbol{e}'_1 \\ \vdots \\ \alpha_n^{k-1} \boldsymbol{e}'_n \end{bmatrix} \begin{bmatrix} \alpha_1 \boldsymbol{e}_1 & \cdots & \alpha_n \boldsymbol{e}_n \end{bmatrix}$

によって $A^k = \mathrm{Diag}\left(\alpha_1^k, \ldots, \alpha_n^k\right)$ が成り立つ．

(b) $\exp(tA) = \displaystyle\sum_{k=0}^{\infty} \frac{t^k}{k!} A^k$ に (a) で求めた A^k を代入して，

$$\exp(tA) = E + = \sum_{k=1}^{\infty} \frac{t^k}{k!} \mathrm{Diag}\left(\alpha_1^k, \ldots, \alpha_n^k\right) = \mathrm{Diag}\left(\sum_{k=0}^{\infty} \frac{t^k \alpha_1^k}{k!}, \ldots, \sum_{k=0}^{\infty} \frac{t^k \alpha_n^k}{k!}\right)$$

$$= \mathrm{Diag}\left(e^{t\alpha_1}, \ldots, e^{t\alpha_n}\right)$$

となり，与えられた式が示された．

問　題

7.1 $A = \begin{bmatrix} 3 & -4 \\ 2 & -3 \end{bmatrix}$, $P = \begin{bmatrix} 1 & -1 \\ -1 & 2 \end{bmatrix}$, $Q = \begin{bmatrix} 2 & 1 \\ 1 & 1 \end{bmatrix}$ とし，t を実数とする．

(a) $Q = P^{-1}$ を示し，PAQ を求めよ．

(b) $\exp(tPAQ)$ を求め，さらにこれを用いて $\exp(tA)$ を計算せよ．

例題 2.8 **三角行列の可逆性**

三角行列に関して次のそれぞれに答えよ．

(a) 三角行列に対し，すべての対角成分が非零であることと可逆であることが同値であることを示せ．

(b) 可逆な上三角行列の逆行列は上三角であることを用いて，上三角行列の逆行列の求め方を考えよ．

(c) 行列 $\begin{bmatrix} 1 & 1 & 2 \\ 0 & 1 & 1 \\ 0 & 0 & 1 \end{bmatrix}$ の逆行列を求めよ．

【解　答】

(a) A を対角成分がすべて非零の $n \times n$ 上三角行列とする．同次連立 1 次方程式 $A\boldsymbol{x} = \boldsymbol{0}$ を考えると，

$$a_{nn}x_n = 0, \quad a_{n-1,n-1}x_{n-1} + a_{n-1,n}x_n = 0, \ \ldots, \ a_{11}x_1 + \sum_{i=2}^{n} a_{1i}x_i = 0$$

となるが，これは後退代入によって解くことができ，$\boldsymbol{x} = \boldsymbol{0}$ を唯一の解としてもつことがわかる．よって，逆行列の性質により A は可逆である．

次に，A が上三角行列で，ある j に対して $a_{jj} = 0$ であるとする．このとき，A の行を適当に入れ換え，行階段型の行列で $a_{jj} = 0$ となるようにすることができる．したがって $A\boldsymbol{x} = \boldsymbol{0}$ は x_j を自由パラメーターとするような解を持つ．すなわち，零解以外の解を持ち，A は可逆でない．この対偶を取ることにより逆も示され，上三角行列の場合に題意が示された．

下三角行列の場合は，転置行列を取ると上三角となる．可逆行列の転置は可逆であることは明らかであるから，上の議論に帰着する．

(b) A を可逆な $n \times n$ 上三角行列，B をその逆行列，B の第 j 列を $\boldsymbol{b}_j$ とすれば，B は上三角であるから

$$\boldsymbol{b}_j = \begin{bmatrix} b_{1j} \\ \vdots \\ b_{jj} \\ 0 \\ \vdots \end{bmatrix}$$

となる．AB の第 j 列は $A\boldsymbol{b}_j$ であるが，この k 番目の成分は $a_{kk}b_{kj} + \cdots + a_{kj}b_{jj}$

であることに注意して，$A\boldsymbol{b}_j = \boldsymbol{e}_j$ の各成分を比較すれば，

$$a_{11}b_{1j} + \cdots + a_{1j}b_{jj} = 0,\ a_{22}b_{2j} + \cdots + a_{2j}b_{jj} = 0, \ldots,\ a_{jj}b_{jj} = 1$$

を得る．これを $b_{jj}, b_{j-1,j}, \ldots, b_{1j}$ の順に解けば $\boldsymbol{b}_j$ を求められる．B はこのベクトルを順に並べればよい．

(c) 求めるべき逆行列を

$$B = \begin{bmatrix}\boldsymbol{b}_1 & \boldsymbol{b}_2 & \boldsymbol{b}_3\end{bmatrix}, \quad \boldsymbol{b}_1 = \begin{bmatrix} b_{11} \\ 0 \\ 0 \end{bmatrix}, \quad \boldsymbol{b}_2 = \begin{bmatrix} b_{12} \\ b_{22} \\ 0 \end{bmatrix}, \quad \boldsymbol{b}_3 = \begin{bmatrix} b_{13} \\ b_{23} \\ b_{33} \end{bmatrix}$$

とする．$\boldsymbol{e}_j$ を $\mathbb{R}^3$ の自然基底として，$A\boldsymbol{b}_1 = \boldsymbol{e}_1$ により

$$1 \cdot b_{11} = 1, \quad \text{したがって} \quad b_{11} = 1$$

同様に，$A\boldsymbol{b}_2 = \boldsymbol{e}_2$, $A\boldsymbol{b}_3 = \boldsymbol{e}_3$ により，

$$b_{12} + b_{22} = 0, \quad b_{22} = 1$$
$$b_{13} + b_{23} + 2b_{33} = 0, \quad b_{23} + b_{33} = 0, \quad b_{33} = 1$$

これらを解いて，$\boldsymbol{b}_1, \boldsymbol{b}_2, \boldsymbol{b}_3$ を求めると，

$$\boldsymbol{b}_1 = \begin{bmatrix} 1 \\ 0 \\ 0 \end{bmatrix}, \quad \boldsymbol{b}_2 = \begin{bmatrix} -1 \\ 1 \\ 0 \end{bmatrix}, \quad \boldsymbol{b}_3 = \begin{bmatrix} -1 \\ -1 \\ 1 \end{bmatrix}$$

となる．以上により，A の逆行列は次のようになる．

$$A^{-1} = \begin{bmatrix}\boldsymbol{b}_1 & \boldsymbol{b}_2 & \boldsymbol{b}_3\end{bmatrix} = \begin{bmatrix} 1 & -1 & -1 \\ 0 & 1 & -1 \\ 0 & 0 & 1 \end{bmatrix}$$

問 題

8.1 次の三角行列の逆行列を求めよ．

(a) $\begin{bmatrix} 1 & 1 \\ 0 & 1 \end{bmatrix}$ (b) $\begin{bmatrix} 1 & a \\ 0 & 2 \end{bmatrix}$ (c) $\begin{bmatrix} 1 & 1 & 0 \\ 0 & -1 & 1 \\ 0 & 0 & 1 \end{bmatrix}$

8.2 可逆な上三角行列，下三角行列の逆行列は，それぞれ上三角，下三角であること，および元の三角行列の対角成分が a_{ii} $(i = 1, 2, \ldots, n)$ であるとき，逆行列の対角成分は a_{ii}^{-1} であることを示せ．

第2章演習問題

1. 次のそれぞれに対し，行列の積を計算せよ．

(a) $\begin{bmatrix} 1 \\ 1 \\ -1 \end{bmatrix} \begin{bmatrix} 3 & 1 & 2 \end{bmatrix}$ (b) $\begin{bmatrix} -1 & 2 & 1 \end{bmatrix} \begin{bmatrix} 5 \\ 3 \\ 4 \end{bmatrix}$ (c) $\begin{bmatrix} 1 & 1 \\ 1 & 2 \\ 2 & 1 \end{bmatrix} \begin{bmatrix} 1 & 2 \\ 3 & 1 \end{bmatrix}$

(d) $\begin{bmatrix} 3 & 2 & 1 \end{bmatrix} \begin{bmatrix} 1 & 2 & 3 \\ 1 & -1 & 1 \\ -1 & 2 & -1 \end{bmatrix}$ (e) $\begin{bmatrix} 1 & -1 \end{bmatrix} \begin{bmatrix} 1 & 2 & 3 \\ 4 & 2 & 1 \end{bmatrix} \begin{bmatrix} 2 \\ 3 \\ -1 \end{bmatrix}$

(f) $\begin{bmatrix} 3 & 1 \\ 2 & 1 \end{bmatrix} \begin{bmatrix} 1 & -4 \\ 2 & 5 \end{bmatrix} \begin{bmatrix} -1 & 3 \\ 2 & 1 \end{bmatrix}$

2. 2つの行列 A, B に対して，$[A, B] := AB - BA$ と定義して交換関係と呼ぶ．

(a) $[A, B]$ が定義されるために A, B がみたすべき条件を求めよ．

(b) 次のそれぞれについて，$[A, B]$ を計算せよ．

i. $A = \begin{bmatrix} 2 & 4 \\ 5 & -1 \end{bmatrix}, B = \begin{bmatrix} 1 & 2 \\ 3 & 1 \end{bmatrix}$ ii. $A = \begin{bmatrix} 2 & 1 \\ 1 & 2 \end{bmatrix}, B = \begin{bmatrix} 3 & -1 \\ -1 & 2 \end{bmatrix}$

iii. $A = \begin{bmatrix} 3 & 4 \\ 4 & 3 \end{bmatrix}, B = \begin{bmatrix} 0 & 2 \\ -2 & 0 \end{bmatrix}$ iv. $A = \begin{bmatrix} 0 & 1 & 0 \\ 0 & 0 & 2 \\ 0 & 0 & 0 \end{bmatrix}, B = \begin{bmatrix} 0 & 0 & 0 \\ 1 & 0 & 0 \\ 0 & 2 & 0 \end{bmatrix}$

v. $A = \begin{bmatrix} 4 & -1 & 1 \\ 1 & -3 & 1 \\ -1 & 1 & 1 \end{bmatrix}, B = \begin{bmatrix} 5 & -1 & 2 \\ 1 & 1 & 3 \\ 2 & 1 & 4 \end{bmatrix}$

(c) 次の A に対し，$[A, B] = O$ となる B を求めよ．a, b, c は非零の定数とする．

i. $A = \begin{bmatrix} a & b \\ b & c \end{bmatrix}$ ii. $A = \begin{bmatrix} 0 & a \\ b & 0 \end{bmatrix}$ iii. $A = \begin{bmatrix} a & 1 \\ 0 & b \end{bmatrix}$

3. x の関数を成分とする行列 A の導関数を次の通り定める．

$$A = [a_{ij}]_{m \times n} \implies \frac{dA}{dx} := \left[\frac{da_{ij}}{dx}\right]_{m \times n}$$

(a) $A \in \mathbb{R}^{m \times k}$, $B \in \mathbb{R}^{k \times n}$ とするとき，$\dfrac{d}{dx}(AB) = \dfrac{dA}{dx}B + A\dfrac{dB}{dx}$ を示せ．

(b) $A \in \mathbb{R}^{n \times n}$ と自然数 k に対して $\dfrac{dA^k}{dx} = kA^{k-1}\dfrac{dA}{dx}$ は成り立つか．

(c) $A \in \mathbb{R}^{n \times n}$ が可逆行列であるとき，$\dfrac{d}{dx}(A^{-1})$ を $\dfrac{dA}{dx}$ を用いて表せ．

4. 正方行列の指数関数 $\exp A$（または e^A）$:= E + \sum_{n=1}^{\infty} \frac{1}{n!} A^n$ に関して，次を示せ．ただし，A, B は同じ型の正方行列で B は可逆とする．

(a) $e^O = E$ (b) $(\exp A)^{\mathrm{T}} = \exp(A^{\mathrm{T}})$ (c) $B^{-1} e^A B = e^{B^{-1}AB}$

(d) 任意の A に対して $\exp A$ は可逆行列で，$(\exp A)^{-1} = \exp(-A)$

(e) A が反対称行列ならば，$(\exp A)^{-1} = (\exp A)^{\mathrm{T}}$

5. $[X, Y] := XY - YX$ と定義する（2. 参照）．A, B を同じ型の正方行列として，次に答えよ．

(a) $t \in \mathbb{R}$ とし，A, B が t によらないとき，次を示せ．

$$\frac{d}{dt} e^{tA} = A e^{tA} = e^{tA} A, \quad \frac{d}{dt}(e^{tA} B e^{-tA}) = e^{tA}[A, B] e^{-tA} = [A, e^{tA} B e^{-tA}]$$

(b) $e^A B e^{-A} = \sum_{n=0}^{\infty} \frac{1}{n!} \underbrace{[A, [A, \cdots [A, [A}_{n}, B]] \cdots]]$ を示せ．

(c) $[[A, B], A] = [[A, B], B] = O$ ならば，$e^A e^B = e^B e^A e^{[A,B]}$ を示せ．

6. A を $n \times n$ 正方行列とする．

(a) $CA = E_n$ となる行列 C が存在すれば，$A\boldsymbol{x} = \boldsymbol{0}$ の解は零解に限ること，および $A\boldsymbol{x} = \boldsymbol{b}$ は一意的に解けることを示せ．

(b) $CA = E_n$ となる行列 C が存在すれば，$AC = E_n$ となること，および $AB = E_n$ となる行列 B が存在すれば，$BA = E_n$ となることを示せ．

7. 次の行列 A に対して $\exp(tA)$（$t \in \mathbb{R}$）を求めよ．

(a) $A = \begin{bmatrix} -1 & 0 \\ 1 & 2 \end{bmatrix}$ (b) $A = \begin{bmatrix} 0 & 3 \\ 1 & 0 \end{bmatrix}$ (c) $A = \begin{bmatrix} 1 & -2 \\ 2 & 1 \end{bmatrix}$

(d) $A = \begin{bmatrix} \cos\alpha & -\sin\alpha \\ \sin\alpha & \cos\alpha \end{bmatrix}$ (e) $A = \begin{bmatrix} -1 & 0 & 0 \\ 0 & 1 & 1 \\ 0 & 0 & 1 \end{bmatrix}$

8. 次の行列の逆行列を求めよ．

(a) $\begin{bmatrix} 1 & 2 & 3 \\ 0 & 1 & 2 \\ 0 & 0 & 1 \end{bmatrix}$ (b) $\begin{bmatrix} 1 & 0 & 0 \\ 0 & 2 & 1 \\ 0 & 0 & 2 \end{bmatrix}$ (c) $\begin{bmatrix} 3 & 1 & 0 \\ 0 & 2 & 1 \\ 0 & 0 & 1 \end{bmatrix}$

(d) $\begin{bmatrix} 1 & 0 & 0 & 0 \\ -1 & 1 & 0 & 0 \\ 1 & 2 & 2 & 0 \\ 1 & -1 & 1 & -1 \end{bmatrix}$ (e) $\begin{bmatrix} 1 & 1 & 0 & 0 \\ 0 & 1 & 0 & 0 \\ 0 & 0 & 1 & 0 \\ 0 & 0 & 1 & 1 \end{bmatrix}$

9. t は実数，$A(t) \in \mathbb{R}^{n\times n}$ を可逆な t の行列値関数，$\boldsymbol{v}_0 \in \mathbb{R}^n$ を t によらない定ベクトルとし，次の関係式が成り立つとする．

$$\boldsymbol{v}(t) = A(t)\boldsymbol{v}_0, \quad \frac{dA}{dt} = BA \quad (A(0) = E_n,\ B \in \mathbb{R}^{n\times n})$$

(a) 任意の $\boldsymbol{x} \in \mathbb{R}^n$ で $\boldsymbol{x}^{\mathrm{T}} M \boldsymbol{x} = 0$ ($M \in \mathbb{R}^{n\times n}$) となるのが $M^{\mathrm{T}} = -M$ の場合に限ることを示し，これを用いて任意の $\boldsymbol{v}_0$ に対して $\boldsymbol{v}(t)$ の長さが常に一定であるための必要十分条件を求めよ．

(b) B が交代行列であるとき，$A(t)^{\mathrm{T}} A(t) = E_n$ であることを示せ．

(c) B が交代行列，$X \in \mathbb{R}^{n\times n}$ で，B, X が t によらないとする．$[P, Q] := PQ - QP$ と定めるとき，$Y(t) := A^{\mathrm{T}}(t) X A(t)$ が次の式をみたすことを示せ．

$$\frac{dY}{dt} = A^{\mathrm{T}}[X, B]A = [Y, B]$$

10. バネの伸びが r のときのポテンシャルが $\phi(r)$ である N 本の等しいバネと，質量 m の N 個の等しい質点を交互につないで閉じた系がある．各質点の座標を q_n，運動量を p_n ($n = 1, \ldots, N$) とすると，その運動方程式は

$$\dot{q}_n = \frac{p_n}{m}, \quad \dot{p}_n = \phi'(q_{n+1} - q_n) - \phi'(q_n - q_{n-1}) \quad (q_{n+N} = q_n,\ p_{n+N} = p_n)$$

で与えられる．$\phi(r) = \dfrac{\alpha}{\beta} e^{-\beta r} + \alpha r$ (α, β は正定数) であるとき，

$$a_n := e^{\beta(q_n - q_{n+1})/2}, \quad b_n := \sqrt{\frac{\beta}{m\alpha}} p_n, \quad \omega := \frac{1}{2}\sqrt{\frac{\alpha\beta}{m}}$$

と定め，$N \times N$ 行列 L, B を次式で定義する（明示していない成分は 0 とする）．

$$L := \begin{bmatrix} b_1 & a_1 & & a_N \\ a_1 & b_2 & \ddots & \\ & \ddots & \ddots & a_{N-1} \\ a_N & & a_{N-1} & b_N \end{bmatrix} \quad B := \begin{bmatrix} 0 & -a_1 & & a_N \\ a_1 & 0 & \ddots & \\ & \ddots & \ddots & -a_{N-1} \\ -a_N & & a_{N-1} & 0 \end{bmatrix}$$

このとき，運動方程式が $\dfrac{dL}{dt} = \omega(BL - LB)$ で表されることを示せ．

3 ベクトル空間

3.1 抽象ベクトル空間・部分空間・線形結合・線形包

ベクトル空間 空でない集合 V が，次の条件をすべてみたすとき，V を $\mathbb{R}$ ベクトル空間（または $\mathbb{R}$ 上のベクトル空間，$\mathbb{R}$ 上の線形空間，実ベクトル空間）という．

1. V の 2 つの要素 $\boldsymbol{a}$，$\boldsymbol{b}$ から和 $\boldsymbol{a}+\boldsymbol{b}$ が定義される．$\boldsymbol{a}+\boldsymbol{b}$ は V に属し，かつ次の 4 条件をみたす
   a. 任意の $\boldsymbol{a}, \boldsymbol{b} \in V$ に対して，$\boldsymbol{a}+\boldsymbol{b}=\boldsymbol{b}+\boldsymbol{a}$
   b. 任意の $\boldsymbol{a}, \boldsymbol{b}, \boldsymbol{c} \in V$ に対して，$\boldsymbol{a}+(\boldsymbol{b}+\boldsymbol{c})=(\boldsymbol{a}+\boldsymbol{b})+\boldsymbol{c}$
   c. 任意の $\boldsymbol{a} \in V$ に対して $\boldsymbol{a}+\boldsymbol{0}=\boldsymbol{a}$ となる V の要素が存在する．
   このような要素を**零要素**または**零ベクトル**といい，$\boldsymbol{0}$ と書く．
   d. 任意の $\boldsymbol{a} \in V$ に対して，$\boldsymbol{a}+\boldsymbol{b}=\boldsymbol{0}$ となるような V の要素 $\boldsymbol{b}$ が，$\boldsymbol{a}$ に応じてただ 1 つ存在する． (3.1)
   このような要素 $\boldsymbol{b}$ を $-\boldsymbol{a}$ と書き，**逆ベクトル**という．
2. V の要素 $\boldsymbol{a}$ と実数 $\lambda \in \mathbb{R}$ から $\lambda\boldsymbol{a} \in V$ が定義される．$\lambda\boldsymbol{a}$ は V の要素で，かつ次の 4 条件をみたす
   a. 任意の $\boldsymbol{a} \in V$ に対して，$1\boldsymbol{a}=\boldsymbol{a}$
   b. 任意の $\boldsymbol{a} \in V$ と数 $\lambda, \mu \in \mathbb{R}$ に対して，$\lambda(\mu\boldsymbol{a})=(\lambda\mu)\boldsymbol{a}$
   c. 任意の $\boldsymbol{a}, \boldsymbol{b} \in V$ と数 $\lambda \in \mathbb{R}$ に対して，$\lambda(\boldsymbol{a}+\boldsymbol{b})=\lambda\boldsymbol{a}+\lambda\boldsymbol{b}$
   d. 任意の $\boldsymbol{a} \in V$ と数 $\lambda, \mu \in \mathbb{R}$ に対して，$(\lambda+\mu)\boldsymbol{a}=\lambda\boldsymbol{a}+\mu\boldsymbol{a}$

ベクトル空間の要素を**ベクトル**という．

性質 (3.1) により，ベクトルに関して次が成り立つことを示すことができる．

1. 和 $\boldsymbol{a}_1+\boldsymbol{a}_2+\cdots+\boldsymbol{a}_n$ において，括弧を無視できる
2. $-\boldsymbol{a}=(-1)\boldsymbol{a}$，$-(-\boldsymbol{a})=\boldsymbol{a}$，$-(\boldsymbol{a}+\boldsymbol{b})=-\boldsymbol{a}-\boldsymbol{b}$
3. $0\boldsymbol{a}=\boldsymbol{0}$

行列とベクトル空間 $m \times n$ 行列全体 $\mathbb{R}^{m\times n}$, m 成分列ベクトル全体 $\mathbb{R}^m$, n 成分行ベクトル全体 $\mathbb{R}_n$ は，それぞれ行列の和と実数倍に関して $\mathbb{R}$ ベクトル空間をなす．

部分空間 次の 3 条件をすべてみたす U を，$\mathbb{R}$ ベクトル空間 V の**部分空間**または**線形部分空間**という．

1. $U \subset V$（U は空集合でない）
2. $\boldsymbol{u}, \boldsymbol{v} \in U$ ならば，$\boldsymbol{u}+\boldsymbol{v} \in U$ (3.2)
3. $\boldsymbol{u} \in U$，$\lambda \in \mathbb{R}$ ならば，$\lambda\boldsymbol{u} \in U$

部分空間は，それ自身 $\mathbb{R}$ ベクトル空間である．

2 つの部分空間 W_1, W_2 の共通部分 $W_1 \cap W_2$ は部分空間であるが，和集合 $W_1 \cup W_2$ は一般には部分空間とは限らない．3 つ以上の部分空間の場合も同様である．

線形結合と線形包 V を $\mathbb{R}$ ベクトル空間とし，$\boldsymbol{v}_1, \boldsymbol{v}_2, \ldots, \boldsymbol{v}_k \in V$，$\alpha_1, \alpha_2, \ldots, \alpha_k \in \mathbb{R}$ であるとき，

$$\sum_{i=1}^{k} \alpha_i \boldsymbol{v}_i = \alpha_1 \boldsymbol{v}_1 + \alpha_2 \boldsymbol{v}_2 + \cdots + \alpha_k \boldsymbol{v}_k \tag{3.3}$$

を，$\boldsymbol{v}_i$（$i = 1, 2, \ldots, k$）の**線形結合**または **1 次結合**という．α_i （$i = 1, 2, \ldots, k$）がすべて 0 の場合の線形結合を，**自明**であるという．

V の要素 $\boldsymbol{v}_i$（$i = 1, 2, \ldots, k$）の線形結合全体

$$\mathrm{Lin}(\boldsymbol{v}_1, \boldsymbol{v}_2, \ldots, \boldsymbol{v}_k) := \left\{ \sum_{i=1}^{k} \alpha_i \boldsymbol{v}_i \,\middle|\, \alpha_i \in \mathbb{R} \quad (1 \leqq i \leqq k) \right\} \tag{3.4}$$

を，$\boldsymbol{v}_i$ の**線形包**という．線形包は V の部分空間をなすので，$\mathrm{Lin}(\boldsymbol{v}_1, \boldsymbol{v}_2, \ldots, \boldsymbol{v}_k)$ を，$\boldsymbol{v}_i$（$i = 1, \ldots, k$）によって張られる V の部分空間ともいう．

V の部分空間 U が $\mathrm{Lin}(\boldsymbol{v}_1, \boldsymbol{v}_2, \ldots, \boldsymbol{v}_k)$ に一致するとき，$\{\boldsymbol{v}_1, \boldsymbol{v}_2, \ldots, \boldsymbol{v}_k\}$ を U の**生成系**という．線形包 (3.4) を生成するのにどの $\boldsymbol{v}_j$ も省くことができない場合，$\{\boldsymbol{v}_1, \boldsymbol{v}_2, \ldots, \boldsymbol{v}_k\}$ を**最小生成系**といい，$\{\boldsymbol{v}_1, \boldsymbol{v}_2, \ldots, \boldsymbol{v}_k\}$ は V を生成する，という．

線形独立と線形従属 $\mathbb{R}$ ベクトル空間 V に属する有限個のベクトル $\boldsymbol{v}_1, \boldsymbol{v}_2, \ldots, \boldsymbol{v}_k$ に対して，**線形従属**と**線形独立**を次のように定義する[*1]．

1. $\alpha_1, \alpha_2, \ldots, \alpha_k \in \mathbb{R}$（これらのうち少なくとも 1 つは零ではない）に対して

$$\alpha_1 \boldsymbol{v}_1 + \alpha_2 \boldsymbol{v}_2 + \cdots + \alpha_k \boldsymbol{v}_k = \boldsymbol{0} \tag{3.5a}$$

 が成り立つことがあるとき，$\{\boldsymbol{v}_1, \boldsymbol{v}_2, \ldots, \boldsymbol{v}_k\}$ は**線形従属**または **1 次従属**である

[*1] (3.5a,b) を言い換えると，$\boldsymbol{0}$ になる線形結合が自明なものに限るときに線形独立，自明でない線形結合でも $\boldsymbol{0}$ になることがあるときに線形従属ということである．

2. $\{\boldsymbol{v}_1, \boldsymbol{v}_2, \ldots, \boldsymbol{v}_k\}$ が線形従属でない，すなわち，

$$\alpha_1 \boldsymbol{v}_1 + \alpha_2 \boldsymbol{v}_2 + \cdots + \alpha_k \boldsymbol{v}_k = \boldsymbol{0} \iff \alpha_1 = \alpha_2 = \cdots = \alpha_k = 0 \tag{3.5b}$$

であるとき，$\{\boldsymbol{v}_1, \boldsymbol{v}_2, \ldots, \boldsymbol{v}_k\}$ は**線形独立**または **1 次独立**である

線形独立性の判定方法　$\mathbb{R}$ ベクトル空間 V の要素の集合

$$\{\boldsymbol{v}_1, \boldsymbol{v}_2, \ldots, \boldsymbol{v}_k\} \tag{3.6}$$

が線形独立であるか線形従属であるかを判定するには，次の各項のいずれかを用いる．

1. $x_1, x_2, \ldots, x_k \in \mathbb{R}$ を未知数とする方程式

$$x_1 \boldsymbol{v}_1 + x_2 \boldsymbol{v}_2 + \cdots + x_k \boldsymbol{v}_k = \boldsymbol{0} \tag{3.7}$$

を考えるとき，

a. $\boldsymbol{v}_1, \ldots, \boldsymbol{v}_k$ が線形従属

$\iff$ (3.7) が零解 $x_1 = \cdots = x_k = 0$ 以外の解を持つ

b. $\boldsymbol{v}_1, \ldots, \boldsymbol{v}_k$ が線形独立

$\iff$ (3.7) が零解 $x_1 = \cdots = x_k = 0$ しか持たない

2. $\mathrm{Rank}\,(\boldsymbol{v}_1, \ldots, \boldsymbol{v}_k) = k \iff$ (3.6) は線形独立
3. ベクトルの集合 (3.6) のうちのどれか 1 つでも他のベクトルの線形結合として表されるならば，(3.6) は線形従属である．
4. 次の各項が成り立つ
   a. 線形従属なベクトルの系を含む任意の有限個のベクトルは線形従属
   b. 零ベクトルを含む有限個のベクトルの集合は線形従属
   c. 線形独立なベクトルの集合の部分集合は線形独立
5. 行階段型の行列の行ベクトルのうち，零ベクトルでない行は線形独立
6. n 次正方行列 A に関して，次の 3 つは同値である
   a. A は可逆である（A^{-1} が存在する）
   b. A の n 本の行ベクトルは線形独立である
   c. A の n 本の列ベクトルは線形独立である
7. $\mathrm{Lin}(\boldsymbol{v}_1, \ldots, \boldsymbol{v}_k, \boldsymbol{w}) = \mathrm{Lin}(\boldsymbol{v}_1, \ldots, \boldsymbol{v}_k) \iff \boldsymbol{w} \in \mathrm{Lin}(\boldsymbol{v}_1, \ldots, \boldsymbol{v}_k)$
8. (3.6) が線形独立 $\iff$ (3.6) は $\mathrm{Lin}(\boldsymbol{v}_1, \ldots, \boldsymbol{v}_k)$ の最小生成系

例題 3.1 ベクトルの一般的性質

$\mathbb{R}$ ベクトル空間 V の要素に関して，次を示せ．

(a) V の零要素 $\mathbf{0}$ が一意的に決まることを示せ．

(b) $\boldsymbol{a} \in V$ に対して $-\boldsymbol{a}$ が一意的に決まることを示せ．

(c) $\boldsymbol{a} \in V$ とするとき，等式 $0\boldsymbol{a} = \mathbf{0}$ を示せ．

【解　答】

(a) $\mathbf{0}$ および $\mathbf{0}'$ を共に V の零要素とすると，零要素の定義により，

$$\mathbf{0} + \mathbf{0}' = \mathbf{0}, \quad \mathbf{0} + \mathbf{0}' = \mathbf{0}' + \mathbf{0} = \mathbf{0}'$$

よって，$\mathbf{0} = \mathbf{0}'$ を得て，$\mathbf{0}$ は一意的に定まる．

(b) $\boldsymbol{a}$ に対して $\boldsymbol{b}, \boldsymbol{c}$ が $\boldsymbol{a} + \boldsymbol{b} = \mathbf{0}$, $\boldsymbol{a} + \boldsymbol{c} = \mathbf{0}$ を共にみたすとすると，ベクトルの和の規則と零要素の定義により，

$$\begin{aligned}(\boldsymbol{a} + \boldsymbol{b}) + \boldsymbol{c} &= \mathbf{0} + \boldsymbol{c} = \boldsymbol{c} \\ &= (\boldsymbol{b} + \boldsymbol{a}) + \boldsymbol{c} = \boldsymbol{b} + (\boldsymbol{a} + \boldsymbol{c}) = \boldsymbol{b} + \mathbf{0} = \boldsymbol{b}\end{aligned}$$

となる．よって $\boldsymbol{b} = \boldsymbol{c}$ を得て，$\boldsymbol{a}$ の逆ベクトルは一意的に決まる．

(c) $1\boldsymbol{a} = \boldsymbol{a}$ および $(\lambda + \mu)\boldsymbol{a} = \lambda\boldsymbol{a} + \mu\boldsymbol{a}$ $(\lambda, \mu \in \mathbb{R})$ を用いて，

$$\boldsymbol{a} + 0\boldsymbol{a} = 1\boldsymbol{a} + 0\boldsymbol{a} = (1 + 0)\boldsymbol{a} = 1\boldsymbol{a} = \boldsymbol{a}$$

となり，$0\boldsymbol{a}$ は零要素である．(a) により零要素は一意に決まるから，$\boldsymbol{a} \in V$ に対して $0\boldsymbol{a} = \mathbf{0}$ が成り立つ．

問　題

1.1 次の集合が，通常の意味での和や実数倍のもとで $\mathbb{R}$ ベクトル空間であるかどうか調べよ．ベクトル空間ならば零要素を求めよ．

(a) $\{\mathbf{0}\}$　(b) $\{\mathbf{0}, \boldsymbol{a}, -\boldsymbol{a}\}$　(c) 実 $n \times n$ 行列全体

(d) 整数を要素とする $n \times n$ 上三角行列　(e) x の n 次以下の多項式全体

(f) $\{X \mid X = ax^2 + bxy + cy^2,\ a, b, c$ のうち少なくとも 1 つは非零$\}$

1.2 $\mathbb{R}$ ベクトル空間 V の部分空間 U もまた $\mathbb{R}$ ベクトル空間であることを示せ．

1.3 $\mathbb{R}$ ベクトル空間の要素 $\boldsymbol{a}$ に対して，次を示せ．

(a) $(-1)\boldsymbol{a} = -\boldsymbol{a}$　(b) $-(-\boldsymbol{a}) = \boldsymbol{a}$

例題 3.2　**線形独立性**

次の $\mathbb{R}$ ベクトル空間 U の要素からなる集合が線形独立であるかどうかを調べよ．ただし，和は通常の実数やベクトルの和とする．

(a)　$U = \mathbb{R}$ に対して $-1, 1 \in U$

(b)　$U = \mathbb{R}^2$ に対して $\begin{bmatrix} 1 \\ 0 \end{bmatrix}, \begin{bmatrix} 0 \\ 1 \end{bmatrix} \in U$

(c)　$U = \mathbb{R}_3$ に対して $\begin{bmatrix} 1 & 0 & 0 \end{bmatrix}, \begin{bmatrix} 1 & 1 & -1 \end{bmatrix}, \begin{bmatrix} 2 & -2 & 1 \end{bmatrix} \in U$

【解　答】

(a)　a, b を定数として等式

$$a \cdot (-1) + b \cdot 1 = 0$$

を考えると，これは $a = b$ ならば常に成り立つ．よって $a = b = 0$ でなくても上式は成り立ち，1 と -1 は線形従属である．

(b)　a, b を定数として等式 $a\begin{bmatrix} 1 \\ 0 \end{bmatrix} + b\begin{bmatrix} 0 \\ 1 \end{bmatrix} = \mathbf{0}$ を考えると，$a\begin{bmatrix} 1 \\ 0 \end{bmatrix} + b\begin{bmatrix} 0 \\ 1 \end{bmatrix} = \begin{bmatrix} a \\ b \end{bmatrix}$ であるから，$a = b = 0$ に限って成り立つ．よってこれらは線形独立である．

【別　解】　各ベクトルを列とする行列のランクが 2 であることを示してもよい．

(c)　a, b, c を実数として，

$$a\begin{bmatrix} 1 & 0 & 0 \end{bmatrix} + b\begin{bmatrix} 1 & 1 & -1 \end{bmatrix} + c\begin{bmatrix} 2 & -2 & 1 \end{bmatrix}$$
$$= \begin{bmatrix} a + b + 2c & b - 2c & c - b \end{bmatrix} = \mathbf{0}$$

を解くと，$a = b = c = 0$ を得る．よって，これらのベクトルは線形独立である．

問　題

2.1　$\mathbb{R}^n$ のベクトルの集合 $\{\boldsymbol{a}_1, \ldots, \boldsymbol{a}_n\}$ が線形独立であることと下記が同値であることを示せ．

(a)　$A = \begin{bmatrix} \boldsymbol{a}_1 & \cdots & \boldsymbol{a}_n \end{bmatrix}$ に対して，方程式 $A\boldsymbol{x} = \mathbf{0}$ の解は $\boldsymbol{x} = \mathbf{0}$ に限る．

(b)　$A = \begin{bmatrix} \boldsymbol{a}_1 & \cdots & \boldsymbol{a}_n \end{bmatrix}$ として，A^{-1} が存在する．

2.2　3 つのベクトル $\begin{bmatrix} 1 \\ 0 \end{bmatrix}, \begin{bmatrix} 0 \\ 1 \end{bmatrix}, \begin{bmatrix} 1 \\ 1 \end{bmatrix}$ がなす線形包はどのような集合か．

3.2 $\mathbb{R}^n$ における長さ・角・直交性

$\mathbb{R}^n$ における内積と長さ　$\mathbb{R}^n$ のベクトルの**内積**と**長さ**を次のように定める．

$\boldsymbol{x}, \boldsymbol{y} \in \mathbb{R}^n$，$\boldsymbol{x} := \left[x_i\right]_{n\times 1}, \boldsymbol{y} := \left[y_i\right]_{n\times 1}$ とするとき，内積 $\boldsymbol{x}\cdot\boldsymbol{y}$ と長さ $|\boldsymbol{x}|$ は

$$\boldsymbol{x}\cdot\boldsymbol{y} := \boldsymbol{x}^{\mathrm{T}}\boldsymbol{y} = \sum_{i=1}^{n} x_i y_i, \quad |\boldsymbol{x}| := \sqrt{\boldsymbol{x}\cdot\boldsymbol{x}} = \sqrt{\sum_{i=1}^{n} x_i^2} \tag{3.8}$$

$|\boldsymbol{x}|$ をベクトルの**絶対値**ともいう．$|\boldsymbol{x}| = 1$ をみたす $\boldsymbol{x} \in \mathbb{R}^n$ を**単位ベクトル**である，あるいは**正規化**（または**規格化**）されているという．

計算規則　$\mathbb{R}^n$ の内積と長さに関して以下が成り立つ．

$\boldsymbol{x}, \boldsymbol{y}, \boldsymbol{z} \in \mathbb{R}^n$，$\alpha \in \mathbb{R}$ として，

1. $\boldsymbol{x}\cdot\boldsymbol{y} = \boldsymbol{y}\cdot\boldsymbol{x}$
2. $\alpha(\boldsymbol{x}\cdot\boldsymbol{y}) = (\alpha\boldsymbol{x})\cdot\boldsymbol{y} = \boldsymbol{x}\cdot(\alpha\boldsymbol{y})$
3. $\boldsymbol{x}\cdot(\boldsymbol{y}+\boldsymbol{z}) = \boldsymbol{x}\cdot\boldsymbol{y} + \boldsymbol{x}\cdot\boldsymbol{z}$
4. $\boldsymbol{x}\cdot\boldsymbol{x} \geqq 0$（等号は $\boldsymbol{x} = 0$ に限って成り立つ）
5. $|\boldsymbol{x}| = 0 \iff \boldsymbol{x} = \boldsymbol{0}$
6. $|\alpha\boldsymbol{x}| = |\alpha||\boldsymbol{x}|$
7. $|\boldsymbol{x}\cdot\boldsymbol{y}| \leqq |\boldsymbol{x}||\boldsymbol{y}|$
8. $|\boldsymbol{x}+\boldsymbol{y}| \leqq |\boldsymbol{x}| + |\boldsymbol{y}|$

(3.9)

$\mathbb{R}^n$ における角と直交性　(3.9) の 7. により，$\boldsymbol{0}$ でない $\boldsymbol{x}, \boldsymbol{y} \in \mathbb{R}^n$ について $\boldsymbol{x}\cdot\boldsymbol{y} = |\boldsymbol{x}||\boldsymbol{y}|\cos\varphi$ となる φ が存在する．この φ を $\boldsymbol{x}$，$\boldsymbol{y}$ の間の**角**という．すなわち，

$$\angle(\boldsymbol{x}, \boldsymbol{y}) := \varphi = \arccos\frac{\boldsymbol{x}\cdot\boldsymbol{y}}{|\boldsymbol{x}||\boldsymbol{y}|} \quad (0 \leqq \varphi \leqq \pi) \tag{3.10}$$

$\boldsymbol{x}$，$\boldsymbol{y}$ のうちいずれか一方でも $\boldsymbol{0}$ であるときは，$\angle(\boldsymbol{x}, \boldsymbol{y})$ は定義されない．

$\boldsymbol{x}, \boldsymbol{y}$ が $\boldsymbol{x}\cdot\boldsymbol{y} = \boldsymbol{0}$ をみたすとき，$\boldsymbol{x}$ と $\boldsymbol{y}$ は**直交**しているという．

内積と計量　一般の $\mathbb{R}$ ベクトル空間 V の要素 $\boldsymbol{x}$，$\boldsymbol{y}$ に関して，(3.8) で定義された内積に限らず，(3.9) の 1. から 4. をみたす量を内積という．内積の定義されたベクトル空間を**計量空間**という．

例題 3.3 — $\mathbb{R}^n$ におけるベクトルの角と長さ

Γ を，次の関係式をみたす $\boldsymbol{x} = \left[x_i\right]_{n\times 1}$ 全体とする．

$$\alpha_1 x_1 + \alpha_2 x_2 + \cdots + \alpha_n x_n = \beta \quad (\alpha_1, \ldots, \alpha_n, \beta \text{ は定数}) \qquad (*)$$

(a) Γ に属する 2 つのベクトルの差を Γ 上のベクトルと定める．Γ 上の任意のベクトルが $\boldsymbol{a} = \left[\alpha_i\right]_{n\times 1}$ と直交することを示せ．

(b) $\boldsymbol{x}$ が Γ に属し，$\boldsymbol{y}$ が Γ に属さないとする．$\boldsymbol{y}-\boldsymbol{x}$ が $\boldsymbol{a}$ の定数倍であるとき，$\boldsymbol{y}-\boldsymbol{x}$ の長さを求めよ．

【解　答】

(a) $(*)$ をみたす $\boldsymbol{x} = \left[x_i\right]_{n\times 1}$, $\boldsymbol{y} = \left[y_i\right]_{n\times 1}$ を考えると，

$$\alpha_1 x_1 + \alpha_2 x_2 + \cdots + \alpha_n x_n = \beta, \quad \alpha_1 y_1 + \alpha_2 y_2 + \cdots + \alpha_n y_n = \beta$$

となるから，これらの式の辺々を差し引いて，

$$\alpha_1(x_1 - y_1) + \alpha_2(x_2 - y_2) + \cdots + \alpha_n(x_n - y_n) = \boldsymbol{a}\cdot(\boldsymbol{x}-\boldsymbol{y}) = 0$$

を得る．これは，$\boldsymbol{x}-\boldsymbol{y}$ が $\boldsymbol{a}$ に直交することを意味している．

(b) $\boldsymbol{y}-\boldsymbol{x}$ は $\boldsymbol{a}$ の定数倍であるから，$\boldsymbol{y}-\boldsymbol{x} = k\boldsymbol{a}$ が成り立ち，$\boldsymbol{x} = \boldsymbol{y} - k\boldsymbol{a}$ を得る．$\boldsymbol{x}$ は Γ に属すので $(*)$ すなわち $\boldsymbol{a}\cdot\boldsymbol{x} = \beta$ をみたし，

$$(\boldsymbol{y} - k\boldsymbol{a})\cdot\boldsymbol{a} = \beta, \quad \text{したがって} \quad k = \frac{\boldsymbol{y}\cdot\boldsymbol{a} - \beta}{\boldsymbol{a}\cdot\boldsymbol{a}}$$

となる．$\boldsymbol{y}-\boldsymbol{x}$ の長さは $|k\boldsymbol{a}| = |k|\cdot|\boldsymbol{a}|$ であるから，

$$|\boldsymbol{y}-\boldsymbol{x}| = |k|\cdot|\boldsymbol{a}| = \frac{|\boldsymbol{y}\cdot\boldsymbol{a} - \beta|}{|\boldsymbol{a}|}$$

問　題

3.1 $\mathbb{R}^n$ のベクトル $\boldsymbol{x}, \boldsymbol{y}, \boldsymbol{z}$ に関して次を示せ．α, β は実数とする．

(a) $\boldsymbol{x}\cdot\boldsymbol{y} = \boldsymbol{y}\cdot\boldsymbol{x}$　　(b) $\boldsymbol{x}\cdot(\alpha\boldsymbol{y} + \beta\boldsymbol{z}) = \alpha\boldsymbol{x}\cdot\boldsymbol{y} + \beta\boldsymbol{x}\cdot\boldsymbol{z}$

(c) $\boldsymbol{x}\cdot\boldsymbol{x} \geqq 0$. 特に，$\boldsymbol{x}\cdot\boldsymbol{x} = 0$ ならば $\boldsymbol{x} = \boldsymbol{0}$

3.2 $\mathbb{R}^n$ のベクトル $\boldsymbol{x}, \boldsymbol{y}$ に関して次を示せ．α は実数とする．

(a) $|\alpha\boldsymbol{x}| = |\alpha|\cdot|\boldsymbol{x}|$　　(b) $|\boldsymbol{x}| \geqq 0$（$|\boldsymbol{x}| = 0 \iff \boldsymbol{x} = \boldsymbol{0}$）

(c) $|\boldsymbol{x}\cdot\boldsymbol{y}| \leqq |\boldsymbol{x}||\boldsymbol{y}|$（$\lambda \in \mathbb{R}$ に対して $|\boldsymbol{x} + \lambda\boldsymbol{y}|^2 \geqq 0$ となることを用いる）

(d) $|\boldsymbol{x}+\boldsymbol{y}| \leqq |\boldsymbol{x}| + |\boldsymbol{y}|$

3.3 基底と次元

有限生成のベクトル空間　ベクトル空間 V が，有限個のベクトル $\{\boldsymbol{v}_1, \ldots, \boldsymbol{v}_r\}$ を用いて $V = \mathrm{Lin}(\boldsymbol{v}_1, \ldots, \boldsymbol{v}_r)$ となるとき，V を**有限次元**または**有限生成**のベクトル空間であるという．

ベクトル空間の基底　$\mathbb{R}$ ベクトル空間 V に属するベクトルの集合

$$\{\boldsymbol{v}_1, \boldsymbol{v}_2, \ldots, \boldsymbol{v}_n\}$$

が次の 2 つの条件をともにみたすとき，これを V の**基底**という．

1. ベクトル $\{\boldsymbol{v}_1, \boldsymbol{v}_2, \ldots, \boldsymbol{v}_n\}$ は線形独立
2. ベクトル $\{\boldsymbol{v}_1, \boldsymbol{v}_2, \ldots, \boldsymbol{v}_n\}$ は V を生成する　　(3.11)

ベクトル空間の次元　$\{\boldsymbol{0}\}$ とは異なる有限生成ベクトル空間 V には，少なくとも 1 つの基底がある．また，

$$\{\boldsymbol{v}_1, \ldots, \boldsymbol{v}_n\},\ \{\boldsymbol{w}_1, \ldots, \boldsymbol{w}_m\} \text{ が共に } V \text{ の基底} \implies n = m$$

が成り立つ．基底の長さ（基底をなすベクトルの個数）n は V に固有のもので，これを V の**次元**（ディメンション）といい，$\mathrm{Dim}\,V$ で表す．$\{\boldsymbol{0}\}$ の次元は別に 0 と定める[*2]．すなわち，

1. $V = \{\boldsymbol{0}\}$ の場合，$\mathrm{Dim}\,V := 0$
2. $V \neq \{\boldsymbol{0}\}$ の場合，$\mathrm{Dim}\,V := V$ の基底をなすベクトルの個数　　(3.12)

基底の性質　V を n 次元の有限次元ベクトル空間とすると，次が成り立つ．

1. $(\boldsymbol{v}_1, \boldsymbol{v}_2, \ldots, \boldsymbol{v}_n)$ を V の基底の 1 つとするとき，任意のベクトル $\boldsymbol{a} \in V$ に対して，次をみたすような実数の組 $(\alpha_1, \ldots, \alpha_n)$ が一意的に存在する．

$$\boldsymbol{a} = \alpha_1\boldsymbol{v}_1 + \alpha_2\boldsymbol{v}_2 + \cdots + \alpha_n\boldsymbol{v}_n = \sum_{j=1}^{n} \alpha_j \boldsymbol{v}_j \tag{3.13}$$

2. V に属する n 個の線形独立なベクトルの集合は，V の基底である

*2 ベクトル空間 $\{\boldsymbol{0}\}$ は $\boldsymbol{0}$ のみによって生成される．$\boldsymbol{0}$ は任意のベクトルに対して（もちろん $\boldsymbol{0}$ 自身にも）線形従属であって，$\{\boldsymbol{0}\}$ は基底をもたないことを反映している．

3. V の基底は，V の最小生成系である
4. n 個の要素をもつ V の生成系は，どれも V の基底である
5. V に属する $n+1$ 個のベクトル（$\mathrm{Dim}\, V$ 個より多いベクトル）は，線形従属である

基底の補充　有限生成ベクトル空間 V（ただし，V は $\{\mathbf{0}\}$ ではない）に属する線形独立なベクトルの集合 $\{\boldsymbol{v}_1, \boldsymbol{v}_2, \ldots, \boldsymbol{v}_k\}$ は，次のいずれかをみたす[*3]．

1. $\{\boldsymbol{v}_1, \boldsymbol{v}_2, \ldots, \boldsymbol{v}_k\}$ は，既に V の基底
2. $\{\boldsymbol{v}_1, \boldsymbol{v}_2, \ldots, \boldsymbol{v}_k\}$ にベクトル $\boldsymbol{u}_1, \boldsymbol{u}_2, \ldots, \boldsymbol{u}_l$ を付け加えて V の基底を作ることができる．すなわち，　(3.14)

$$\{\boldsymbol{v}_1, \ldots, \boldsymbol{v}_k, \boldsymbol{u}_1, \ldots, \boldsymbol{u}_l\} \text{ が } V \text{ の基底（} k+l = \mathrm{Dim}\, V \text{）}$$

部分空間の次元　V を有限次元ベクトル空間，U を V の部分空間とすると，U は有限次元であり，次元について次の関係が成り立つ．

$$\mathrm{Dim}\, U \leqq \mathrm{Dim}\, V \quad \text{（等号の成立は，} U = V \text{ の場合に限る）} \tag{3.15}$$

直交基底　$\mathbb{R}^n$ の基底 $B = \{\boldsymbol{b}_1, \boldsymbol{b}_2, \ldots, \boldsymbol{b}_n\}$ に関して，これらのうちのどの 2 つも直交している，すなわち，

$$\boldsymbol{b}_i \cdot \boldsymbol{b}_j = 0 \quad (i, j \in \{1, 2, \ldots, n\},\ i \neq j) \tag{3.16a}$$

であるとき，基底 B は**直交**している，または**直交基底**であるという．直交基底が

$$\boldsymbol{b}_i \cdot \boldsymbol{b}_j = 0 \quad (i \neq j) \quad \text{かつ} \quad |\boldsymbol{b}_i| = 1 \tag{3.16b}$$

のように正規化されているとき，B は**正規直交基底**であるという．

n 次元実ベクトル空間と $\mathbb{R}^n$　n 次元 $\mathbb{R}$ ベクトル空間 V に 1 組の基底 $\{\boldsymbol{v}_1, \ldots, \boldsymbol{v}_n\}$ を定めると，(3.13) によって V の元と $\mathbb{R}^n$ の元が 1 対 1 に対応し，ベクトルの演算規則も成り立つ．よって，任意の n 次元 $\mathbb{R}$ ベクトル空間（たとえば 2 次元平面や 3 次元空間など）は，ベクトル空間としては $\mathbb{R}^n$ と同一視できる．

[*3] これらは $\mathrm{Dim}\, V$ が k と等しいか k よりも大きい場合である．もし $\mathrm{Dim}\, V < k$ となる場合は，$\{\boldsymbol{v}_1, \boldsymbol{v}_2, \ldots, \boldsymbol{v}_k\}$ は必ず線形従属となり，線形独立であるという条件に反する．この場合は，$\{\boldsymbol{v}_1, \boldsymbol{v}_2, \ldots, \boldsymbol{v}_k\}$ から $k - \mathrm{Dim}\, V$ 個のベクトルを除けば基底になることがあるが，どのようにベクトルを取り除いても基底とならないこともある．

例題 3.4 ―― ℝ ベクトル空間の次元と基底

次の集合は ℝ ベクトル空間をなす．これらの次元および 1 組の基底を求めよ．

(a) $\mathbb{R}^{m\times n}$

(b) $n\times n$ 三角行列

【解　答】

(a) $I_{i,j}^{(m,n)}$ を，第 (i,j) 成分のみ 1 で，それ以外はすべて 0 であるような $m\times n$ 行列とし，$A=\left[a_{ij}\right]_{m\times n}$ を $\mathbb{R}^{m\times n}$ に属する任意の行列とすると，

$$A=\sum_{i=1}^{m}\sum_{j=1}^{n}a_{ij}I_{i,j}^{(m,n)}$$

となる．ここで，$I_{i,j}^{(m,n)}$ を

$$\boldsymbol{v}_1=I_{1,1}^{(m,n)},\ \boldsymbol{v}_2=I_{1,2}^{(m,n)},\ldots,\ \boldsymbol{v}_n=I_{1,n}^{(m,n)},\ \boldsymbol{v}_{n+1}=I_{2,1}^{(m,n)},\ldots,$$
$$\ldots,\ \boldsymbol{v}_{(m-1)n+1}=I_{m,1}^{(m,n)},\ldots,\ \boldsymbol{v}_{mn}=I_{m,n}^{(m,n)}$$

のように順に 1 列に並べ，a_{ij} も同様に並べて順に $\alpha_1,\ldots,\alpha_{mn}$ とすると，

$$A=\sum_{i=1}^{mn}\alpha_i\boldsymbol{v}_i \tag{$*$}$$

となる．したがって，$\mathbb{R}^{m\times n}$ は $\{\boldsymbol{v}_1,\ldots,\boldsymbol{v}_{mn}\}$ によって生成される．また，$(*)$ の線形結合が零行列（零要素）となるのは，明らかにすべての a_{ij} すなわち α_i が 0 になるときに限るから，$\boldsymbol{v}_1,\ldots,\boldsymbol{v}_{mn}$ は線形独立である．以上により，$\mathbb{R}^{m\times n}$ の基底を 1 組選ぶと

$$\left\{I_{i,j}^{(m,n)}\right\}_{1\leqq i\leqq m,\ 1\leqq j\leqq n}$$

であり，次元は mn である．

(b) 下三角行列 A を (a) で定義した $I_{i,j}^{(m,n)}$ を用いて表す．A は正方行列であるから $m=n$ とし，$i<j$ の箇所にある成分はすべて 0 であることに注意して，

$$A=\sum_{i=1}^{m}\sum_{j=1}^{i}a_{ij}I_{i,j}^{(n,n)}$$

(a) で示したようにこの和に現れる $I_{i,j}^{(n,n)}$ は互いに線形独立であって，$n\times n$ 下三角行列全体は

$$I_{1,1}^{(n,n)},\ I_{2,1}^{(n,n)},\ I_{2,2}^{(n,n)},\ I_{3,1}^{(n,n)},\ldots,\ I_{n,n}^{(n,n)}$$

のように $i \geqq j$ であるような $I_{i,j}^{(n,n)}$ で生成されるから，基底は

$$\left\{ I_{i,j}^{(n,n)} \;\middle|\; 1 \leqq i \leqq n,\ 1 \leqq j \leqq n,\ i \geqq j \right\}$$

であり，次元はこの集合の要素の数で

$$1 + 2 + \cdots + n = \frac{n(n+1)}{2}$$

となる．上三角行列についても同様にして，次元は同じく $\dfrac{n(n+1)}{2}$, 基底はたとえば

$$\left\{ I_{i,j}^{(n,n)} \;\middle|\; 1 \leqq i \leqq n,\ 1 \leqq j \leqq n,\ i \leqq j \right\}$$

と選べばよい．

問　題

4.1 次のそれぞれの $\mathbb{R}$ ベクトル空間に対し，次元と基底を求めよ．

(a) $\mathbb{R}$　　(b) 実 $n \times n$ 対角行列全体

(c) x の n 次以下の多項式全体

(d) $\{ax^2 + bxy + cy^2 \mid a, b, c \in \mathbb{R}\}$

基底の取り方と座標変換

この節では，ベクトル空間を生成する「基底」という概念が出てきたが，これはベクトル空間を取り扱う上で非常に重要なものである．ベクトル空間は基底によって生成される，すなわち，ベクトル空間の任意の要素は基底の線形結合に分解することができるため，基底について調べれば，ベクトル空間やその上で定義される演算についてかなりの知見を得ることができる．

一般に，ベクトル空間での基底の取り方は一意的なものではない．たとえば，次元が 1 の場合であってさえも，$\boldsymbol{a}$ が基底ならばその実数倍（0 倍を除く）も基底となり，一意的には基底が決まらない．一般の次元の場合はなおさらである．一意的に決まるのは次元であって，基底は次元の本数の線形独立なベクトルならばどのようなものでもよい．異なる基底は，基底の要素の間を線形結合でつなぐことができ，これによって互いに可逆的に移り合う．これは，線形写像と呼ばれるものの 1 つで，座標変換として理解することができる（第 6 章を参照）．

このように，基底はどれでも本来は対等なものであるが，実用上の観点からは基底の選択によって計算の難易度が変化し，問題解決に大きく影響する．基底として選びうるものの中で，適切なものを選ぶことが重要となる．

例題 3.5 **Kern A の次元と基底**

一般に，行列 A に対する $\mathrm{Kern}\,A$ はベクトル空間である．次の A に対して $\mathrm{Kern}\,A$ の次元およびその基底を 1 組求めよ．

$$\text{(a)}\quad A=\begin{bmatrix}1&1&-1&-1\\0&1&2&1\\0&0&0&1\end{bmatrix}\qquad\text{(b)}\quad A=\begin{bmatrix}1&1&1\\2&1&3\\3&5&1\end{bmatrix}$$

【解　答】

(a) A は既に行階段型であるから，後退代入によって連立 1 次方程式 $A\boldsymbol{x}=\boldsymbol{0}$ を解くと，

$$\boldsymbol{x}=\begin{bmatrix}3\mu\\-2\mu\\\mu\\0\end{bmatrix}=\mu\boldsymbol{a},\quad \boldsymbol{a}:=\begin{bmatrix}3\\-2\\1\\0\end{bmatrix}$$

となる．これは，1 つのベクトル $\boldsymbol{a}$ によって生成されるベクトル空間であるから，次元は 1 であり，基底としては上記の $\boldsymbol{a}$ をとればよい．

(b) 基本行変形によって A を行階段型に変形する．まず，第 2 行から第 1 行の 2 倍，第 3 行から第 1 行の 3 倍を差し引き，次に新しい第 3 行に新しい第 2 行の 2 倍を加えると，

$$A\longrightarrow\begin{bmatrix}1&1&1\\0&-1&1\\0&2&-2\end{bmatrix}\longrightarrow\begin{bmatrix}1&1&1\\0&-1&1\\0&0&0\end{bmatrix}$$

となる．これをもとに，後退代入によって $A\boldsymbol{x}=\boldsymbol{0}$ の解を求めると，

$$\boldsymbol{x}=\begin{bmatrix}-2\mu\\\mu\\\mu\end{bmatrix}=\mu\boldsymbol{a},\quad \mu\text{ は実数},\quad \boldsymbol{a}:=\begin{bmatrix}-2\\1\\1\end{bmatrix}$$

が得られる．したがって，$\mathrm{Kern}\,A$ は 1 つのベクトル $\boldsymbol{a}$ によって生成されるベクトル空間で，次元は 1，その基底の例は $\boldsymbol{a}$ である．

問　題

5.1 行列 A に対して $\mathrm{Kern}\, A$ がベクトル空間であることを示せ．

5.2 次の各行列を A として，$\mathrm{Kern}\, A$ の次元と基底を求めよ．

(a) $\begin{bmatrix} 3 & 1 & 5 \\ 1 & 1 & 1 \\ 5 & 1 & 7 \end{bmatrix}$　(b) $\begin{bmatrix} 3 & 1 & 5 \\ 1 & 1 & 1 \\ 5 & 1 & 9 \end{bmatrix}$　(c) $\begin{bmatrix} 1 & 1 & 2 & 1 \\ 3 & 2 & 5 & 1 \\ 1 & 2 & 4 & 2 \end{bmatrix}$

(d) $\begin{bmatrix} 1 & 1 & 2 & 2 \\ 3 & 2 & 5 & 4 \\ 2 & 1 & 3 & 2 \end{bmatrix}$　(e) $\begin{bmatrix} 1 & 2 & 1 & 3 \\ 2 & 3 & 2 & 4 \\ 1 & 0 & 1 & -1 \\ 3 & 2 & 3 & 1 \end{bmatrix}$　(f) $\begin{bmatrix} 1 & 2 & 3 & 2 \\ 1 & 3 & 3 & 1 \\ 2 & 3 & 4 & 3 \\ 3 & 4 & 2 & 1 \end{bmatrix}$

5.3 次の 4 本のベクトルがなす線形包の次元を求めよ．また，これらからいくつかを取り除いて，$\mathbb{R}^3$ の基底を作ることができるか．

$$\begin{bmatrix} 1 \\ 1 \\ 0 \end{bmatrix}, \quad \begin{bmatrix} 0 \\ 1 \\ 1 \end{bmatrix}, \quad \begin{bmatrix} 2 \\ 1 \\ -1 \end{bmatrix}, \quad \begin{bmatrix} 3 \\ 1 \\ -2 \end{bmatrix}$$

5.4 可逆な n 次正方行列の列全体は $\mathbb{R}^n$ の基底となること，および行全体は $\mathbb{R}_n$ の基底となることを示せ．

Kern A の基底と一般解

上記の問題 5.1 で調べたように，行列 A の $\mathrm{Kern}\, A$ は有限次元のベクトル空間であって，$\mathrm{Kern}\, A = \{\mathbf{0}\}$ となる場合以外は基底が存在する．したがって，$\mathrm{Kern}\, A$ に属するベクトルはこの基底の線形結合で表される．同次連立 1 次方程式 $A\boldsymbol{x} = \mathbf{0}$ の一般解に現れる自由パラメータは，この線形結合の係数となっている．すなわち，自由パラメータの個数と $\mathrm{Kern}\, A$ の次元とは等しい（第 4.3 節の次元公式を参照）．

基底の取り方が一意的に決まらなかったように，$A\boldsymbol{x} = \mathbf{0}$ の一般解の表現も 1 通りとは限らず，自由パラメータを適当に選び直せば別の表現を得る．これを係数行列の基本行変形の観点から見ると，変形の結果得られる行階段型の行列は 1 通りではないことに対応している．

解全体がベクトル空間となって，一般解が解集合の基底の線形結合で表されるという事情は，連立 1 次方程式に限らず，未知量に関して線形であるような方程式全般で見られる．理工系の応用問題で特によく見られる例は線形常微分方程式の場合で，この場合は解空間の基底を基本解と呼んでいる．

3.4 部分空間の直和と直交補空間

部分空間の和　$\mathbb{R}$ ベクトル空間の部分空間 W_1, W_2 の和集合は一般には部分空間にならない．W_1, W_2 を含む最小の部分空間は，

$$\left\{ \boldsymbol{x} = \boldsymbol{x}_1 + \boldsymbol{x}_2 \,\middle|\, \boldsymbol{x}_1 \in W_1,\ \boldsymbol{x}_2 \in W_2 \right\} \tag{3.17a}$$

であり，これを部分空間 W_1, W_2 の和または**和空間**と呼んで $W_1 + W_2$ と書く[*4]．一般に，n 個の部分空間に対し，和 $W_1 + \cdots + W_n$ は

$$W_1 + \cdots + W_n := \left\{ \boldsymbol{x} = \sum_{i=1}^{n} \boldsymbol{x}_i \,\middle|\, \boldsymbol{x}_i \in W_i\ (1 \leqq i \leqq n) \right\} \tag{3.17b}$$

で定義される．

部分空間の和に関する性質　部分空間の和に対して次が成り立つ．

$W_1, W_2, \ldots, W_n$ を $\mathbb{R}$ ベクトル空間の部分空間として，

1. $W_1 + W_2 = W_2 + W_1$
2. $(W_1 + W_2) + W_3 = W_1 + (W_2 + W_3) = W_1 + W_2 + W_3$　　(3.18)
3. $\operatorname{Dim}(W_1 + \cdots + W_n) \leqq \operatorname{Dim} W_1 + \cdots + \operatorname{Dim} W_n$

部分空間の直和　$W_1 \cap W_2 = \{\boldsymbol{0}\}$ の場合の $W_1 + W_2$ を**直和**といい，$W_1 \oplus W_2$ と書く．すなわち，

$$W_1 \oplus W_2 := \left\{ \boldsymbol{x} = \boldsymbol{x}_1 + \boldsymbol{x}_2 \,\middle|\, W_1 \cap W_2 = \{\boldsymbol{0}\}\ \text{で，}\ \boldsymbol{x}_1 \in W_1, \boldsymbol{x}_2 \in W_2 \right\} \tag{3.19a}$$

$W = W_1 \oplus W_2$ のとき，W は W_1, W_2 の直和に分解されるともいう．一般に，条件

$1 \leqq i \leqq n$ のすべての i に対して

$$W_i \cap (W_1 + \cdots + W_{i-1} + W_{i+1} + \cdots + W_n) = \{\boldsymbol{0}\} \tag{3.19b}$$

[*4] このように,「和集合」と「和」とは意味が異なるので注意したい．和集合 $W_1 \cup W_2$ は W_1 の要素と W_2 の要素を単純に寄せ集めただけのものであるが，和 $W_1 + W_2$ は $W_1 \cup W_2$ から生成される部分空間である．なお，部分空間はベクトル空間であるから，$W_1 + W_2$ を「ベクトル空間の和」と呼んでも差し支えない．

一般に，$W_1 \cup W_2$ は線形空間であることでさえも保証されない．たとえば $\boldsymbol{a}, \boldsymbol{b}$ を線形独立なベクトルとして，$W_1 = \operatorname{Lin}(\boldsymbol{a})$, $W_2 = \operatorname{Lin}(\boldsymbol{b})$ とすれば，$\boldsymbol{a} + \boldsymbol{b} \notin W_1 \cup W_2$ で，$W_1 \cup W_2$ は線形空間ではない．

がみたされる場合に $W_1 + \cdots + W_n$ を直和と呼んで $W_1 \oplus \cdots \oplus W_n$ と書く.

直和に関する性質 直和とは共通の要素が $\mathbf{0}$ のみの場合の和空間のことであるから，和空間の性質 1., 2. がそのまま成り立つ.

このほか，部分空間の直和に関する次の 3 つは同値である

$W_1, \ldots, W_n$ を $\mathbb{R}$ ベクトル空間の部分空間として，

1. $W_1 + \cdots + W_n$ は直和である
2. $\boldsymbol{x} \in W_1 + \cdots + W_n$ を $\boldsymbol{x} = \boldsymbol{x}_1 + \cdots + \boldsymbol{x}_n$, $\boldsymbol{x}_i \in W_i$ $(1 \leqq i \leqq n)$ と表す方法は 1 通りに限る
3. $\mathrm{Dim}\,(W_1 + \cdots + W_n) = \mathrm{Dim}\,W_1 + \cdots + \mathrm{Dim}\,W_n$

(3.20)

直交する部分空間 V の部分空間 W_1, W_2 に対し，任意の $\boldsymbol{x} \in W_1$, $\boldsymbol{y} \in W_2$ が $\boldsymbol{x} \cdot \boldsymbol{y} = 0$ をみたすとき，W_1 と W_2 は**直交**するといい，$W_1 \perp W_2$ と書く.

直交補空間 V を $\mathbb{R}$ ベクトル空間，W を V の部分空間とする．V に属し，かつ W のすべての要素と直交するようなベクトル $\boldsymbol{x}$ 全体，すなわち

$$W^{\perp} := \left\{ \boldsymbol{x} \in V \;\middle|\; \text{任意の } \boldsymbol{w} \in W \text{ に対して } \boldsymbol{x} \cdot \boldsymbol{w} = 0 \right\} \tag{3.21}$$

は V の 1 つの部分空間である．この $W^{\perp}$ を W の**直交補空間**という.

直交補空間の性質 $\mathbb{R}$ ベクトル空間 V とその部分空間 W および W の直交補空間 $W^{\perp}$ に対して次の性質が成り立つ

V を $\mathbb{R}$ ベクトル空間，W, W_1, W_2 をその部分空間として，

1. $(W^{\perp})^{\perp} = W$
2. $(W_1 + W_2)^{\perp} = W_1^{\perp} \cap W_2^{\perp}$
3. $(W_1 \cap W_2)^{\perp} = W_1^{\perp} + W_2^{\perp}$
4. 任意の部分空間 W に対し，$V = W \oplus W^{\perp}$ と分解される

(3.22)

例題 3.6 **部分空間の直和**

ベクトル空間の部分空間 W_1, W_2 に対し，次の各項が同値であることを示せ．

(a) $W_1 + W_2$ が直和である

(b) $\boldsymbol{x} \in W_1 + W_2$ を $\boldsymbol{x} = \boldsymbol{x}_1 + \boldsymbol{x}_2$ （$\boldsymbol{x}_1 \in W_1$, $\boldsymbol{x}_2 \in W_2$）と表す方法は 1 通りに限る

【解 答】

• (a) $\Longrightarrow$ (b) $\cdots$ $W_1 + W_2$ が直和であるとする．いま，$\boldsymbol{x} \in W_1 + W_2$ に対して

$$\boldsymbol{x} = \boldsymbol{x}_1 + \boldsymbol{x}_2 = \boldsymbol{x}_1' + \boldsymbol{x}_2' \quad (\boldsymbol{x}_1, \boldsymbol{x}_1' \in W_1,\ \boldsymbol{x}_2, \boldsymbol{x}_2' \in W_2)$$

のように表されたとすると，

$$\boldsymbol{x}_1 - \boldsymbol{x}_1' = \boldsymbol{x}_2' - \boldsymbol{x}_2$$

となり，左辺は W_1, 右辺は W_2 に属するのでこれらは $W_1 \cap W_2$ に属する．$W_1 + W_2$ は直和なので $W_1 \cap W_2 = \{\boldsymbol{0}\}$ であるから，$\boldsymbol{x}_1 - \boldsymbol{x}_1' = \boldsymbol{x}_2' - \boldsymbol{x}_2 = \boldsymbol{0}$, すなわち $\boldsymbol{x}_1 = \boldsymbol{x}_1'$, $\boldsymbol{x}_2 = \boldsymbol{x}_2'$ が得られ，表現は一意的である．

• (b) $\Longrightarrow$ (a) $\cdots$ $\boldsymbol{x} = \boldsymbol{x}_1 + \boldsymbol{x}_2$ （$\boldsymbol{x}_1 \in W_1$, $\boldsymbol{x}_2 \in W_2$）と表す方法が 1 通りに限るとする．$W_1 \cap W_2$ に属するベクトル $\boldsymbol{y}$ に対して $\boldsymbol{y} = \boldsymbol{y} + \boldsymbol{0}$ とすれば，$\boldsymbol{y} \in W_1$, $\boldsymbol{0} \in W_2$ であり，また $\boldsymbol{0} \in W_1$, $\boldsymbol{y} \in W_2$ でもある．$\boldsymbol{y}$ を W_1, W_2 のベクトルの和で表す方法は 1 通りしかないから $\boldsymbol{y} = \boldsymbol{0}$ となり，$W_1 \cap W_2 = \{\boldsymbol{0}\}$ となる．

以上により，(a), (b) は同値であることが示された．

問 題

6.1 W_1, W_2 をベクトル空間の部分空間とする．$\mathrm{Dim}\, W_1 + \mathrm{Dim}\, W_2 = \mathrm{Dim}\,(W_1 + W_2) + \mathrm{Dim}\,(W_1 \cap W_2)$ であること（演習問題 3. (e)）を用いて，$W_1 + W_2$ が直和であることと $\mathrm{Dim}\,(W_1 + W_2) = \mathrm{Dim}\, W_1 + \mathrm{Dim}\, W_2$ が同値であることを示せ．

6.2 次のそれぞれに対して，$V = W_1 + W_2$ であるかどうか，もしそうならば $V = W_1 \oplus W_2$ であるかどうか調べよ．

(a) $V = \mathbb{R}^3$, $W_1 = \mathrm{Lin}\,(\boldsymbol{e}_1, \boldsymbol{e}_2)$, $W_2 = \mathrm{Lin}\,(\boldsymbol{e}_1, \boldsymbol{e}_3)$

(b) $V = \mathbb{R}^3$, $W_1 = \mathrm{Lin}\,(\boldsymbol{e}_1)$, $W_2 = \{\boldsymbol{x} = \alpha\boldsymbol{e}_1 + \beta\boldsymbol{e}_2 - (\alpha+\beta)\boldsymbol{e}_3,\ \alpha, \beta \in \mathbb{R}\}$

(c) $V = \mathbb{R}^3$, $W_1 = \{\boldsymbol{x} = \alpha(\boldsymbol{e}_1 + \boldsymbol{e}_2 + \boldsymbol{e}_3),\ \alpha \in \mathbb{R}\}$,
$W_2 = \{\boldsymbol{x} = \alpha\boldsymbol{e}_1 + \beta\boldsymbol{e}_2 - (\alpha + \beta)\boldsymbol{e}_3,\ \alpha, \beta \in \mathbb{R}\}$

(d) V: x の多項式全体，W_1: x の 0 次および奇数次の多項式全体，W_2: x の偶数次の多項式全体

6.3 部分空間 W_1, W_2 に対して $W = W_1 + W_2$ が直和でないとき，$\boldsymbol{x} \in W$ を $\boldsymbol{x} = \boldsymbol{x}_1 + \boldsymbol{x}_2$ （$\boldsymbol{x}_1 \in W_1,\ \boldsymbol{x}_2 \in W_2$）と表す方法は 1 通りとは限らない．そのような例を作れ．

6.4 $W_1 + \cdots + W_m$ が直和であることと，次が同値であることを示せ．

$$(W_1 + \cdots + W_{k-1}) \cap W_k = \{\boldsymbol{0}\} \quad (2 \leqq k \leqq m)$$

6.5 ベクトル空間 V の 1 つの直和分解 $V = W_1 \oplus \cdots \oplus W_n$ に対し，$\boldsymbol{y}_i \in W_i$，$\boldsymbol{y}_1 + \cdots + \boldsymbol{y}_n = \boldsymbol{0}$ ならば，$\boldsymbol{y}_1 = \boldsymbol{0}, \ldots, \boldsymbol{y}_n = \boldsymbol{0}$ であることを示せ．

例題 3.7 　　**直交補空間**

ベクトル空間 V の部分空間 W について，次を示せ．

(a) $W^\perp$ は部分空間である　　(b) $V = W + W^\perp$

【解　答】

(a) $V \supset W^\perp$ は，$W^\perp$ の定義により明らかである．

$\boldsymbol{x}_1, \boldsymbol{x}_2 \in W^\perp$ とすると，任意の $\boldsymbol{w} \in W$ に対して

$$\boldsymbol{w} \cdot (\boldsymbol{x}_1 + \boldsymbol{x}_2) = \boldsymbol{w} \cdot \boldsymbol{x}_1 + \boldsymbol{w} \cdot \boldsymbol{x}_2 = 0$$

となり，$\boldsymbol{x}_1 + \boldsymbol{x}_2 \in W^\perp$ である．

また，$\lambda \in \mathbb{R}, \boldsymbol{x} \in W^\perp, \boldsymbol{w} \in W$ として $\boldsymbol{w} \cdot (\lambda \boldsymbol{x}) = 0$ により $\lambda \boldsymbol{x} \in W^\perp$．

以上により，$W^\perp$ が部分空間であることが示された．

(b) $\operatorname{Dim} W = r$ とする．W の正規直交基底 $\boldsymbol{f}_1, \ldots, \boldsymbol{f}_r$ を取り，$\boldsymbol{x} \in V$ に対して

$$\boldsymbol{x}' := \sum_{i=1}^{r} (\boldsymbol{x} \cdot \boldsymbol{f}_i) \boldsymbol{f}_i \in W, \quad \boldsymbol{x}'' := \boldsymbol{x} - \boldsymbol{x}'$$

と定義すると，$\boldsymbol{x}'' \cdot \boldsymbol{f}_i = \boldsymbol{x} \cdot \boldsymbol{f}_i - \displaystyle\sum_{j=1}^{r} (\boldsymbol{x} \cdot \boldsymbol{f}_j) \boldsymbol{f}_j \cdot \boldsymbol{f}_i = \boldsymbol{x} \cdot \boldsymbol{f}_i - \sum_{j=1}^{r} (\boldsymbol{x} \cdot \boldsymbol{f}_j) \delta_{i,j} = 0$ （$1 \leqq i \leqq r$）となるので，任意の $\boldsymbol{w} \in W$ に対して $\boldsymbol{x}'' \cdot \boldsymbol{w} = 0$．よって $\boldsymbol{x}'' \in W^\perp$．

以上から，任意の $\boldsymbol{x} \in V$ は $\boldsymbol{x} = \boldsymbol{x}' + \boldsymbol{x}''$ （$\boldsymbol{x}' \in W,\ \boldsymbol{x}'' \in W^\perp$）と表せるので，$V = W + W^\perp$ が成り立つ．

問　題

7.1 $V = W_1 + W_2,\ W_1 \perp W_2$ とすれば，$W_2 = W_1^\perp$ となることを示せ．

7.2 V の部分空間 W の正規直交基底 $\boldsymbol{b}_1, \ldots, \boldsymbol{b}_r$ に基底の補充を行って V の正規直交基底 $\boldsymbol{b}_1, \ldots, \boldsymbol{b}_n$ を作るとき，$\boldsymbol{b}_{r+1}, \ldots, \boldsymbol{b}_n$ は $W^\perp$ の基底であることを示せ．

3.5 座標およびベクトル空間としての幾何ベクトル

デカルト座標　2次元平面に点 O で直角に交わる x 軸と y 軸を設ける．それぞれの軸は向きがあり，原点から見て x 軸の向きは y 軸の向きの右側にあるようにする[*5]．ここで，O を原点，x 軸と y 軸を座標軸という．各軸には O を基準として軸の向きに増える目盛りがつけられているとする．

平面上の点 P に対し，P から x 軸，y 軸に下ろした垂線の足のそれぞれの目盛りの読みを x_0, y_0 として，$P = (x_0, y_0)$ と表す．これを P の座標，上記のように定められた座標を**デカルト座標系**という（図 3.1a）．

3次元空間でも同様にして，原点 O と，O で互いに直交する3つの座標軸（x 軸，y 軸，z 軸．ただし，z 軸の向きは，x 軸の正の向きから y 軸の正の向きへ右ねじを回したとき，ねじの進む向きとする）を用意して，$P = (x_0, y_0, z_0)$ のようにデカルト座標系を用いて表す（図 3.1(b)）．

数の組 (a, b) に対し，$P = (a, b)$ となるような2次元平面上の点が1つ定まる．3次元空間でも同様である．

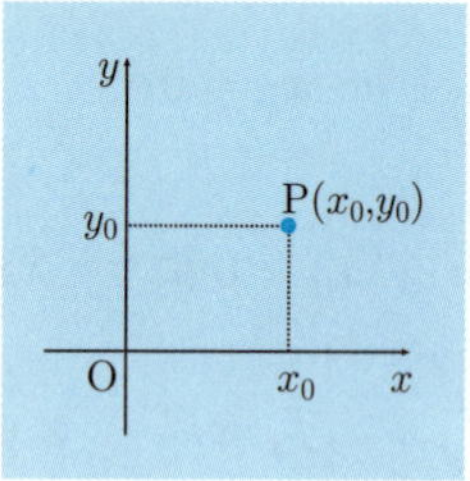

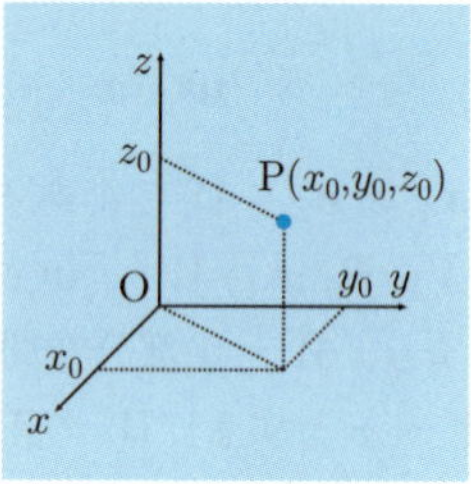

図 3.1　(a) 2次元平面, (b) 3次元空間のデカルト座標系

3次元空間で，2点 $P(p_1, p_2, p_3)$ と $Q(q_1, q_2, q_3)$ の間の距離 $d(P, Q)$ は，

$$d(P, Q) = \sqrt{(p_1 - q_1)^2 + (p_2 - q_2)^2 + (p_3 - q_3)^2}$$

で定める．

幾何ベクトル　平行移動や速度のように，大きさと向きを持つ量を**幾何ベクトル**という．これに対し，大きさのみを持つ量を**スカラー**という．

[*5] このように設定された座標系を右手系という．3次元の場合も本文のように定められた座標を右手系という．これに対し，2次元で x 軸と y 軸の位置関係が右手系と反対のもの，3次元で x, y, z の各軸の位置が原点から見て右手系と逆回りになっているものを左手系という．

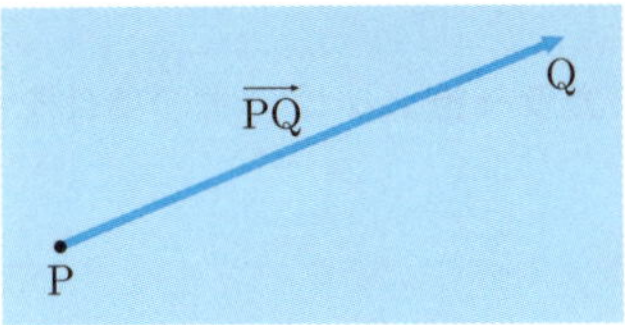

図 3.2　P を始点，Q を終点とする幾何ベクトルの図形的表現

幾何ベクトルは，図形的には平面または空間に描かれた向きを持った線分（または矢）で表される．このとき，矢の向きがベクトルの向き，長さがベクトルの大きさに対応する．矢の起点を**始点**，尖端を**終点**といい，P を始点，Q を終点とする幾何ベクトルを $\overrightarrow{\mathrm{PQ}}$ と表す（図 3.2）．

幾何ベクトル $\boldsymbol{a}$ の大きさを $|\boldsymbol{a}|$ と書く．$\overrightarrow{\mathrm{PQ}}$ の大きさは $|\overrightarrow{\mathrm{PQ}}|$ と書く．

幾何ベクトルの相等など　2 つの幾何ベクトル $\boldsymbol{a}, \boldsymbol{b}$ が等しいとは，両者の向きと大きさが等しいことをいい，「$\boldsymbol{a} = \boldsymbol{b}$」と書く．その際，始点や終点の位置は問わない．相等しい幾何ベクトルは，平行移動することにより始点と終点を一致させることができる．このように，位置を考慮する必要がないベクトルを，**自由ベクトル**という．

$\boldsymbol{a}, \boldsymbol{b}$ が平行であるとき，$\boldsymbol{a} \parallel \boldsymbol{b}$ と書く．この場合，両者の向きは問わない．

零ベクトル・逆向きのベクトル　大きさが 0 のベクトルを**零ベクトル**といい，$\boldsymbol{0}$ と書く．零ベクトルは図形的には 1 点で表される．零ベクトルには向きは定義されない．

大きさが 1 の幾何ベクトルを**単位ベクトル**という．

$\boldsymbol{a}$ と大きさが同じで向きが逆の幾何ベクトルを，$-\boldsymbol{a}$ と書く．

幾何ベクトルの代数など　幾何ベクトルの演算規則を次の通りに定義する．

1.　幾何ベクトルの合成

　幾何ベクトルの**合成**（または**和**）$\boldsymbol{a}+\boldsymbol{b}$ は，$\boldsymbol{a}$ の終点と $\boldsymbol{b}$ の始点を重ねたときの $\boldsymbol{a}$ の始点と $\boldsymbol{b}$ の終点をそれぞれ始点・終点とするベクトルと定義する（図 3.3）．2 つの幾何ベクトルの**差** $\boldsymbol{a} - \boldsymbol{b}$ は，$\boldsymbol{a}$ と $-\boldsymbol{b}$ の和として定義する．

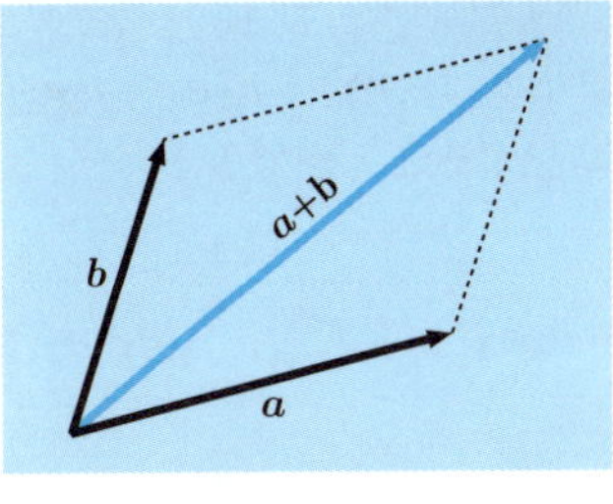

図 3.3　幾何ベクトルの合成

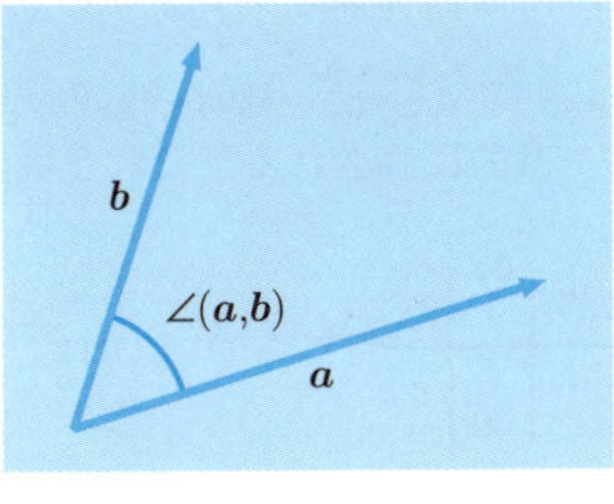

図 3.4　幾何ベクトルのなす角

2. 幾何ベクトルのスカラー倍

α をスカラーとして，幾何ベクトルの**スカラー倍** $\alpha\boldsymbol{a}$ は，次の条件を共にみたす幾何ベクトルと定義する．

a. $\alpha\boldsymbol{a}$ の大きさは，$\boldsymbol{a}$ の大きさの $|\alpha|$ 倍
 （特に $\alpha = 0$ または $\boldsymbol{a} = \boldsymbol{0}$ である場合，$\alpha\boldsymbol{a} = \boldsymbol{0}$）

b. $\alpha \neq 0$ かつ $\boldsymbol{a} \neq \boldsymbol{0}$ の場合，$\alpha\boldsymbol{a}$ は $\boldsymbol{a}$ に平行
 向きは，$\alpha > 0$ の場合は $\boldsymbol{a}$ と同じ向き，$\alpha < 0$ の場合は逆向き

幾何ベクトルのなす角　2 つの幾何ベクトル $\boldsymbol{a}, \boldsymbol{b}$ がいずれも零ベクトルでない場合，両者の始点を一致させてできる角のうち，小さい方を $\boldsymbol{a}, \boldsymbol{b}$ の**なす角**と定義する（図 3.4）．ただし，角を測る向きは区別せず，角の値としては正のものを選ぶ．いずれか一方でも零ベクトルの場合は，角は定義されない．

幾何ベクトルの内積と直交性　$\boldsymbol{a}, \boldsymbol{b}$ のなす角を θ として，両者の**内積**は，

$$\boldsymbol{a} \cdot \boldsymbol{b} := |\boldsymbol{a}|\,|\boldsymbol{b}|\cos\theta \tag{3.23}$$

で定義する．内積が 0 となる 2 つの幾何ベクトルを，直交しているという．特に，零ベクトルは任意の幾何ベクトルと直交する．

幾何ベクトルの外積　2 つの幾何ベクトル $\boldsymbol{a}, \boldsymbol{b}$ から次のようにして決まるベクトルを $\boldsymbol{a} \times \boldsymbol{b}$ と書き，$\boldsymbol{a}, \boldsymbol{b}$ の**外積**（または**ベクトル積**）という．

1. $|\boldsymbol{a} \times \boldsymbol{b}|$ は，$\boldsymbol{a}, \boldsymbol{b}$ を隣り合う 2 辺とする平行四辺形の面積
2. $\boldsymbol{a} \times \boldsymbol{b}$ は $\boldsymbol{a}, \boldsymbol{b}$ に直交する
3. $\boldsymbol{a} \times \boldsymbol{b}$ が零ベクトルでないときは，$\boldsymbol{a}, \boldsymbol{b}, \boldsymbol{a} \times \boldsymbol{b}$ はこの順で右手系をなす（$\boldsymbol{a} \times \boldsymbol{b}$ の向きは，3 つのベクトルの始点を一致させ，$\boldsymbol{a}$ の方向から $\boldsymbol{b}$ の方向へ小さい方の角を経由して右ネジを回転させたときにネジが進む向き）

位置ベクトル　座標の設定された空間の点 A に対し，幾何ベクトル $\overrightarrow{\mathrm{OA}}$（O は原点）を，点 A の**位置ベクトル**という．x, y, z 軸の正の向きを向いた単位ベクトルを $\boldsymbol{e}_1, \boldsymbol{e}_2, \boldsymbol{e}_3$ と書くと，点 $\mathrm{A}(a_1, a_2, a_3)$ の位置ベクトルは $\overrightarrow{\mathrm{OA}} = a_1\boldsymbol{e}_1 + a_2\boldsymbol{e}_2 + a_3\boldsymbol{e}_3$ のように一意的に表される．これを次のように略記することができる．

$$\overrightarrow{\mathrm{OA}} = \begin{bmatrix} a_1 \\ a_2 \\ a_3 \end{bmatrix} \iff \overrightarrow{\mathrm{OA}} = a_1\boldsymbol{e}_1 + a_2\boldsymbol{e}_2 + a_3\boldsymbol{e}_3 \quad （ただし，\mathrm{A}(a_1, a_2, a_3)） \tag{3.24a}$$

幾何ベクトルの座標成分表示 3 次元空間における幾何ベクトルの始点 P と終点 Q のデカルト座標がそれぞれ $\mathrm{P}(p_1, p_2, p_3)$, $\mathrm{Q}(q_1, q_2, q_3)$ であるとき，

$$\overrightarrow{\mathrm{PQ}} = \begin{bmatrix} q_1 - p_1 \\ q_2 - p_2 \\ q_3 - p_3 \end{bmatrix} \iff \begin{cases} \mathrm{P}(p_1, p_2, p_3) \\ \mathrm{Q}(q_1, q_2, q_3) \end{cases} \tag{3.24b}$$

となる．このような表現を幾何ベクトルの**座標成分表示**という．式 (3.24a, b) において，a_i や $q_i - p_i$ をベクトルの第 i 成分という．

幾何ベクトルとベクトル空間 3 次元空間における幾何ベクトル全体は，幾何ベクトルの合成とスカラー倍に関してベクトル空間をなし，その次元は 3 である．平面上の幾何ベクトルも同様で，次元は 2 である．

幾何ベクトルの空間は，(3.23) で定義された内積のもとで計量空間となる．このとき，$|\boldsymbol{a}| = \sqrt{\boldsymbol{a} \cdot \boldsymbol{a}}$ で，これは $\boldsymbol{a}$ の始点と終点の間の距離を表す．

$A^0 = E$ は常に正しいか

第 2 章 (2.8) で正方行列 A のベキ乗を定義する際,「A が可逆ならば」という条件のもとで，$A^0 = E$ とした．このような条件を課すのは何故だろうか．

$A^0 = E$ となるのは，$AA^{-1} = E$ に指数法則を適用した結果と整合するようにしたためである．A が可逆でなければ当然このような関係は成り立たないから，A^0 が定義できないことになる．似たような話は，行列だけではなく数の世界でもある．0^0 が不定形となって，うまく定義できないのはその 1 つである．第 2 章で行列の指数関数を定義する際，$\exp A = E + \sum_{n=1}^{\infty} \frac{1}{n!} A^n$ のようにしたのは上記の事情を考慮したためで，このようにしておけば，A^0 の正当性に悩む必要はなくなる．

しかし，実際の問題で計算を行うときは，A の可逆性などと関係なく，$A^0 = E$ が常に成り立つと「思って」$\exp A = \sum_{n=0}^{\infty} \frac{1}{n!} A^n$ の表現を用いても問題を生じることはめったにない．何か不都合が起きた場合に，後からその原因を追究できれば，少なくとも実用上の観点からは十分だと思う．上に述べた数の世界の話でも同様で，指数関数のマクローリン展開を $\exp x = \sum_{n=0}^{\infty} \frac{x^n}{n!}$ のように書いたならば，$x = 0$ において 0^0 が現れる．それでも，ほとんどの人はあまり気にせず，この式が $\exp x = 1 + \frac{x}{1!} + \frac{x^2}{2!} + \cdots + \frac{x^n}{n!} + \cdots$ と同じだと考えて計算を行っていて，あまり問題を生じていないのである．

例題 3.8　　**幾何ベクトルとベクトル空間**

3 次元空間における幾何ベクトル全体のなす集合がベクトル空間であることを示せ.

【解　答】　λ を実数, $\boldsymbol{a}$, $\boldsymbol{b}$ を幾何ベクトルとしたとき, $\boldsymbol{a}+\boldsymbol{b}$ や $\lambda\boldsymbol{a}$ が $\boldsymbol{a}, \boldsymbol{b}$ と同じ空間上の幾何ベクトルであることは, 和やスカラー倍のの定義により明らか. 以下, ベクトル空間の定義をみたすかどうか順次検討する.

1.　a.　幾何ベクトルは平行移動によって重なるものは同じものであるから, $\boldsymbol{a}$ の終点に $\boldsymbol{b}$ の始点を重ねた場合でも $\boldsymbol{b}$ の終点に $\boldsymbol{a}$ の始点を重ねた場合でも同じ結果を与える. よって $\boldsymbol{a}+\boldsymbol{b}=\boldsymbol{b}+\boldsymbol{a}$

b.　$\boldsymbol{a}, \boldsymbol{b}, \boldsymbol{c}$ の始点を 1 点 P に一致させ, これらを隣り合う 3 辺とする平行六面体を作り, P を含まない 3 つの面で共有される頂点を Q とする（右図）. $\boldsymbol{a}+(\boldsymbol{b}+\boldsymbol{c})$ も $(\boldsymbol{a}+\boldsymbol{b})+\boldsymbol{c}$ も共に $\overrightarrow{\mathrm{PQ}}$ に一致する.

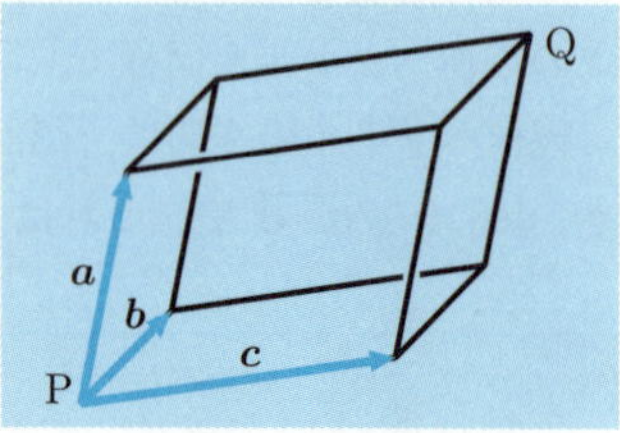

$\boldsymbol{a}, \boldsymbol{b}, \boldsymbol{c}$ が同一平面上にあるときは, 平面上のベクトルの合成を繰り返せば $\boldsymbol{a}+(\boldsymbol{b}+\boldsymbol{c})=\boldsymbol{a}+(\boldsymbol{b}+\boldsymbol{c})$ が成り立つ

c.　$\boldsymbol{0}$ は始点と終点が同じ幾何ベクトルであり, 常に $\boldsymbol{a}+\boldsymbol{0}=\boldsymbol{a}$. よって $\boldsymbol{0}$ が零要素となる.

d.　$-\boldsymbol{a}$ の定義により, $\boldsymbol{a}+(-\boldsymbol{a})=\boldsymbol{0}$ となるから, $\boldsymbol{a}$ の逆ベクトルは $-\boldsymbol{a}$

2.　a.　$1\boldsymbol{a}$ は, $\boldsymbol{a}$ と同じ長さ, 同じ向きの幾何ベクトルであるから, $\boldsymbol{a}$ に等しい

b.　$\lambda(\mu\boldsymbol{a}), (\lambda\mu)\boldsymbol{a}$ はそれぞれ $\boldsymbol{a}$ の $|\lambda||\mu|$ 倍, $|\lambda\mu|$ 倍の大きさを持ち, これらは相等しい. また, $\lambda(\mu\boldsymbol{a})$ は, λ と μ が同符号の場合は $\boldsymbol{a}$ と同じ向き, 異符号の場合は逆向きで, $(\lambda\mu)\boldsymbol{a}$ の向きと等しい. よって $\lambda(\mu\boldsymbol{a})=(\lambda\mu)\boldsymbol{a}$

c., d.　幾何ベクトルの合成とスカラー倍の定義により, $\lambda(\boldsymbol{a}+\boldsymbol{b})=\lambda\boldsymbol{a}+\lambda\boldsymbol{b}$ および $(\lambda+\mu)\boldsymbol{a}=\lambda\boldsymbol{a}+\mu\boldsymbol{a}$ は成り立つ

以上により, 3 次元空間における幾何ベクトル全体は, ベクトル空間となる.

問　題

8.1　同一平面上にある幾何ベクトル全体は, 3 次元空間における幾何ベクトル全体のなすベクトル空間の部分空間であることを示せ.

8.2　3 次元空間にある 3 つのベクトルが, 始点を一致させたときに同一平面上にある場合, これらは共面であるという. 3 本のベクトルが共面であることと線形従属であることが同値であることを示せ.

例題 3.9 ―――― **幾何ベクトルと図形**

原点を通り，ベクトル $\boldsymbol{a}$ に平行な直線 l がある．l 上の点 X の位置ベクトルを $\boldsymbol{x}$ とすると，$\boldsymbol{x} = t\boldsymbol{a}$ （$t \in \mathbb{R}$）が成り立つ．

点 P の位置ベクトルを $\boldsymbol{p}$ として，P から l 上に下ろした垂線の足 Q と，l に関して P と対称の位置にある点 R の位置ベクトルを求めよ．

【解 答】 Q は l 上の点であるから $\overrightarrow{\mathrm{OQ}} = t\boldsymbol{a}$ をみたす．また，$\overrightarrow{\mathrm{PQ}} = \overrightarrow{\mathrm{OQ}} - \boldsymbol{p}$ は l に垂直だから，$(\overrightarrow{\mathrm{OQ}} - \boldsymbol{p}) \cdot \boldsymbol{a} = 0$ が成り立つ．したがって，$t = \dfrac{\boldsymbol{p} \cdot \boldsymbol{a}}{|\boldsymbol{a}|^2}$ となり，

$$\overrightarrow{\mathrm{OQ}} = \frac{\boldsymbol{p} \cdot \boldsymbol{a}}{|\boldsymbol{a}|^2}\boldsymbol{a}$$

また，PQ=QR, PR $\perp$ $\boldsymbol{a}$ であるから，$\overrightarrow{\mathrm{PR}} = 2\overrightarrow{\mathrm{PQ}} = 2\overrightarrow{\mathrm{OQ}} - 2\boldsymbol{p}$．よって，

$$\overrightarrow{\mathrm{OR}} = \boldsymbol{p} + \overrightarrow{\mathrm{PR}} = \boldsymbol{p} + 2\frac{\boldsymbol{p} \cdot \boldsymbol{a}}{|\boldsymbol{a}|^2}\boldsymbol{a} - 2\boldsymbol{p} = 2\frac{\boldsymbol{p} \cdot \boldsymbol{a}}{|\boldsymbol{a}|^2}\boldsymbol{a} - \boldsymbol{p}$$

問 題

9.1 異なる 2 点 A, B の位置ベクトルを $\boldsymbol{a}, \boldsymbol{b}$ とする．直線 AB 上の点 X の位置ベクトル $\boldsymbol{x}$ が $\boldsymbol{x} = (1-t)\boldsymbol{a} + t\boldsymbol{b}$ で表されることを示せ．また，直線 AB 上で $\mathrm{AC} : \mathrm{BC} = \alpha : \beta$ となる点 C の位置ベクトルを求めよ．

9.2 平面上の 3 角形 △ABC を考える．

(a) 各頂点とその対辺の中点を結んだ 3 つの線分が 1 点 P で交わることを示し，$\overrightarrow{\mathrm{AP}}$ を $\overrightarrow{\mathrm{AB}}$, $\overrightarrow{\mathrm{AC}}$ で表せ．

(b) 辺 AB, CA をそれぞれ 2 : 1 に内分する点を D, E とする．線分 BE と CD の交点を F とするとき，$\overrightarrow{\mathrm{AF}}$ を $\overrightarrow{\mathrm{AB}}$, $\overrightarrow{\mathrm{AC}}$ で表せ．また，直線 AF と BC の交点 G は，辺 BC をどのような比に内分するか．

9.3 $\boldsymbol{a} = (2, 0, 0)$, $\boldsymbol{b} = (-1, 1, -2)$, $\boldsymbol{c} = (0, 1, 2)$ のとき，$\boldsymbol{x} = (x, y, z)$ を $\boldsymbol{a}$, $\boldsymbol{b}$, $\boldsymbol{c}$ の線形結合で表せ．

9.4 A(3, 2, 1), B(2, 1, 3), C(1, 3, 2) がある．

(a) これらを頂点とする平行四辺形の残りの頂点を求めよ．

(b) これらを頂点とする 3 角形を 1 つの面とする正 4 面体の残りの頂点を求めよ．

9.5 2 つの幾何ベクトル $\boldsymbol{a}$, $\boldsymbol{b}$ の座標成分表示をそれぞれ $\boldsymbol{a} = (a_1, a_2, a_3)$, $\boldsymbol{b} = (b_1, b_2, b_3)$ とし，両者のなす角を θ とする．$|\boldsymbol{a}||\boldsymbol{b}|\cos\theta = a_1b_1 + a_2b_2 + a_3b_3$ となることを示せ．

第3章演習問題

以下，特に断らない限り，和と定数倍は通常定義されるものを用いる．

1. 次の集合が $\mathbb{R}$ ベクトル空間であるかどうか調べ，有限生成の $\mathbb{R}$ ベクトル空間ならば，その次元と 1 組の基底を求めよ．

(a) $n \times n$ 実対称行列全体

(b) 実行列全体

(c) 複素数全体

(d) 要素が正であるような $n \times n$ 実正方行列全体

(e) $n \times n$ 実正方行列全体で，$(A+B)_{ij} = \bigl(A_{ij} + B_{ji}\bigr)$ と定義する場合

(f) x の 2 次式全体

2. 次のそれぞれについて，W が $\mathbb{R}$ ベクトル空間 V の部分空間であるかどうか調べよ．また，部分空間ならば，その次元と基底を求めよ．

(a) $V = \mathbb{R},\ W = \left\{ n + \dfrac{1}{2} \,\middle|\, n \in \mathbb{Z} \right\}$

(b) $V = \mathbb{R}^{2\times 2},\ W = \left\{ A \,\middle|\, A \in \mathbb{R}^{2\times 2},\ A \text{ の対角要素は } 0 \right\}$

(c) $V = \bigl\{ \boldsymbol{x} \in \mathbb{R}^3 \mid x_1 + x_2 + x_3 = 0 \bigr\},\ W = \bigl\{ \boldsymbol{x} \in \mathbb{R}^3 \mid x_1 + x_2 = 0,\ x_3 = 0 \bigr\}$

ただし，$\boldsymbol{x} \in \mathbb{R}^3$ に対し，$\boldsymbol{x} = \bigl[x_i \bigr]$ とする．

(d) V: 複素数全体，W: 実数全体

3. ベクトル空間に関して次を証明せよ．ただし，V は $\mathbb{R}$ ベクトル空間，W_1, W_2 は V の部分空間とする．

(a) ただ 1 つの要素からなるベクトル空間は，$\{\mathbf{0}\}$ のみである．

(b) $W_1 \cap W_2$ は V の部分空間である．

(c) W_1, W_2 を含む最小の部分空間は $W_1 + W_2$ である．すなわち，W_1, W_2 を含む任意のベクトル空間 W は，$W \supset W_1 + W_2$ をみたす．

(d) $W_1 \subset W_2$ ならば $\operatorname{Dim} W_1 \leqq \operatorname{Dim} W_2$．

特に，$W_1 \subset W_2$ かつ $W_1 \neq W_2$ ならば $\operatorname{Dim} W_1 < \operatorname{Dim} W_2$

(e) $\operatorname{Dim} W_1 + \operatorname{Dim} W_2 = \operatorname{Dim}(W_1 + W_2) + \operatorname{Dim}(W_1 \cap W_2)$

4. 次のそれぞれについて，線形独立性を調べよ．

(a) $\boldsymbol{a}_1 = \begin{bmatrix} 5 \\ 5 \\ 3 \end{bmatrix},\ \boldsymbol{a}_2 = \begin{bmatrix} -2 \\ 1 \\ 3 \end{bmatrix},\ \boldsymbol{a}_3 = \begin{bmatrix} 1 \\ 2 \\ 1 \end{bmatrix}$

(b) $\boldsymbol{a}_1 = \begin{bmatrix} 1 \\ 1 \\ 3 \end{bmatrix}, \boldsymbol{a}_2 = \begin{bmatrix} 2 \\ -1 \\ 4 \end{bmatrix}, \boldsymbol{a}_3 = \begin{bmatrix} 1 \\ 2 \\ 2 \end{bmatrix}, \boldsymbol{a}_4 = \begin{bmatrix} 4 \\ 5 \\ 1 \end{bmatrix}$

(c) $\boldsymbol{a}_1 = \begin{bmatrix} 1 \\ 0 \\ 1 \\ 1 \end{bmatrix}, \boldsymbol{a}_2 = \begin{bmatrix} 0 \\ 1 \\ 1 \\ 0 \end{bmatrix}, \boldsymbol{a}_3 = \begin{bmatrix} 1 \\ 1 \\ 0 \\ 1 \end{bmatrix}, \boldsymbol{a}_4 = \begin{bmatrix} 0 \\ 0 \\ 1 \\ 1 \end{bmatrix}$

(d) $\mathbb{R}^n$ 中にあって互いに直交する，相異なる n 本のベクトル

(e) $\boldsymbol{a}_1, \ldots, \boldsymbol{a}_n$ を線形独立なベクトルとして，$\boldsymbol{b}_j := \boldsymbol{a}_1 + \cdots + \boldsymbol{a}_j$ $(j = 1, \ldots, n)$

5. V を $\mathbb{R}$ ベクトル空間とし，特に断らない限り，$\operatorname{Dim} V = n$, $\{\boldsymbol{v}_1, \ldots, \boldsymbol{v}_n\}$ を V の 1 組の基底とする．

(a) $\boldsymbol{v}_1, \ldots, \boldsymbol{v}_n, \boldsymbol{w}_1, \ldots, \boldsymbol{w}_m$ が共に V の基底のとき，$n = m$ であることを示せ．

(b) $\boldsymbol{x}_1, \ldots, \boldsymbol{x}_k \in V$ が線形独立のとき，$k \leqq n$ であることを示せ．

(c) $\boldsymbol{x} \in V$ に対し，$\boldsymbol{x} = \displaystyle\sum_{j=1}^{n} \alpha_j \boldsymbol{v}_j$ と表す方法が一意的であることを示せ．

(d) 次のそれぞれについて，与えられたベクトルは V の基底であるか．いくつかのベクトルを補充して基底となるならば，補充すべきベクトルの例を挙げよ．ただし，$\boldsymbol{x} \in \mathbb{R}^n$ に対し，$\boldsymbol{x} = [x_i]$ とする．

i. $V = \mathbb{R}^4$, $\{\boldsymbol{x} \in \mathbb{R}^4 \mid x_1 + x_2 = 0,\ x_2 + x_3 = 0,\ x_3 + x_4 = 0\}$ の基底

ii. $V = \{\boldsymbol{x} \in \mathbb{R}^4 \mid x_1 + x_2 + x_3 + x_4 = 0\}$, $\{\boldsymbol{e}_1 - \boldsymbol{e}_4,\ \boldsymbol{e}_2 - \boldsymbol{e}_4\}$

iii. V は $\mathbb{R}^{2\times 2}$ の対称行列, $\left\{ \begin{bmatrix} 1 & 0 \\ 0 & 1 \end{bmatrix}, \begin{bmatrix} 1 & 0 \\ 0 & -1 \end{bmatrix} \right\}$

6. 次のそれぞれのベクトル空間 V とその部分空間 W_1, W_2 に対し，$V = W_1 + W_2$ であるかどうか，もし $V = W_1 + W_2$ ならば $V = W_1 \oplus W_2$ であるかどうか調べよ．

(a) $V = \mathbb{R}^3$, $W_1 = \operatorname{Lin}(\boldsymbol{e}_1)$, $W_2 = \operatorname{Lin}(\boldsymbol{e}_2, \boldsymbol{e}_3)$

(b) V は x, y, z 軸の設定された 3 次元空間における幾何ベクトル全体，W_1 は xy 平面内の幾何ベクトル全体，W_2 は直線 $x = y = z$ 上の幾何ベクトル全体

(c) V とベクトルは (b) と同じ，W_1 は xy 平面内の幾何ベクトル全体，W_2 は yz 平面内の幾何ベクトル全体

(d) W_1, W_2 は相異なる線形空間，$V = W_1 \cup W_2$

(e) $V = \mathbb{R}^{n\times n}$, W_1 は $\mathbb{R}^{n\times n}$ の対称行列, W_2 は $\mathbb{R}^{n\times n}$ の交代行列

(f)　$V=\mathbb{R}^{n\times n}$, W_1 は $\mathbb{R}^{n\times n}$ の対称行列，W_2 は $\mathbb{R}^{n\times n}$ の上三角行列
(g)　$V=\mathbb{R}^{n\times n}$, W_1 は $\mathbb{R}^{n\times n}$ の交代行列，W_2 は $\mathbb{R}^{n\times n}$ の下三角行列

7. 部分空間の直交補空間に関して，次を示せ．
(a)　$W\cap W^{\perp}=\{\mathbf{0}\}$　　(b)　$W_1\subset W_2$ ならば $W_1^{\perp}\supset W_2^{\perp}$
(c)　$V=W\oplus W^{\perp}$ として，$\mathrm{Dim}\,W+\mathrm{Dim}\,W^{\perp}=\mathrm{Dim}\,V$
(d)　$(W^{\perp})^{\perp}=W$
(e)　$(W_1+W_2)^{\perp}=W_1^{\perp}\cap W_2^{\perp}$, $(W_1\cap W_2)^{\perp}=W_1^{\perp}+W_2^{\perp}$

8. 一般の $\mathbb{R}$ ベクトル空間 V の要素 $\boldsymbol{u}$, $\boldsymbol{v}$ に対して，第 3.2 節で述べたように，内積 $(\boldsymbol{u},\boldsymbol{v})\in\mathbb{R}$ を次の性質 (1)〜(3) をすべて持つものとして定める．
(1)　$\boldsymbol{u}\in V$ として，$(\boldsymbol{u},\boldsymbol{u})\geqq 0$. ただし，等号は $\boldsymbol{u}$ が零要素の場合に限る
(2)　$\boldsymbol{u},\boldsymbol{v}\in V$ として，$(\boldsymbol{u},\boldsymbol{v})=(\boldsymbol{v},\boldsymbol{u})$
(3)　$c_1,c_2\in\mathbb{R}$, $\boldsymbol{u},\boldsymbol{v},\boldsymbol{w}\in V$ として，$(c_1\boldsymbol{u}+c_2\boldsymbol{v},\boldsymbol{w})=c_1(\boldsymbol{u},\boldsymbol{w})+c_2(\boldsymbol{v},\boldsymbol{w})$

$\mathbb{R}$ ベクトル空間 V と $(\boldsymbol{u},\boldsymbol{v})$（ただし $\boldsymbol{u},\boldsymbol{v}\in V$）が次のように与えられたとき，$(\boldsymbol{u},\boldsymbol{v})$ が内積となるかどうか調べよ[*6]．
(a)　$V=\mathbb{C}$, $x,y\in V$ に対し，$(x,y)=\mathrm{Re}\,(\bar{x}y)$
(b)　$V=\mathbb{C}$, $x,y\in V$ に対し，$(x,y)=\mathrm{Im}\,(\bar{x}y)$
(c)　$V=\mathbb{R}^n$, $\boldsymbol{x},\boldsymbol{y}\in V$ に対し，$(\boldsymbol{x},\boldsymbol{y})=\displaystyle\sum_{j=1}^{n}(|x_j|+|y_j|)$
　ただし x_i, y_i は，それぞれ $\boldsymbol{x}$, $\boldsymbol{y}$ の i 番目の成分とする．
(d)　$V=\mathbb{R}^{n\times n}$, $A,B\in V$ に対して $(A,B)=\mathrm{Tr}\,(A^{\mathrm{T}}B)$
(e)　$V=\mathbb{R}^{n\times n}$, $A,B\in V$ に対して $(A,B)=\displaystyle\sum_{j=1}^{n}A_{jj}B_{jj}$

9. 次のそれぞれの場合について，与えられたベクトル空間 V と内積 $(\boldsymbol{u},\boldsymbol{v})$ のもとで，部分空間 W に対する $W^{\perp}$ を求めよ．
(a)　V は 3 次元空間の点の座標を成分とする行ベクトル全体，$\boldsymbol{u}:=(u_1,u_2,u_3)$, $\boldsymbol{v}:=(v_1,v_2,v_3)$ として $(\boldsymbol{u},\boldsymbol{v})=\displaystyle\sum_{i=1}^{3}u_iv_i$, $W=\{(x,y,z),\ x=y=2z\}$
(b)　$V=\mathbb{C}$, $(x,y)=\mathrm{Re}\,(\bar{x}y)$, $W=\{\alpha(1+i),\ \alpha\in\mathbb{R}\}$
(c)　$V=\mathbb{R}^{2\times 2}$, $(A,B)=\mathrm{Tr}\,(A^{\mathrm{T}}B)$, $W=\left\{\alpha\begin{bmatrix}0&1\\1&0\end{bmatrix},\ \alpha\in\mathbb{R}\right\}$

---
*6 実数全体を $\mathbb{R}$ と表したように，複素数全体を $\mathbb{C}$ と表す．

10. 3 次元空間で，$\boldsymbol{a}\cdot\boldsymbol{x}=0$（$\boldsymbol{a}$ は定ベクトル）をみたす $\boldsymbol{x}$ の集合を W とする．

(a) W がベクトル空間であることを示せ．

(b) $W^{\perp}$ の要素を位置ベクトルとする点の集合はどのような図形となるか．

(c) $\boldsymbol{x}$ を $\boldsymbol{x}=\boldsymbol{x}_1+\boldsymbol{x}_2$（$\boldsymbol{x}_1\in W$, $\boldsymbol{x}_2\in W^{\perp}$）と分解するとき，$\boldsymbol{x}_1$, $\boldsymbol{x}_2$ を求めよ．

11. $\boldsymbol{a},\boldsymbol{b},\boldsymbol{c}$ は線形独立な幾何ベクトル，α はスカラーとする．

(a) $\boldsymbol{a}+\alpha\boldsymbol{b}$, $\boldsymbol{b}+\alpha\boldsymbol{c}$, $\boldsymbol{c}+\alpha\boldsymbol{a}$ が線形独立であるような条件を求めよ．

(b) $\boldsymbol{a}+\boldsymbol{b}+\alpha\boldsymbol{c}$, $\boldsymbol{b}+\boldsymbol{c}+\alpha\boldsymbol{a}$, $\boldsymbol{c}+\boldsymbol{a}+\alpha\boldsymbol{b}$ が線形独立であるような条件を求めよ．

12. 空間内の 3 点 $\mathrm{A}(3,2,1)$, $\mathrm{B}(2,1,3)$, $\mathrm{C}(1,3,2)$ を考える．

(a) これらの 3 点を頂点とする 3 角形は正 3 角形であることを示せ．

(b) 辺 BC の中点と点 A を結ぶ線分を，$t:1-t$（$0<t<1$）に内分する点の位置ベクトルを求めよ．

(c) AB, BC, CA を $s:1-s$（$0<s<1$）に内分する点をそれぞれ D, E, F とする．線分 AE, BF, CD が 1 点で交わるときの s の値とそのときの交点を求めよ．その点は線分 AE をどのような比に内分するか．

13. $\triangle$ABCの頂点B, Cから直線AC, ABに引いた垂線の足をそれぞれD, Eとする．

(a) $\overrightarrow{\mathrm{AB}}=\boldsymbol{a}$, $\overrightarrow{\mathrm{AC}}=\boldsymbol{b}$ として，$\overrightarrow{\mathrm{BD}}$, $\overrightarrow{\mathrm{CE}}$ を $\boldsymbol{a},\boldsymbol{b}$ で表せ．

(b) 直線 BD, CE の交点を F とする．直線 AF が BC と直交することを示せ．

14. 2 つの幾何ベクトル $\boldsymbol{a},\boldsymbol{b}$ の外積に関して，以下の問いに答えよ．

(a) 外積に関して次を示せ．

i. $\boldsymbol{a}=\begin{bmatrix}a_1\\a_2\\a_3\end{bmatrix}$, $\boldsymbol{b}=\begin{bmatrix}b_1\\b_2\\b_3\end{bmatrix}$ のとき，$\boldsymbol{a}\times\boldsymbol{b}=\begin{bmatrix}a_2b_3-a_3b_2\\a_3b_1-a_1b_3\\a_1b_2-a_2b_1\end{bmatrix}$

ii. $\boldsymbol{a}\times\boldsymbol{b}=-\boldsymbol{b}\times\boldsymbol{a}$　　iii. $|\boldsymbol{a}\times\boldsymbol{b}|^2=|\boldsymbol{a}|^2|\boldsymbol{b}|^2-(\boldsymbol{a}\cdot\boldsymbol{b})^2$

iv. $(\boldsymbol{a}\times\boldsymbol{b})\cdot(\boldsymbol{c}\times\boldsymbol{d})=(\boldsymbol{a}\cdot\boldsymbol{c})(\boldsymbol{b}\cdot\boldsymbol{d})-(\boldsymbol{a}\cdot\boldsymbol{d})(\boldsymbol{b}\cdot\boldsymbol{c})$

v. $\boldsymbol{a}\times(\boldsymbol{b}\times\boldsymbol{c})=(\boldsymbol{a}\cdot\boldsymbol{c})\boldsymbol{b}-(\boldsymbol{a}\cdot\boldsymbol{b})\boldsymbol{c}$

(b) 零ベクトルではない $\boldsymbol{a},\boldsymbol{b},\boldsymbol{c}$ に対し，$(\boldsymbol{a}\times\boldsymbol{b})\times\boldsymbol{c}=\boldsymbol{a}\times(\boldsymbol{b}\times\boldsymbol{c})$ となる条件を求めよ．

和空間・直和について

ベクトル空間は，幾何ベクトルの概念を拡張したものである．ベクトル空間の定義 (3.1) は，幾何ベクトルの和やスカラー倍もまた幾何ベクトルであることや，幾何ベクトルどうしの計算規則が成り立つことを要求している．ベクトル空間における諸概念にはわかりにくいものもあるが，幾何ベクトルの世界で対応するものを考えてみれば，感じがつかめることがある．試みとして，和空間や直和などについて，3 次元空間 V における幾何ベクトルを用いて考えてみよう．

まず，xy 平面や zx 平面が V の部分空間であることは簡単に証明でき，これらをそれぞれ W_1, W_2 とする．さて，和集合と和空間の違いであるが，$W_1 \cup W_2$ は単純に xy 平面と zx 平面をまとめて考えたもので，これはベクトル空間ではない．たとえば，点 $(0,1,0)$ と $(0,0,1)$ の位置ベクトルは，それぞれ W_1, W_2 の要素であり，したがって $W_1 \cup W_2$ に属すが，これらを合成した $(0,1,1)$ は xy 平面上にも zx 平面上にもない．よって $W_1 \cup W_2$ はベクトル空間にはならない（下図左）．

これに対して，$W_1 + W_2$ がベクトル空間であることは既に見た通りである．ここで，$W_1 + W_2$ がどのようなものか考えてみよう．W_1 の任意の要素が $(a_1, a_2, 0)$, W_2 の任意の要素が $(b_1, 0, b_2)$ で与えられるので $W_1 + W_2$ の要素は $(a_1 + b_1, a_2, b_2)$ のタイプのベクトルの集合である．a_1, a_2, b_1, b_2 が任意であるから，これは 3 次元空間のベクトルとなって，$W_1 + W_2 = V$ がわかる．

W_1 と W_2 の任意の要素の和の集合が通常の 3 次元空間になることはわかったが，逆に 3 次元空間のベクトルを表す場合は 1 通りにはならない．これは，W_1 と W_2 の共通部分である x 軸の成分を，W_1 と W_2 に分配する方法が 1 通りには決まらないからである（$W_1 \cap W_2$ がベクトル空間であることに注意）．

一方，たとえば，W_3 を z 軸上の点の位置ベクトル全体とすると，$W_1 + W_3 = V$ であることはすぐ確かめられるが，$\boldsymbol{x} \in V$ を $\boldsymbol{x} = \boldsymbol{x}_1 + \boldsymbol{x}_3$ のように分解する方法は 1 通りに限る．これは $W_1 \cap W_3 = \{\boldsymbol{0}\}$ であるため，$\boldsymbol{x}$ のうち W_1 と W_3 の共通部分に属す成分について，先ほどのようなあいまいさは残らないのである．このような例は，W_3 として xy 平面に垂直な z 軸を選んだ場合に特有のものではなく，z 成分が非零のベクトルに平行な直線を選んだ場合でも同様に成り立つ（下図右）．

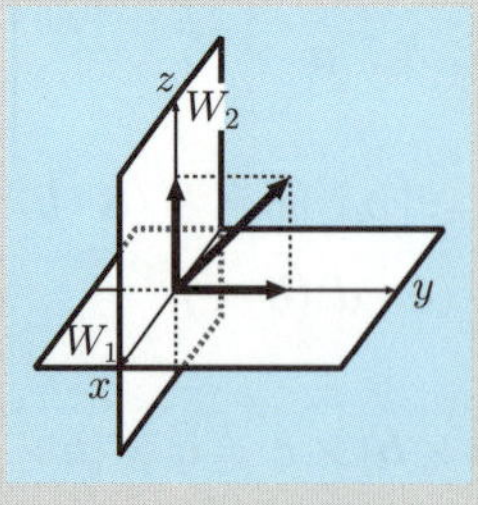

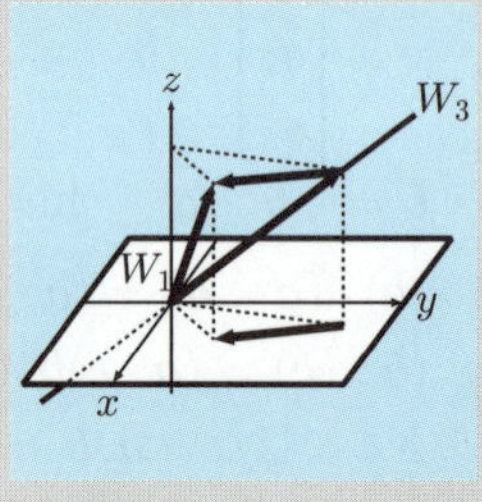

4 基本行列と基本変形

4.1 行空間と列空間

行空間と列空間の定義　行列の**行空間**を，そのすべての行ベクトルで生成されるベクトル空間，**列空間**をそのすべての列ベクトルで生成されるベクトル空間と定める．

$m \times n$ 行列 $A = \begin{bmatrix} \boldsymbol{z}_1^{\mathrm{T}} \\ \boldsymbol{z}_2^{\mathrm{T}} \\ \vdots \\ \boldsymbol{z}_m^{\mathrm{T}} \end{bmatrix} = \begin{bmatrix} \boldsymbol{a}_1 & \boldsymbol{a}_2 & \cdots & \boldsymbol{a}_n \end{bmatrix}$ に対して，

$$\begin{aligned} A\text{ の行空間 }&: \mathrm{Lin}\,(\boldsymbol{z}_1^{\mathrm{T}}, \ldots, \boldsymbol{z}_m^{\mathrm{T}}) = \left\{ \sum_{i=1}^{m} \lambda_i \boldsymbol{z}_i^{\mathrm{T}} \,\middle|\, \lambda_i \in \mathbb{R} \right\} \\ A\text{ の列空間 }&: \mathrm{Lin}\,(\boldsymbol{a}_1, \ldots, \boldsymbol{a}_n) = \left\{ \sum_{i=1}^{n} \mu_i \boldsymbol{a}_i \,\middle|\, \mu_i \in \mathbb{R} \right\} \end{aligned} \tag{4.1a}$$

また，次のように書くこともできる（第 2.2 節 (2.9) 参照）．

$$A\text{ の列空間} = \left\{ A\boldsymbol{x} \,\middle|\, \boldsymbol{x} \in \mathbb{R}^n \right\}, \quad A\text{ の行空間} = \left\{ \boldsymbol{y}^{\mathrm{T}} A \,\middle|\, \boldsymbol{y} \in \mathbb{R}^m \right\} \tag{4.1b}$$

行空間の次元は A の線形独立な行ベクトルの最大数に，列空間の次元は A の線形独立な列ベクトルの最大数にそれぞれ等しい（行空間・列空間の次元については，第 4.3 節を参照）．

行列の積の行空間と列空間　任意の $m \times n$ 行列 A について，次が成り立つ．

1. $P \in \mathbb{R}^{m \times m}$ が可逆ならば，行列 A と行列 PA は同じ行空間を持つ
2. $Q \in \mathbb{R}^{n \times n}$ が可逆ならば，行列 A と行列 AQ は同じ列空間を持つ

例題 4.1 行列の行空間と列空間

次の行列の行空間・列空間の次元および1組の基底を求めよ．

(a) $\begin{bmatrix} 1 & 1 & 2 \\ 1 & 0 & 1 \end{bmatrix}$ (b) $\begin{bmatrix} 1 & -1 & 2 \\ -1 & 1 & -2 \\ 3 & -3 & 6 \end{bmatrix}$

【解　答】

(a) 行空間は，$\begin{bmatrix} 1 & 1 & 2 \end{bmatrix}$ および $\begin{bmatrix} 1 & 0 & 1 \end{bmatrix}$ の線形結合全体で作られる集合である．ここで，a, b を定数として，

$$a\begin{bmatrix} 1 & 1 & 2 \end{bmatrix} + b\begin{bmatrix} 1 & 0 & 1 \end{bmatrix} = \begin{bmatrix} a+b & a & 2a+b \end{bmatrix} = \mathbf{0} \iff a = b = 0$$

であるから，2つの行は線形独立なベクトルである．よって行空間の次元は2で，2つの行ベクトル $\begin{bmatrix} 1 & 1 & 2 \end{bmatrix}$，$\begin{bmatrix} 1 & 0 & 1 \end{bmatrix}$ 行が基底をなす．

列空間は，a, b, c を実定数として，次の形のベクトルの集合である．

$$a\begin{bmatrix} 1 \\ 1 \end{bmatrix} + b\begin{bmatrix} 1 \\ 0 \end{bmatrix} + c\begin{bmatrix} 2 \\ 1 \end{bmatrix} = (a+c)\begin{bmatrix} 1 \\ 1 \end{bmatrix} + (b+c)\begin{bmatrix} 1 \\ 0 \end{bmatrix} \qquad (*)$$

ここで，$a + c = a'$, $b + c = b'$ とすると，$(*)$ のベクトルが $\mathbf{0}$ となるときは $a' = b' = 0$ のときに限る．よって，式 $(*)$ の右辺の2つのベクトルは線形独立であり，列空間はこれらによって生成されるから次元は2である．また，列空間の基底としては，$(*)$ 式の右辺の $\begin{bmatrix} 1 \\ 1 \end{bmatrix}$, $\begin{bmatrix} 1 \\ 0 \end{bmatrix}$ を選べばよい．

(b) (a) と同様に，各行ベクトルの1次結合を作ると，

$$\begin{aligned} &a\begin{bmatrix} 1 & -1 & 2 \end{bmatrix} + b\begin{bmatrix} -1 & 1 & -2 \end{bmatrix} + c\begin{bmatrix} 3 & -3 & 6 \end{bmatrix} \\ &\qquad = (a-b+3c)\begin{bmatrix} 1 & -1 & 2 \end{bmatrix} \end{aligned}$$

したがって，$\mu = a - b + 3c$ とすれば行空間は1つのベクトルで生成される空間であることがわかり，その次元は1である．また，行空間の基底は行のいずれか，たとえば $\begin{bmatrix} 1 & -1 & 2 \end{bmatrix}$ である．

列空間も同様にして各列のベクトルの線形結合を作ると，

$$a\begin{bmatrix} 1 \\ -1 \\ 3 \end{bmatrix} + b\begin{bmatrix} -1 \\ 1 \\ -3 \end{bmatrix} + c\begin{bmatrix} 2 \\ -2 \\ 6 \end{bmatrix} = (a-b+2c)\begin{bmatrix} 1 \\ -1 \\ 3 \end{bmatrix}$$

となり，行空間の場合と同様に $\mu = a - b + 2c$ とすれば，単一のベクトルによって生成されるベクトル空間であることがわかる．したがって列空間の次元は 1 で，列のいずれか 1 つが基底となる．

問　題

1.1 次の行列の行空間・列空間とそれらの次元を求めよ．また，基底があればそれを 1 組求めよ．

(a) O（零行列） (b) E_n（単位行列） (c) $\begin{bmatrix} 1 & 1 \\ 1 & -1 \end{bmatrix}$ (d) $\begin{bmatrix} 1 & 2 \\ -3 & -6 \end{bmatrix}$

例題 4.2　　**可逆行列をかけたときの列空間**

Q を $\mathbb{R}^{n\times n}$ の可逆行列，A を $\mathbb{R}^{m\times n}$ の行列とするとき，A と AQ が同じ列空間を持つことを示せ．

【解　答】　A の列空間を V, AQ の列空間を W とすると，V, W はそれぞれ

$$V = \left\{ A\boldsymbol{x} \,\middle|\, \boldsymbol{x} \in \mathbb{R}^n \right\}, \quad W = \left\{ AQ\boldsymbol{y} \,\middle|\, \boldsymbol{y} \in \mathbb{R}^n \right\},$$

と表すことができる．まず，$\boldsymbol{w} \in W$ とすると，ある $\boldsymbol{y}_0 \in \mathbb{R}^n$ に対して $\boldsymbol{w} = AQ\boldsymbol{y}_0$ となる．ここで，$Q\boldsymbol{y}_0 \in \mathbb{R}^n$ であるから，任意の $\boldsymbol{w} \in W$ に対して $\boldsymbol{w} \in V$ が成り立つ．よって $W \subset V$ である．

次に，$\boldsymbol{v} \in V$ に対して

$$\boldsymbol{v} = A\boldsymbol{x}_0$$

となる $\boldsymbol{x}_0 \in \mathbb{R}^n$ が定まる．いま，行列 Q は可逆であるから，このような $\boldsymbol{x}_0$ に対して方程式 $Q\boldsymbol{y} = \boldsymbol{x}_0$ は $\boldsymbol{y} = Q^{-1}\boldsymbol{x}_0 \in \mathbb{R}^n$ で与えられる解を持つ．よって，任意の $\boldsymbol{v} \in V$ は $\boldsymbol{v} \in W$ をみたす．したがって，$V \subset W$ である．

以上により，$W \subset V$ かつ $V \subset W$ であるから，$V = W$ となる．

問　題

2.1 $A \in \mathbb{R}^{m\times n}$, $Q \in \mathbb{R}^{n\times n}$ で，Q が可逆行列でないとする．AQ の列空間 $\subset A$ の列空間であることを示せ．また，AQ の列空間と A の列空間が一致するのはどのような場合か．

2.2 $A \in \mathbb{R}^{m\times n}$, $P \in \mathbb{R}^{m\times m}$ で，P を可逆行列とするとき，PA の行空間が A の行空間と同じであることを示せ．

4.2 基本行列

基本変形　行列 A の**基本変形**とは，次のような 3 つのタイプの**基本行変形**および**基本列変形**を指す．

	基本行変形	基本列変形	
1.	第 i 行と第 j 行を取り換える	第 i 列と第 j 列を取り換える	
2.	第 i 行に 0 でない数 α をかける	第 i 列に 0 でない数 α をかける	(4.2)
3.	第 i 行に第 j 行の α 倍を加える	第 i 列に第 j 列の α 倍を加える	

基本行列　次の 3 種類の正方行列をあわせて**基本行列**という．

$$P_n(i,j) = \begin{array}{c} \\ \\ i \\ \\ j \\ \\ \end{array} \begin{bmatrix} 1 & & \vdots & & \vdots & & \\ & \ddots & \vdots & & \vdots & & \\ & & 1 & & \vdots & & \\ \cdots & \cdots & 0 & \cdots & 1 & \cdots & \cdots \\ & & \vdots & 1 & \vdots & & \\ & & \vdots & & \ddots & & \\ & & \vdots & & 1 & & \\ \cdots & \cdots & 1 & \cdots & 0 & \cdots & \cdots \\ & & \vdots & & \vdots & 1 & \\ & & \vdots & & \vdots & & \ddots \\ & & \vdots & & \vdots & & & 1 \end{bmatrix}$$

（上部の列見出し：i，j）

- $i \neq j$
- (i,i)，(j,j) 成分は 0
  (i,j)，(j,i) 成分は 1　(4.3a)
- 上記以外の対角成分は 1
  非対角成分は 0

$$Q_n(i;\alpha) = \begin{array}{c} \\ \\ i \\ \\ \\ \end{array} \begin{bmatrix} 1 & & \vdots & & \\ & \ddots & \vdots & & \\ & & 1 & & \\ \cdots & \cdots & \alpha & \cdots & \cdots \\ & & \vdots & 1 & \\ & & \vdots & & \ddots \\ & & \vdots & & & 1 \end{bmatrix}$$

（上部の列見出し：i）

- 非対角成分はすべて 0
- (i,i) 成分は α（$\alpha \neq 0$）　(4.3b)
  それ以外の対角成分は 1

$$R_n(i,j;\alpha) = \begin{array}{c} \\ i \\ \\ \\ \end{array} \begin{bmatrix} 1 & & \vdots & \\ \cdots & \ddots & \alpha & \cdots \\ & & \ddots & \\ & & \vdots & \ddots \\ & & \vdots & & 1 \end{bmatrix}$$

（上部の列見出し：j）

- $i \neq j$
- 対角成分はすべて 1　(4.3c)
- (i,j) 成分は α
  それ以外の非対角成分は 0

変形		基本行変形	基本列変形
操作		A の左から基本行列をかける $\widetilde{E}_m A$	A の右から基本行列をかける $A\widetilde{E}_n$
基本行列 $\widetilde{E}$	1.	$P_m(i,j)$	$P_n(i,j)^{\mathrm{T}} = P_n(i,j)$
	2.	$Q_m(i;\alpha)$	$Q_n(i;\alpha)^{\mathrm{T}} = Q_n(i;\alpha)$
	3.	$R_m(i,j;\alpha)$	$R_n(i,j;\alpha)^{\mathrm{T}} = R_n(j,i;\alpha)$

表 4.1 $m \times n$ 行列 A の基本変形と基本行列の対応関係．表中の基本行列の欄の番号は，(4.2) の基本変形の番号に対応する

基本行列の逆と転置に関する性質　基本行列は可逆であり，逆行列も基本行列である．また，基本行列の転置行列も基本行列である．これらは次の関係をみたす．

$$\begin{aligned} &P_n(i,j)^{-1} = P_n(i,j), &&P_n(i,j)^{\mathrm{T}} = P_n(j,i) = P_n(i,j) \\ &Q_n(i\,;\alpha)^{-1} = Q_n(i\,;\frac{1}{\alpha}), &&Q_n(i\,;\alpha)^{\mathrm{T}} = Q_n(i\,;\alpha) \\ &R_n(i,j;\alpha)^{-1} = R_n(i,j;-\alpha), &&R_n(i,j;\alpha)^{\mathrm{T}} = R_n(j,i;\alpha) \end{aligned} \tag{4.4}$$

基本変形と基本行列　(4.2) の基本変形は，基本行列をかける操作と同じであり，表 4.1 のような対応関係にある．すなわち，$\widetilde{E}_k$ を $k \times k$ 基本行列のいずれかとして，

$$\begin{aligned} &A \in \mathbb{R}^{m\times n} \text{ に基本行変形を行う} &&\Longleftrightarrow &&\widetilde{E}_m A \\ &A \in \mathbb{R}^{m\times n} \text{ に基本列変形を行う} &&\Longleftrightarrow &&A\widetilde{E}_n \end{aligned} \tag{4.5}$$

有限回の基本変形を行なって $A \in \mathbb{R}^{m\times n}$ が $S \in \mathbb{R}^{m\times n}$ になったとする．このとき

$$\begin{aligned} &\text{有限回の基本行変形のみで } A \to S \implies S = PA \quad (P \in \mathbb{R}^{m\times m}) \\ &\text{有限回の基本列変形のみで } A \to S \implies S = AQ \quad (Q \in \mathbb{R}^{n\times n}) \end{aligned}$$

となるような可逆行列 P, Q が存在する．P, Q は共に基本行列の積で表される．

基本変形と行列のランク　基本行変形によって行列の行空間は変化しない．また，基本列変形によって列空間は変化しない．行列のランクに関して次が成り立つ．

$$\operatorname{Rank} A = \text{行空間の次元} \tag{4.6}$$

例題 4.3 **行列の基本変形**

次の行列 A を有限回の基本変形だけで B に変形する．$B = PA$, $B = AQ$ となるような行列 P, Q があれば，それらを求めよ．

(a) $A = \begin{bmatrix} 2 & 1 \\ 0 & 0 \end{bmatrix}$, $B = \begin{bmatrix} -2 & -1 \\ 4 & 2 \end{bmatrix}$

(b) $A = \begin{bmatrix} 2 & 3 & 1 \\ 1 & 1 & 2 \\ -1 & 2 & 1 \end{bmatrix}$, $B = \begin{bmatrix} 1 & 1 & 1 \\ 0 & 1 & 1 \\ 0 & 0 & 1 \end{bmatrix}$

(c) $A = \begin{bmatrix} 1 & 1 & 0 & 1 \\ 0 & 0 & 1 & -1 \\ 0 & 0 & 0 & 1 \end{bmatrix}$, $B = \begin{bmatrix} 1 & 1 & 2 & 3 \\ 2 & 2 & 1 & 3 \\ -1 & -1 & 4 & 1 \end{bmatrix}$

【解　答】

(a) 基本行変形だけで A を B にするには，

$$\begin{bmatrix} 2 & 1 \\ 0 & 0 \end{bmatrix} \longrightarrow \begin{bmatrix} 2 & 1 \\ 4 & 2 \end{bmatrix} \quad \text{（第 2 行に第 1 行の 2 倍を加える）}$$

$$\longrightarrow \begin{bmatrix} -2 & -1 \\ 4 & 2 \end{bmatrix} \quad \text{（第 1 行全体に } -1 \text{ をかける）}$$

よって，求めるべき行列 P は，これらの変形を表す基本行列の積で与えられ，

$$P = Q_2(1; -1)R_2(2, 1; 2) = \begin{bmatrix} -1 & 0 \\ 0 & 1 \end{bmatrix} \begin{bmatrix} 1 & 0 \\ 2 & 1 \end{bmatrix} = \begin{bmatrix} -1 & 0 \\ 2 & 1 \end{bmatrix}$$

次に，A に基本列変形のみを作用させた場合，A の各列は $\begin{bmatrix} 2 \\ 0 \end{bmatrix}$ と $\begin{bmatrix} 1 \\ 0 \end{bmatrix}$ の線形結合で表され，第 2 成分はつねに 0 となる．よって，基本列変形の結果，A の第 2 行の成分は 0 にしかならず，基本列変形だけで A を B にすることはできない．したがって，Q は存在しない．

(b) 基本行変形のみで A を変形して B とすると，

$$A \overset{(1)}{\longrightarrow} \begin{bmatrix} 1 & 1 & 2 \\ -1 & 2 & 1 \\ 2 & 3 & 1 \end{bmatrix} \overset{(2)}{\longrightarrow} \begin{bmatrix} 1 & 1 & 2 \\ 0 & 3 & 3 \\ 0 & 1 & -3 \end{bmatrix} \overset{(3)}{\longrightarrow} \begin{bmatrix} 1 & 1 & 2 \\ 0 & 1 & 1 \\ 0 & 0 & -4 \end{bmatrix}$$

$$\xrightarrow{(4)} \begin{bmatrix} 1 & 1 & 1 \\ 0 & 1 & 1 \\ 0 & 0 & 1 \end{bmatrix}$$

ここで (1)~(4) の各段階での変形に対応する基本行列をそれぞれ $P^{(1)}$, $P^{(2)}$, $P^{(3)}$, $P^{(4)}$ とすると,

$$P^{(1)} = P(2,3)P(1,2), \qquad P^{(2)} = R(3,1;-2)R(2,1;1),$$
$$P^{(3)} = R(3,2;-1)Q(2;\frac{1}{3}), \quad P^{(4)} \equiv R(1,3;-1)Q(3,-\frac{1}{4})$$

である．ただし，基本行列の型を表す添字は省略した．これらの具体的な形を計算すると,

$$P^{(1)} = \begin{bmatrix} 0 & 1 & 0 \\ 0 & 0 & 1 \\ 1 & 0 & 0 \end{bmatrix}, \qquad P^{(2)} = \begin{bmatrix} 1 & 0 & 0 \\ 1 & 1 & 0 \\ -2 & 0 & 1 \end{bmatrix},$$
$$P^{(3)} = \begin{bmatrix} 1 & 0 & 0 \\ 0 & 1/3 & 0 \\ 0 & -1/3 & 1 \end{bmatrix}, \quad P^{(4)} = \begin{bmatrix} 1 & 0 & 1/4 \\ 0 & 1 & 0 \\ 0 & 0 & -1/4 \end{bmatrix}$$

求めるべき P はこれらを右から順にかけた積 $P^{(4)}P^{(3)}P^{(2)}P^{(1)}$ として与えられ,

$$P = \begin{bmatrix} 1 & 0 & 1/4 \\ 0 & 1 & 0 \\ 0 & 0 & -1/4 \end{bmatrix} \begin{bmatrix} 1 & 0 & 0 \\ 0 & 1/3 & 0 \\ 0 & -1/3 & 1 \end{bmatrix} \begin{bmatrix} 1 & 0 & 0 \\ 1 & 1 & 0 \\ -2 & 0 & 1 \end{bmatrix} \begin{bmatrix} 0 & 1 & 0 \\ 0 & 0 & 1 \\ 1 & 0 & 0 \end{bmatrix}$$
$$= \begin{bmatrix} \frac{1}{4} & \frac{5}{12} & -\frac{1}{12} \\ 0 & \frac{1}{3} & \frac{1}{3} \\ -\frac{1}{4} & \frac{7}{12} & \frac{1}{12} \end{bmatrix}$$

となる．次に，基本列変形で変形した場合,

$$A \xrightarrow{(1)} \begin{bmatrix} 3 & 1 & 1 \\ 3 & -3 & 2 \\ 0 & 0 & 1 \end{bmatrix} \xrightarrow{(2)} \begin{bmatrix} 1 & 4 & 1 \\ 1 & 0 & 2 \\ 0 & 0 & 1 \end{bmatrix} \xrightarrow{(3)} \begin{bmatrix} 1 & 1 & 1 \\ 0 & 1 & 2 \\ 0 & 0 & 1 \end{bmatrix} \xrightarrow{(4)} \begin{bmatrix} 1 & 1 & 1 \\ 0 & 1 & 1 \\ 0 & 0 & 1 \end{bmatrix}$$

行変形の場合と同様に，各段階の変形に対応する行列を $Q^{(1)}$, $Q^{(2)}$, $Q^{(3)}$, $Q^{(4)}$

として，

$$Q^{(1)} = R(3,1;1)R(3,2,-2) \quad Q^{(2)} = R(1,2;1)Q(1;\frac{1}{3})$$
$$Q^{(3)} = P(1,2)Q(1;\frac{1}{4}) \qquad Q^{(4)} = R(2,3;-1)R(1,3;1)$$

したがって，$Q = Q^{(1)}Q^{(2)}Q^{(3)}Q^{(4)}$ で与えられ，具体的に計算すると

$$Q = \begin{bmatrix} \frac{1}{4} & \frac{1}{3} & -\frac{1}{12} \\ \frac{1}{4} & 0 & \frac{1}{4} \\ -\frac{1}{4} & \frac{1}{3} & \frac{5}{12} \end{bmatrix}$$

(c) 行列 A を基本行変形で変形すると，

$$A \xrightarrow{(1)} \begin{bmatrix} 1 & 1 & 2 & 3 \\ 0 & 0 & 1 & -1 \\ 0 & 0 & 0 & 1 \end{bmatrix} \xrightarrow{(2)} \begin{bmatrix} 1 & 1 & 2 & 3 \\ 2 & 2 & 1 & 3 \\ 0 & 0 & 0 & 1 \end{bmatrix} \xrightarrow{(3)} \begin{bmatrix} 1 & 1 & 2 & 3 \\ 2 & 2 & 1 & 3 \\ -1 & -1 & 4 & 1 \end{bmatrix}$$

(a), (b) と同様に，各段階での変形行列を $P^{(1)}$, $P^{(2)}$, $P^{(3)}$ とすると，

$$P^{(1)} = R_3(1,3;4)R_3(1,2;2), \quad P^{(2)} = R_3(2,3;-6)R_3(2,1;2)Q_3(2;-3),$$
$$P^{(3)} = R_3(3,2;-2)R_3(3,1;3)Q_3(3;-2)$$

したがって，

$$P = P^{(3)}P^{(2)}P^{(1)} = \begin{bmatrix} 1 & 2 & 4 \\ 2 & 1 & 2 \\ -1 & 4 & 6 \end{bmatrix}$$

基本列変形については，B, Q をそれぞれ

$$B = \begin{bmatrix} \boldsymbol{b}_1 & \boldsymbol{b}_2 & \boldsymbol{b}_3 & \boldsymbol{b}_4 \end{bmatrix}, \quad Q = \begin{bmatrix} \boldsymbol{q}_1 & \boldsymbol{q}_2 & \boldsymbol{q}_3 & \boldsymbol{q}_4 \end{bmatrix}$$

とすると，$\boldsymbol{q}_1$ から $\boldsymbol{q}_4$ はそれぞれ $A\boldsymbol{q}_j = \boldsymbol{b}_j$ $(j = 1,2,3,4)$ をみたす．A は既に行階段型の行列であるので，これらは後退代入によって解くことができ，α_1, α_2, α_3, α_4 を定数として

$$\boldsymbol{q}_1 = \begin{bmatrix} 2-\alpha_1 \\ \alpha_1 \\ 1 \\ -1 \end{bmatrix}, \ \boldsymbol{q}_2 = \begin{bmatrix} 2-\alpha_2 \\ \alpha_2 \\ 1 \\ -1 \end{bmatrix}, \ \boldsymbol{q}_3 = \begin{bmatrix} -2-\alpha_3 \\ \alpha_3 \\ 5 \\ 4 \end{bmatrix}, \ \boldsymbol{q}_4 = \begin{bmatrix} 2-\alpha_4 \\ \alpha_4 \\ 4 \\ 1 \end{bmatrix}$$

Q はこれらを並べて得られる．可逆な Q を得るには，$\alpha_1 = 1, \alpha_2 = \alpha_3 = \alpha_4 = 0$ として，

$$Q = \begin{bmatrix} 1 & 2 & -2 & 2 \\ 1 & 0 & 0 & 0 \\ 1 & 1 & 5 & 4 \\ -1 & -1 & 4 & 1 \end{bmatrix}$$

【注　意】 (c) においては，基本列変形の際に連立 1 次方程式を解いて Q の各列を求めたが，(a), (b) と同様にして求めることもできる．

問　題

3.1 次の行列 S, A は，基本変形のみで一致する．基本行変形のみで A を S に変形できるならば，$S = PA$ となる行列 P を求めよ．また，基本列変形のみで A を S に変形できるならば，$S = AQ$ となる行列 Q を求めよ．

(a) $A = \begin{bmatrix} 1 & 1 & 1 \\ 1 & -1 & 1 \\ -1 & 1 & 1 \end{bmatrix}, S = \begin{bmatrix} 1 & 1 & 1 \\ 0 & 1 & 1 \\ 0 & 0 & 1 \end{bmatrix}$

(b) $A = \begin{bmatrix} 1 & 2 & 3 \\ 3 & 2 & 1 \\ 1 & 1 & -1 \\ -1 & -1 & 1 \end{bmatrix}, S = \begin{bmatrix} 1 & 2 & 3 \\ 0 & 1 & 4 \\ 0 & 0 & 1 \\ 0 & 0 & 0 \end{bmatrix}$

(c) $A = \begin{bmatrix} 1 & 2 & 3 & 1 \\ 2 & -1 & 1 & -2 \\ -1 & 3 & 2 & 4 \end{bmatrix}, S = \begin{bmatrix} 1 & 2 & 3 & 1 \\ 0 & 5 & 5 & 4 \\ 0 & 0 & 0 & 1 \end{bmatrix}$

3.2 基本行変形によって行列の行空間が，基本列変形によって列空間が変化しないことを示せ．(例題 4.2 および問題 2.2 参照)

3.3 2 つの異なる基本行列 $\widetilde{E}_n, \widetilde{E}'_n$ が，

$$\widetilde{E}_n \widetilde{E}'_n = \widetilde{E}'_n \widetilde{E}_n$$

となるのはどのような場合か調べよ．

4.3 ランクと *P-Q* 標準形

P-Q 標準形　ランク r の任意の $m \times n$ 行列 A に対して，次をみたす可逆な行列 $P \in \mathbb{R}^{m\times m}$，$Q \in \mathbb{R}^{n\times n}$ が存在する．

$$PAQ = \begin{bmatrix} E_r & 0 \\ 0 & 0 \end{bmatrix}, \quad \begin{bmatrix} E_r & 0 \\ 0 & 0 \end{bmatrix} := \left[\begin{array}{c|c} \overbrace{\begin{matrix} 1 & & \\ & \ddots & \\ & & 1 \end{matrix}}^{r} & \overbrace{\ \ 0\ \ }^{n-r} \\ \hline 0 & 0 \end{array}\right] \begin{matrix} \}r \\ \}m-r \end{matrix} \tag{4.7}$$

行列のランクと次元公式　行列 A のランクに関して次の性質が成り立つ

$$\operatorname{Rank} A = A \text{ の行空間の次元} = A \text{ の列空間の次元} \tag{4.8}$$

また，同次連立 1 次方程式 $A\boldsymbol{x} = \boldsymbol{0}$ の解空間 $\operatorname{Kern} A$（第 1.3 節参照）に関して，

$$\operatorname{Rank} A + \operatorname{Dim}(\operatorname{Kern} A) = n \quad (A \in \mathbb{R}^{m\times n}) \tag{4.9}$$

が成り立つ（例題 4.4 参照）．これを**次元公式**という．

連立 1 次方程式の解空間の基底　行列 A を式 (4.7) のように変形したときの Q が $\begin{bmatrix} \boldsymbol{q}_1 & \cdots & \boldsymbol{q}_n \end{bmatrix}$ のように列表現できるとすると，Q の後半の $n-r$ 個の $\boldsymbol{q}_{r+1}, \ldots, \boldsymbol{q}_n$ は，$\operatorname{Kern} A$ の 1 組の基底をなす（例題 4.4 参照）．

基本変形と行列のランク　式 (4.7) と行列の基本変形との対応から，行列のランクについて次のような性質が成り立つ．

$m \times n$ 行列 A に対して，

1. $\operatorname{Rank} A^{\mathrm{T}} = \operatorname{Rank} A$
2. $P \in \mathbb{R}^{m\times m}$，$Q \in \mathbb{R}^{n\times n}$ が可逆ならば，

$$\operatorname{Rank}(PAQ) = \operatorname{Rank} A \tag{4.10}$$

3. A のランクは，基本変形を行っても変化しない

例題 4.4　**同次連立 1 次方程式の解空間と次元公式**

$A \in \mathbb{R}^{m\times n}$ とする．

(a)　次元公式 $\mathrm{Rank}\,A + \mathrm{Dim}(\mathrm{Kern}\,A) = n$ を示せ．

(b)　$P \in \mathbb{R}^{m\times m}$, $Q \in \mathbb{R}^{n\times n}$ を可逆行列，$A \in \mathbb{R}^{m\times n}$ で，

$$PAQ = \begin{bmatrix} E_r & 0 \\ 0 & 0 \end{bmatrix}$$

となるとする．$Q = \begin{bmatrix} \boldsymbol{q}_1 & \ldots & \boldsymbol{q}_n \end{bmatrix}$ と書くとき，$\boldsymbol{q}_{r+1}, \ldots, \boldsymbol{q}_n$ は $\mathrm{Kern}\,A$ の 1 組の基底をなすことを示せ．

【解　答】

(a)　A を基本行変形により行階段型 M に変形するとき，線形独立な行の数がそのランクである．後退代入によって $M\boldsymbol{x} = \boldsymbol{0}$ の解を求めるとき，線形独立な行を選んだ残りの行数だけ自由パラメータを導入することになるが，$\mathrm{Kern}\,A$ の定義により，これらの個数は $\mathrm{Dim}\,(\mathrm{Kern}\,A)$ に等しい．よって，$\mathrm{Dim}(\mathrm{Kern}\,A) + \mathrm{Rank}\,A = n$ が成り立つ．

(b)　次元公式により，$\mathrm{Dim}(\mathrm{Kern}\,A) = n - \mathrm{Rank}\,A$ であり，また $\mathrm{Rank}\,A = \mathrm{Rank}\,PAQ = r$ であるから，$\mathrm{Dim}(\mathrm{Kern}\,A) = n - r$. よって，$\mathrm{Kern}\,A$ は $n - r$ 本の線形独立なベクトルで生成される．

いま，行列 PAQ の第 i 列は $PA\boldsymbol{q}_i$ である．したがって，$r + 1 \leqq i \leqq n$ となるような i に対して，P の可逆性を用いると

$$PA\boldsymbol{q}_i = \boldsymbol{0}, \quad \text{したがって} \quad A\boldsymbol{q}_i = P^{-1}\boldsymbol{0} = \boldsymbol{0} \quad (r + 1 \leqq i \leqq n)$$

が成り立つので，$\boldsymbol{q}_{r+1}, \ldots, \boldsymbol{q}_n$ は連立 1 次方程式 $A\boldsymbol{x} = \boldsymbol{0}$ の解であることがわかる．また，Q は可逆行列であるから，その各列は線形独立で，その一部である $\boldsymbol{q}_{r+1}, \ldots, \boldsymbol{q}_n$ は，なおさらそうである．

以上により，$\boldsymbol{q}_{r+1}, \ldots, \boldsymbol{q}_n$ は $\mathrm{Kern}\,A$ に属し，線形独立であり，$\mathrm{Dim}(\mathrm{Kern}\,A)$ に等しい本数だけあるので，$\mathrm{Kern}\,A$ の基底をなすことが示された．

問　題

4.1　A の行空間の次元と列空間の次元が等しく $\mathrm{Rank}\,A$ であることを示せ．

4.2　$\mathrm{Rank}\,A = \mathrm{Rank}\,A^{\mathrm{T}}$ であることを示せ．

4.3　$P \in \mathbb{R}^{m\times m}$, $Q \in \mathbb{R}^{n\times n}$ を可逆行列，$A \in \mathbb{R}^{m\times n}$ として，$\mathrm{Rank}\,(PAQ) = \mathrm{Rank}\,A$ であることを示せ．

例題 4.5 **標準形への変換行列**

次の行列 A を，可逆な行列 P, Q を用いて積 PAQ が標準形になるようにするとき，P, Q を求めよ．

(a) $A = \begin{bmatrix} 1 & 0 & 1 \\ 0 & 1 & 1 \\ 1 & 2 & 3 \end{bmatrix}$ (b) $A = \begin{bmatrix} 1 & 1 & 1 & 1 \\ 1 & 1 & -1 & -1 \\ 1 & -1 & 1 & -1 \end{bmatrix}$

【解　答】

(a) A の第 3 行から第 1 行を差し引き，さらに第 2 行の 2 倍を差し引くと，

$$A \longrightarrow \begin{bmatrix} 1 & 0 & 1 \\ 0 & 1 & 1 \\ 0 & 2 & 2 \end{bmatrix} \longrightarrow \begin{bmatrix} 1 & 0 & 1 \\ 0 & 1 & 1 \\ 0 & 0 & 0 \end{bmatrix}$$

となる．この基本行変形の結果得られた行列を A' とすると，

$$A' = PA, \quad P = R_3(3, 2; -2)R_3(3, 1; -1)$$

である．同様に，A' の第 3 列から第 1 列と第 2 列を差し引き，

$$A' \longrightarrow \begin{bmatrix} 1 & 0 & 0 \\ 0 & 1 & 0 \\ 0 & 0 & 0 \end{bmatrix} = A'Q, \quad Q = R_3(1, 3; -1)R_3(2, 3; -1)$$

と変形される．以上により，

$$P = \begin{bmatrix} 1 & 0 & 0 \\ 0 & 1 & 0 \\ -1 & -2 & 1 \end{bmatrix}, \quad Q = \begin{bmatrix} 1 & 0 & -1 \\ 0 & 1 & -1 \\ 0 & 0 & 1 \end{bmatrix}, \quad PAQ = \begin{bmatrix} 1 & 0 & 0 \\ 0 & 1 & 0 \\ 0 & 0 & 0 \end{bmatrix}$$

(b) A を基本行変形により変形して，行階段型にすると，

$$A \longrightarrow \begin{bmatrix} 1 & 1 & 1 & 1 \\ 0 & 0 & -2 & -2 \\ 0 & -2 & 0 & -2 \end{bmatrix} \longrightarrow \begin{bmatrix} 1 & 1 & 1 & 1 \\ 0 & 1 & 0 & 1 \\ 0 & 0 & 1 & 1 \end{bmatrix} = PA$$

となる．ただし，

$$P = P_3(2, 3)Q(2; -\frac{1}{2})Q(3; -\frac{1}{2}) \cdot R_3(2, 1; -1)R_3(3, 1; -1)$$

である．さらにこれを基本列変形すると，

$$\begin{bmatrix}1&1&1&1\\0&1&0&1\\0&0&1&1\end{bmatrix}\longrightarrow\begin{bmatrix}1&0&0&0\\0&1&0&1\\0&0&1&1\end{bmatrix}\longrightarrow\begin{bmatrix}1&0&0&0\\0&1&0&0\\0&0&1&0\end{bmatrix}$$

のようになる．この変形を表す行列 Q は，

$$Q=R_4(1,2;-1)R_4(1,3;-1)R_4(1,4;-1)\cdot R_4(2,4;-1)R_4(3,4;-1)$$

で与えられる．以上により，$P=\begin{bmatrix}1&0&0\\\frac{1}{2}&0&-\frac{1}{2}\\\frac{1}{2}&-\frac{1}{2}&0\end{bmatrix}$, $Q=\begin{bmatrix}1&-1&-1&1\\0&1&0&-1\\0&0&1&-1\\0&0&0&1\end{bmatrix}$

と定めれば，$PAQ=\begin{bmatrix}1&0&0&0\\0&1&0&0\\0&0&1&0\end{bmatrix}$ となる．

問　題

5.1 次の行列を，基本変形によって標準形に変形せよ．

(a) $\begin{bmatrix}2&1&3\\1&1&-1\\-1&3&1\end{bmatrix}$　(b) $\begin{bmatrix}1&1&-1\\1&1&-1\\1&-1&3\end{bmatrix}$　(c) $\begin{bmatrix}1&1&-1&-1\\2&1&-1&1\\3&2&1&1\end{bmatrix}$

連立 1 次方程式における基本列変形

基本変形は基本行列をかける操作で表すことができるが，基本行変形は左から，基本列変形は右からかけるので，それぞれ左基本変形，右基本変形ということもある．基本行変形については，第 1 章で述べたように，連立 1 次方程式の解法で，式を交換したり，式全体を定数倍したりする意味があるが，ここでは基本列変形について考えてみよう．

連立 1 次方程式 $A\boldsymbol{x}=\boldsymbol{b}$ の係数行列 A に対して $P(i,j)$ を右からかけて行列 B を得たとする．$P(i,j)^{-1}=P(i,j)$ であることに注意すれば，元の方程式は $B[P(i,j)\boldsymbol{x}]=\boldsymbol{b}$ となる．よって $\boldsymbol{y}=P(i,j)\boldsymbol{x}$ が新しい変数となるが，これは $\boldsymbol{x}$ の i 番目と j 番目の変数を入れ換えたものである．同様に，$Q(i;\alpha)$ に対応する列変形は i 番目の変数を α で割ったもの，$R(i,j;\alpha)$ に対応する列変形は，i 番目の変数から j 番目の変数の α 倍を引いたものを，それぞれ新しい変数とすることに対応している．すなわち，基本行変形は式に関する操作を表していたのに対し，基本列変形は変数に関する操作を意味することになる．

4.4 計算方法

ブロック行列と計算規則　$m \times n$ 行列 A を，次のようにブロック行列

$$
\begin{array}{ccccccc}
& n_1\text{ 列} & n_2\text{ 列} & \cdots & n_k\text{ 列} & & \\
& \downarrow & \downarrow & & \downarrow & & \\
A = \left[\vphantom{\begin{array}{c}A\\A\\ \vdots\\A\end{array}}\right. & \begin{array}{c}A_{11}\\A_{21}\\ \vdots\\A_{l1}\end{array} & \begin{array}{c}A_{12}\\A_{22}\\ \vdots\\A_{l2}\end{array} & \begin{array}{c}\cdots\\ \cdots\\ \ddots\\ \cdots\end{array} & \begin{array}{c}A_{1k}\\A_{2k}\\ \vdots\\A_{lk}\end{array} & \left.\vphantom{\begin{array}{c}A\\A\\ \vdots\\A\end{array}}\right] & \begin{array}{l}\leftarrow m_1\text{ 行}\\ \leftarrow m_2\text{ 行}\\ \quad\vdots\\ \leftarrow m_l\text{ 行}\end{array}
\end{array}
\qquad (A_{ij} \in \mathbb{R}^{m_i \times n_j}) \qquad (4.11)
$$

$$
\sum_{i=1}^{l} m_i = m, \quad \sum_{i=1}^{k} n_i = n
$$

に分解する．ここで，左右に隣接する行列の行数，および上下に隣接する行列の列数はそれぞれ同じである．$r \times m$ 行列 P の行の分割が A の列の分割と同じになるように，P をブロック行列に分け，

$$
P = \begin{bmatrix} P_{11} & P_{12} & \cdots & P_{1l} \\ P_{21} & P_{22} & \cdots & P_{2l} \\ \vdots & \vdots & \ddots & \vdots \\ P_{p1} & P_{p2} & \cdots & P_{pl} \end{bmatrix}
\qquad
\begin{array}{l} P_{ij} \in \mathbb{R}^{r_i \times m_j} \\ \displaystyle\sum_{i=1}^{p} r_i = r, \quad \sum_{i=1}^{l} m_i = m \end{array}
$$

となったとき，積PA は次で与えられる．

$$
PA = \begin{bmatrix}
\displaystyle\sum_{i=1}^{l} P_{1i}A_{i1} & \displaystyle\sum_{i=1}^{l} P_{1i}A_{i2} & \cdots & \displaystyle\sum_{i=1}^{l} P_{1i}A_{ik} \\
\displaystyle\sum_{i=1}^{l} P_{2i}A_{i1} & \displaystyle\sum_{i=1}^{l} P_{2i}A_{i2} & \cdots & \displaystyle\sum_{i=1}^{l} P_{2i}A_{ik} \\
\vdots & \vdots & \ddots & \vdots \\
\displaystyle\sum_{i=1}^{l} P_{pi}A_{i1} & \displaystyle\sum_{i=1}^{l} P_{pi}A_{i2} & \cdots & \displaystyle\sum_{i=1}^{l} P_{pi}A_{ik}
\end{bmatrix} \in \mathbb{R}^{r \times n} \qquad (4.12\text{a})
$$

同様に，$n \times s$ 行列 Q が $k \times q$ のブロックに分割され（ただし，Q の列の分割は (4.11) における A の行の分割と同じになるようにする），第 (i, j) ブロックが $Q_{ij} \in \mathbb{R}^{n_i \times s_j}$ $\left(\sum_{i=1}^{k} n_i = n, \ \sum_{i=1}^{q} s_i = s\right)$ となるとき，積 AQ について次が成り立つ．

$$AQ \text{ の第 } (i,j) \text{ ブロック} = \sum_{h=1}^{k} A_{ih} Q_{hj} \in \mathbb{R}^{m_i \times s_j} \tag{4.12b}$$

ブロック行列の基本行変形　列のみをブロックに分けた $m \times n$ 行列

$$\begin{bmatrix} A_1 & A_2 & \cdots & A_k \end{bmatrix}, \quad A_i \in \mathbb{R}^{m \times n_i} \ (1 \leqq i \leqq k), \quad \sum_{i=1}^{k} n_i = n \tag{4.13a}$$

に左から $r \times m$ 行列 P をかけた結果は，各ブロックに P をかけたものになる．

$$P\begin{bmatrix} A_1 & A_2 & \cdots & A_k \end{bmatrix} = \begin{bmatrix} PA_1 & PA_2 & \cdots & PA_k \end{bmatrix} \in \mathbb{R}^{r \times n} \tag{4.13b}$$

式 (4.13a) のタイプのブロック行列に対する基本行変形は，第 4.2 節の基本行列を左からかけることによって行われる．これに関して次の性質が成り立つ．

> ブロック行列 $\begin{bmatrix} A & E_m \end{bmatrix}$（$A \in \mathbb{R}^{m \times n}$，$E_m$ は m 次単位行列）に基本行変形のみを繰り返し行なって，
>
> $$\begin{bmatrix} A & E_m \end{bmatrix} \longrightarrow \begin{bmatrix} M & P \end{bmatrix} \quad (M \in \mathbb{R}^{m \times n},\ P \in \mathbb{R}^{m \times m}) \tag{4.14}$$
>
> を得たとき，P は $M = PA$ となる行列を与える．

これを応用することにより，次の各項目を得る．

1. 逆行列の計算

   全ての可逆な n 次正方行列 A は，基本行変形の繰り返しだけで単位行列に変形される[*1]．また，(4.14) により，

   $$\begin{bmatrix} A & E_n \end{bmatrix} \longrightarrow \begin{bmatrix} E_n & B \end{bmatrix} \implies B = A^{-1} \tag{4.15a}$$

   を得る．これによって逆行列が計算できる（例題 4.7 参照）．

2. 行列方程式の解法

   $A \in \mathbb{R}^{n \times n}$ を可逆行列，$X, B, C \in \mathbb{R}^{n \times k}$ とすると，X の各成分を未知とする方程式 $AX = B$ は，基本行変形のみを用いた変形

   $$\begin{bmatrix} A & B \end{bmatrix} \longrightarrow \begin{bmatrix} E_n & C \end{bmatrix} \tag{4.15b}$$

   によって解くことができる．解は $X = C$ である．

[*1] これによって，可逆行列は必ず基本行列の積で表されることになる．ただし，その表し方は一意的なものとは限らない．

3. LR 分解

可逆行列 $A \in \mathbb{R}^{n\times n}$ に対し，$R_n(i, j\,; \alpha)$ （ただし $i > j$）に付随した基本行変形のみを用いて

$$\begin{bmatrix} A & E_n \end{bmatrix} \longrightarrow \begin{bmatrix} R & P \end{bmatrix} \quad (R\text{ は } n \times n \text{ 上三角行列})$$

と変形されるとき[*2]，P は対角成分がすべて 1 の下三角行列で，P^{-1} もそうである．これを用いて，

$$A = LR \quad \begin{cases} L\text{ は対角成分 1 の下三角行列} \\ R\text{ は対角成分非零の上三角行列} \end{cases} \tag{4.15c}$$

と分解されることがわかる．これを A の **LR 分解**[*3] または**三角分解**という．

ブロック行列の基本列変形　行のみをブロックに分けた行列の積については，次の式が成り立つ．

$$\begin{bmatrix} B_1 \\ \vdots \\ B_l \end{bmatrix} \in \mathbb{R}^{m\times n}, Q \in \mathbb{R}^{n\times s} \implies \begin{bmatrix} B_1 \\ \vdots \\ B_l \end{bmatrix} Q = \begin{bmatrix} B_1 Q \\ \vdots \\ B_l Q \end{bmatrix} \in \mathbb{R}^{m\times s} \tag{4.16}$$

この式に挙げたようなブロック行列に対する基本列変形は，基本行列を右からかけ，(4.16) によって計算する．式 (4.14) に対応する性質として，次が挙げられる．

> 基本列変形のみによって，ブロック行列が
>
> $$\begin{bmatrix} A \\ C \end{bmatrix} \longrightarrow \begin{bmatrix} M \\ N \end{bmatrix} \quad A, M \in \mathbb{R}^{m\times n},\ C, N \in \mathbb{R}^{k\times n} \tag{4.17}$$
>
> となるとき，$M = AQ$, $N = CQ$ となる可逆行列 $Q \in \mathbb{R}^{n\times n}$ が存在する．

この事実を用いて，次の応用が可能である．

1. Kern A の基底

$A \in \mathbb{R}^{m\times n}$ として，基本列変形のみを用いて

[*2] $i > j$ であるから，ある行の定数倍をその下にある行から差し引いて前進消去を行うことに対応している．ブロック行列の変形の結果，対角成分が非零の R を導けず，(4.15c) が成り立たないことも起こり得る．

[*3] LU 分解ということもあるが，同じ事項を表す．

$$N = \begin{pmatrix} \blacksquare & 0 & 0 & & 0 & 0 & & 0 \\ \vdots & \blacksquare & \vdots & & \vdots & \vdots & & \vdots \\ \vdots & \vdots & \blacksquare & & \vdots & \vdots & & \vdots \\ \vdots & \vdots & \vdots & \cdots & \vdots & \vdots & \cdots & \vdots \\ \vdots & \vdots & \vdots & & \blacksquare & \vdots & & \vdots \\ \vdots & \vdots & \vdots & & \vdots & 0 & & 0 \end{pmatrix}$$

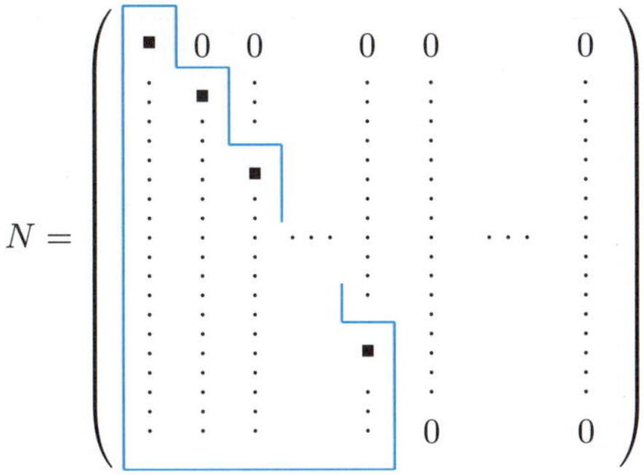

図 4.1 列階段型行列 N. 行階段型行列（1.13）と同様，■ は非零の成分を表す．第 $(1,1)$ 成分は必ず非零である．以下右の列になるほど，各列先頭の非零成分は 1 行以上下がる．

$$\begin{bmatrix} A \\ E_n \end{bmatrix} \longrightarrow \begin{bmatrix} N \\ Q \end{bmatrix} \tag{4.18}$$

$N \in \mathbb{R}^{m \times n} = \begin{bmatrix} \boldsymbol{n}_1 & \cdots & \boldsymbol{n}_r & \boldsymbol{0} & \cdots & \boldsymbol{0} \end{bmatrix}$ は列階段型行列

$Q \in \mathbb{R}^{n \times n} = \begin{bmatrix} \boldsymbol{q}_1 & \cdots & \boldsymbol{q}_n \end{bmatrix}$ は可逆

となったとき，$\{\boldsymbol{q}_{r+1}, \cdots, \boldsymbol{q}_n\}$ は Kern A の 1 組の基底を与える．

2. 非同次連立方程式の解法

   非同次連立 1 次方程式

$$A\boldsymbol{x} = \boldsymbol{b} \quad (\boldsymbol{x} \in \mathbb{R}^n, \boldsymbol{b} \in \mathbb{R}^m, A \in \mathbb{R}^{m \times n})$$

の一般解は，次のようにして求めることができる（例題 4.6）．

a. 拡大係数行列 $\begin{bmatrix} A \mid \boldsymbol{b} \end{bmatrix}$ を，基本行変形のみを用いて次のように変形する

$$\begin{bmatrix} A \mid \boldsymbol{b} \end{bmatrix} \longrightarrow \begin{bmatrix} M \mid \boldsymbol{d} \end{bmatrix} \quad (M \text{ は行階段型行列})$$

b. $\operatorname{Rank} M = \operatorname{Rank} \begin{bmatrix} M \mid \boldsymbol{d} \end{bmatrix}$ の成立を調べて方程式の解の存在を検討する

c. 自由変数（第 1.3 節）を 0 とおいた特解 $\boldsymbol{v}_0$ を求める

d. 基本列変形を用いて，Kern A の 1 組の基底 $\{\boldsymbol{u}_1, \boldsymbol{u}_2, \ldots, \boldsymbol{u}_{n-r}\}$ を求める

e. 一般解は，$\boldsymbol{x} = \boldsymbol{v}_0 + \sum_{i=1}^{n-r} \lambda_i \boldsymbol{u}_i \quad (\lambda_1, \ldots, \lambda_{n-r}$ は任意定数）である

例題 4.6 **連立方程式の解**

ブロック行列の基本列変形を用いて，非同次連立 1 次方程式

$$A\boldsymbol{x} = \boldsymbol{b}, \quad \boldsymbol{x} \in \mathbb{R}^4, \quad A := \begin{bmatrix} 1 & 2 & 1 & 2 \\ 1 & 1 & 1 & 2 \\ 0 & 1 & 0 & 1 \end{bmatrix}, \quad \boldsymbol{b} := \begin{bmatrix} 1 \\ 2 \\ 1 \end{bmatrix}$$

の一般解を求めよ．

【解　答】 拡大形数行列 $\left[A \,\middle|\, \boldsymbol{b}\right]$ を基本行変形して行階段型にすると，

$$\left[A \,\middle|\, \boldsymbol{b}\right] \longrightarrow \left[\begin{array}{cccc|c} 1 & 1 & 1 & 1 & 0 \\ 1 & 1 & 1 & 2 & 2 \\ 0 & 1 & 0 & 1 & 1 \end{array}\right] \longrightarrow \left[\begin{array}{cccc|c} 1 & 1 & 1 & 1 & 0 \\ 0 & 1 & 0 & 1 & 1 \\ 0 & 0 & 0 & 1 & 2 \end{array}\right]$$

よって，$\mathrm{Rank}\, A = \mathrm{Rank}\left[A \,\middle|\, \boldsymbol{b}\right]$ であるから与えられた方程式は解を持つ．特解は，自由変数となる $\boldsymbol{x}$ の第 3 成分を 0 とおいて，

$$\boldsymbol{x} = \begin{bmatrix} -1 \\ -1 \\ 0 \\ 2 \end{bmatrix}$$

となる．次に，ブロック行列の基本列変形により，$\mathrm{Kern}\, A$ の基底を求める．行列 $\begin{bmatrix} A \\ \hline E_4 \end{bmatrix}$ を作り，基本列変形によって上側が列階段型になるようにすると，

$$\left[\begin{array}{cccc} 1 & 2 & 1 & 2 \\ 1 & 1 & 1 & 2 \\ 0 & 1 & 0 & 1 \\ \hline 1 & 0 & 0 & 0 \\ 0 & 1 & 0 & 0 \\ 0 & 0 & 1 & 0 \\ 0 & 0 & 0 & 1 \end{array}\right] \longrightarrow \left[\begin{array}{cccc} 1 & 2 & 0 & 0 \\ 1 & 1 & 0 & 0 \\ 0 & 1 & 0 & 1 \\ \hline 1 & 0 & -1 & -2 \\ 0 & 1 & 0 & 0 \\ 0 & 0 & 1 & 0 \\ 0 & 0 & 0 & 1 \end{array}\right] \longrightarrow \left[\begin{array}{cccc} 1 & 0 & 0 & 0 \\ 1 & -1 & 0 & 0 \\ 0 & 1 & 1 & 0 \\ \hline 1 & -2 & -2 & -1 \\ 0 & 1 & 0 & 0 \\ 0 & 0 & 0 & 1 \\ 0 & 0 & 1 & 0 \end{array}\right]$$

となる．$\mathrm{Kern}\, A$ の基底は最後の行列の下側にある列ベクトルのうち，最も右のものである．よって，与えられた方程式の一般解は

$$\boldsymbol{x} = \begin{bmatrix} -1 \\ -1 \\ 0 \\ 2 \end{bmatrix} + \lambda \begin{bmatrix} -1 \\ 0 \\ 1 \\ 0 \end{bmatrix} \quad (\lambda \text{ は実定数})$$

問　題

6.1 ブロック行列の基本列変形により，次の A に対して $\mathrm{Kern}\, A$ の基底があれば，そのうちの 1 組を求めよ．

(a) $A = \begin{bmatrix} 1 & 1 \\ 0 & 1 \end{bmatrix}$　(b) $A = \begin{bmatrix} 1 & 2 & 0 \\ 1 & 1 & 1 \\ 3 & 4 & 2 \end{bmatrix}$　(c) $A = \begin{bmatrix} 1 & 0 & 1 \\ 0 & 2 & 0 \\ 3 & 0 & 3 \end{bmatrix}$

(d) $A = \begin{bmatrix} 1 & 1 & 1 & 0 \\ 0 & 1 & -1 & 1 \\ 1 & 3 & -1 & 2 \end{bmatrix}$　(e) $A = \begin{bmatrix} 3 & 1 & 0 & 1 & 1 \\ 1 & 1 & -1 & -1 & 1 \\ 1 & -1 & 2 & 3 & -1 \end{bmatrix}$

6.2 次の $A, \boldsymbol{b}$ に対して連立 1 次方程式 $A\boldsymbol{x} = \boldsymbol{b}$ の一般解を求めよ．

(a) $A = \begin{bmatrix} 1 & 1 \\ 0 & 1 \end{bmatrix}, \boldsymbol{b} = \begin{bmatrix} 1 \\ -1 \end{bmatrix}$　(b) $A = \begin{bmatrix} 2 & -1 \\ 4 & -2 \end{bmatrix}, \boldsymbol{b} = \begin{bmatrix} 2 \\ 4 \end{bmatrix}$

(c) $A = \begin{bmatrix} 1 & 2 & 0 \\ 1 & 1 & 1 \\ 3 & 4 & 2 \end{bmatrix}, \boldsymbol{b} = \begin{bmatrix} -1 \\ 1 \\ 1 \end{bmatrix}$　(d) $A = \begin{bmatrix} 1 & 0 & 1 \\ 0 & 2 & 0 \\ 3 & 0 & 3 \end{bmatrix} \boldsymbol{b} = \begin{bmatrix} 2 \\ 2 \\ 6 \end{bmatrix}$

(e) $A = \begin{bmatrix} 1 & 1 & 1 & 0 \\ 0 & 1 & -1 & 1 \\ 1 & 3 & -1 & 2 \end{bmatrix}, \boldsymbol{b} = \begin{bmatrix} 1 \\ 1 \\ 3 \end{bmatrix}$

(f) $A = \begin{bmatrix} 3 & 1 & 0 & 1 & 1 \\ 1 & 1 & -1 & -1 & 1 \\ 1 & -1 & 2 & 3 & -1 \end{bmatrix}, \boldsymbol{b} = \begin{bmatrix} 4 \\ 2 \\ 0 \end{bmatrix}$

6.3 $A \in \mathbb{R}^{n \times n}, \boldsymbol{x} \in \mathbb{R}^n$ に対し，連立 1 次方程式 $A\boldsymbol{x} = \boldsymbol{0}$ の解が $\boldsymbol{x} = \boldsymbol{0}$ に限るとき，$CA = E_n$ となる行列 $C \in \mathbb{R}^{n \times n}$ が存在することを示せ．（第 2.4 節および第 2 章演問題 6. 参照）

例題 4.7 **逆行列の計算**

行列 $A \equiv \begin{bmatrix} 1 & 2 & -1 \\ 2 & 3 & -1 \\ -1 & -1 & 1 \end{bmatrix}$ の逆行列を求めよ．

【解　答】 ブロック行列 $\left[A \,\middle|\, E_n \right]$ を作ってこれに基本行変形を行って，左側を単位行列にする．

$$\left[\begin{array}{ccc|ccc} 1 & 2 & -1 & 1 & 0 & 0 \\ 2 & 3 & -1 & 0 & 1 & 0 \\ -1 & -1 & 1 & 0 & 0 & 1 \end{array}\right] \longrightarrow \left[\begin{array}{ccc|ccc} 1 & 2 & -1 & 1 & 0 & 0 \\ 0 & -1 & 1 & -2 & 1 & 0 \\ 0 & 1 & 0 & 1 & 0 & 1 \end{array}\right]$$

$$\longrightarrow \left[\begin{array}{ccc|ccc} 1 & 2 & -1 & 1 & 0 & 0 \\ 0 & 0 & 1 & -1 & 1 & 1 \\ 0 & 1 & 0 & 1 & 0 & 1 \end{array}\right] \longrightarrow \left[\begin{array}{ccc|ccc} 1 & 0 & 0 & -2 & 1 & -1 \\ 0 & 0 & 1 & -1 & 1 & 1 \\ 0 & 1 & 0 & 1 & 0 & 1 \end{array}\right]$$

$$\longrightarrow \left[\begin{array}{ccc|ccc} 1 & 0 & 0 & -2 & 1 & -1 \\ 0 & 1 & 0 & 1 & 0 & 1 \\ 0 & 0 & 1 & -1 & 1 & 1 \end{array}\right]$$

このとき，最後の行列の右半分が求めるべき逆行列であるから，

$$A^{-1} = \begin{bmatrix} -2 & 1 & -1 \\ 1 & 0 & 1 \\ -1 & 1 & 1 \end{bmatrix}$$

問　題

7.1 次の行列の逆行列を求めよ．

(a) $\begin{bmatrix} 1 & 2 & 3 \\ 2 & 3 & 2 \\ 3 & 2 & 1 \end{bmatrix}$　(b) $\begin{bmatrix} 1 & 0 & 1 \\ 0 & 1 & 0 \\ 1 & 0 & -1 \end{bmatrix}$　(c) $\begin{bmatrix} 1 & 1 & -1 \\ 0 & 1 & -1 \\ 0 & 0 & 1 \end{bmatrix}$

7.2 次の行列を三角分解せよ．

(a) $\begin{bmatrix} 3 & -1 \\ 3 & 1 \end{bmatrix}$　(b) $\begin{bmatrix} 1 & 2 & 1 \\ -1 & -4 & 1 \\ 1 & 4 & 1 \end{bmatrix}$　(c) $\begin{bmatrix} 1 & 1 & 0 & 1 \\ 0 & 1 & 1 & 0 \\ 1 & 1 & -1 & 2 \\ 0 & 1 & 1 & -1 \end{bmatrix}$

第4章演習問題

1. 次の行列を基本変形により P-Q 標準形に書き改めよ．

(a) $\begin{bmatrix} 2 & 2 \\ 3 & 1 \end{bmatrix}$ (b) $\begin{bmatrix} 2 & 1 & 3 \\ 1 & 2 & 1 \\ 1 & 1 & -1 \end{bmatrix}$ (c) $\begin{bmatrix} 3 & -1 & 1 \\ 0 & 2 & 1 \\ 1 & 1 & 1 \end{bmatrix}$ (d) $\begin{bmatrix} 3 & 1 & 4 \\ 1 & 1 & 2 \\ -1 & 2 & 0 \\ 2 & 2 & 1 \end{bmatrix}$

(e) $\begin{bmatrix} 1 & 2 & 3 \\ 1 & -4 & -7 \\ 2 & 1 & 1 \\ 3 & 0 & -1 \end{bmatrix}$ (f) $\begin{bmatrix} 2 & 1 & 2 & 1 \\ 1 & 3 & 2 & 1 \\ -1 & -1 & 1 & -1 \end{bmatrix}$ (g) $\begin{bmatrix} 0 & 1 & 1 & 0 \\ 1 & 0 & 0 & 1 \\ 1 & 0 & 0 & -1 \\ 0 & -1 & 1 & 0 \end{bmatrix}$

2. 次の行列 A に対して，連立 1 次方程式 $A\boldsymbol{x} = \boldsymbol{0}$ の一般解を求めよ．なお，P-Q 標準形への変形を用いて $\mathrm{Kern}\, A$ の基底を求める方法（第 4.3 節），ブロック行列の基本列変形を用いる方法（第 4.4 節）を両方試みること．

(a) $A = \begin{bmatrix} 5 & 3 & 1 \\ 2 & 3 & 1 \\ 1 & 6 & 2 \end{bmatrix}$ (b) $A = \begin{bmatrix} 1 & 2 & 1 \\ 2 & 1 & 3 \\ 1 & 3 & 1 \end{bmatrix}$ (c) $A = \begin{bmatrix} -1 & 2 & 3 \\ 2 & -1 & 2 \\ 3 & -3 & -1 \end{bmatrix}$

(d) $A = \begin{bmatrix} 1 & 1 & 1 & 0 & 1 \\ 0 & 1 & 0 & -1 & 1 \\ 3 & 1 & 1 & 2 & 1 \\ 1 & 0 & 1 & 1 & 0 \\ 2 & 1 & 0 & 1 & 1 \end{bmatrix}$ (e) $A = \begin{bmatrix} 1 & 2 & 1 & 1 & 3 \\ 3 & 4 & -1 & 5 & 7 \\ 4 & 5 & 1 & 5 & 8 \\ 2 & 5 & 4 & 1 & 7 \\ 1 & 1 & -1 & 2 & 2 \end{bmatrix}$

3. 次の非同次連立方程式の一般解を求めよ．

(a) $\begin{bmatrix} 1 & -1 \\ 2 & -1 \end{bmatrix} \begin{bmatrix} x \\ y \end{bmatrix} = \begin{bmatrix} 1 \\ 1 \end{bmatrix}$ (b) $\begin{bmatrix} -1 & 1 \\ 2 & -2 \end{bmatrix} \begin{bmatrix} x \\ y \end{bmatrix} = \begin{bmatrix} 1 \\ -2 \end{bmatrix}$

(c) $\begin{bmatrix} 5 & 1 & 1 \\ 2 & 1 & 4 \\ 1 & 1 & 1 \end{bmatrix} \begin{bmatrix} x \\ y \\ z \end{bmatrix} = \begin{bmatrix} -3 \\ 3 \\ 1 \end{bmatrix}$ (d) $\begin{bmatrix} 2 & 5 & 3 \\ 1 & 2 & 4 \\ 1 & 1 & 9 \end{bmatrix} \begin{bmatrix} x \\ y \\ z \end{bmatrix} = \begin{bmatrix} 6 \\ 5 \\ 9 \end{bmatrix}$

(e) $\begin{bmatrix} 3 & 5 & 2 & 4 \\ 1 & 1 & 4 & 2 \\ 4 & 8 & 4 & 4 \end{bmatrix} \begin{bmatrix} x \\ y \\ z \\ w \end{bmatrix} = \begin{bmatrix} 1 \\ -3 \\ 0 \end{bmatrix}$

4. 次の行列が可逆行列かどうか調べ，可逆ならばその逆行列を求めよ．

(a) $\begin{bmatrix} -2 & 4 & 5 \\ -1 & 1 & 1 \\ 4 & -3 & -2 \end{bmatrix}$　(b) $\begin{bmatrix} -1 & -1 & 0 \\ 2 & 1 & 3 \\ -5 & -3 & -7 \end{bmatrix}$　(c) $\begin{bmatrix} 2 & 2 & -3 \\ -1 & -1 & 2 \\ 1 & 2 & -2 \end{bmatrix}$

(d) $\begin{bmatrix} -1 & 0 & 2 \\ 2 & 1 & -2 \\ -4 & -3 & 3 \end{bmatrix}$　(e) $\begin{bmatrix} 3 & 2 & -1 \\ 6 & 1 & 4 \\ 3 & 5 & -7 \end{bmatrix}$　(f) $\begin{bmatrix} 5 & -1 & 5 \\ 3 & 2 & 1 \\ 2 & 1 & 1 \end{bmatrix}$

(g) $\begin{bmatrix} 1 & 1 & -1 & 1 \\ 2 & 1 & -3 & 2 \\ -4 & -3 & 5 & -5 \\ 3 & 1 & -4 & 3 \end{bmatrix}$　(h) $\begin{bmatrix} -1 & -1 & -1 & -2 & 1 \\ 2 & 1 & 3 & 2 & 0 \\ -4 & -3 & -5 & -5 & 2 \\ 2 & 1 & 3 & 1 & 1 \\ 1 & 0 & 1 & 1 & 2 \end{bmatrix}$

5. 次の行列が LR 分解できるかどうか調べ，できるならば分解せよ．

(a) $\begin{bmatrix} 2 & 5 \\ 1 & 3 \end{bmatrix}$　(b) $\begin{bmatrix} 0 & 1 \\ 1 & 1 \end{bmatrix}$　(c) $\begin{bmatrix} 1 & 1 & 1 \\ 1 & 1 & 2 \\ 2 & 1 & 3 \end{bmatrix}$　(d) $\begin{bmatrix} 1 & 0 & 1 \\ 1 & 2 & 2 \\ 2 & 1 & 4 \end{bmatrix}$

6. $A \in \mathbb{R}^{n\times n}$ が可逆であるとき，$AP_n(i,j)$, $P_n(i,j)A$ の逆行列は，A の逆行列とどのような関係にあるか．$AR_n(i,j;\alpha)$, $R_n(i,j;\alpha)A$ についても調べよ．

7. $A = [a_{ij}] \in \mathbb{R}^{m\times n}$ の第 (k,l) 成分が 0 でないとき，基本行変形のみを用いて

$$a_{kl} = 1, \quad a_{rl} = 0 \quad (1 \leqq r \leqq m,\ r \neq k)$$

とすることができる．これを (k,l) をかなめとして左から第 l 列を掃き出すという．同様に，基本列変形のみを用いて

$$a_{kl} = 1, \quad a_{kr} = 0 \quad (1 \leqq r \leqq n,\ r \neq l)$$

とする操作を，(k,l) をかなめとして右から第 k 行を掃き出すという．これらの操作を表す行列を求めよ．

8. $A \in \mathbb{R}^{m\times n}$ に対して，$AR = E_m$ となる $R \in \mathbb{R}^{n\times m}$ を A の右逆元，$LA = E_n$ となる $L \in \mathbb{R}^{n\times m}$ を A の左逆元という．次のそれぞれの行列について，右逆元，左逆元が存在するかどうか調べ，存在するならば求めよ．

(a) $\begin{bmatrix} 1 & 2 & 2 \\ -1 & 1 & -1 \end{bmatrix}$　(b) $\begin{bmatrix} 2 & 1 & -2 \\ 1 & -2 & 4 \end{bmatrix}$　(c) $\begin{bmatrix} 3 & -1 \\ 1 & 1 \\ 2 & 1 \end{bmatrix}$

連立 1 次方程式の数値解法周辺

近年においては，自然科学の諸問題を解くための手法として，数値計算が多用されるようになった．線形代数に関連するだけでも，連立 1 次方程式の解や行列式の計算，固有値問題の解法など，広い範囲で用いられている．このような問題を数値的に解く場合，計算機には有限の桁の数しか扱えないために，計算の誤差という問題が新たに起きてくる．また，非常に近い 2 つの数の差を求めるとき，これらのわずかな差が桁数の範囲で十分カバーできずに粗い評価しかできないこともある（たとえば，$\sqrt{9.0001} = 3.000016$ という表現で扱われるとき，これと 3 との差は $\sqrt{9.0001} - 3 = 0.000016$ となって，有効数字が一挙に 5 桁も減ってしまう．これを桁落ちという）．このため，純粋に数学的な手続きから解を求める場合とは異なる注意が必要である．どのようなことが起き得るのか，代表的な場合を眺めてみることにしよう．

連立 1 次方程式の解法で，基本行変形を用いて係数行列を行階段型に変形することは，第 1 章で既に学んだ．連立方程式を数値的に解く場合も，係数行列の基本変形を用いる方法がいくつかあり,「直接法」と呼ばれている．直接法では，基本行変形を行う際に上記の桁落ちが起きる可能性がある．また，式 $a_{ij}x_j + a_{i,j+1}x_{j+1} + \cdots = b_i$ から x_j を求めるような場合，a_{ij} が 0 に近い値であるときは，$b_i - (a_{i,j+1}x_{j+1} + \cdots)$ の誤差が a_{ij} で割ることによって拡大され，得られた結果の精度が悪くなることがある．このような不都合を避けるため，係数行列の成分が 0 に近い値の場合は，基本変形の際に，消去しない成分の選択に注意を払わなければならない．これは数値計算でピボットの選択と呼ばれているものである．

また，次のような連立 1 次方程式を考えてみよう．

$$\begin{cases} 2.9x + 3y = 1 \\ 3x + 3.1y = 1 \end{cases} \quad \text{すなわち} \quad \begin{bmatrix} 2.9 & 3 \\ 3 & 3.1 \end{bmatrix} \begin{bmatrix} x \\ y \end{bmatrix} = \begin{bmatrix} 1 \\ 1 \end{bmatrix}$$

この方程式を解くと，$x = -10, y = 10$ を得る．一方，第 1 式を $2.9x + 2.9967y = 1$ と，わずかに変えただけで，解は大きく異なって $x = -1033, y = 1000$ となる．これは，係数行列の行列式が -0.01 と 0 に近く，行列のわずかな変化に対して逆行列が鋭敏に変化するからである．このような方程式を安定でない方程式という．安定でない方程式は誤差を拡大するため，方程式が安定か否かを判断することは数値計算の妥当性を検討する上で重要で，そのための指標として条件数と呼ばれるものが導入されている．興味のある方は，数値解析の書物を参照していただきたい．

計算機による問題の解法としては，数値計算の他に，式を直接取り扱う数式処理と呼ばれるものがある．以前は意図した処理をさせるのに熟練を要したが，ソフトウェアの改良や計算機の性能の向上などにより，最近では，パターン化された問題ならば専門的な研究にも威力を発揮するほどになっている．将来，ここで取り上げたような困難を気にせずに，複雑な問題を誰もが計算機で気軽に扱えるようになるのではないだろうか．

5 行列式

5.1 行列式の定義

行列式　行列式（デターミナント）とは，正方行列から一定の手続きによって得られる数で，次のような記号を用いて表す．

$$n \times n \text{ 行列 } A \text{ の行列式} = \det A \text{ または } |A| \tag{5.1}$$

正方行列以外の行列には行列式は定義されない．

2 次と 3 次の行列式　2 次および 3 次の正方行列の行列式は次で定義される．

$$A = \begin{bmatrix} a_{11} & a_{12} \\ a_{21} & a_{22} \end{bmatrix} \Longrightarrow \det A = a_{11}a_{22} - a_{12}a_{21} \tag{5.2a}$$

$$A = \begin{bmatrix} a_{11} & a_{12} & a_{13} \\ a_{21} & a_{22} & a_{23} \\ a_{31} & a_{32} & a_{33} \end{bmatrix} \Longrightarrow$$

$$\begin{aligned} \det A &= a_{11}(a_{22}a_{33} - a_{23}a_{32}) - a_{21}(a_{12}a_{33} - a_{32}a_{13}) \\ &\quad + a_{31}(a_{12}a_{23} - a_{22}a_{13}) \\ &= a_{11}\begin{vmatrix} a_{22} & a_{33} \\ a_{23} & a_{32} \end{vmatrix} - a_{21}\begin{vmatrix} a_{12} & a_{13} \\ a_{32} & a_{33} \end{vmatrix} + a_{31}\begin{vmatrix} a_{12} & a_{13} \\ a_{22} & a_{23} \end{vmatrix} \end{aligned} \tag{5.2b}$$

2 次と 3 次の行列の可逆性と行列式　2 次と 3 次の行列の可逆性と，行列式が零でないことは同値である（式 (5.8) 参照）．

$$A \text{ が可逆} \Longleftrightarrow \det A \neq 0 \tag{5.3}$$

行列式の定義　$A \in \mathbb{R}^{n \times n}$ に対して，$\det A$ の定義は次の通りである．

$A = [a_{ij}] \in \mathbb{R}^{n \times n}$ として,

1. $n = 1$ のとき, $\det A = a_{11}$
2. $n \geqq 2$ のとき, $\det A = \sum_{i=1}^{n} (-1)^{i+1} a_{i1} \det A_{i1}$ (5.4)

   ただし, A_{i1} は, A から第 1 列と第 i 行を除いて作られる $n-1$ 次の行列

行列式の展開については, 第 5.2 節も参照せよ.

行列式の性質　行列式は次の性質をみたす.

1. 行列式の**多重線形性**
   a. A のある 1 つの行を α 倍した行列の行列式は, $\det A$ の α 倍である
   b. A のある 1 つの行を 2 つに分割したとき, 行列式もそれに応じて分割される

$$\det \begin{bmatrix} \boldsymbol{z}_1^{\mathrm{T}} \\ \vdots \\ \alpha \boldsymbol{z}_i^{\mathrm{T}} \\ \vdots \\ \boldsymbol{z}_n^{\mathrm{T}} \end{bmatrix} = \alpha \det \begin{bmatrix} \boldsymbol{z}_1^{\mathrm{T}} \\ \vdots \\ \boldsymbol{z}_i^{\mathrm{T}} \\ \vdots \\ \boldsymbol{z}_n^{\mathrm{T}} \end{bmatrix}, \ \det \begin{bmatrix} \boldsymbol{z}_1^{\mathrm{T}} \\ \vdots \\ \boldsymbol{a}^{\mathrm{T}} + \boldsymbol{b}^{\mathrm{T}} \\ \vdots \\ \boldsymbol{z}_n^{\mathrm{T}} \end{bmatrix} = \det \begin{bmatrix} \boldsymbol{z}_1^{\mathrm{T}} \\ \vdots \\ \boldsymbol{a}^{\mathrm{T}} \\ \vdots \\ \boldsymbol{z}_n^{\mathrm{T}} \end{bmatrix} + \det \begin{bmatrix} \boldsymbol{z}_1^{\mathrm{T}} \\ \vdots \\ \boldsymbol{b}^{\mathrm{T}} \\ \vdots \\ \boldsymbol{z}_n^{\mathrm{T}} \end{bmatrix} \tag{5.5a}$$

2. 行列式の**交代性**
   行列式において 2 つの行を交換したとき, 行列式の符号が反転する.

行列 A の 2 つの行を入れ換えて行列 $\widetilde{A}$ が得られたとき,

$$\det A = -\det \widetilde{A} \tag{5.5b}$$

a_{ij} ($1 \leqq i \leqq n, 1 \leqq j \leqq n$) の n 次の多項式で, 上記の性質 (5.5a,b) を 2 つともみたすものは, $\det A$ またはその定数倍に限る (問題 5.2 参照).

例題 5.1 行列式の計算

次の行列式の値を計算せよ．

(a) $\begin{vmatrix} 1 & 0 & 1 \\ 0 & 1 & 0 \\ 1 & 0 & -1 \end{vmatrix}$　　(b) $\begin{vmatrix} 1 & 2 & 3 \\ 2 & 3 & 2 \\ 3 & 2 & 1 \end{vmatrix}$

【解　答】　行列式の定義に基づいて第 1 列で行列式を展開するとよい．

(a) $$\begin{vmatrix} 1 & 0 & 1 \\ 0 & 1 & 0 \\ 1 & 0 & -1 \end{vmatrix} = 1\cdot\begin{vmatrix} 1 & 0 \\ 0 & -1 \end{vmatrix} - 0\cdot\begin{vmatrix} 0 & 1 \\ 0 & -1 \end{vmatrix} + 1\cdot\begin{vmatrix} 0 & 1 \\ 1 & 0 \end{vmatrix} = 1\cdot(-1) + 1\cdot(-1) = -2$$

(b) $$\begin{vmatrix} 1 & 2 & 3 \\ 2 & 3 & 2 \\ 3 & 2 & 1 \end{vmatrix} = 1\cdot\begin{vmatrix} 3 & 2 \\ 2 & 1 \end{vmatrix} - 2\cdot\begin{vmatrix} 2 & 3 \\ 2 & 1 \end{vmatrix} + 3\cdot\begin{vmatrix} 2 & 3 \\ 3 & 2 \end{vmatrix}$$

$$= (3-4) - 2\cdot(2-6) + 3\cdot(4-9) = -8$$

【別　解】　例題 5.2(b) を用いて，ある行に別の行の定数倍を加えた行列の行列式は，元の行列式と同じであることが示されるから，これを用いて計算することもできる．

(a) $$\begin{vmatrix} 1 & 0 & 1 \\ 0 & 1 & 0 \\ 1 & 0 & -1 \end{vmatrix} = \begin{vmatrix} 1 & 0 & 1 \\ 0 & 1 & 0 \\ 0 & 0 & -2 \end{vmatrix} = 1\cdot\begin{vmatrix} 1 & 0 \\ 0 & -2 \end{vmatrix} = -2$$

(b) $$\begin{vmatrix} 1 & 2 & 3 \\ 2 & 3 & 2 \\ 3 & 2 & 1 \end{vmatrix} = \begin{vmatrix} 1 & 2 & 3 \\ 0 & -1 & -4 \\ 0 & -4 & -8 \end{vmatrix} = 1\cdot\begin{vmatrix} -1 & -4 \\ -4 & -8 \end{vmatrix} = -8$$

問　題

1.1　次の行列式の値を計算せよ．

(a) $\begin{vmatrix} 3 & 1 & 2 \\ 2 & 3 & 1 \\ 1 & 2 & 3 \end{vmatrix}$　　(b) $\begin{vmatrix} 3 & 1 & 2 \\ 3 & 2 & 1 \\ 1 & 2 & 3 \end{vmatrix}$　　(c) $\begin{vmatrix} 2 & 1 & 1 & 1 \\ 1 & 2 & -1 & 1 \\ 1 & 0 & 0 & 1 \\ 0 & 1 & 1 & 0 \end{vmatrix}$

1.2　三角行列の行列式は，その対角成分の積に等しいことを示せ．

1.3　2 次と 3 次の行列について，行列式が非零であることと可逆であることが同値であることを示せ．

例題 5.2 **行列式の性質**

$A \in \mathbb{R}^{n\times n}$ とするとき，行列式の交代性・多重線形性をもとにして次を示せ．

(a) $\alpha \in \mathbb{R}$ として，$\det(\alpha A) = \alpha^n \det A$

(b) A のある行に他の行の定数倍を加えて得られる行列 A' に対し，

$$\det A = \det A'$$

【解　答】 行列 A の第 i 行を $\boldsymbol{z}_i^{\mathrm{T}}$ $(1 \leqq i \leqq n)$ とする．

(a) αA の第 i 行は $\alpha \boldsymbol{z}_i^{\mathrm{T}}$ であるから，行列式の多重線形性を繰り返し用いて，

$$\det(\alpha A) = \begin{vmatrix} \alpha\boldsymbol{z}_1^{\mathrm{T}} \\ \alpha\boldsymbol{z}_2^{\mathrm{T}} \\ \alpha\boldsymbol{z}_3^{\mathrm{T}} \\ \vdots \\ \alpha\boldsymbol{z}_n^{\mathrm{T}} \end{vmatrix} = \alpha \begin{vmatrix} \boldsymbol{z}_1^{\mathrm{T}} \\ \alpha\boldsymbol{z}_2^{\mathrm{T}} \\ \alpha\boldsymbol{z}_3^{\mathrm{T}} \\ \vdots \\ \alpha\boldsymbol{z}_n^{\mathrm{T}} \end{vmatrix} = \alpha^2 \begin{vmatrix} \boldsymbol{z}_1^{\mathrm{T}} \\ \boldsymbol{z}_2^{\mathrm{T}} \\ \alpha\boldsymbol{z}_3^{\mathrm{T}} \\ \vdots \\ \alpha\boldsymbol{z}_n^{\mathrm{T}} \end{vmatrix} = \cdots = \alpha^n \begin{vmatrix} \boldsymbol{z}_1^{\mathrm{T}} \\ \boldsymbol{z}_2^{\mathrm{T}} \\ \boldsymbol{z}_3^{\mathrm{T}} \\ \vdots \\ \boldsymbol{z}_n^{\mathrm{T}} \end{vmatrix} = \alpha^n \det A$$

(b) A の第 i 行に第 j 行 $(i \neq j)$ の a 倍を加えて A' になったとすると，

$$\det A' = \begin{vmatrix} \boldsymbol{z}_1^{\mathrm{T}} \\ \vdots \\ \boldsymbol{z}_i^{\mathrm{T}} + \alpha\boldsymbol{z}_j^{\mathrm{T}} \\ \vdots \\ \boldsymbol{z}_n^{\mathrm{T}} \end{vmatrix} = \begin{vmatrix} \boldsymbol{z}_1^{\mathrm{T}} \\ \vdots \\ \boldsymbol{z}_i^{\mathrm{T}} \\ \vdots \\ \boldsymbol{z}_n^{\mathrm{T}} \end{vmatrix} + \begin{vmatrix} \boldsymbol{z}_1^{\mathrm{T}} \\ \vdots \\ \alpha\boldsymbol{z}_j^{\mathrm{T}} \\ \vdots \\ \boldsymbol{z}_n^{\mathrm{T}} \end{vmatrix} = \det A + \alpha \begin{vmatrix} \boldsymbol{z}_1^{\mathrm{T}} \\ \vdots \\ \boldsymbol{z}_j^{\mathrm{T}} \\ \vdots \\ \boldsymbol{z}_n^{\mathrm{T}} \end{vmatrix}$$

第 2 項の行列式を D とする．D は第 i 行と第 j 行に同じ $\boldsymbol{z}_j^{\mathrm{T}}$ が現れ，これらを交換しても同じものである．一方，行列式の交代性によれば，これらの行を交換したものは符号が反転する．したがって，$D = -D$ が成り立ち，これから第 2 項は 0 となることがわかる．以上により，$\det A = \det A'$ が成り立つ．

問　題

2.1 行列式の定義に基づいて，その交代性・多重線形性を証明せよ．

2.2 行列式の交代性・多重線形性をもとにして，次の行列式が 0 であることを示せ．

(a) A のある行が他の行の定数倍であるとき

(b) A のある行が零ベクトルであるとき

2.3 $A \in \mathbb{R}^{n\times n}$ が可逆でない場合，$\det A = 0$ となることを示せ（式 (5.8) および問題 4.2(b) 参照）．

5.2 行列式の計算規則と展開公式

転置行列の行列式　A^{T}（$A \in \mathbb{R}^{n\times n}$）の行列式について，次が成り立つ．

$$\det A^{\mathrm{T}} = \det A \tag{5.6}$$

基本変形と行列式　行列式の性質 (5.5a,b) および (5.6) を用いると，行列の基本変形（第 4.2 節）の下での行列式の値の変化について，以下の通りの結論を得る．

A を n 次正方行列，$P_n(i,j)$，$Q_n(i\,;\alpha)$，$R_n(i,j\,;\alpha)$ を基本行列とすると，

1. 行または列を入れ換える基本変形では，符号が反転する
$$\det\bigl[P_n(i,j)A\bigr] = \det\bigl[AP_n(i,j)\bigr] = -\det A$$
2. 行または列を定数倍する基本変形では，値が定数倍される
$$\det\bigl[Q_n(i\,;\alpha)A\bigr] = \det\bigl[AQ_n(i\,;\alpha)\bigr] = \alpha\det A \tag{5.7}$$
3. 行または列の定数倍を他に加える基本変形では変化しない
$$\det\bigl[R_n(i,j\,;\alpha)A\bigr] = \det\bigl[AR_n(i,j\,;\alpha)\bigr] = \det A$$

行列の可逆性（正則性）と行列式　一般の $n\times n$ 行列が可逆（正則）ならば，その行列式は非零であり，逆もまた成り立つ．すなわち，

$$n\times n \text{ 行列 } A \text{ は可逆} \iff \det A \neq 0 \tag{5.8}$$

行列の積に関する諸公式　行列の積の行列式に関して，次の性質が成り立つ．

1. $A, B \in \mathbb{R}^{n\times n}$ として，$\det(AB) = \det A\cdot\det B$
2. $A \in \mathbb{R}^{n\times n}$，$k$ を自然数として，$\det(A^k) = \bigl(\det A\bigr)^k$
3. $A \in \mathbb{R}^{n\times n}$ が可逆ならば，$\det\left(A^{-1}\right) = \left(\det A\right)^{-1}$
4. $A, C \in \mathbb{R}^{n\times n}$，また C を可逆行列として，$\det(C^{-1}AC) = \det A$
5. $A \in \mathbb{R}^{n\times n}$，$B \in \mathbb{R}^{k\times k}$，$D \in \mathbb{R}^{l\times l}$（$k+l=n$），$O$ を零行列として，
$$A = \begin{bmatrix} B & O \\ C & D \end{bmatrix} \quad (C \in \mathbb{R}^{l\times k}) \quad \text{または}\ A = \begin{bmatrix} B & C \\ O & D \end{bmatrix} \quad (C \in \mathbb{R}^{k\times l})$$
と書けるとき，$\det A = \det B\cdot\det D$

余因子 n 次正方行列 $A=[a_{ij}]$ の第 i 行と第 j 列を取り除いてできる $n-1$ 次正方行列の行列式に $(-1)^{i+j}$ を掛けたものを，A の第 (i,j) **余因子**または a_{ij} の余因子という．

行列式の展開 行列式は，余因子を使って任意の行または列で展開できる．

> $A=\big[a_{ij}\big]_{n\times n}$, $\widetilde{A}_{ij}$ を A の第 (i,j) 余因子とするとき，
>
> $$\det A = a_{1j}\widetilde{A}_{1j}+a_{2j}\widetilde{A}_{2j}+\cdots+a_{nj}\widetilde{A}_{nj}=\sum_{i=1}^{n}a_{ij}\widetilde{A}_{ij} \qquad (5.9\mathrm{a})$$
>
> $$= a_{k1}\widetilde{A}_{k1}+a_{k2}\widetilde{A}_{k2}+\cdots+a_{kn}\widetilde{A}_{kn}=\sum_{i=1}^{n}a_{ki}\widetilde{A}_{ki} \qquad (5.9\mathrm{b})$$

式 (5.9a), (5.9b) を，それぞれ第 j 列，第 k 行に関する行列式の**展開**という．(5.9) の右辺は，いずれも j や k によらず常に一定の値をとる．

置換と互換 n 個の数の列の並べ替えを**置換**という．置換 σ によって，$\{1,2,\ldots,n\}$ が $\{i_1,i_2,\ldots,i_n\}$ になるとき，次のように表す．

$$\sigma(k)=i_k \quad \text{または} \quad \sigma: k \longrightarrow i_k \quad \text{または} \quad \sigma=\begin{pmatrix}1 & 2 & \cdots & n\\ i_1 & i_2 & \ldots & i_n\end{pmatrix}$$

置換 σ に引き続いて置換 τ を作用させる変換も置換である．これを $\tau\sigma$ と書いて**置換の積**という．

n 個の要素の置換は全部で $n!$ 個ある．特に，2 つの要素の置換を**互換**という．任意の置換はいくつかの互換の積によって表される．その積は 1 通りではないが，互換の個数が偶数か奇数かは一意的に決まる．ある置換が偶数個の互換の積で書けるとき偶置換，奇数個の互換の積で書けるときは奇置換という．

置換 σ に対し，その**符号** $\varepsilon(\sigma)$ を偶置換の場合 1, 奇置換の場合 -1 と定める．

行列式の完全な展開 n 個の数の列 $\{1,2,\cdots,n\}$ に置換 i を作用させて，新しい数の列 $\{i_1,i_2,\cdots,i_n\}$ を得たとする．このとき行列 A の行列式は

$$\det A=\sum_{i}\varepsilon(i)a_{i_1 1}a_{i_2 2}\cdots a_{i_n n} \qquad (5.10)$$

と展開される．ただし，和は全ての置換について取るものとする（例題 5.5 参照）．

例題 5.3　　**行列式の計算**

$$A := \begin{bmatrix} 1 & 0 & 2 & 3 \\ 0 & 1 & 0 & 0 \\ 2 & 0 & 0 & 1 \\ 1 & 0 & 1 & 1 \end{bmatrix}$$ として，$\det A$ を計算せよ．

【解　答】　$\det A$ を第 2 列で展開すると，

$$\det A = \begin{vmatrix} 1 & 0 & 2 & 3 \\ 0 & 1 & 0 & 0 \\ 2 & 0 & 0 & 1 \\ 1 & 0 & 1 & 1 \end{vmatrix} = (-1)^{2+2} \cdot 1 \cdot \begin{vmatrix} 1 & 2 & 3 \\ 2 & 0 & 1 \\ 1 & 1 & 1 \end{vmatrix}$$

となる．第 1 行，第 2 行からそれぞれ第 3 行およびその 2 倍を差し引くと

$$\det A = \begin{vmatrix} 1 & 2 & 3 \\ 2 & 0 & 1 \\ 1 & 1 & 1 \end{vmatrix} = \begin{vmatrix} 0 & 1 & 2 \\ 0 & -2 & -1 \\ 1 & 1 & 1 \end{vmatrix} = \begin{vmatrix} 1 & 2 \\ -2 & -1 \end{vmatrix} = 3$$

問　題

3.1　次の行列式を計算せよ．

(a) $\begin{vmatrix} 1 & 1 & 2 & 3 \\ 2 & 2 & 0 & 1 \\ 2 & 1 & 0 & 1 \\ 1 & 0 & 1 & 1 \end{vmatrix}$　(b) $\begin{vmatrix} 2 & 0 & 0 & 1 \\ 0 & 0 & 2 & 0 \\ 0 & 1 & 0 & 0 \\ 1 & 0 & 0 & 2 \end{vmatrix}$　(c) $\begin{vmatrix} 1 & 1 & 0 & 0 & 0 \\ 1 & -1 & 0 & 0 & 0 \\ 1 & 1 & 3 & 2 & 1 \\ 1 & -1 & 1 & 1 & 1 \\ 1 & 1 & 1 & 2 & 3 \end{vmatrix}$

例題 5.4　　**基本変形と行列式**

A を $n \times n$ 行列，$P_n(i,j)$, $Q_n(i;\alpha)$, $R_n(i,j;\alpha)$ を基本行列とする．

(a)　A の行列式に関する次の性質を示せ．

$$\det[P_n(i,j)A] = -\det A, \quad \det[Q_n(i;\alpha)A] = \alpha \det A,$$
$$\det[R_n(i,j;\alpha)A] = \det A$$

(b)　$\det A = \det A^{\mathrm{T}}$ であることを示せ．

【解　答】

(a) $P(i,j)A$ は，A の第 i 行と第 j 行を入れ換えたものであるから，行列式の交代性により $\det[P_n(i,j)A] = -\det A$．また，$Q_n(i;\alpha)A$ は A の第 i 行を α 倍したもので，行列式の多重線形性から $\det[Q_n(i;\alpha)A] = \alpha\det A$．

$R_n(i,j;\alpha)A$ については，A の第 i 行に第 j 行の α 倍を加えたものであるから，例題 5.2(b) により $\det[R_n(i,j;\alpha)A] = \det A$ が成り立つ．

(b) • A が可逆行列である場合．A は基本行列の積として表すことができる（第 4.4 節 (4.15a) 式参照）．いま，$A = \widetilde{E}_1\widetilde{E}_2\cdots\widetilde{E}_m$ のように，A を m 個の基本行列の積で表せたとし，

$$\sigma_k = \begin{cases} -1 & (\widetilde{E}_k = P_n(i,j) \text{ のとき}) \\ \alpha_k & (\widetilde{E}_k = Q_n(i;\alpha_k) \text{ のとき}) \\ 1 & (\widetilde{E}_k = R_n(i,j;\alpha_k) \text{ のとき}) \end{cases}$$

のように係数 σ_k（$k = 1,2,\ldots,m$）を定めて，(a) を順次用いると，

$$\det A = \det[\widetilde{E}_1(\widetilde{E}_2\cdots\widetilde{E}_m)] = \sigma_1\det[\widetilde{E}_2\cdots\widetilde{E}_m] = \cdots = \sigma_1\sigma_2\cdots\sigma_m$$

となる．また，$A^{\mathrm{T}} = (\widetilde{E}_1\widetilde{E}_2\cdots\widetilde{E}_m)^{\mathrm{T}} = \widetilde{E}_m^{\mathrm{T}}\widetilde{E}_{m-1}^{\mathrm{T}}\cdots\widetilde{E}_1^{\mathrm{T}}$ および

$$P_n(i,j)^{\mathrm{T}} = P_n(i,j),\ Q_n(i;\alpha)^{\mathrm{T}} = Q_n(i;\alpha),\ R_n(i,j;\alpha)^{\mathrm{T}} = R_n(j,i;\alpha)$$

によって，

$$\begin{aligned} \det A^{\mathrm{T}} &= \det[\widetilde{E}_m^{\mathrm{T}}(\widetilde{E}_{m-1}^{\mathrm{T}}\cdots\widetilde{E}_1^{\mathrm{T}})] = \sigma_m\det[\widetilde{E}_{m-1}\cdots\widetilde{E}_1] = \cdots \\ &= \sigma_m\sigma_{m-1}\cdots\sigma_1 = \det A \end{aligned}$$

• A が可逆行列でない場合．$\mathrm{Rank}\,A = \mathrm{Rank}\,A^{\mathrm{T}}$ であるから A^{T} も可逆でなく，$\det A = \det A^{\mathrm{T}} = 0$ である．

以上により，任意の正方行列に対して $\det A = \det A^{\mathrm{T}}$ が確かめられた．

問　題

4.1 $A \in \mathbb{R}^{n\times n}$ に対して，$\det[AP_n(i,j)] = -\det A$, $\det[AQ_n(i;\alpha)] = \alpha\det A$, $\det[AR_n(i,j;\alpha)] = \det A$ となることを，$\det A = \det A^{\mathrm{T}}$ を用いて示せ．

4.2 $\det(AB) = \det A \cdot \det B$ であること（問題 5.3 参照）を用いて次を示せ．ただし，A, C は正方行列，k は自然数とする．

(a) $\det A^k = (\det A)^k$

(b) A が可逆ならば $\det A \neq 0$ で，$\det A^{-1} = (\det A)^{-1}$（問題 2.3 参照）

(c) C が可逆ならば，$\det(C^{-1}AC) = \det A$

例題 5.5 **行列式の展開**

A を $n \times n$ 行列，その第 (i,j) 成分を a_{ij} とするとき，次を示せ．

(a) $\widetilde{A}_{ij}$ を A の第 (i,j) 余因子とするとき，

$$\det A = \sum_{i=1}^{n} a_{ij}\widetilde{A}_{ij} = \sum_{i=1}^{n} a_{ki}\widetilde{A}_{ki} \quad (1 \leqq j \leqq n, 1 \leqq k \leqq n)$$

(b) 列 $(1,2,\ldots,n)$ に置換 i を作用して列 $(i_1,i_2,\ldots,i_n)$ を得たとき，

$$\det A = \sum_{i} \varepsilon(i) a_{i_1 1} a_{i_2 2} \cdots a_{i_n n}$$

ただし，和はすべての置換について取る．

【解　答】 ある行列 X の第 i 行と第 j 列を除いた行列を X_{ij} と表す．

(a) 第 j 列による展開（左側の等号）は，第 j 列を $j-1$ 列，$j-2$ 列，$\ldots$ の順に第 1 列まで取り換えて新たに行列 B を作り，B の第 (i,j) 成分を b_{ij} とすると，

$$\det B = \sum_{i=1}^{n} (-1)^{i+1} b_{i1} \det B_{i1} = \sum_{i=1}^{n} (-1)^{i+1} a_{ij} \det A_{ij}$$

ここで，$b_{i1} = a_{ij}$, $\det B_{i1} = \det A_{ij}$ であることを用いた．A を B に変形するには列の交換が $j-1$ 回必要であるから，行列式の交代性により

$$\det A = (-1)^{j-1} \det B = \sum_{i=1}^{n} (-1)^{i+j} a_{ij} \det A_{ij} = \sum_{i=1}^{n} a_{ij}\widetilde{A}_{ij}$$

第 k 行による展開は，$\det A = \det A^{\mathrm{T}}$ によって行と列を取り換えた後，第 k 列による展開を行えば，全く同様にして示すことができる．

(b) $n=1$ の場合，$\det A = a_{11}$ であるから明らかに成り立つ．

$n = k-1$ で成り立つと仮定すると，$\det A$ を第 1 列で展開して，

$$\det A = \sum_{j=1}^{k} (-1)^{j+1} a_{j1} \det A_{j1} \qquad (*)$$

ここで，i を列 $(1,\ldots,j-1,j+1,\ldots,k)$ の置換とすれば，$\det A_{j1}$ は

$$\det A_{j1} = \sum_{i} \varepsilon(i) a_{i_2 2} a_{i_3 3} \cdots a_{i_k k}$$

となるので，これを式 $(*)$ に代入して次の式を得る．

$$(-1)^{j+1}a_{j1}\det A_{j1}=\sum_{i}(-1)^{j+1}\varepsilon(i)a_{j1}a_{i_22}a_{i_33}\cdots a_{i_kk}$$

いま，右辺の和において，各 a の最初の添字の並びは，まず列 $\{1,2,\ldots,k\}$ において，j を $j-1,j-2,\ldots,1$ と順に $j-1$ 回並べ替え，次に残りの $\{1,\ldots,j-1,j+1,\ldots,k\}$ を i で並べ替えたものであり，これに対応する $\{1,2,\ldots,k\}$ の並べ替えを $\{l_1,l_2,\ldots,l_k\}$ とすると，$\varepsilon(l)=(-1)^{j-1}\cdot\varepsilon(i)$ となる．よって，$l_1=j$ のもとでの並べ替え l に関する和を $\sum_{l}{}'$ と書けば，

$$(-1)^{j+1}a_{j1}\det A_{j1}=\sum_{l}{}'\varepsilon(l)a_{l_11}a_{l_22}a_{l_33}\cdots a_{l_kk}$$

このような取り換えは $(k-1)!$ 通りあり，異なる j に対しては異なる．よって，この項をすべての j に関して足せば，$k\times(k-1)!=k!$ 通りの取り換えに関する和となり，これは $\{1,2,\ldots,k\}$ のすべての並べ替えを尽くしている．以上により，

$$\det A=\sum_{l}\varepsilon(l)a_{l_11}a_{l_22}a_{l_33}\cdots a_{l_kk}$$

以上から一般の k に対しても与えられた式の成立が示された．

問　題

5.1 列 $\{1,2,3\}$ に対する置換をすべて挙げよ．また，それらを互換の積で表し，偶置換・奇置換のいずれであるか調べよ．

5.2 n 本の $\mathbb{R}^n$ ベクトル $\boldsymbol{a}_1,\boldsymbol{a}_2,\ldots,\boldsymbol{a}_n$ に対して，$F(\boldsymbol{a}_1,\boldsymbol{a}_2,\ldots,\boldsymbol{a}_n)$ が

$$F(\boldsymbol{a}_1,\ldots,\boldsymbol{a}_i,\ldots,\boldsymbol{a}_j,\cdots,\boldsymbol{a}_n)=-F(\boldsymbol{a}_1,\ldots,\boldsymbol{a}_j,\ldots,\boldsymbol{a}_i,\cdots,\boldsymbol{a}_n)$$
$$F(\boldsymbol{a}_1,\ldots,\alpha\boldsymbol{a}_i,\ldots,\boldsymbol{a}_n)=\alpha F(\boldsymbol{a}_1,\ldots,\boldsymbol{a}_i,\ldots,\boldsymbol{a}_n)$$
$$F(\boldsymbol{a}_1,\ldots,\boldsymbol{a}_i+\boldsymbol{b}_i,\ldots,\boldsymbol{a}_n)=F(\boldsymbol{a}_1,\ldots,\boldsymbol{a}_i,\ldots,\boldsymbol{a}_n)+F(\boldsymbol{a}_1,\ldots,\boldsymbol{b}_i,\ldots,\boldsymbol{a}_n)$$

を 3 つともみたすとき，$\boldsymbol{e}_1,\boldsymbol{e}_2,\ldots,\boldsymbol{e}_n$ を $\mathbb{R}^n$ の自然基底として次が成り立つことを示せ．

$$F(\boldsymbol{a}_1,\boldsymbol{a}_2,\ldots,\boldsymbol{a}_n)=F(\boldsymbol{e}_1,\boldsymbol{e}_2,\ldots,\boldsymbol{e}_n)\det\begin{bmatrix}\boldsymbol{a}_1 & \boldsymbol{a}_2 & \cdots & \boldsymbol{a}_n\end{bmatrix}$$

5.3 $A,B\in\mathbb{R}^{n\times n}$ として，$\det(AB)=\det A\cdot\det B$ を示せ．

5.3 例と応用

連立方程式の解　係数行列が可逆な連立 1 次方程式

$$Ax = b \quad (A \in \mathbb{R}^{n\times n},\ \det A \neq 0,\ b \in \mathbb{R}^n) \tag{5.11a}$$

に対して，行列式を用いた解の公式（**クラメルの公式**）が次のように与えられる．

連立 1 次方程式 (5.11a) は，次の解をもつ．

$$x_i = \frac{\det \widehat{A}_i}{\det A} \quad (i = 1, 2, \ldots, n) \tag{5.11b}$$

ただし，$\widehat{A}_i$ は A の第 i 列 $\boldsymbol{a}_i$ を $\boldsymbol{b}$ で置き換えた行列，すなわち，

$$A = \begin{bmatrix} \boldsymbol{a}_1 & \boldsymbol{a}_2 & \cdots & \boldsymbol{a}_n \end{bmatrix} \text{ として，} \widehat{A}_i = \begin{bmatrix} \boldsymbol{a}_1 & \cdots & \boldsymbol{a}_{i-1} & \boldsymbol{b} & \boldsymbol{a}_{i+1} & \cdots & \boldsymbol{a}_n \end{bmatrix}$$

逆行列の公式　$A \in \mathbb{R}^{n\times n}$ を可逆行列とするとき，その逆行列 A^{-1} は

A から第 k 行と第 l 列を除いた行列を A_{kl} と書くと，

$$A^{-1} \text{ の第 } (i, j) \text{ 成分} = \frac{1}{\det A}\left[(-1)^{i+j} \det A_{ji}\right] \tag{5.12}$$

で与えられる[*1]．

面積と体積　平面上のベクトル $\boldsymbol{a}_1, \boldsymbol{a}_2 \in \mathbb{R}^2$ を隣接する 2 辺とする 3 角形と平行四辺形の面積をそれぞれ S_3, S_4 とすると，

$$S_3 = \frac{1}{2}\left|\det\begin{bmatrix}\boldsymbol{a}_1 & \boldsymbol{a}_2\end{bmatrix}\right|, \quad S_4 = \left|\det\begin{bmatrix}\boldsymbol{a}_1 & \boldsymbol{a}_2\end{bmatrix}\right|$$

となる．ただし,「$|\cdot|$」は絶対値を表す（以下同）．また，3 次元空間内のベクトル $\boldsymbol{b}_1, \boldsymbol{b}_2, \boldsymbol{b}_3 \in \mathbb{R}^3$ を隣接する 3 辺とする 4 面体の体積 V は次のようになる．

$$V = \frac{1}{6}\left|\det\begin{bmatrix}\boldsymbol{b}_1 & \boldsymbol{b}_2 & \boldsymbol{b}_3\end{bmatrix}\right|$$

平面上の 3 角形の頂点を $\mathrm{A}_i = (x_i, y_i)$ $(i = 1, 2, 3)$ として，$\boldsymbol{a}_i = \overrightarrow{\mathrm{A}_3\mathrm{A}_i}$ $(i = 1, 2)$

[*1] 式 (5.12) の右辺の分子は A の第 (j, i) 余因子である．左辺の i, j と右辺の i, j の順序が変わっていることに注意せよ．

図 5.1 (a) 平面上の 3 角形 (b) 3 次元空間での 4 面体

とする．また，4 面体の頂点を $\mathrm{B}_i = (x_i, y_i, z_i)$ $(i = 1, \ldots, 4)$ として，$\boldsymbol{b}_i = \overrightarrow{\mathrm{B}_4\mathrm{B}_i}$ $(i = 1, 2, 3)$ とすれば，行列式の展開公式によって次の式を得る．

$$S_3 = \frac{1}{2}\left|\det\begin{bmatrix}1 & x_1 & y_1\\ 1 & x_2 & y_2\\ 1 & x_3 & y_3\end{bmatrix}\right|, \quad V = \frac{1}{6}\left|\det\begin{bmatrix}1 & x_1 & y_1 & z_1\\ 1 & x_2 & y_2 & z_2\\ 1 & x_3 & y_3 & z_3\\ 1 & x_4 & y_4 & z_4\end{bmatrix}\right|$$

円錐曲線　xy 平面上の**円錐曲線**とは，

$$\begin{aligned}&a_1x^2 + a_2y^2 + a_3xy + a_4x + a_5y + a_6 = 0\\ &a_1, \ldots, a_6 \text{ は定数で，少なくとも 1 つは非零}\end{aligned} \tag{5.13}$$

という式で表される曲線のことである．円錐曲線は最大で 5 つの異なる曲線上の点を指定すると決定される．曲線 (5.13) が点 (x_i, y_i) $(i = 1, \ldots, 5)$ を通るとすると，その方程式は次のようになる*2．

$$\det\begin{bmatrix}x^2 & y^2 & xy & x & y & 1\\ x_1^2 & y_1^2 & x_1y_1 & x_1 & y_1 & 1\\ \vdots & \vdots & \vdots & \vdots & \vdots & \vdots\\ x_5^2 & y_5^2 & x_5y_5 & x_5 & y_5 & 1\end{bmatrix} = 0$$

---

*2 5 つより少ない点で決まる特別な円錐曲線の方程式は，より単純な行列式によって表される．たとえば，3 点 $(x_1, y_1), (x_2, y_2), (x_3, y_3)$ を通る円の方程式は，

$$\det\begin{bmatrix}x^2 + y^2 & x & y & 1\\ x_1^2 + y_1^2 & x_1 & y_1 & 1\\ x_2^2 + y_2^2 & x_2 & y_2 & 1\\ x_3^2 + y_3^2 & x_3 & y_3 & 1\end{bmatrix} = 0$$

となる．なお，円錐曲線は，第 8 章で扱う 2 次曲線と同じものである（第 8.2 節参照）．

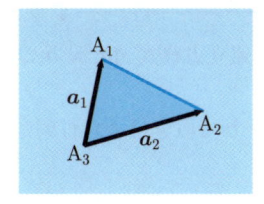

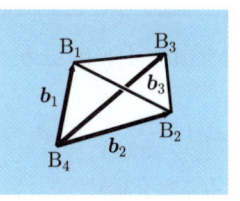

例題 5.6 **クラメルの公式**

$A \in \mathbb{R}^{n\times n}$, $\det A \neq 0$, $\boldsymbol{x}, \boldsymbol{b} \in \mathbb{R}^n$ とする．連立方程式 $A\boldsymbol{x} = \boldsymbol{b}$ の解が

$$x_i = \frac{\det \widehat{A}_i}{\det A} \quad (\widehat{A}_i \text{ は } A \text{ の第 } i \text{ 列を } \boldsymbol{b} \text{ で置き換えた行列})$$

で与えられることを示せ．

【解　答】 A は可逆であるから，$A\boldsymbol{x} = \boldsymbol{b}$ の解は 1 つだけである．よって上記の解が $A\boldsymbol{x} = \boldsymbol{b}$ をみたすことを示せば十分である．与えられた $\boldsymbol{x}$ に A をかけると，

$$A\,\boldsymbol{x}\,\Big|_i = \sum_{j=1}^{n} a_{ij} \frac{\det \widehat{A}_j}{\det A} \tag{$*$}$$

となる．ここで，$\boldsymbol{b}$ の第 i 成分を b_i とし，A の第 i 行と第 j 列を除いた行列を A_{ij} と書くと，$\det \widehat{A}_j = \displaystyle\sum_{l=1}^{n} (-1)^{l+j} b_l \det A_{lj}$ となるから，これを $(*)$ 式に代入して，

$$\begin{aligned} A\,\boldsymbol{x}\,\Big|_i &= \sum_{j=1}^{n} a_{ij} \frac{\det \widehat{A}_j}{\det A} = \frac{1}{\det A} \sum_{j=1}^{n} a_{ij} \sum_{l=1}^{n} (-1)^{l+j} b_l \det A_{lj} \\ &= \frac{1}{\det A} \sum_{l=1}^{n} b_l \sum_{j=1}^{n} (-1)^{l+j} a_{ij} \det A_{lj} \end{aligned}$$

を得る．ここで，$\displaystyle\sum_{j=1}^{n} (-1)^{l+j} a_{ij} \det A_{lj}$ は，A の第 l 行をその第 i 行に置き換えた行列の行列式を，第 j 列で展開したものに等しいから，$\delta_{i,l} \det A$ である．よって，$A\,\boldsymbol{x}\,\Big|_i = b_i$ すなわち $A\boldsymbol{x} = \boldsymbol{b}$ となり，題意が示された．

問　題

6.1 A を可逆行列とする．A^{-1} の第 j 列を $\boldsymbol{b}_j$ とすると，$A\boldsymbol{b}_j = \boldsymbol{e}_j$ （$\boldsymbol{e}_j$ は $\mathbb{R}^n$ の自然基底の 1 つ）となることを用いて，次の逆行列の公式を示せ．

$$A^{-1}\Big|_{i,j} = \frac{(-1)^{i+j} \det A_{ji}}{\det A} \quad (A_{ij} \text{ は } A \text{ から第 } i \text{ 行と第 } j \text{ 列を除いた行列})$$

6.2 $\boldsymbol{a}$, $\boldsymbol{b}$, $\boldsymbol{c}$ は線形独立な $\mathbb{R}^3$ のベクトルで，$\boldsymbol{r} = \alpha\boldsymbol{a} + \beta\boldsymbol{b} + \gamma\boldsymbol{c}$ であるとき，

$$\alpha = \frac{\det[\boldsymbol{r}\ \boldsymbol{b}\ \boldsymbol{c}]}{\det[\boldsymbol{a}\ \boldsymbol{b}\ \boldsymbol{c}]}, \quad \beta = \frac{\det[\boldsymbol{r}\ \boldsymbol{c}\ \boldsymbol{a}]}{\det[\boldsymbol{a}\ \boldsymbol{b}\ \boldsymbol{c}]}, \quad \gamma = \frac{\det[\boldsymbol{r}\ \boldsymbol{a}\ \boldsymbol{b}]}{\det[\boldsymbol{a}\ \boldsymbol{b}\ \boldsymbol{c}]}$$

となることを，クラメルの公式を用いて示せ．

例題 5.7 **行列式とベクトルの代数**

$\boldsymbol{a}$, $\boldsymbol{b}$ を 3 次元空間内のベクトルとする．外積 $\boldsymbol{a} \times \boldsymbol{b}$ が次の等式で表されることを示せ．

$$\boldsymbol{a} \times \boldsymbol{b} = \begin{vmatrix} \boldsymbol{e}_1 & \boldsymbol{e}_2 & \boldsymbol{e}_3 \\ a_1 & a_2 & a_3 \\ b_1 & b_2 & b_3 \end{vmatrix}$$

ただし，$\boldsymbol{e}_1$, $\boldsymbol{e}_2$, $\boldsymbol{e}_3$ は $\mathbb{R}^3$ における自然基底である．

【解　答】　行列式の展開公式により，与えられた式の右辺を第 1 行で展開すると，

$$\begin{vmatrix} \boldsymbol{e}_1 & \boldsymbol{e}_2 & \boldsymbol{e}_3 \\ a_1 & a_2 & a_3 \\ b_1 & b_2 & b_3 \end{vmatrix} = \boldsymbol{e}_1 \begin{vmatrix} a_2 & a_3 \\ b_2 & b_3 \end{vmatrix} - \boldsymbol{e}_2 \begin{vmatrix} a_1 & a_3 \\ b_1 & b_3 \end{vmatrix} + \boldsymbol{e}_3 \begin{vmatrix} a_1 & a_2 \\ b_1 & b_2 \end{vmatrix}$$

$$= (a_2b_3 - a_3b_2)\boldsymbol{e}_1 - (a_1b_3 - a_3b_1)\boldsymbol{e}_2 + (a_1b_2 - a_2b_1)\boldsymbol{e}_3$$

$$= (a_2b_3 - a_3b_2)\boldsymbol{e}_1 + (a_3b_1 - a_1b_3)\boldsymbol{e}_2 + (a_1b_2 - a_2b_1)\boldsymbol{e}_3$$

となる．これは第 3 章演習問題 14 によって外積 $\boldsymbol{a} \times \boldsymbol{b}$ に等しい．よって，与えられた等式が成り立つことが確かめられた．

問　題

7.1　3 次元空間内のベクトルの**スカラー三重積**を $[\boldsymbol{a}, \boldsymbol{b}, \boldsymbol{c}] := \boldsymbol{a} \cdot (\boldsymbol{b} \times \boldsymbol{c})$ と定める．これが $\det \begin{bmatrix} \boldsymbol{a} & \boldsymbol{b} & \boldsymbol{c} \end{bmatrix}$ と等しいことを示せ．

7.2　$\boldsymbol{A} = x_1\boldsymbol{a} + y_1\boldsymbol{b} + z_1\boldsymbol{c}$, $\boldsymbol{B} = x_2\boldsymbol{a} + y_2\boldsymbol{b} + z_2\boldsymbol{c}$, $\boldsymbol{C} = x_3\boldsymbol{a} + y_3\boldsymbol{b} + z_3\boldsymbol{c}$ とするとき，スカラー三重積に関する次の式を示せ．

$$[\boldsymbol{A}, \boldsymbol{B}, \boldsymbol{C}] = \begin{vmatrix} x_1 & y_1 & z_1 \\ x_2 & y_2 & z_2 \\ x_3 & y_3 & z_3 \end{vmatrix} [\boldsymbol{a}, \boldsymbol{b}, \boldsymbol{c}]$$

7.3　3 点 (x_i, y_i), $(i = 1, 2, 3)$ を通る円の方程式が次で与えられることを示せ．

$$\det \begin{bmatrix} x^2 + y^2 & x & y & 1 \\ x_1^2 + y_1^2 & x_1 & y_1 & 1 \\ x_2^2 + y_2^2 & x_2 & y_2 & 1 \\ x_3^2 + y_3^2 & x_3 & y_3 & 1 \end{bmatrix} = 0$$

例題 5.8 **連立方程式と行列式**

同次連立方程式に関して，次に答えよ．

(a) $A\boldsymbol{x} = \boldsymbol{0}$ が零解以外の解を持つ条件は，$\det A = 0$ であることを示せ．

(b) 次の連立方程式が零解以外の解を持つときの k と，解を求めよ．

$$\begin{bmatrix} 0 & 1 \\ \alpha^2 & 0 \end{bmatrix} \begin{bmatrix} x \\ y \end{bmatrix} = k \begin{bmatrix} x \\ y \end{bmatrix} \quad (\alpha, k \text{ は定数}, \ \alpha > 0)$$

【解 答】

(a) $A\boldsymbol{x} = \boldsymbol{0}$ が零解以外の解を持たないことと，A が可逆であることは同値である．したがって，$A\boldsymbol{x} = \boldsymbol{0}$ が零解以外の解を持つことと，A が可逆でないことは同値となる．すなわち，

$$\begin{array}{ccc} A\boldsymbol{x} = \boldsymbol{0} \text{ が零解以外の解を持たない} & \Longleftrightarrow & A \text{ が可逆である} \\ & \Updownarrow & \\ A\boldsymbol{x} = \boldsymbol{0} \text{ が零解以外の解を持つ} & \Longleftrightarrow & A \text{ が可逆でない} \end{array}$$

また，A が可逆でないことと $\det A = 0$ とは同値である．したがって，$A\boldsymbol{x} = \boldsymbol{0}$ が零解以外の解を持つための必要十分条件は，$\det A = 0$ である．

(b) 与えられた方程式を変形すると，

$$\begin{bmatrix} 0 & 1 \\ \alpha^2 & 0 \end{bmatrix} \begin{bmatrix} x \\ y \end{bmatrix} - k \begin{bmatrix} x \\ y \end{bmatrix} = \begin{bmatrix} -k & 1 \\ \alpha^2 & -k \end{bmatrix} \begin{bmatrix} x \\ y \end{bmatrix} = \begin{bmatrix} 0 \\ 0 \end{bmatrix}$$

(a) により，係数行列 $\begin{bmatrix} -k & 1 \\ \alpha^2 & -k \end{bmatrix}$ の行列式が 0 となればよい．すなわち，

$$\det \begin{bmatrix} -k & 1 \\ \alpha^2 & -k \end{bmatrix} = k^2 - \alpha^2 = 0$$

これを解いて，$k = \pm\alpha$ を得る．

- $k = \alpha$ の場合，与えられた方程式と，その係数行列の基本行変形は

$$\begin{bmatrix} -\alpha & 1 \\ \alpha^2 & -\alpha \end{bmatrix} \begin{bmatrix} x \\ y \end{bmatrix} = \begin{bmatrix} 0 \\ 0 \end{bmatrix}, \quad \begin{bmatrix} -\alpha & 1 \\ \alpha^2 & -\alpha \end{bmatrix} \longrightarrow \begin{bmatrix} -\alpha & 1 \\ 0 & 0 \end{bmatrix}$$

となるから，これを解いて $\begin{bmatrix} x \\ y \end{bmatrix} = \lambda \begin{bmatrix} 1 \\ \alpha \end{bmatrix}$ （λ は定数）を得る．

• $k=-\alpha$ の場合，$k=\alpha$ の場合と同様にすると，

$$\begin{bmatrix}\alpha & 1\\ \alpha^2 & \alpha\end{bmatrix}\begin{bmatrix}x\\ y\end{bmatrix}=\begin{bmatrix}0\\ 0\end{bmatrix},\quad \text{係数行列の基本行変形}\quad \begin{bmatrix}\alpha & 1\\ \alpha^2 & \alpha\end{bmatrix}\longrightarrow\begin{bmatrix}\alpha & 1\\ 0 & 0\end{bmatrix}$$

となる．これを解いて $\begin{bmatrix}x\\ y\end{bmatrix}=\lambda\begin{bmatrix}1\\ -\alpha\end{bmatrix}$ （λ は定数）を得る．

以上から，与えられた方程式は，$k=\pm\alpha$ で零解以外の解を持ち，

$$k=\alpha \text{ のとき } \begin{bmatrix}x\\ y\end{bmatrix}=\lambda\begin{bmatrix}1\\ \alpha\end{bmatrix},\quad k=-\alpha \text{ のとき } \begin{bmatrix}x\\ y\end{bmatrix}=\lambda\begin{bmatrix}1\\ -\alpha\end{bmatrix}\quad (\lambda \text{ は実数})$$

問題

8.1 次の同次連立 1 次方程式が零解以外の解を持つ条件と，そのときの解を求めよ．

(a) $\begin{bmatrix}0 & 1\\ -\omega^2 & 0\end{bmatrix}\begin{bmatrix}x\\ y\end{bmatrix}=k\begin{bmatrix}x\\ y\end{bmatrix}$ $(k,\omega\in\mathbb{R})$ (b) $\begin{bmatrix}1 & 1\\ 0 & 1\end{bmatrix}\begin{bmatrix}x\\ y\end{bmatrix}=k\begin{bmatrix}x\\ y\end{bmatrix}$

(c) $\begin{bmatrix}\omega & 1 & -1\\ -1 & \omega & 1\\ 1 & -1 & \omega\end{bmatrix}\begin{bmatrix}x\\ y\\ z\end{bmatrix}=\begin{bmatrix}0\\ 0\\ 0\end{bmatrix}$ $(\omega\in\mathbb{R})$

零解以外の解を持つ条件の汎用性

方程式 $A\boldsymbol{x}=\boldsymbol{0}$（またはこれに類する線形の関係式）が零解以外の解を持つ条件は，応用問題を考える上で，興味深い意味を伴った形でよく現れる．たとえば，条件 $x^2+y^2+z^2=1$ のもとで $xy+yz+zx$ の最大値を求める問題を考えてみよう．ラグランジュの未定乗数法によると，この問題を解決するには，λ を新しい変数として

$$2\lambda x+y+z=0,\ x+2\lambda y+z=0,\ x+y+2\lambda z=0,\ x^2+y^2+z^2=1$$

という連立方程式を解けばよい．第 4 式から $(x,y,z)=(0,0,0)$ が解になることはないことに注意すれば，x, y, z を変数とする連立 1 次方程式である残りの 3 つの式が零解以外を持たなければならない．よって，λ がみたすべき条件として $\begin{vmatrix}2\lambda & 1 & 1\\ 1 & 2\lambda & 1\\ 1 & 1 & 2\lambda\end{vmatrix}=0$ を得る．上記の方程式を地道に解く方法も試みて比較してみよう．

一方，零解については，わざわざ計算しなくても解であることがわかるからというだけではなく，零解が表すのは，釣り合いの位置での静止状態など，当たり前すぎて面白いとは言い難い例が多いため，興味の対象となることは少ない．そのため，有用な応用例もあまり見あたらない．

第5章演習問題

1. 次の行列式を計算せよ.

(a) $\begin{vmatrix} 1 & 1 \\ 2 & 3 \end{vmatrix}$ (b) $\begin{vmatrix} 4 & 5 \\ 6 & 7 \end{vmatrix}$ (c) $\begin{vmatrix} 1 & 0 & 1 \\ 0 & 2 & 0 \\ 3 & 0 & 2 \end{vmatrix}$ (d) $\begin{vmatrix} 1 & 2 & 1 \\ 4 & 2 & 3 \\ 2 & -2 & 1 \end{vmatrix}$

(e) $\begin{vmatrix} 0 & 1 & 0 & 0 \\ -1 & 0 & 0 & 0 \\ 1 & 1 & 0 & 1 \\ -1 & 1 & 1 & 0 \end{vmatrix}$ (f) $\begin{vmatrix} 1 & 2 & 0 & 1 \\ 3 & 1 & -1 & 1 \\ 1 & 2 & 2 & 1 \\ 4 & 1 & -1 & 2 \end{vmatrix}$ (g) $\begin{vmatrix} 1 & 1 & 1 & 1 & -1 \\ 2 & 1 & 5 & 3 & 9 \\ -1 & 3 & 2 & 5 & 8 \\ 0 & 0 & 0 & 6 & 1 \\ 0 & 0 & 0 & 1 & 0 \end{vmatrix}$

2. 行列式に関して次を示せ.

(a) $$\begin{vmatrix} 1 & 1 & \cdots & 1 \\ x_1 & x_2 & \cdots & x_n \\ x_1^2 & x_2^2 & \cdots & x_n^2 \\ \vdots & \vdots & & \vdots \\ x_1^{n-1} & x_2^{n-1} & \cdots & x_n^{n-1} \end{vmatrix} = (-1)^{\frac{n(n-1)}{2}} \prod_{i<j}(x_i - x_j) = \prod_{i<j}(x_j - x_i)$$

(b) $$\begin{vmatrix} A_{11} & A_{12} & \cdots & A_{1m} \\ O & A_{22} & \cdots & A_{2m} \\ \vdots & \vdots & \ddots & \vdots \\ O & O & \cdots & A_{mm} \end{vmatrix} = \det A_{11} \cdot \det A_{22} \cdots \det A_{mm}$$

($A_{11}, \ldots, A_{mm}$ は正方行列)

(c) A, B を同じ型の正方行列として,

$$\begin{vmatrix} A & B \\ B & A \end{vmatrix} = \det(A - B) \cdot \det(A + B)$$

(d) A の列表現を $A = \begin{bmatrix} \boldsymbol{a}_1 & \cdots & \boldsymbol{a}_n \end{bmatrix}$ として,

$$\frac{d}{dx} \det A = \sum_{j=1}^{n} \det \begin{bmatrix} \boldsymbol{a}_1 & \cdots & \boldsymbol{a}_{j-1} & \dfrac{d\boldsymbol{a}_j}{dx} & \boldsymbol{a}_{j+1} & \cdots & \boldsymbol{a}_n \end{bmatrix}$$

(e) 関数 $f_1(x), \ldots, f_n(x)$ に対して,

$$W(f_1, \ldots, f_n) := \begin{vmatrix} f_1(x) & f_1'(x) & \cdots & f_1^{(n-1)}(x) \\ f_2(x) & f_2'(x) & \cdots & f_2^{(n-1)}(x) \\ \vdots & \vdots & & \vdots \\ f_n(x) & f_n'(x) & \cdots & f_n^{(n-1)}(x) \end{vmatrix}$$

と定義するとき，

$$\frac{d}{dx}W(f_1, \ldots, f_n) = \begin{vmatrix} f_1(x) & f_1'(x) & \cdots & f_1^{(n-2)}(x) & f_1^{(n)}(x) \\ f_2(x) & f_2'(x) & \cdots & f_2^{(n-2)}(x) & f_2^{(n)}(x) \\ \vdots & \vdots & & \vdots & \vdots \\ f_n(x) & f_n'(x) & \cdots & f_n^{(n-2)}(x) & f_n^{(n)}(x) \end{vmatrix}$$

3. 次の正方行列 A に対し，連立 1 次方程式 $A\boldsymbol{x} = k\boldsymbol{x}$ が自明解以外の解を持つための条件を求めよ．

(a) $A = \begin{bmatrix} 1 & 1 \\ a & 1 \end{bmatrix}$ (b) $A = \begin{bmatrix} p & 1-p \\ 1-q & q \end{bmatrix}$ (c) $A = \begin{bmatrix} 1 & a & a^2 \\ a & 1 & a \\ a^2 & a & 1 \end{bmatrix}$

4. $A = \left[a_{ij}\right]_{n\times n}$ とするとき，次を示せ．

$$\left[\frac{\partial \det A}{\partial a_{ij}}\right]_{n\times n} = (\det A)(A^{-1})^{\mathrm{T}} = (\det A)(A^{\mathrm{T}})^{-1}$$

5. i と j を入れ替える互換を (i, j) と書く．次の置換を互換の積で表せ．また，それが偶置換か奇置換か判定せよ．

(a) $\sigma = \begin{pmatrix} 1 & 2 & 3 & 4 \\ 3 & 1 & 4 & 2 \end{pmatrix}$ (b) $\sigma = \begin{pmatrix} 1 & 2 & 3 & 4 \\ 1 & 3 & 4 & 2 \end{pmatrix}$

(c) $\sigma = \begin{pmatrix} 1 & 2 & 3 & 4 & 5 & 6 \\ 3 & 2 & 5 & 1 & 6 & 4 \end{pmatrix}$ (d) $\sigma = \begin{pmatrix} 1 & 2 & 3 & 4 & 5 & 6 \\ 5 & 3 & 2 & 6 & 4 & 1 \end{pmatrix}$

6. n 個の要素 $\{a_1, \ldots, a_n\}$ に対する置換 σ を次のように行列を用いて表す．

$$\sigma = \begin{pmatrix} a_1 & \cdots & a_n \\ b_1 & \cdots & b_n \end{pmatrix} \quad \text{に対して} \quad \begin{bmatrix} b_1 \\ \vdots \\ b_n \end{bmatrix} = A(\sigma) \begin{bmatrix} a_1 \\ \vdots \\ a_n \end{bmatrix} \quad (A(\sigma) \in \mathbb{R}^{n\times n})$$

次のそれぞれの場合に対して，置換を表す行列 $A(\sigma)$ を求めよ．

(a)　$\sigma = \begin{pmatrix} 1 & 2 & 3 \\ 3 & 2 & 1 \end{pmatrix}$　　(b)　$\sigma = \begin{pmatrix} 1 & 2 & 3 & 4 & 5 & 6 \\ 1 & 4 & 2 & 5 & 3 & 6 \end{pmatrix}$

(c)　$\sigma = \begin{pmatrix} 1 & 2 & \cdots & n-1 & n \\ 2 & 3 & \cdots & n & 1 \end{pmatrix}$

(d)　$\sigma = \begin{pmatrix} 1 & 2 & 3 & 4 & \cdots & 2n-1 & 2n \\ 2 & 1 & 4 & 3 & \cdots & 2n & 2n-1 \end{pmatrix}$

7. n 個の要素 $\{a_1, \ldots, a_n\}$ に対する置換 σ を表す行列 $A(\sigma)$ を6.のように定める．

(a)　a_i と a_j を入れ替える互換を表す行列はどのようなものか．

(b)　置換 σ を表す行列 $A(\sigma)$, 置換 τ を表す行列 $A(\tau)$ を用いて，置換の積 $\tau\sigma$ を表す行列を求めよ．

(c)　任意の置換に対して，それを表す行列は可逆であることを示せ．また，その行列式の値を求めよ．

8. 偶置換と偶置換，奇置換と奇置換の積は偶置換であり，偶置換と奇置換の積は奇置換であることを示せ．

9. 行列の指数関数の行列式に関して次を示せ．

(a)　可逆な正方行列 X に対して，$\dfrac{d}{dx}\det X = \det X \cdot \mathrm{Tr}\left(X^{-1}\dfrac{dX}{dx}\right)$

(b)　A が t によらない正方行列のとき，$\dfrac{d}{dt}\log\{\det[\exp(tA)]\} = \mathrm{Tr}\,A$

(c)　正方行列 A に対して $\det(\exp A) = \exp(\mathrm{Tr}\,A)$

10. 長さ l の軽い棒の先端に質量 m の質点をつけた振り子を縦に2つ連結し，同一鉛直面内において重力加速度 g のもとで微小振動させた場合，鉛直下方から測った上下の振り子の振れ角を θ_1, θ_2 とすると，それぞれの質点の運動は

$$\left.\begin{aligned} 2\frac{d^2\theta_1}{dt^2} + \frac{d^2\theta_2}{dt^2} &= -2\omega_0^2\theta_1 \\ \frac{d^2\theta_1}{dt^2} + \frac{d^2\theta_2}{dt^2} &= -\omega_0^2\theta_2 \end{aligned}\right\}, \qquad \omega_0 := \sqrt{\frac{g}{l}}$$

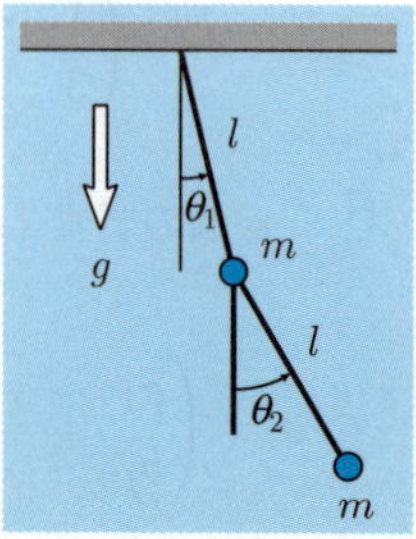

という方程式に従う．

(a)　$\theta_1 = a\sin(\omega t + \phi)$, $\theta_2 = b\sin(\omega t + \phi)$ と置いて，この方程式を a, b に関する連立1次方程式に書き直せ．

(b)　(a)で求めた方程式が零解以外の解を持つ条件を求めよ．

11. $\mathbb{R}^3$ のベクトル $\boldsymbol{x} := \sum_{i=1}^{3} x_i \boldsymbol{e}_i$ （$\boldsymbol{e}_1, \boldsymbol{e}_2, \boldsymbol{e}_3$ は $\mathbb{R}^3$ の自然基底）に対し，

$$J(\boldsymbol{x}) := \begin{bmatrix} 0 & -x_3 & x_2 \\ x_3 & 0 & -x_1 \\ -x_2 & x_1 & 0 \end{bmatrix}$$

と定義する．

(a) $\boldsymbol{a}, \boldsymbol{b} \in \mathbb{R}^3$ に対し，$J(\boldsymbol{a})\boldsymbol{b} = -J(\boldsymbol{b})\boldsymbol{a}$ となることを示せ．

(b) $\boldsymbol{a} := [a_i]$, $\boldsymbol{b} := [b_i]$, $\boldsymbol{c} := [c_i]$ をそれぞれ $\mathbb{R}^3$ のベクトルとしたとき，次の式が成り立つことを示せ．

$$\begin{vmatrix} a_1 & a_2 & a_3 \\ b_1 & b_2 & b_3 \\ c_1 & c_2 & c_3 \end{vmatrix} = \boldsymbol{a}^{\mathrm{T}} J(\boldsymbol{b}) \boldsymbol{c}$$

(c) $\boldsymbol{a}, \boldsymbol{b}$ に対し，ベクトル積 $\boldsymbol{a} \times \boldsymbol{b}$ は $\boldsymbol{a} \times \boldsymbol{b} := (a_2 b_3 - a_3 b_2)\boldsymbol{e}_1 + (a_3 b_1 - a_1 b_3)\boldsymbol{e}_2 + (a_1 b_2 - a_2 b_1)\boldsymbol{e}_3$ で定義される．このとき，

$$\boldsymbol{a} \times \boldsymbol{b} = \begin{vmatrix} \boldsymbol{e}_1 & \boldsymbol{e}_2 & \boldsymbol{e}_3 \\ a_1 & a_2 & a_3 \\ b_1 & b_2 & b_3 \end{vmatrix}$$

が成り立つことを示せ．また，(b) を参考にして $\boldsymbol{a} \times \boldsymbol{b} = \boldsymbol{a}^{\mathrm{T}} K \boldsymbol{b}$ となるように形式的な行列 K の各成分に $\boldsymbol{e}_1, \boldsymbol{e}_2, \boldsymbol{e}_3$ を配置せよ．

12. 行列 $P \in \mathbb{R}^{n \times n}$ およびベクトル $\boldsymbol{a} \in \mathbb{R}^n$ を，c_i を定数，κ_i を正定数（いずれも $1 \leqq i \leqq n$），δ_{ij} をクロネッカーのデルタとして，

$$P := \left[\delta_{ij} + \frac{c_i c_j e^{-(\kappa_i + \kappa_j)x}}{\kappa_i + \kappa_j} \right], \quad \boldsymbol{a} := \left[c_i e^{-\kappa_i x} \right]$$

と定義し，P の第 (i, j) 余因子を $\widetilde{P}_{ij}$ と表す．

(a) $\dfrac{d}{dx} \det P = -\sum_{i=1}^{n} \sum_{j=1}^{n} c_i c_j e^{-(\kappa_i + \kappa_j)x} \widetilde{P}_{ij}$ を示せ．

(b) $\boldsymbol{\psi}$ を $P\boldsymbol{\psi} = \boldsymbol{a}$ の解とする．$\psi_i = \dfrac{1}{\det P} \sum_{k=1}^{n} c_k e^{-\kappa_k x} \widetilde{P}_{ki}$ となることを示せ．

(c) $\boldsymbol{\psi} \cdot \boldsymbol{a} = \dfrac{-1}{\det P} \dfrac{d}{dx} \det P$ と表されることを示せ．

6 線形写像と固有値

6.1 線形写像

写像　集合 V, W において，V の各要素に W の要素を 1 つ対応させる規則が定められているとき，V から W への**写像**が定められているという．その規則を（V から W への）写像といい，次のように書く．

$$f : V \longrightarrow W$$

$f : V \longrightarrow W$ の下で，$\boldsymbol{w} = f(\boldsymbol{v}) \in W$（$\boldsymbol{v} \in V$）を $\boldsymbol{v}$ の f **像**または単に**像**という．要素 $\boldsymbol{v}, \boldsymbol{w}$ の間の対応関係を次のように表す．

$$\boldsymbol{v} \longmapsto \boldsymbol{w} \quad (\boldsymbol{v} \in V,\ \boldsymbol{w} \in W)$$

特に，集合 V から V 自身への写像を**変換**と呼んで区別することがある．

V から W への写像 f があるとき，$\boldsymbol{w} \in W$ に対して $f(\boldsymbol{v}) = \boldsymbol{w}$ となるような $\boldsymbol{v} \in V$ が存在すれば，これを f による $\boldsymbol{w}$ の**逆像**[*1] という．$\boldsymbol{w} \in W$ の逆像全体を f による $\boldsymbol{w}$ の**全逆像**という．

線形写像の定義　V, W が $\mathbb{R}$ ベクトル空間であって，V から W への写像 f が (6.1a) をみたすとき，**線形写像**（または，**線形作用素**，**ベクトル空間準同型**）であるという．V から V 自身への線形写像を**線形変換**と呼ぶことがある．

1. すべての $\alpha \in \mathbb{R}$，$\boldsymbol{v} \in V$ に対して，$f(\alpha\boldsymbol{v}) = \alpha f(\boldsymbol{v})$
2. すべての $\boldsymbol{u}, \boldsymbol{v} \in V$ に対して，$f(\boldsymbol{u}+\boldsymbol{v}) = f(\boldsymbol{u}) + f(\boldsymbol{v})$　(6.1a)

式 (6.1a) と等価な定義として，次を用いることもある．

任意の $\alpha_i \in \mathbb{R}$, および $\boldsymbol{v}_i \in V$（$i = 1, 2, \ldots, n,\ n \in \mathbb{N}$）に対して，

$$f(\alpha_1\boldsymbol{v}_1 + \cdots + \alpha_n\boldsymbol{v}_n) = \alpha_1 f(\boldsymbol{v}_1) + \cdots + \alpha_n f(\boldsymbol{v}_n) = \sum_{i=1}^{n} \alpha_i f(\boldsymbol{v}_i) \quad (6.1\mathrm{b})$$

[*1] 逆像は存在しないこともあるし，存在しても一意的に決まるとは限らない．

線形写像の性質　線形写像に関して，次の性質が成り立つ．

V, W を $\mathbb{R}$ ベクトル空間，$\boldsymbol{v} \in V$ とする．

1. f, g をともに V から W への線形写像として，

$$(f+g)(\boldsymbol{v}) := f(\boldsymbol{v}) + g(\boldsymbol{v}) \quad \text{も } V \text{ から } W \text{ への線形写像}$$

2. α を実数，f を V から W への線形写像として，

$$(\alpha f)(\boldsymbol{v}) := \alpha f(\boldsymbol{v}) \quad \text{も } V \text{ から } W \text{ への線形写像}$$

3. V から W への線形写像全体の集合 $\mathrm{Hom}(V, W)$:

$$\mathrm{Hom}(V, W) := \left\{ f \middle| f : V \to W \text{ は線形写像} \right\}$$

は，それ自身 $\mathbb{R}$ ベクトル空間をなす．これをホモモルフィズムという．

線形写像の合成　U, V, W を $\mathbb{R}$ ベクトル空間，f を V から W，g を U から V への線形写像とすると，f と g の**合成** $f \circ g$ は U から W への線形写像である．

$$f \circ g : U \longrightarrow W, \quad (f \circ g)(\boldsymbol{u}) = f(g(\boldsymbol{u})) \quad (\boldsymbol{u} \in U)$$

有限次元 $\mathbb{R}$ ベクトル空間での線形写像　次元 n の有限次元 $\mathbb{R}$ ベクトル空間 V の 1 組の基底を $B = \left\{ \boldsymbol{v}_1, \ldots, \boldsymbol{v}_n \right\}$ としたとき，V の任意のベクトル $\boldsymbol{v}$ は

$$\boldsymbol{v} = \sum_{i=1}^{n} \alpha_i \boldsymbol{v}_i = \alpha_1 \boldsymbol{v}_1 + \cdots + \alpha_n \boldsymbol{v}_n \quad (\alpha_i \in \mathbb{R}) \tag{6.2a}$$

と一意的に表される（第 3.3 節）．このとき，$\mathbb{R}^n$ のベクトル

$$\boldsymbol{v}_B = \begin{bmatrix} \alpha_1 \\ \vdots \\ \alpha_n \end{bmatrix} \in \mathbb{R}^n, \quad (\boldsymbol{v} = \sum_{i=1}^{n} \alpha_i \boldsymbol{v}_i) \tag{6.2b}$$

を，B に関する $\boldsymbol{v}$ の**座標ベクトル**という[*2]．$\boldsymbol{v} \in V$ に $\boldsymbol{v}_B \in \mathbb{R}^n$ を対応させる線形写像を B に関する**座標写像**という（第 6.6 節参照）．座標写像の逆（$\boldsymbol{v}_B$ に $\boldsymbol{v}$ を対応させる写像）は常に存在する．

[*2] $\boldsymbol{v}_B$ は (6.2b) に示されたように $\mathbb{R}^n$ のベクトルであるが，(6.2a) の $\boldsymbol{v}$ や，基底 B の要素は一般には $\mathbb{R}^n$ のベクトルではない（たとえば，n 次以下の実多項式などが例として挙げられる）．

例題 6.1 **線形写像の性質**

V, W を $\mathbb{R}$ ベクトル空間とする．V から W への線形写像 f, g と，実数 $\alpha, \boldsymbol{v} \in V$ に対して

$$(f+g)(\boldsymbol{v}) := f(\boldsymbol{v}) + g(\boldsymbol{v}), \quad (\alpha f)(\boldsymbol{v}) := \alpha \boldsymbol{v}$$

と定めると，$f+g, \alpha f$ は，共に線形写像となる．これを用いて，V から W への線形写像全体 $\mathrm{Hom}\,(V, W)$ もまた $\mathbb{R}$ ベクトル空間であることを示せ

【解　答】　$\mathrm{Hom}(V, W)$ の要素がベクトル空間の定義を満たすことを示せばよい．

1. まず，$\alpha \in \mathbb{R}, \boldsymbol{v} \in V$ として，$f \in \mathrm{Hom}(V, W)$ ならば $\alpha f \in \mathrm{Hom}(V, W)$ であり，$(\alpha f)(\boldsymbol{v}) \in W$ となる．
   - 任意の $f \in \mathrm{Hom}(V, W)$ に対し，$\boldsymbol{v} \in V$ とすると，
   $$(1f)(\boldsymbol{v}) = 1 \cdot f(\boldsymbol{v}) = f(\boldsymbol{v})$$
   ただし，最後の等号では $f(\boldsymbol{v})$ がベクトル空間 W に属すことを使った．これがすべての $\boldsymbol{v} \in V$ で成り立つから，$1f = f$ が成り立つ．
   - 任意の $f \in \mathrm{Hom}(V, W)$ および $\lambda, \mu \in \mathbb{R}$ に対し，$\boldsymbol{v} \in V$ とすると，
   $$(\lambda(\mu f))(\boldsymbol{v}) = \lambda \cdot (\mu f)(\boldsymbol{v}) = \lambda(\mu f(\boldsymbol{v})) = (\lambda\mu) f(\boldsymbol{v}) = ((\lambda\mu) f)(\boldsymbol{v})$$
   ただし，$f(\boldsymbol{v}) \in W$ を用いた．よって，$\lambda(\mu f) = (\lambda\mu) f$ が成り立つ．
   - 任意の $f, g \in \mathrm{Hom}(V, W)$ および $\lambda \in \mathbb{R}$ に対し，$\boldsymbol{v} \in V$ とすると，
   $$\begin{aligned}(\lambda(f+g))(\boldsymbol{v}) &= \lambda \cdot (f+g)(\boldsymbol{v}) = \lambda[f(\boldsymbol{v}) + g(\boldsymbol{v})] = \lambda f(\boldsymbol{v}) + \lambda g(\boldsymbol{v}) \\ &= (\lambda f)(\boldsymbol{v}) + (\lambda g)(\boldsymbol{v}) = (\lambda f + \lambda g)(\boldsymbol{v})\end{aligned}$$
   よって，$\lambda(f+g) = \lambda f + \lambda g$ が成り立つ．
   - 任意の $f \in \mathrm{Hom}(V, W)$ および $\lambda, \mu \in \mathbb{R}$ に対し，$\boldsymbol{v} \in V$ とすると，
   $$\begin{aligned}((\lambda+\mu) f)(\boldsymbol{v}) &= (\lambda+\mu) \cdot f(\boldsymbol{v}) = \lambda f(\boldsymbol{v}) + \mu f(\boldsymbol{v}) \\ &= (\lambda f)(\boldsymbol{v}) + (\mu f)(\boldsymbol{v}) = (\lambda f + \mu f)(\boldsymbol{v})\end{aligned}$$
   よって，$(\lambda+\mu) f = \lambda f + \mu f$ が成り立つ．
2. 次に，$f, g \in \mathrm{Hom}(V, W)$ ならば $f+g \in \mathrm{Hom}(V, W)$ である．これに対して，
   - $(f+g)(\boldsymbol{v}) = f(\boldsymbol{v}) + g(\boldsymbol{v}) = g(\boldsymbol{v}) + f(\boldsymbol{v}) = (g+f)(\boldsymbol{v})$ であるから，$f+g = g+f$ が成り立つ．
   - $f, g, h \in \mathrm{Hom}(V, W)$ に対して，

$$\begin{aligned}(f+(g+h))(\boldsymbol{v}) &= f(\boldsymbol{v})+(g+h)(\boldsymbol{v}) = f(\boldsymbol{v})+[g(\boldsymbol{v})+h(\boldsymbol{v})]\\ &= [f(\boldsymbol{v})+g(\boldsymbol{v})]+h(\boldsymbol{v}) = (f+g)(\boldsymbol{v})+h(\boldsymbol{v})\\ &= ((f+g)+h)(\boldsymbol{v})\end{aligned}$$

となる．よって，$f+(g+h)=(f+g)+h$ が成り立つ．

- W の零要素を $\mathbf{0}_W$ と書く．V の任意の要素に対して $\mathbf{0}_W$ を対応させる写像を e とすると，$\boldsymbol{u},\boldsymbol{v}\in V$, $\alpha\in\mathbb{R}$ に対して $\alpha\boldsymbol{v}\in V$, $\boldsymbol{u}+\boldsymbol{v}\in V$ であるから，

$$e(\alpha\boldsymbol{v})=\mathbf{0}_W,\ \alpha e(\boldsymbol{v})=\alpha\mathbf{0}_W=\mathbf{0}_W$$
$$e(\boldsymbol{u}+\boldsymbol{v})=\mathbf{0}_W,\ e(\boldsymbol{u})+e(\boldsymbol{v})=\mathbf{0}_W+\mathbf{0}_W=\mathbf{0}_W$$

が成り立つ．よって，$e(\alpha\boldsymbol{v})=\alpha e(\boldsymbol{v})$, $e(\boldsymbol{u}+\boldsymbol{v})=e(\boldsymbol{u})+e(\boldsymbol{v})$ となり，$e\in\mathrm{Hom}(V,W)$ である．さらに，任意の $f\in\mathrm{Hom}(V,W)$ に対して

$$(f+e)(\boldsymbol{v})=f(\boldsymbol{v})+e(\boldsymbol{v})=f(\boldsymbol{v})+\mathbf{0}_W=f(\boldsymbol{v})$$

となるから，$f+e=f$ となり，e は $\mathrm{Hom}(V,W)$ の零要素である．

- これまでの議論から，$f\in\mathrm{Hom}(V,W)$ に対して $e+(-1)f\in\mathrm{Hom}(V,W)$ である．ここで，

$$f(\boldsymbol{v})+(e+(-1)f)(\boldsymbol{v})=f(\boldsymbol{v})+e(\boldsymbol{v})-f(\boldsymbol{v})=e(\boldsymbol{v})=\mathbf{0}_W$$

であるから，任意の $f\in\mathrm{Hom}(V,W)$ に対して $f+g$ が零要素となる g が存在する．

以上により，$\mathrm{Hom}(V,W)$ が $\mathbb{R}$ ベクトル空間であることが示された．

問題

1.1 V,W を $\mathbb{R}$ ベクトル空間，f,g を V から W への線形写像，α を実数，$\boldsymbol{v}\in V$ として，次のそれぞれを示せ．

(a) $(f+g)(\boldsymbol{v}):=f(\boldsymbol{v})+g(\boldsymbol{v})$ は V から W への線形写像

(b) $(\alpha f)(\boldsymbol{v}):=\alpha f(\boldsymbol{v})$ は V から W への線形写像

1.2 U,V,W を $\mathbb{R}$ ベクトル空間，f を V から W, g を U から V への線形写像とするとき，f と g の合成 $f\circ g$ が U から W の線形写像であることを示せ．

1.3 V を $\mathbb{R}$ ベクトル空間，f を V から他のベクトル空間への写像とし，すべての $\alpha,\beta\in\mathbb{R}$, $\boldsymbol{u},\boldsymbol{v}\in V$ に対して次が成り立てば f は線形写像であることを示せ．

$$f(\alpha\boldsymbol{u}+\beta\boldsymbol{v})=\alpha f(\boldsymbol{u})+\beta f(\boldsymbol{v})$$

例題 6.2　　**線形写像**

次の写像が線形写像であるかどうかを調べよ．

(a)　$\boldsymbol{x} \longmapsto |\boldsymbol{x}|$ （$\boldsymbol{x} \in \mathbb{R}^2$）

(b)　n 次元ベクトル空間 V の基底 $B = \{\boldsymbol{v}_1, \ldots, \boldsymbol{v}_n\}$ に関する座標写像

【解　答】

(a)　$\boldsymbol{x}, \boldsymbol{y} \in \mathbb{R}^2$ に対して，一般に $|\boldsymbol{x}+\boldsymbol{y}| \neq |\boldsymbol{x}|+|\boldsymbol{y}|$ であるから線形写像ではない．

(b)　$\boldsymbol{u}, \boldsymbol{w} \in V$, $a \in \mathbb{R}$ とし，$\boldsymbol{u} = \sum_{j=1}^{n} \alpha_j \boldsymbol{v}_j$, $\boldsymbol{w} = \sum_{j=1}^{n} \beta_j \boldsymbol{v}_j$ （$\alpha_i, \beta_i \in \mathbb{R}$）とすると，

$$a\boldsymbol{u} = \sum_{j=1}^{n} (a\alpha_j)\boldsymbol{v}_j, \quad \boldsymbol{u}+\boldsymbol{w} = \sum_{j=1}^{n} (\alpha_j + \beta_j)\boldsymbol{v}_j$$

となる．したがって，この座標写像を f と書けば

$$f(a\boldsymbol{u}) = a\begin{bmatrix} \alpha_1 \\ \vdots \\ \alpha_n \end{bmatrix}, \quad f(\boldsymbol{u}+\boldsymbol{w}) = \begin{bmatrix} \alpha_1 \\ \vdots \\ \alpha_n \end{bmatrix} + \begin{bmatrix} \beta_1 \\ \vdots \\ \beta_n \end{bmatrix}$$

$f(a\boldsymbol{u}) = af(\boldsymbol{u})$, $f(\boldsymbol{u}+\boldsymbol{w}) = f(\boldsymbol{u}) + f(\boldsymbol{w})$ が成り立つので，線形写像である．

問　題

2.1　次の写像が線形写像であるかどうかを調べよ．

(a)　$\boldsymbol{a} \in \mathbb{R}^n$ を定ベクトルとして，$\boldsymbol{x} \in \mathbb{R}^n$ に $\boldsymbol{x}+\boldsymbol{a}$ を対応させる写像

(b)　$\boldsymbol{a} \in \mathbb{R}^3$ を定ベクトルとして，$\boldsymbol{x} \in \mathbb{R}^3$ に $\boldsymbol{a} \times \boldsymbol{x}$ を対応させる写像

(c)　$\boldsymbol{a} \in \mathbb{R}^3$ を定ベクトルとして，$\boldsymbol{x} \in \mathbb{R}^3$ に $(\boldsymbol{x} \cdot \boldsymbol{a})\boldsymbol{a}$ を対応させる写像

(d)　有限個のベクトルの集合 V から，$\mathrm{Lin}\,V$ を作る写像．ただし，αV は V の全要素を一律に α 倍する操作，$V+W$ は $V \cup W$ を意味するものとする

(e)　V は，区間 $[0,1]$ で積分できる関数全体

$$f(x) \longmapsto \int_0^1 f(x)\,dx \quad (f(x) \in V)$$

(f)　V は x の n 次以下の実係数多項式全体

$$y \longmapsto z = xy + (1 - x^{n+1})a_n \quad (y, z \in V,\ a_n \text{ は } y \text{ の } x^n \text{ の係数})$$

(g)　$V = \mathbb{R}$, W は x の n 次以下の実係数多項式全体

$$x \longmapsto y = \sum_{j=0}^{n} a_j x^j \in W \quad (x \in V,\ y \in W)$$

6.2 $\mathbb{R}^n$ から $\mathbb{R}^n$ への線形写像

写像行列 $\boldsymbol{x} \in \mathbb{R}^n$, $A \in \mathbb{R}^{n\times n}$ に対して，$\boldsymbol{x} \longmapsto A\boldsymbol{x}$ は線形写像である．$\mathbb{R}^n$ から $\mathbb{R}^n$ への任意の線形写像は，$n \times n$ 行列を用いて次のように表すことができる．

> f を $\mathbb{R}^n$ から $\mathbb{R}^n$ への線形写像，$\boldsymbol{e}_1, \ldots, \boldsymbol{e}_n$ を $\mathbb{R}^n$ の自然基底として，
>
> $$F = \begin{bmatrix} f(\boldsymbol{e}_1) & \cdots & f(\boldsymbol{e}_n) \end{bmatrix} \in \mathbb{R}^{n\times n} \implies f(\boldsymbol{x}) = F\boldsymbol{x} \quad (\boldsymbol{x} \in \mathbb{R}^n) \tag{6.3}$$

このような行列 F を，自然基底に関する f の**写像行列**という．

合成写像の写像行列 $\mathbb{R}^n \longrightarrow \mathbb{R}^n$ の線形写像 f, g があり，それぞれの自然基底に関する写像行列を F, G とするとき，$f \circ g$ の写像行列は，積 FG で与えられる．

$$\left.\begin{array}{l} \boldsymbol{x} \in \mathbb{R}^n \\ \boldsymbol{x} \overset{f}{\longmapsto} F\boldsymbol{x}, \quad \boldsymbol{x} \overset{g}{\longmapsto} G\boldsymbol{x} \quad (F, G \in \mathbb{R}^{n\times n}) \end{array}\right\} \implies \boldsymbol{x} \overset{f\circ g}{\longmapsto} FG\boldsymbol{x} \tag{6.4}$$

可逆な線形写像 f を $\mathbb{R}^n \longrightarrow \mathbb{R}^n$ の線形写像とする．任意の $\boldsymbol{y} \in \mathbb{R}^n$ に対して $f(\boldsymbol{x}) = \boldsymbol{y}$ となる $\boldsymbol{x} \in \mathbb{R}^n$ が存在し，かつそれが唯一であるとき，f を**可逆**であるという．このとき，$\boldsymbol{y}$ に $\boldsymbol{x}$ を対応させる写像を f の逆といい，f^{-1} と書く．

f が可逆であることは，写像行列が可逆であることと同値である．また，自然基底に関する f^{-1} の写像行列は，F の逆行列 F^{-1} である．

体積の変化 n 個の $\mathbb{R}^n$ のベクトル $\boldsymbol{b}_1, \ldots, \boldsymbol{b}_n$ によって張られる範囲

$$\left\{\boldsymbol{x} \;\middle|\; \boldsymbol{x} = \sum_{i=1}^{n} \alpha_1 \boldsymbol{b}_i,\ 0 \leqq \alpha_i \leqq 1\right\}$$

を n-スパットと呼ぼう．これは，2 次元平面の平行四辺形，3 次元空間の平行 6 面体を n 次元に一般化したものである．

$$V = \left|\det \begin{bmatrix} \boldsymbol{b}_1 & \cdots & \boldsymbol{b}_n \end{bmatrix}\right| \quad (|\cdot| \text{ は絶対値を表す})$$

は，n-スパットの体積である．写像行列を F とする線形写像 $f : \mathbb{R}^n \longrightarrow \mathbb{R}^n$ のもとで，これらの像が張る部分の体積 V' は，

$$V' = \left|\det \begin{bmatrix} f(\boldsymbol{b}_1) & \cdots & f(\boldsymbol{b}_n) \end{bmatrix}\right| = |\det F| \cdot V$$

となる．一般に $|\det F| = 1$ のとき，f は**体積不変**であるという．

例題 6.3 **線形写像の写像行列**

P を x の $n-1$ 次以下の実係数多項式全体とし，座標ベクトルとして，P の 1 つの基底 $\{1, x, x^2, \ldots, x^{n-1}\}$ に関するものを考える．

$y \in P$ の座標ベクトルに，その導関数 y' の座標ベクトルを対応させる写像 f が $\mathbb{R}^n$ から $\mathbb{R}^n$ への線形写像であることを示し，f の写像行列を求めよ．

【解　答】 $y = a_0 + a_1 x + \cdots + a_{n-1}x^{n-1} = \sum_{j=0}^{n-1} a_j x^j \in P$ に対して，その導関数は $y' = \sum_{j=0}^{n-1} j a_j x^{j-1} = \sum_{j=0}^{n-2}(j+1)a_{j+1}x^j$ である．したがって，y とその像である y' の座標ベクトルをそれぞれ $\boldsymbol{v}$, $\boldsymbol{w}$ とすれば，$\boldsymbol{v}, \boldsymbol{w} \in \mathbb{R}^n$ であり，

$$\boldsymbol{v} = \begin{bmatrix} a_0 \\ a_1 \\ a_2 \\ \vdots \\ a_{n-1} \end{bmatrix}, \quad \boldsymbol{w} = \begin{bmatrix} a_1 \\ 2a_2 \\ \vdots \\ (n-1)a_{n-1} \\ 0 \end{bmatrix} = \left[\sigma_i^{(n)} a_i\right]_{n\times 1}, \quad \sigma_j^{(n)} := \begin{cases} j & (j \neq n) \\ 0 & (j = n) \end{cases} \tag{$*$}$$

となる．ここで，$\boldsymbol{v}_1 = \left[a_{i-1}\right]_{n\times 1}$, $\boldsymbol{v}_2 = \left[b_{i-1}\right]_{n\times 1}$, $\alpha \in \mathbb{R}$ とすれば，

$$\begin{aligned} f(\alpha\boldsymbol{v}_1) &= \left[\sigma_i^{(n)}\alpha a_i\right]_{n\times 1} = \alpha\left[\sigma_i^{(n)} a_i\right]_{n\times 1} = \alpha f(\boldsymbol{v}_1) \\ f(\boldsymbol{v}_1 + \boldsymbol{v}_2) &= \left[\sigma_i^{(n)}(a_i + b_i)\right]_{n\times 1} = \left[\sigma_i^{(n)} a_i\right]_{n\times 1} + \left[\sigma_i^{(n)} b_i\right]_{n\times 1} \\ &= f(\boldsymbol{v}_1) + f(\boldsymbol{v}_2) \end{aligned}$$

となるので，写像 $\boldsymbol{v} \longmapsto \boldsymbol{w}$ は $\mathbb{R}^n$ から $\mathbb{R}^n$ への線形写像である．その写像行列を F とすると，関係 $\boldsymbol{w} = F\boldsymbol{v}$ および $(*)$ 式により，次のようになる．

$$F = \begin{bmatrix} 0 & 1 & 0 & \cdots & 0 \\ 0 & 0 & 2 & \cdots & 0 \\ \vdots & & \ddots & \ddots & \vdots \\ 0 & & \cdots & 0 & n-1 \\ 0 & & \cdots & & 0 \end{bmatrix}$$

問　題

3.1 P を x の $n-1$ 次以下の実係数多項式 ($n \geqq 1$) 全体とする．下記のそれぞれにつき，$y \in P$ の座標ベクトルから像の座標ベクトルへの写像が $\mathbb{R}^n$ から $\mathbb{R}^n$ への線形写像であることを示し，写像行列を求めよ．座標ベクトルは，基底 $\{1, x, \ldots, x^{n-1}\}$ に関するものを用いるものとする．

(a) $y \in P$ に $z = \dfrac{y - a_0}{x} + a_0 x^{n-1}$ (a_0 は y の定数項) を対応させる写像

(b) $y \in P$ に $h(y)$ を対応させる写像．ただし，h は次で与えられる演算である．

$$h(y) = \int_0^x y(x')\,dx' - \left(\frac{x^n}{n} + 1\right) a_{n-1} \quad (a_{n-1} \text{ は } y \text{ の } n-1 \text{ 次の係数})$$

例題 6.4 　　**3 次元空間における線形写像**

V を 3 次元空間のベクトル全体，$\boldsymbol{a} \in V$ を定ベクトルとするとき，$\boldsymbol{x}$ に $\boldsymbol{a} \times \boldsymbol{x}$ を対応させる写像 f が $\mathbb{R}^3$ から $\mathbb{R}^3$ への線形写像であることを示し，その自然基底に関する写像行列を求めよ．

【解　答】 $\boldsymbol{x}_1, \boldsymbol{x}_2 \in V$ に対し，

$$f(\alpha \boldsymbol{x}_1) = \boldsymbol{a} \times (\alpha \boldsymbol{x}_1) = \alpha \boldsymbol{a} \times \boldsymbol{x}_1 = \alpha f(\boldsymbol{x}_1)$$

$$f(\boldsymbol{x}_1 + \boldsymbol{x}_2) = \boldsymbol{a} \times (\boldsymbol{x}_1 + \boldsymbol{x}_2) = \boldsymbol{a} \times \boldsymbol{x}_1 + \boldsymbol{a} \times \boldsymbol{x}_2 = f(\boldsymbol{x}_1) + f(\boldsymbol{x}_2)$$

であるから，f は線形写像である．ここで，$\boldsymbol{a}, \boldsymbol{x}$ をそれぞれ成分ごとに

$$\boldsymbol{a} = \begin{bmatrix} a_1 \\ a_2 \\ a_3 \end{bmatrix}, \quad \boldsymbol{x} = \begin{bmatrix} x_1 \\ x_2 \\ x_3 \end{bmatrix}$$

と表すと，$\boldsymbol{x}$ および $f(\boldsymbol{x})$ は $\mathbb{R}^3$ に属し，

$$f(\boldsymbol{x}) = \begin{bmatrix} a_2 x_3 - a_3 x_2 \\ a_3 x_1 - a_1 x_3 \\ a_1 x_2 - a_2 x_1 \end{bmatrix} = A\boldsymbol{x}, \quad A := \begin{bmatrix} 0 & -a_3 & a_2 \\ a_3 & 0 & -a_1 \\ -a_2 & a_1 & 0 \end{bmatrix}$$

となる．したがって，f は $\mathbb{R}^3$ から $\mathbb{R}^3$ への線形写像で，求めるべき写像行列は，上記の A である．

問　題

4.1 $\boldsymbol{a} \in \mathbb{R}^3$ を定ベクトルとする．$\boldsymbol{x} \in \mathbb{R}^3$ に $(\boldsymbol{x} \cdot \boldsymbol{a})\,\boldsymbol{a}$ を対応させる写像が $\mathbb{R}^3$ から $\mathbb{R}^3$ への線形写像で，その自然基底に関する写像行列は $\boldsymbol{a}\,\boldsymbol{a}^{\mathrm{T}}$ であることを示せ．

6.3 直交変換と直交行列

直交変換　$\mathbb{R}^n$ から $\mathbb{R}^n$ への線形変換 f が内積を変えないとき，すなわち

$f : \mathbb{R}^n \longrightarrow \mathbb{R}^n$ とし，任意の $\boldsymbol{x}, \boldsymbol{y} \in \mathbb{R}^n$ に対して

$$f(\boldsymbol{x}) \cdot f(\boldsymbol{y}) = \boldsymbol{x} \cdot \boldsymbol{y} \tag{6.5}$$

であるとき，f は直交している，あるいは**直交変換**であるという．

直交行列　$A \in \mathbb{R}^{n \times n}$ が次をみたすとき，**直交行列**という．

$$A^{\mathrm{T}} A = E_n \quad \text{すなわち} \quad A^{-1} = A^{\mathrm{T}} \tag{6.6}$$

直交行列に関して次の性質が成り立つ．

n 次正方行列 A について，次の各項は同値である．

1. A は直交行列である
2. 任意の $\boldsymbol{x}, \boldsymbol{y} \in \mathbb{R}^n$ に対して，$(A\boldsymbol{x}) \cdot (A\boldsymbol{y}) = \boldsymbol{x} \cdot \boldsymbol{y}$ (6.7)
3. A の列ベクトル全体は $\mathbb{R}^n$ の正規直交基底をなす

直交変換と直交行列　線形変換 $f : \mathbb{R}^n \longrightarrow \mathbb{R}^n$ が直交変換であることと，f の写像行列 F が直交行列であることは同値である．すなわち，

$$\begin{aligned} &\text{線形変換 } f : \mathbb{R}^n \longrightarrow \mathbb{R}^n \text{ が直交している} \\ &\iff F = \begin{bmatrix} f(\boldsymbol{e}_1) & \cdots & f(\boldsymbol{e}_n) \end{bmatrix} \in \mathbb{R}^{n \times n} \text{ が直交行列} \end{aligned}$$

直交行列 A の行列式の絶対値は 1 であり[*3]，任意の直交変換は体積不変である．

$$A \text{ が直交行列} \implies \det A = 1 \text{ または } \det A = -1 \tag{6.8}$$

[*3] A が直交行列でなくても $|\det A| = 1$ となることはある．

例題 6.5　**直交行列に関する性質**

$A \in \mathbb{R}^{n\times n}$ に関して，次の各項が同値であることを示せ．

(a)　A は直交行列

(b)　任意の $\boldsymbol{x}, \boldsymbol{y} \in \mathbb{R}^n$ に対して $(A\boldsymbol{x})\cdot(A\boldsymbol{y}) = \boldsymbol{x}\cdot\boldsymbol{y}$

(c)　A の列ベクトルの全体は $\mathbb{R}^n$ の正規直交基底

【解　答】　(a)$\Longrightarrow$(b)$\Longrightarrow$(c)$\Longrightarrow$(a) を示せばよい．

- (a)$\Longrightarrow$(b) の証明

A が直交行列であるから，$A^{\mathrm{T}}A = E_n$（単位行列）である．よって，

$$(A\boldsymbol{x})\cdot(A\boldsymbol{y}) = (A\boldsymbol{x})^{\mathrm{T}}(A\boldsymbol{y}) = \boldsymbol{x}^{\mathrm{T}}(A^{\mathrm{T}}A)\boldsymbol{y} = \boldsymbol{x}^{\mathrm{T}}\boldsymbol{y} = \boldsymbol{x}\cdot\boldsymbol{y}$$

- (b)$\Longrightarrow$(c) の証明

A の列は n 本あるので，A の列ベクトルが規格化され，かつ互いに直交していることを示せばよい．$\boldsymbol{e}_1, \boldsymbol{e}_2, \ldots, \boldsymbol{e}_n$ を $\mathbb{R}^n$ の自然基底とし，$A = \begin{bmatrix}\boldsymbol{a}_1 & \cdots & \boldsymbol{a}_n\end{bmatrix}$ のように A を列表現すると，

$$A\boldsymbol{e}_i = \boldsymbol{a}_i \quad (1 \leqq i \leqq n)$$

が成り立つ．したがって，与えられた条件もあわせて，

$$\begin{aligned}(A\boldsymbol{e}_i)\cdot(A\boldsymbol{e}_j) &= \boldsymbol{a}_i\cdot\boldsymbol{a}_j \\ &= \boldsymbol{e}_i\cdot\boldsymbol{e}_j = \delta_{i,j}\end{aligned}$$

となる．すなわち，A の列ベクトルは正規直交基底をなす．

- (c)$\Longrightarrow$(a) の証明

(b) と同様に A を列表現し，$\boldsymbol{a}_i\cdot\boldsymbol{a}_j = \delta_{i,j}$ とすると，

$$A^{\mathrm{T}}A = \begin{bmatrix}\boldsymbol{a}_1^{\mathrm{T}} \\ \vdots \\ \boldsymbol{a}_n^{\mathrm{T}}\end{bmatrix}\begin{bmatrix}\boldsymbol{a}_1 & \cdots & \boldsymbol{a}_n\end{bmatrix} = \begin{bmatrix}\boldsymbol{a}_i\cdot\boldsymbol{a}_j\end{bmatrix}_{n\times n} = \begin{bmatrix}\delta_{i,j}\end{bmatrix}_{n\times n} = E_n$$

である．したがって A は直交行列となる．

以上により，3 つの項目が同値であることが示された．

問　題

5.1　直交行列の行列式が 1 または -1 であることを示せ．

5.2　行列式が 1 で直交行列でないような行列の例を $\mathbb{R}^{2\times 2}$ で作れ．

6.4 射　影

ベキ等行列　ベクトル空間 W_1, W_2 の直和 $W := W_1 \oplus W_2$ の要素 $\boldsymbol{x}$ を

$$\boldsymbol{x} = \boldsymbol{x}_1 + \boldsymbol{x}_2 \quad (\boldsymbol{x}_1 \in W_1,\, \boldsymbol{x}_2 \in W_2)$$

のように表す方法は1通りである．$\boldsymbol{x}$ に $\boldsymbol{x}_1$ を対応させる写像は線形写像で，その写像行列を F とすると

$$F^2 = F \tag{6.9}$$

が成り立つ．$\boldsymbol{x}$ に対して $\boldsymbol{x}_2$ を対応させる写像も線形写像で，その写像行列は $E - F$ である．(6.9) をみたす行列を**ベキ等行列**という．

一般に，ベクトル空間の直和 $W := W_1 \oplus \cdots \oplus W_n$ の要素 $\boldsymbol{x}$ に対して

$$\boldsymbol{x} = \boldsymbol{x}_1 + \cdots + \boldsymbol{x}_n \quad (\boldsymbol{x}_i \in W_i,\, 1 \leqq i \leqq n)$$

と分解し，$\boldsymbol{x}$ に $\boldsymbol{x}_i$ を対応させる写像の写像行列を F_i とすれば，

$$F_1 + \cdots + F_n = E, \quad F_i^2 = F_i, \quad F_iF_j = O\ (i \neq j) \tag{6.10}$$

となる．(6.10) 式が成り立つとき，$\boldsymbol{x} \in \mathbb{R}^n$ に対して $F_i\boldsymbol{x}$ を要素とする集合を W_i とすると，これは部分空間である．また，$\mathbb{R}^n = W_1 \oplus \cdots \oplus W_n$ と分解できる．

射影とその写像行列　$\mathbb{R}$ ベクトル空間 V は，その部分空間 W と $W^\perp$ を用いて $V = W \oplus W^\perp$ と表される．このとき，$\boldsymbol{x} = \boldsymbol{x}_1 + \boldsymbol{x}_2$ （$\boldsymbol{x} \in V, \boldsymbol{x}_1 \in W, \boldsymbol{x}_2 \in W^\perp$）と表し，$\boldsymbol{x}$ に $\boldsymbol{x}_1$ を対応させる写像

$$\boldsymbol{x} \longmapsto \boldsymbol{x}_1 \quad (\boldsymbol{x} \in V,\, \boldsymbol{x}_1 \in W,\, \boldsymbol{x} - \boldsymbol{x}_1 \in W^\perp)$$

は線形写像で，これを V から W への**射影**と呼ぶ．$\mathbb{R}$ ベクトル空間 V からその部分空間への射影の写像行列を P とすると，次が成り立つ*4．

$$P^2 = P, \quad P^{\mathrm{T}} = P \tag{6.11}$$

---

*4 一般に $V = W_1 \oplus W_2$ のとき，$\boldsymbol{x} \in V$ を $\boldsymbol{x} = \boldsymbol{x}_1 + \boldsymbol{x}_2$ （$\boldsymbol{x}_1 \in W_1,\, \boldsymbol{x}_2 \in W_2$）のように分解して $\boldsymbol{x}$ に $\boldsymbol{x}_1$ を対応させる写像 f は線形写像である．この写像の写像行列 F は $F^2 = F$ をみたす（(6.9) 式）が，$F^{\mathrm{T}} = F$ が成り立つとは限らない．このような写像を射影と呼び，(6.11) が成り立つような場合（W_1 と W_2 が直交するとき，すなわち $F^{\mathrm{T}} = F$ が成り立つとき）を特に正射影と呼ぶ呼び方もある．

例題 6.6 **直線上への射影**

$\mathbb{R}^3$ において，ベクトル $\boldsymbol{a}$（$\boldsymbol{a} \neq \boldsymbol{0}$）で生成される空間 W にベクトル $\boldsymbol{x}$ を射影する写像を p とする．

(a) p の自然基底に関する写像行列 P を求めよ．

(b) $P^2 = P$, $P^{\mathrm{T}} = P$ となることを示せ．

【解 答】

(a) $\boldsymbol{x} = p(\boldsymbol{x}) + \boldsymbol{b}$ とすると，$p(\boldsymbol{x}) \perp \boldsymbol{b}$, $p(\boldsymbol{x}) = t\boldsymbol{a}$（$t \in \mathbb{R}$）である．ここで，$\boldsymbol{a} \perp \boldsymbol{b}$ により $\boldsymbol{a} \cdot \boldsymbol{x} = t|\boldsymbol{a}|^2$ であるから，

$$t = \frac{\boldsymbol{a} \cdot \boldsymbol{x}}{|\boldsymbol{a}|^2} \quad \text{よって} \quad p(\boldsymbol{x}) = \frac{\boldsymbol{a} \cdot \boldsymbol{x}}{|\boldsymbol{a}|^2}\boldsymbol{a}$$

さらに，$(\boldsymbol{a} \cdot \boldsymbol{x})\boldsymbol{a} = (\boldsymbol{a}\boldsymbol{a}^{\mathrm{T}})\boldsymbol{x}$ であるから，$P = \dfrac{1}{|\boldsymbol{a}|^2}(\boldsymbol{a}\boldsymbol{a}^{\mathrm{T}})$ となる（問題 4.1 参照）．

(b) P^2 を計算すると，

$$\begin{aligned} P^2 &= \frac{1}{|\boldsymbol{a}|^4}(\boldsymbol{a}\boldsymbol{a}^{\mathrm{T}})^2 = \frac{1}{|\boldsymbol{a}|^4}(\boldsymbol{a}\boldsymbol{a}^{\mathrm{T}}\boldsymbol{a}\boldsymbol{a}^{\mathrm{T}}) = \frac{1}{|\boldsymbol{a}|^4}\boldsymbol{a}(\boldsymbol{a}^{\mathrm{T}}\boldsymbol{a})\boldsymbol{a}^{\mathrm{T}} \\ &= \frac{1}{|\boldsymbol{a}|^4}\boldsymbol{a}(\boldsymbol{a} \cdot \boldsymbol{a})\boldsymbol{a}^{\mathrm{T}} = \frac{\boldsymbol{a} \cdot \boldsymbol{a}}{|\boldsymbol{a}|^4}\boldsymbol{a}\boldsymbol{a}^{\mathrm{T}} = \frac{1}{|\boldsymbol{a}|^2}\boldsymbol{a}\boldsymbol{a}^{\mathrm{T}} \end{aligned}$$

よって $P^2 = P$ が成り立つ．

また，$(\boldsymbol{a}\boldsymbol{a}^{\mathrm{T}})^{\mathrm{T}} = \boldsymbol{a}\boldsymbol{a}^{\mathrm{T}}$ により，$P^{\mathrm{T}} = P$ も成り立つ．

【注 意】 一般に $(\boldsymbol{a} \cdot \boldsymbol{x})\boldsymbol{a} = (\boldsymbol{a}\boldsymbol{a}^{\mathrm{T}})\boldsymbol{x}$ が成り立つので，任意の次元において単一のベクトル $\boldsymbol{a}$ によって生成される部分空間に $\boldsymbol{x}$ を射影する写像一般に対し，この問題の結果は成り立つ．

問 題

6.1 $\mathbb{R}^n$ において，$\boldsymbol{a}$ によって生成される部分空間の直交補空間に $\boldsymbol{x}$ を射影する写像の写像行列 Q を求め，Q^2 を計算して $Q^2 = Q$ の成立を確かめよ．

6.2 計量空間である $\mathbb{R}$ ベクトル空間 V から部分空間 W への射影を表す写像行列 P について，$P^{\mathrm{T}} = P$ および $P^2 = P$ が成り立つことを示せ．

6.3 $\mathbb{R}^n$ の部分空間 W（$W \neq \mathbb{R}^n, \{\boldsymbol{0}\}$）で，任意の $\boldsymbol{x} \in W$ に次の行列を左からかけたベクトルも W に属するようなものを求めよ．(c), (d) では $n = 2$ とする．

(a) 単位行列 E_n　(b) 零行列 O　(c) $\begin{bmatrix} 0 & 1 \\ 1 & 0 \end{bmatrix}$　(d) $\begin{bmatrix} 1 & 0 \\ 0 & 0 \end{bmatrix}$

6.5 シュミットの正規直交化法

シュミットの正規直交化　$\mathbb{R}^n$ に属する k 本（$k \leqq n$）の線形独立なベクトル $\{\boldsymbol{b}_1, \boldsymbol{b}_2, \ldots, \boldsymbol{b}_k\}$ から，次のようにして正規直交系 $\{\boldsymbol{c}_1, \boldsymbol{c}_2, \ldots, \boldsymbol{c}_k\}$ をつくり出すことができる．

① $\boldsymbol{c}_1 = \dfrac{1}{|\boldsymbol{b}_1|}\boldsymbol{b}_1$ とする．

② 次のように $\boldsymbol{b}_2$ から $\boldsymbol{c}_1$ に直交するベクトル $\boldsymbol{c}_2'$ を計算し，さらにそれを正規化して $\boldsymbol{c}_2$ とする．

$$\boldsymbol{c}_2' = \boldsymbol{b}_2 - (\boldsymbol{b}_2 \cdot \boldsymbol{c}_1)\boldsymbol{c}_1, \quad \boldsymbol{c}_2 = \frac{1}{|\boldsymbol{c}_2'|}\boldsymbol{c}_2' \tag{6.12}$$

③ 以下同様に，$\boldsymbol{b}_j$ から $\boldsymbol{c}_1, \boldsymbol{c}_2, \ldots, \boldsymbol{c}_{j-1}$ すべてに直交する成分 $\boldsymbol{c}_j'$ を計算し，それを正規化する．

$$\boldsymbol{c}_j' = \boldsymbol{b}_j - \sum_{i=1}^{j-1}(\boldsymbol{b}_j \cdot \boldsymbol{c}_i)\boldsymbol{c}_i, \quad \boldsymbol{c}_j = \frac{1}{|\boldsymbol{c}_j'|}\boldsymbol{c}_j' \quad (j = 2, 3, \ldots, k)$$

このような方法を**シュミットの正規直交化法**という．(6.12) によって求めた正規直交系 $\{\boldsymbol{c}_1, \ldots, \boldsymbol{c}_k\}$ は，線形包 $\mathrm{Lin}\,(\boldsymbol{b}_1, \ldots, \boldsymbol{b}_k)$ の正規直交基底をなす[*5]．

QR 分解　$n \times n$ 行列 B が可逆ならば B は次のように分解される．

$$B = QR$$

$Q = [\boldsymbol{c}_1 \ \cdots \ \boldsymbol{c}_n]$ （$\boldsymbol{c}_1, \ldots, \boldsymbol{c}_n$ は，B の各列を正規直交化したベクトル）

$R =$ ある上三角行列

このような変形を，行列 B の **QR 分解**という．

[*5] $\boldsymbol{c}_k = \alpha_1^{(k)}\boldsymbol{b}_1 + \cdots + \alpha_k^{(k)}\boldsymbol{b}_k$ として，$\alpha_1^{(k)}, \ldots, \alpha_k^{(k)}$ に関する連立方程式

$$\boldsymbol{c}_i \cdot \boldsymbol{c}_k = 0 \quad (i = 1, \ldots, k-1), \qquad \boldsymbol{c}_k \cdot \boldsymbol{c}_k = 1$$

により係数 $\alpha_i^{(k)}$（$1 \leqq i \leqq k$）を決めてもよい．この場合，係数に任意性が残るが，$\alpha_k^{(k)} > 0$ としたものが式 (6.12) に一致する．

例題 6.7 ―――――― **シュミットの直交化**

次の 3 つのベクトルをもとにして正規直交系を作れ．

$$\begin{bmatrix}1\\0\\1\end{bmatrix},\quad \begin{bmatrix}1\\1\\1\end{bmatrix},\quad \begin{bmatrix}2\\1\\3\end{bmatrix}$$

【解　答】　まず，ベクトル $\begin{bmatrix}1\\0\\1\end{bmatrix}$ を規格化して $\begin{bmatrix}\frac{1}{\sqrt{2}}\\0\\\frac{1}{\sqrt{2}}\end{bmatrix}$ を得る．これと $\begin{bmatrix}1\\1\\1\end{bmatrix}$ により

$$\begin{bmatrix}1\\1\\1\end{bmatrix}-\left(\begin{bmatrix}1\\1\\1\end{bmatrix}\cdot\begin{bmatrix}\frac{1}{\sqrt{2}}\\0\\\frac{1}{\sqrt{2}}\end{bmatrix}\right)\begin{bmatrix}\frac{1}{\sqrt{2}}\\0\\\frac{1}{\sqrt{2}}\end{bmatrix}=\begin{bmatrix}1\\1\\1\end{bmatrix}-\begin{bmatrix}1\\0\\1\end{bmatrix}=\begin{bmatrix}0\\1\\0\end{bmatrix}$$

これは規格化の必要はない．さらに，$\begin{bmatrix}2\\1\\3\end{bmatrix}\cdot\begin{bmatrix}\frac{1}{\sqrt{2}}\\0\\\frac{1}{\sqrt{2}}\end{bmatrix}=\dfrac{5}{\sqrt{2}}$, $\begin{bmatrix}2\\1\\3\end{bmatrix}\cdot\begin{bmatrix}0\\1\\0\end{bmatrix}=1$ により，

$$\begin{bmatrix}2\\1\\3\end{bmatrix}-\frac{5}{\sqrt{2}}\cdot\begin{bmatrix}\frac{1}{\sqrt{2}}\\0\\\frac{1}{\sqrt{2}}\end{bmatrix}-1\cdot\begin{bmatrix}0\\1\\0\end{bmatrix}=\begin{bmatrix}-\frac{1}{2}\\0\\\frac{1}{2}\end{bmatrix}$$

これを規格化し，以上をまとめると，与えられたベクトルから次の正規直交系を得る．

$$\begin{bmatrix}\frac{1}{\sqrt{2}}\\0\\\frac{1}{\sqrt{2}}\end{bmatrix},\quad \begin{bmatrix}0\\1\\0\end{bmatrix},\quad \begin{bmatrix}-\frac{1}{\sqrt{2}}\\0\\\frac{1}{\sqrt{2}}\end{bmatrix}$$

【注　意】　通常，ベクトルを選ぶ順番を変えると異なる正規直交系が得られる．

問　題

7.1　n 本の列ベクトル $\{\boldsymbol{b}_1,\boldsymbol{b}_2,\ldots,\boldsymbol{b}_n\}$ のシュミットの直交化は，これらのベクトルを列とする行列 $\begin{bmatrix}\boldsymbol{b}_1 & \boldsymbol{b}_2 & \cdots & \boldsymbol{b}_n\end{bmatrix}$ に対する基本列変形となることを示せ．

7.2　行列 $\begin{bmatrix}1&2&3\\2&3&2\\3&2&1\end{bmatrix}$ に対して基本列変形のみを用いて直交行列にせよ．

例題 6.8 **可逆行列の QR 分解**

可逆行列の QR 分解について答えよ．

(a) 可逆行列 B と単位行列 E_n を縦に並べたブロック行列を作り，基本列変形のみによって，B の各列を左から順に正規直交化して

$$M := \left[\begin{array}{c} B \\ \hline E_n \end{array}\right] \longrightarrow N := \left[\begin{array}{c} Q \\ \hline X \end{array}\right]$$

を得たとするとき，$B = QX^{-1}$ となり，これが QR 分解を与えることを示せ．

(b) 行列 $\begin{bmatrix} 2 & 1 \\ 1 & 2 \end{bmatrix}$ を QR 分解せよ．

【解　答】

(a) ブロック行列に対して与えられたように基本列変形すると，ある可逆行列 $\widetilde{E}$ が存在して，

$$B\widetilde{E} = Q, \quad E_n\widetilde{E} = \widetilde{E} = X$$

となる．したがって $B = QX^{-1}$ が成り立つ．

この操作の際，ブロック行列 M の上半分に対して左から順にシュミットの直交化を行ったとすると，第 i 列には第 1 列から第 $i-1$ 列までの列の定数倍を加えることになるので，$\widetilde{E}$ すなわち X は上三角行列であり，その逆もまた上三角である．また，X は可逆であるから，その対角成分はすべて非零であることになる．

以上から，与えられた操作によって QR 分解ができることが確かめられた．

(b) 与えられた行列を元に (a) のブロック行列を作り，それを基本列変形することによって上半分の各列にシュミットの直交化を行うと，

$$\left[\begin{array}{cc} 2 & 1 \\ 1 & 2 \\ \hline 1 & 0 \\ 0 & 1 \end{array}\right] \longrightarrow \left[\begin{array}{cc} \frac{2}{\sqrt{5}} & 1 \\ \frac{1}{\sqrt{5}} & 2 \\ \hline \frac{1}{\sqrt{5}} & 0 \\ 0 & 1 \end{array}\right] \longrightarrow \left[\begin{array}{cc} \frac{2}{\sqrt{5}} & -\frac{3}{5} \\ \frac{1}{\sqrt{5}} & \frac{6}{5} \\ \hline \frac{1}{\sqrt{5}} & -\frac{4}{5} \\ 0 & 1 \end{array}\right] \longrightarrow \left[\begin{array}{cc} \frac{2}{\sqrt{5}} & -\frac{1}{\sqrt{5}} \\ \frac{1}{\sqrt{5}} & \frac{2}{\sqrt{5}} \\ \hline \frac{1}{\sqrt{5}} & -\frac{4}{3\sqrt{5}} \\ 0 & \frac{\sqrt{5}}{3} \end{array}\right]$$

よって，$\begin{bmatrix} 2 & 1 \\ 1 & 2 \end{bmatrix} \begin{bmatrix} \dfrac{1}{\sqrt{5}} & -\dfrac{4}{3\sqrt{5}} \\ 0 & \dfrac{\sqrt{5}}{3} \end{bmatrix} = \begin{bmatrix} \dfrac{2}{\sqrt{5}} & -\dfrac{1}{\sqrt{5}} \\ \dfrac{1}{\sqrt{5}} & \dfrac{2}{\sqrt{5}} \end{bmatrix}$ である．ここで，

$$\begin{bmatrix} \dfrac{1}{\sqrt{5}} & -\dfrac{4}{3\sqrt{5}} \\ 0 & \dfrac{\sqrt{5}}{3} \end{bmatrix}^{-1} = \left(\frac{1}{3}\right)^{-1} \begin{bmatrix} \dfrac{\sqrt{5}}{3} & \dfrac{4}{3\sqrt{5}} \\ 0 & \dfrac{1}{\sqrt{5}} \end{bmatrix} = \begin{bmatrix} \sqrt{5} & \dfrac{4}{\sqrt{5}} \\ 0 & \dfrac{3}{\sqrt{5}} \end{bmatrix}$$

となる．よって，与えられた行列の QR 分解は

$$\begin{bmatrix} 2 & 1 \\ 1 & 2 \end{bmatrix} = \begin{bmatrix} \dfrac{2}{\sqrt{5}} & -\dfrac{1}{\sqrt{5}} \\ \dfrac{1}{\sqrt{5}} & \dfrac{2}{\sqrt{5}} \end{bmatrix} \begin{bmatrix} \sqrt{5} & \dfrac{4}{\sqrt{5}} \\ 0 & \dfrac{3}{\sqrt{5}} \end{bmatrix}$$

で与えられる．

問　題

8.1 次の行列を QR 分解せよ．

(a) $\begin{bmatrix} 1 & 0 \\ 1 & 1 \end{bmatrix}$　(b) $\begin{bmatrix} 3 & -1 \\ 1 & 1 \end{bmatrix}$　(c) $\begin{bmatrix} 1 & 1 & 2 \\ 1 & -1 & -1 \\ 1 & 1 & -1 \end{bmatrix}$　(d) $\begin{bmatrix} 1 & 1 & 0 \\ 1 & 1 & 1 \\ 0 & 1 & 1 \end{bmatrix}$

行列の分解の応用

例題 6.8 では QR 分解を取り上げた．ここでは，その応用として，固有値（第 6.7 節）を数値的に求める QR 法を紹介したい．可逆行列 A があるとしよう．これを QR 分解し，$A = Q_1R_1$（Q_1 は直交行列，R_1 は上三角行列）となったとする．これを用いて $A_2 = R_1Q_1$ と定義し，$A_2 = Q_2R_2$ と QR 分解する．以下同様に，$A_k = Q_kR_k$，$A_{k+1} = R_kQ_k$ と繰り返せば，$A_{k+1} = (Q_1Q_2\cdots Q_k)^{\mathrm{T}}A(Q_1Q_2\cdots Q_k)$ が成り立ち，A_{k+1} と A は相似（第 6.6 節）となって，同じ固有値を持つ．$\{A_n\}_{n=1,2,\ldots}$ が上三角行列に収束すれば，その対角要素に固有値が現れるので，A の固有値が求められる．

このように，ある行列を，三角行列や直交行列などの明確な特徴を持つ行列に分解するという問題は，単なる計算上の練習問題というわけではない．たとえば，第 2 章で取り上げた LR 分解は，連立 1 次方程式の数値解法や，逆行列を求める方法に利用されており，いずれも実際的な話題である．

6.6 基底の取り換え・座標変換

座標ベクトルと座標変換　$B = \{\boldsymbol{b}_1, \boldsymbol{b}_2, \ldots, \boldsymbol{b}_n\}$ を $\mathbb{R}^n$ の1組の基底とするとき，

$$\boldsymbol{x} = x'_1\boldsymbol{b}_1 + \cdots + x'_n\boldsymbol{b}_n \implies \boldsymbol{x}_B = \begin{bmatrix} x'_1 \\ x'_2 \\ \vdots \\ x'_n \end{bmatrix} \tag{6.13}$$

を，B に関する $\boldsymbol{x} \in \mathbb{R}^n$ の**座標ベクトル**という．また，$\boldsymbol{x}$ を $\boldsymbol{x}_B$ に対応させる写像を**座標写像**という（第 6.1 節 (6.2b)）．座標写像は線形写像である．

以下，基底 B の各ベクトル $\boldsymbol{b}_i$ $(i = 1, 2, \ldots, n)$ を列とする行列も B と書く．

座標変換　自然基底から基底 B に基底を取り換えたとき，座標ベクトルに関して次が成り立つ．

> $\mathbb{R}^n$ に属するベクトルに対して，
>
> $\boldsymbol{x}$ ：自然基底に関する座標ベクトル
> $\boldsymbol{x}_B$：基底 B に関する座標ベクトル
>
> $$\implies \boldsymbol{x} = B\boldsymbol{x}_B, \quad \boldsymbol{x}_B = B^{-1}\boldsymbol{x} \quad (\boldsymbol{x}, \boldsymbol{x}_B \in \mathbb{R}^n)$$

点空間　$X = (x_1, \ldots, x_n)$ $(x_i \in \mathbb{R},\ i = 1, \ldots, n)$ を n 次元実点空間 $\mathbb{R}_n$ の点という．どのような点 X にも $\mathbb{R}^n$ のベクトル $\boldsymbol{x}$ が対応する．また逆に，任意の $\boldsymbol{x} \in \mathbb{R}^n$ に対して点 X が対応する．

$$X = (x_1, \ldots, x_n) \longleftrightarrow \boldsymbol{x} = \begin{bmatrix} x_1 \\ \vdots \\ x_n \end{bmatrix}$$

アフィン座標系　1つの基準点 P と，$\mathbb{R}^n$ の1組の基底 $B = \{\boldsymbol{b}_1, \ldots, \boldsymbol{b}_n\}$ の組 $K(\mathrm{P}; \boldsymbol{b}_1, \ldots, \boldsymbol{b}_n)$ を，点空間 $\mathbb{R}_n$ の**アフィン座標系**という．基底 B に関する $\overrightarrow{\mathrm{PX}}$ の座標ベクトルに対して，

$$\overrightarrow{\mathrm{PX}} = x'_1\boldsymbol{b}_1 + \cdots + x'_n\boldsymbol{b}_n \implies \mathrm{X}_K = (x'_1, \ldots, x'_n)$$

で与えられる $(x'_1, \ldots, x'_n)$ を，アフィン座標系 K における点 X の座標（または，点

X の K 座標）といい，X_K と書く．

デカルト座標からアフィン座標への変換　点空間 $\mathbb{R}_n$ において，デカルト座標からアフィン座標へと移行するとき，次のような関係が成り立つ．

> $I = (\mathrm{O}; \boldsymbol{e}_1, \ldots, \boldsymbol{e}_n)$ を自然基底を用いた座標系，$K = (\mathrm{P}; \boldsymbol{b}_1, \ldots, \boldsymbol{b}_n)$ をアフィン座標系とするとき，
>
> B: 自然基底に関する $\boldsymbol{b}_i$ の座標ベクトルを第 i 列とする $n \times n$ 行列
> $(p_1, \ldots, p_n)$: I における点 P の座標
> $(x_1, \ldots, x_n)$, $(x'_1, \ldots, x'_n)$: それぞれ I, K における点 X の座標
>
> $\boldsymbol{p}$, $\boldsymbol{x}$, $\boldsymbol{x}'$: それぞれ p_i, x_i, x'_i を第 i 成分とする $\mathbb{R}^n$ ベクトル
>
> $$\Longrightarrow \begin{cases} \boldsymbol{x} = B\boldsymbol{x}' + \boldsymbol{p} \\ \boldsymbol{x}' = B^{-1}(\boldsymbol{x} - \boldsymbol{p}) \end{cases} \tag{6.14}$$

写像行列　$f : \mathbb{R}^n \longrightarrow \mathbb{R}^n$ を線形写像，$B = \{\boldsymbol{b}_1, \ldots, \boldsymbol{b}_n\}$ を $\mathbb{R}^n$ の 1 組の基底，$f(\boldsymbol{b}_i)_B$ を，B に関する $f(\boldsymbol{b}_i)$ の座標ベクトルとする．このとき，

$$C := \left[f(\boldsymbol{b}_1)_B \ \cdots \ f(\boldsymbol{b}_n)_B \right] \tag{6.15}$$

を，基底 B に関する f の**写像行列**という（第 6.2 節参照）．

基底の取り換えと写像行列　A を $n \times n$ 行列，$B = \{\boldsymbol{b}_1, \ldots, \boldsymbol{b}_n\}$ を $\mathbb{R}^n$ の 1 組の基底，$\boldsymbol{x}, \boldsymbol{y}$ を $\mathbb{R}^n$ におけるベクトルとし，線形写像 $\boldsymbol{y} = A\boldsymbol{x}$ を考える（第 6.2 節）．$\mathbb{R}^n$ のベクトルの，B に関する座標ベクトルを $\boldsymbol{x}_B$ のように添字 B をつけて表すと，

$$\boldsymbol{y}_B = (A\boldsymbol{x})_B = C\boldsymbol{x}_B, \quad C := \left[(A\boldsymbol{b}_1)_B \ \cdots \ (A\boldsymbol{b}_n)_B \right] \tag{6.16a}$$

となる．また，写像行列の間に次のような関係が成り立つ（例題 6.9 参照）．

$$C = B^{-1}AB \tag{6.16b}$$

相似な行列　2 つの $n \times n$ 行列 A, C は，$C = B^{-1}AB$ が成り立つような可逆な行列 B が存在するとき，**相似**であるという．

例題 6.9　　**座標変換と写像行列**

$\boldsymbol{x} \in \mathbb{R}^n$ に対し，基底 $B = \{\boldsymbol{b}_1, \ldots, \boldsymbol{b}_n\}$ に関する座標ベクトルを $\boldsymbol{x}_B$ と表す．

(a)　$\boldsymbol{b}_1, \ldots, \boldsymbol{b}_n$ を並べた行列 $[\boldsymbol{b}_1 \ \cdots \ \boldsymbol{b}_n]$ も B で表す．$\boldsymbol{x}$ の自然基底に関する座標ベクトルも $\boldsymbol{x}$ で表すとき，$\boldsymbol{x} = B\boldsymbol{x}_B$ となることを示せ．

(b)　$\boldsymbol{x}, \boldsymbol{y} \in \mathbb{R}^n$, $A \in \mathbb{R}^{n \times n}$ として，線形写像 $\boldsymbol{y} = A\boldsymbol{x}$ がある．$\boldsymbol{x}_B$ に $\boldsymbol{y}_B$ を対応させる写像も線形写像で，その基底 B に関する写像行列 C は

$$C = [(A\boldsymbol{b}_1)_B \ \cdots \ (A\boldsymbol{b}_n)_B] = B^{-1}AB$$

となることを示せ．

【解　答】

(a)　$\boldsymbol{x} = \begin{bmatrix} x_1 \\ \vdots \\ x_n \end{bmatrix}, \boldsymbol{x}_B = \begin{bmatrix} x'_1 \\ \vdots \\ x'_n \end{bmatrix}$ とし，$\boldsymbol{e}_1, \ldots, \boldsymbol{e}_n$ を $\mathbb{R}^n$ の自然基底とすると，

$$\boldsymbol{x} = x_1\boldsymbol{e}_1 + x_2\boldsymbol{e}_2 + \cdots + x_n\boldsymbol{e}_n = x'_1\boldsymbol{b}_1 + x'_2\boldsymbol{b}_2 + \cdots + x'_n\boldsymbol{b}_n$$

ここで，各辺と $\boldsymbol{e}_i$（$1 \leqq i \leqq n$）との内積を作り，$\boldsymbol{b}_j$ の第 i 成分を b_{ij} として

$$x_i = x'_1\boldsymbol{b}_1 \cdot \boldsymbol{e}_i + x'_2\boldsymbol{b}_2 \cdot \boldsymbol{e}_i + \cdots + x'_n\boldsymbol{b}_n \cdot \boldsymbol{e}_i = \sum_{j=1}^{n} x'_j\boldsymbol{b}_j \cdot \boldsymbol{e}_i = \sum_{j=1}^{n} x'_j b_{ij}$$

これは，$B\boldsymbol{x}_B$ の第 i 成分に他ならないから，$\boldsymbol{x} = B\boldsymbol{x}_B$ が成り立つ．

(b)　自然基底で表したベクトル $\boldsymbol{x}$, $\boldsymbol{y}$ に対して $\boldsymbol{y} = A\boldsymbol{x}$ が成り立ち，(a) により $\boldsymbol{x} = B\boldsymbol{x}_B$, $\boldsymbol{y} = B\boldsymbol{y}_B$ となる．B の各列は $\mathbb{R}^n$ の基底であるから，B は可逆である．以上により $\boldsymbol{y}_B = B^{-1}AB\boldsymbol{x}$ が成り立つ．よって $C = B^{-1}AB$ である．

問　題

9.1　$\boldsymbol{x}, \boldsymbol{y} \in \mathbb{R}^2$ として，線形写像 $\boldsymbol{y} = A\boldsymbol{x}$ が定められている．次のそれぞれに対し，与えられた基底の下で，$\boldsymbol{x}$ の座標ベクトルに $\boldsymbol{y}$ の座標ベクトルを対応させる写像の写像行列を求めよ．

(a)　$A = \begin{bmatrix} 0 & 1 \\ -1 & 1 \end{bmatrix}$, 基底：$\left\{ \begin{bmatrix} 1 \\ 1 \end{bmatrix}, \begin{bmatrix} 1 \\ -1 \end{bmatrix} \right\}$

(b)　$A = \begin{bmatrix} 2 & 1 \\ 1 & 2 \end{bmatrix}$, 基底：$\left\{ \begin{bmatrix} 1 \\ 0 \end{bmatrix}, \begin{bmatrix} 1 \\ 1 \end{bmatrix} \right\}$

6.7 固有値・固有ベクトル

この節では，行列・ベクトルの成分や多項式の係数として複素数も許すものとする（複素数を成分とする行列・ベクトルについては，第 7.1 節参照）．

固有値と固有ベクトルの定義　$A \in \mathbb{C}^{n\times n}$ に対して次が成り立つとき，λ を行列 A の**固有値**，$\boldsymbol{b}$ を固有値 λ に対する行列 A の**固有ベクトル**という．

$$A\boldsymbol{b} = \lambda\boldsymbol{b} \quad (\lambda \in \mathbb{C},\ \boldsymbol{b} \in \mathbb{C}^n,\ \text{ただし } \boldsymbol{b} \neq \boldsymbol{0}) \tag{6.17}$$

特性多項式　$A \in \mathbb{C}^{n\times n}$，$E_n$ を単位行列，$\lambda \in \mathbb{C}$ として，

$$\chi_A(\lambda) = \det(A - \lambda E_n) \tag{6.18}$$

を A の（変数 λ に対する）**特性多項式**または**固有多項式**といい，$\chi_A(\lambda) = 0$ を**特性方程式**または**固有方程式**という．

特性多項式 $\chi_A(\lambda)$ の係数は A に固有のもので，基底の取り換えで変化しない．

特性方程式と固有値　行列 A の固有値は特性多項式の零点（すなわち，特性方程式の解）であり，逆もまた成り立つ．

$$\lambda \text{ が } A \text{ の固有値} \iff \chi_A(\lambda) = \det(A - \lambda E_n) = 0 \tag{6.19a}$$

固有値 λ に対する A の固有ベクトルは，同次連立方程式

$$(A - \lambda E_n)\boldsymbol{x} = \boldsymbol{0} \tag{6.19b}$$

の解として求められる．この連立方程式の解空間 $V(\lambda)$ を固有値 λ の**固有空間**という．

$$V(\lambda) := \mathrm{Kern}\,(A - \lambda E_n) = \left\{\boldsymbol{b} \,\middle|\, \boldsymbol{b} \in \mathbb{C}^n, (A - \lambda E_n)\boldsymbol{b} = \boldsymbol{0}\right\} \tag{6.19c}$$

固有値の重複度　行列 A の特性方程式 $\chi_A(\lambda) = 0$ が解 $\lambda_1, \ldots, \lambda_r$ を持つとき，解 λ_i の重複度 k_i（$1 \leqq i \leqq r$）を，固有値 λ_i の**代数的重複度**または単に**重複度**という．n 次正方行列は，代数的重複度を含めて n 個の固有値を持つ．すなわち，

$$\left.\begin{array}{l} n \text{ 次正方行列 } A \text{ の固有値が } \lambda_1, \ldots, \lambda_r \\ \lambda_i \text{ の代数的重複度が } k_i \ (i = 1, \ldots, r) \end{array}\right\} \text{ のとき，} \quad \sum_{i=1}^{r} k_i = n$$

固有値 λ の重複度が 1 であるとき，λ は代数的に**単純**である，重複度が 2 以上のとき**縮重**している，という．

行列 A の固有値 λ_i に対する固有空間の次元を，λ_i の**幾何的重複度**という．固有値 λ の幾何的重複度が 1 であるか，2 以上であるかに応じて，それぞれ固有値 λ は幾何的に単純である，幾何的に縮重しているという．一般に，代数的重複度と幾何的重複度は必ずしも一致せず，幾何的重複度は代数的重複度以下である．

固有値と固有ベクトルの性質　$A \in \mathbb{C}^{n\times n}$ とするとき，以下が成り立つ．

1. λ を A の固有値，$\boldsymbol{b}$ を A の λ に対する固有ベクトル，$p(x)$ を x の m 次多項式 $p(x) = \alpha_0 + \alpha_1 x + \cdots + \alpha_m x^m$ （$\alpha_0, \ldots, \alpha_m \in \mathbb{C}$）とするとき，行列 $p(A)$：
$$p(A) = \alpha_0 E_n + \alpha_1 A + \cdots + \alpha_m A^m \in \mathbb{C}^{n\times n}$$
は $\boldsymbol{b}$ を固有ベクトルとして持つ．これに対する固有値は，$p(\lambda)$ である．
2. A と A^{T} は同じ特性多項式を持ち，固有値も同じであるが，一般に固有空間は異なる．
3. 互いに相似な行列 A と $B^{-1}AB$（B は可逆行列）は同じ特性多項式を持ち，したがって固有値も同じである．$\boldsymbol{b}$ が A の固有ベクトルならば，$B^{-1}\boldsymbol{b}$ は $B^{-1}AB$ の固有ベクトルである．
4. すべての固有値が非零の場合に限り A は可逆である．またそのとき，λ, $\boldsymbol{b}$ を A の固有値，および固有ベクトルとすると，λ^{-1}, $\boldsymbol{b}$ はそれぞれ A^{-1} の固有値と固有ベクトルである．

固有ベクトルの線形独立性　行列 A の相異なる固有値に対する固有ベクトルは，互いに線形独立である．

$$\left.\begin{array}{l}\lambda_1, \ldots, \lambda_r \text{ は，相異なる } A \text{ の固有値} \\ \boldsymbol{b}_i \text{ は } \lambda_i \text{ に対する } A \text{ の固有ベクトル}\end{array}\right\} \Longrightarrow \boldsymbol{b}_1, \ldots, \boldsymbol{b}_r \text{ は線形独立}$$

行列の対角化　$A \in \mathbb{R}^{n\times n}$ が，必ずしも相異なってはいない固有値 $\lambda_1, \ldots, \lambda_n$ と，n 個の線形独立な固有ベクトル $\boldsymbol{b}_1, \ldots, \boldsymbol{b}_n$（$A\boldsymbol{b}_i = \lambda_i \boldsymbol{b}_i$）を持つとき，

$$B = \begin{bmatrix}\boldsymbol{b}_1 & \cdots & \boldsymbol{b}_n\end{bmatrix} \Longrightarrow B^{-1}AB = \mathrm{Diag}\,(\lambda_1, \ldots, \lambda_n) \tag{6.20}$$

の操作により A を対角行列に変換することができる[*6]．

[*6] これは全ての固有値に対して代数的重複度と幾何的重複度が一致する場合のことである．これに対して固有ベクトルの個数が n よりも小さいときは，(6.20) のように対角化することはできない．

例題 6.10 固有ベクトルの線形独立性

A は $\mathbb{C}^{n\times n}$ の行列，$\boldsymbol{b}_1,\ldots,\boldsymbol{b}_r$ は，相異なる固有値 $\lambda_1,\ldots,\lambda_r$ に属する A の固有ベクトルとする．これらが線形独立であることを示せ．

【解 答】 $\boldsymbol{b}_1,\ldots,\boldsymbol{b}_r$ が

$$c_1\boldsymbol{b}_1+\cdots+c_r\boldsymbol{b}_r=\boldsymbol{0} \qquad (*)$$

をみたすとする．両辺に左から A をかけて $A\boldsymbol{b}_i=\lambda_i\boldsymbol{b}_i$ を用いると，

$$c_1\lambda_1\boldsymbol{b}_1+\cdots+c_r\lambda_r\boldsymbol{b}_r=\boldsymbol{0} \qquad (**)$$

となる．式 $(*)$ に λ_r をかけてから式 $(**)$ を差し引いて $\boldsymbol{b}_r$ を消去すると，次式を得る．

$$c_1(\lambda_1-\lambda_r)\boldsymbol{b}_1+\cdots+c_{r-1}(\lambda_{r-1}-\lambda_r)\boldsymbol{b}_{r-1}=\boldsymbol{0} \qquad (***)$$

さらに，$(***)$ にAを左からかけた式と，$(***)$ にλ_{r-1}をかけた式から$\boldsymbol{b}_{r-1}$を消去し，

$$\sum_{j=1}^{r-2}c_j(\lambda_j-\lambda_r)(\lambda_j-\lambda_{r-1})\boldsymbol{b}_j=\boldsymbol{0}$$

が成り立つ．以下同様に，$\boldsymbol{b}_{r-2},\boldsymbol{b}_{r-3},\ldots$ の順に $\boldsymbol{b}_2$ まで消去して，

$$c_1(\lambda_1-\lambda_r)(\lambda_1-\lambda_{r-1})\cdots(\lambda_1-\lambda_2)\boldsymbol{b}_1=\boldsymbol{0}$$

を得る．$\boldsymbol{b}_1$ は固有ベクトルであるから $\boldsymbol{0}$ ではなく，$\lambda_1,\lambda_2,\ldots,\lambda_r$ は相異なるから，$c_1=0$．また，これまでに得た式から，$c_2,\ldots,c_r$ も 0 となる．したがって，$\boldsymbol{b}_1,\ldots,\boldsymbol{b}_r$ が線形独立であることが証明された．

問 題

10.1 $A\in\mathbb{C}^{n\times n}$ の固有値に関して次を示せ．

(a) A^{T} と A の固有値が同じである．

(b) λ を A の固有値，$\boldsymbol{b}$ を λ に対する A の固有ベクトル，$p(x)$ を x の多項式とする．行列 $p(A)$ は $\boldsymbol{b}$ を固有ベクトルとし，そのときの固有値は $p(\lambda)$ である．

10.2 (a) $A=\begin{bmatrix}0&1\\1&0\end{bmatrix}$ とする．A の固有値と固有ベクトルを求めよ．

(b) (a) の A に対して A^n を求めよ．

(c) (a), (b) の結果を用いて $\begin{bmatrix}3&2\\2&3\end{bmatrix}$ の固有値と固有ベクトルを求めよ．

例題 6.11 ―――― **特性方程式の不変性と行列の対角化**

A を $n \times n$ 行列，C を $n \times n$ 可逆行列とする．

(a) 特性多項式が基底の取り換えによって変化しないこと，すなわち，可逆行列 C に対して $\chi_A(\lambda) = \chi_{C^{-1}AC}(\lambda)$ を示せ．

(b) $\boldsymbol{b}$ を固有値 λ に属する A の固有ベクトルとするとき，$C^{-1}\boldsymbol{b}$ が同じ固有値に属する $C^{-1}AC$ の固有ベクトルであることを示せ．

(c) A が n 本の線形独立な固有ベクトル $\boldsymbol{b}_1, \ldots, \boldsymbol{b}_n$ をもち，

$$A\boldsymbol{b}_i = \lambda_i \boldsymbol{b}_i \quad (i = 1, \ldots, n)$$

とする．行列 $B = \begin{bmatrix} \boldsymbol{b}_1 & \cdots & \boldsymbol{b}_n \end{bmatrix}$ に対し，次が成り立つことを示せ．

$$B^{-1}AB = \mathrm{Diag}(\lambda_1, \ldots, \lambda_n)$$

【解　答】

(a) $C^{-1}AC$ の特性多項式は，

$$\begin{aligned}\chi_{C^{-1}AC}(\lambda) &= \det(C^{-1}AC - \lambda E) = \det[C^{-1}(A - \lambda E)C] \\ &= \det C^{-1} \cdot \det(A - \lambda E) \cdot \det C\end{aligned}$$

ここで，C は可逆であるから，$\det C^{-1} = (\det C)^{-1}$ である．したがって，$\chi_{C^{-1}AC}(\lambda) = \det(A - \lambda E) = \chi_A(\lambda)$ が成り立つ．

(b) $\boldsymbol{b}$ を固有値 λ に属する固有ベクトルとすると，$A\boldsymbol{b} = \lambda\boldsymbol{b}$ であるから，

$$AC \cdot C^{-1}\boldsymbol{b} = \lambda\boldsymbol{b} \implies C^{-1}AC(C^{-1}\boldsymbol{b}) = \lambda(C^{-1}\boldsymbol{b})$$

したがって，$C^{-1}\boldsymbol{b}$ は，固有値 λ に対する $C^{-1}AC$ の固有ベクトルである．

(c) $\boldsymbol{b}_1, \ldots, \boldsymbol{b}_n$ が線形独立であるから行列 B は可逆である．よって，$\{\boldsymbol{e}_1, \ldots, \boldsymbol{e}_n\}$ を $\mathbb{R}^n$ の自然基底とすれば，

$$B^{-1}B = \begin{bmatrix} B^{-1}\boldsymbol{b}_1 & B^{-1}\boldsymbol{b}_2 & \cdots & B^{-1}\boldsymbol{b}_n \end{bmatrix} = E_n \quad \text{すなわち} \quad B^{-1}\boldsymbol{b}_j = \boldsymbol{e}_j$$

となる．これにより，$B^{-1}AB \cdot B^{-1}\boldsymbol{b}_j = B^{-1}AB\boldsymbol{e}_j$ である．また，(b) の結果により，$B^{-1}\boldsymbol{b}_j$ は，固有値 λ_j に対する $B^{-1}AB$ の固有ベクトルであるから

$$B^{-1}AB \cdot B^{-1}\boldsymbol{b}_j = \lambda_j B^{-1}\boldsymbol{b}_j = \lambda_j \boldsymbol{e}_j$$

が成り立つ．$B^{-1}AB \cdot B^{-1}\boldsymbol{b}_j$ すなわち $B^{-1}AB\boldsymbol{e}_j$ は $B^{-1}AB$ の第 j 列を抜き出したものであるから，$B^{-1}AB = \mathrm{Diag}(\lambda_1, \ldots, \lambda_n)$ が成り立つことがわかった．

問題

11.1 次の行列 A の固有値と固有ベクトルを求め，可能ならば対角化せよ．

(a) $A = \begin{bmatrix} 4 & 2 & -5 \\ -1 & 1 & 1 \\ 2 & 2 & -3 \end{bmatrix}$ (b) $A = \begin{bmatrix} 3 & 1 & -3 \\ -1 & 1 & 1 \\ 1 & 1 & -1 \end{bmatrix}$

(c) $A = \begin{bmatrix} 2 & 1 & 1 \\ 1 & 2 & 1 \\ -1 & -1 & 0 \end{bmatrix}$ (d) $A = \begin{bmatrix} 0 & -1 & -2 \\ -3 & -2 & -6 \\ 2 & 2 & 5 \end{bmatrix}$

行列でない場合の固有値問題

本章では主に行列と列ベクトルの場合を考えているが，これに限らず，ベクトル空間 V の要素に作用する線形写像 L があって，ある $v \in V$ に対して

$$Lv = \lambda v \quad (\lambda \text{ は定数，} v \text{ は零要素ではない}) \qquad (*)$$

が成り立つとき，λ を L の固有値という．v は，固有ベクトルと呼ぶほか，固有値 λ に属する固有元ということもある．行列と列ベクトル以外の例としては，V として適当な関数の集合，L として微分演算子，たとえば

$$\frac{d^2y}{dx^2} = \lambda y \qquad (**)$$

のようなものがある．このように V として関数の集合を考えている場合，固有ベクトルを特に固有関数という．ある固有値に属する固有空間や固有値の重複度などの概念は，行列と列ベクトルの例をそのまま一般の場合にあてはめることができる．

上記の (**) のような例は，振動の問題などによく現れる（$\lambda = -\omega^2$ の場合は，1 次元調和振動の運動方程式そのものである）．その場合，通常は考えている問題に合わせて付加的な条件がつくことが多い．式 (**) が楽器の弦などの 1 次元的な振動の問題を表しているとすると，端点 $x = a, b$ で振動体が固定されているときは $y(a) = 0$, $y(b) = 0$ が成り立たなければならない．このような場合，付加条件を考慮した上で固有値を求めることになる．

解析しようとしている系で (*) や (**) のような線形の関係式がモデルとして得られた場合，固有値問題の考察は不可欠である．ある固有値に属する固有空間は線形部分空間であるから，決まった λ のもとでは，固有ベクトルの線形結合で系を表すことができるからである.（ただし，すべての固有値の固有ベクトルだけで任意のベクトルが表現できるかどうかは別途考察を要する重要な問題である.）振動の問題では，固有値は固有振動数と呼ばれるもので，振動の解析に重要なものとなっている．

例題 6.12　　固有値と固有ベクトル

次の行列 A について，固有値とその固有空間を求めよ．

(a) $A = \begin{bmatrix} 1 & 1 & -1 \\ -1 & 3 & -1 \\ -1 & 1 & 1 \end{bmatrix}$　　(b) $A = \begin{bmatrix} 5 & 3 & 2 \\ -3 & -1 & -2 \\ -1 & -1 & 1 \end{bmatrix}$

【解　答】　以下，固有ベクトルを $\boldsymbol{a}$, その第 i 成分を a_i と表す．

(a)　与えられた行列の特性多項式は，

$$|A - \lambda E_3| = \begin{vmatrix} 1-\lambda & 1 & -1 \\ -1 & 3-\lambda & -1 \\ -1 & 1 & 1-\lambda \end{vmatrix} = \begin{vmatrix} 1-\lambda & 1 & -1 \\ -2+\lambda & 2-\lambda & 0 \\ -1+(1-\lambda)^2 & 2-\lambda & 0 \end{vmatrix}$$
$$= -\begin{vmatrix} \lambda-2 & 2-\lambda \\ \lambda(\lambda-2) & 2-\lambda \end{vmatrix} = (\lambda-2)^2 \begin{vmatrix} 1 & 1 \\ \lambda & 1 \end{vmatrix}$$
$$= -(\lambda-1)(\lambda-2)^2$$

よって，固有値は $\lambda = 1, \lambda = 2$（重根）である．

- $\lambda = 1$ のとき

　方程式 $(A - E_3)\boldsymbol{x} = \boldsymbol{0}$ の係数行列を基本行変形すると，

$$A - E_3 = \begin{bmatrix} 0 & 1 & -1 \\ -1 & 2 & -1 \\ -1 & 1 & 0 \end{bmatrix} \longrightarrow \begin{bmatrix} -1 & 1 & 0 \\ 0 & 1 & -1 \\ 0 & 1 & -1 \end{bmatrix} \longrightarrow \begin{bmatrix} -1 & 1 & 0 \\ 0 & 1 & -1 \\ 0 & 0 & 0 \end{bmatrix}$$

したがって $a_1 = a_2 = a_3 = \alpha$ となるので，固有値 1 に対する固有空間は，
$\begin{bmatrix} 1 \\ 1 \\ 1 \end{bmatrix}$ の定数倍で与えられるベクトル全体である．

- $\lambda = 2$ のとき

　$(A - 2E_3)\boldsymbol{a} = \boldsymbol{0}$ の係数行列を基本行変形して，

$$A - 2E_3 = \begin{bmatrix} -1 & 1 & -1 \\ -1 & 1 & -1 \\ -1 & 1 & -1 \end{bmatrix} \longrightarrow \begin{bmatrix} -1 & 1 & -1 \\ 0 & 0 & 0 \\ 0 & 0 & 0 \end{bmatrix}$$

したがって，α, β を実数とすれば，$a_1 = \alpha - \beta, a_2 = \alpha, a_3 = \beta$ となり，固

有ベクトルは一般に $\begin{bmatrix} \alpha-\beta \\ \alpha \\ \beta \end{bmatrix}$ で与えられる．よって，この場合の固有空間は $\begin{bmatrix} 1 \\ 1 \\ 0 \end{bmatrix}, \begin{bmatrix} -1 \\ 0 \\ 1 \end{bmatrix}$ の線形結合で表されるベクトル全体である．

以上により，固有値と固有空間は次の通りである．

$$\text{固有値 } 1, \text{ 固有空間 } : \left\{ \alpha \begin{bmatrix} 1 \\ 1 \\ 1 \end{bmatrix} \middle| \alpha \in \mathbb{R} \right\}$$

$$\text{固有値 } 2, \text{ 固有空間 } : \left\{ \alpha \begin{bmatrix} 1 \\ 1 \\ 0 \end{bmatrix} + \beta \begin{bmatrix} -1 \\ 0 \\ 1 \end{bmatrix} \middle| \alpha, \beta \in \mathbb{R} \right\}$$

(b) 行列 A の特性多項式を求めて，

$$|A-\lambda E_3| = \begin{vmatrix} 5-\lambda & 3 & 2 \\ -3 & -1-\lambda & -2 \\ -1 & -1 & 1-\lambda \end{vmatrix} = \begin{vmatrix} 2-\lambda & 2-\lambda & 0 \\ -3 & -1-\lambda & -2 \\ -1 & -1 & 1-\lambda \end{vmatrix}$$

$$= (2-\lambda) \begin{vmatrix} 1 & 1 & 0 \\ -3 & -1-\lambda & -2 \\ -1 & -1 & 1-\lambda \end{vmatrix} = (2-\lambda) \begin{vmatrix} 1 & 0 & 0 \\ -3 & 2-\lambda & -2 \\ -1 & 0 & 1-\lambda \end{vmatrix}$$

$$= (1-\lambda)(2-\lambda)^2$$

よって，固有値は $\lambda=1, \lambda=2$（重根）である．

- $\lambda=1$ のとき

行列 $A-E_3$ を基本行変形によって行階段型にすると，

$$A-E_3 = \begin{bmatrix} 4 & 3 & 2 \\ -3 & -2 & -2 \\ -1 & -1 & 0 \end{bmatrix} \longrightarrow \begin{bmatrix} 1 & 1 & 0 \\ 0 & -1 & 2 \\ 0 & 1 & -2 \end{bmatrix} \longrightarrow \begin{bmatrix} 1 & 1 & 0 \\ 0 & 1 & -2 \\ 0 & 0 & 0 \end{bmatrix}$$

のようになるから，$(A-E_3)\boldsymbol{a}=\boldsymbol{0}$ の解は $a_1=2\alpha,\ a_2=-2\alpha,\ a_3=-\alpha$ である．よって，固有空間は 1 つのベクトル $\begin{bmatrix} 2 \\ -2 \\ -1 \end{bmatrix}$ で生成されるベクトル空間

である．

- $\lambda = 2$ のとき

行列 $A - 2E_3$ を基本行変形によって変形して，

$$A - 2E_3 = \begin{bmatrix} 3 & 3 & 2 \\ -3 & -3 & -2 \\ -1 & -1 & -1 \end{bmatrix} \longrightarrow \begin{bmatrix} 1 & 1 & 1 \\ 0 & 0 & 1 \\ 0 & 0 & 0 \end{bmatrix}$$

を得る．連立方程式 $(A - 2E_3)\boldsymbol{a} = \boldsymbol{0}$ の解は，$a_1 = \alpha$, $a_2 = -\alpha$, $a_3 = 0$ であるから，この場合の固有空間は，$\begin{bmatrix} 1 \\ -1 \\ 0 \end{bmatrix}$ で生成されるベクトル空間である．

以上から，固有値と固有空間は次の通りとなる．

$$\text{固有値 1, 固有空間}\ :\left\{ \begin{bmatrix} x \\ y \\ z \end{bmatrix} = \alpha \begin{bmatrix} 2 \\ -2 \\ -1 \end{bmatrix},\ \alpha \in \mathbb{R} \right\}$$

$$\text{固有値 2, 固有空間}\ :\left\{ \begin{bmatrix} x \\ y \\ z \end{bmatrix} = \alpha \begin{bmatrix} 1 \\ -1 \\ 0 \end{bmatrix} \alpha \in \mathbb{R} \right\}$$

問　題

12.1 次の行列の固有値と固有ベクトルおよび固有空間を求めよ．

(a) $\begin{bmatrix} 2 & 1 \\ 1 & 0 \end{bmatrix}$　(b) $\begin{bmatrix} 3 & 1 \\ -1 & 1 \end{bmatrix}$　(c) $\begin{bmatrix} 0 & 1 \\ -1 & 0 \end{bmatrix}$

12.2 次の A に対し，A と A^{T} の固有空間を比較せよ．

(a) $A = \begin{bmatrix} 2 & 1 \\ 0 & 1 \end{bmatrix}$　(b) $A = \begin{bmatrix} 1 & 1 \\ 0 & 1 \end{bmatrix}$　(c) $A = \begin{bmatrix} 1 & 1 & 1 \\ 0 & 1 & 0 \\ 0 & 1 & 2 \end{bmatrix}$

12.3 $n \times n$ 行列 A の固有値を $\lambda_1, \ldots, \lambda_n$（重複を許す）とするとき，以下を示せ．

(a) $\det A = \lambda_1 \lambda_2 \cdots \lambda_n = \prod_{j=1}^{n} \lambda_j$　(b) $\mathrm{Tr}\, A = \lambda_1 + \lambda_2 + \cdots + \lambda_n = \sum_{j=1}^{n} \lambda_j$

第 6 章演習問題

1. 次の行列の固有値と固有ベクトルを求めよ．

(a) $\begin{bmatrix} \cos\alpha & \sin\alpha \\ \sin\alpha & -\cos\alpha \end{bmatrix}$　(b) $\begin{bmatrix} \cosh\alpha & \sinh\alpha \\ \sinh\alpha & \cosh\alpha \end{bmatrix}$

2. $\mathbb{R}^n$ の部分空間 W の任意の要素に，行列 $A \in \mathbb{R}^{n\times n}$ を乗じたものが常に W に属すとき，W は A に関して不変な部分空間である，または A-不変であるという．

(a) $\mathbb{R}^n$ と $\{\mathbf{0}\}$（$\mathbf{0}$ は $\mathbb{R}^n$ の零ベクトル）は任意の $n\times n$ 行列に関して不変部分空間であることを示せ．

(b) $n\times n$ 行列 A の固有空間は，A の不変部分空間であることを示せ．A の不変部分空間は固有空間であるといえるかどうか調べよ．

3. V を x の 3 次以下の多項式の集合で，基底 B を次の通りとする．

$$B = \left\{1, x, 3x^2-1, 5x^3-3x\right\}$$

この基底に関する座標写像に対する $\boldsymbol{v} = \sum_{j=0}^{3} a_j x^j \in V$ の像を求めよ．

4. $\boldsymbol{x} := [x_i]$ を $\mathbb{R}^n$ のベクトル，$f_1(\boldsymbol{x}), \ldots, f_n(\boldsymbol{x})$ をそれぞれ n 変数の実数値関数とする．$\boldsymbol{x}$ を $[f_1(\boldsymbol{x}), \cdots, f_n(\boldsymbol{x})]$ に写す写像 f が線形写像であるときは，各 f_i がすべての変数に対して偏微分可能で，かつ 1 次の同次式であることを示せ．

5. 3 次元空間において，平面 $\boldsymbol{a}\cdot\boldsymbol{x} = 0$（$\boldsymbol{a} \neq 0$）に関する鏡像を s_3 とする．

(a) $s_3(\boldsymbol{x}) = \boldsymbol{x} - \dfrac{2(\boldsymbol{x}\cdot\boldsymbol{a})}{|\boldsymbol{a}|^2}\boldsymbol{a}$ を示し，s_3 が線形写像であることを確かめよ．

(b) s_3 の自然基底に関する写像行列 S_3 を求めよ．

(c) S_3 の行列式の値および固有値を求めよ．

(d) 2 次元平面上において，原点を通り，$\boldsymbol{b}$（$\boldsymbol{b} \neq \mathbf{0}$）に平行な直線に関する鏡像を s_2 とする．s_2 の自然基底に関する写像行列 S_2 を求めよ．

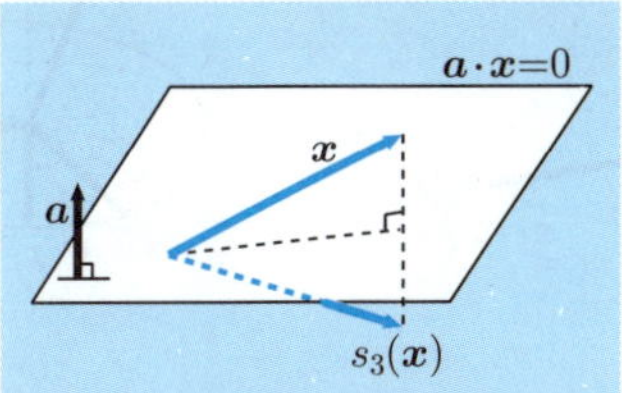

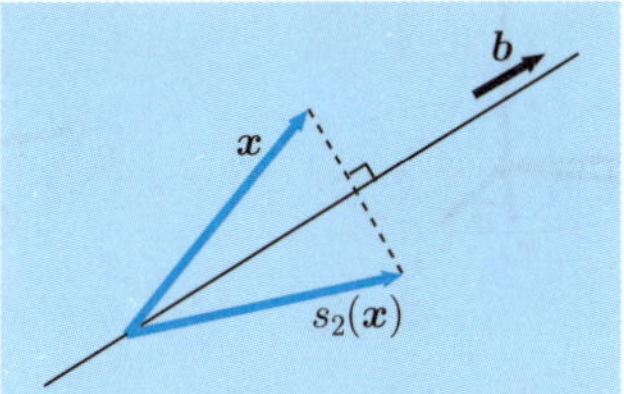

6. 2次元平面上で原点を中心として角 φ だけ回転する写像の自然基底に関する写像行列 D を求めよ．また，D の固有値と固有ベクトルを求めよ．

7. 3次元空間において，$\boldsymbol{a}$ $(\boldsymbol{a} \neq \boldsymbol{0})$ のまわりに角 φ だけ回転する写像を d_φ とする（角の測り方は，$\boldsymbol{a}$ の終点から始点を見て反時計回りとなる向きを正とする）．d_φ が線形写像であることを使って，次の各問に答えよ．

(a) $\boldsymbol{t} \perp \boldsymbol{a}, \boldsymbol{t} \neq \boldsymbol{0}$ とする．$d_\varphi(\boldsymbol{t}) = \cos\varphi\, \boldsymbol{t} + \dfrac{\sin\varphi}{|\boldsymbol{a}|}\boldsymbol{a} \times \boldsymbol{t}$ となることを示せ．

(b) 任意の $\boldsymbol{x} \in \mathbb{R}^3$ に対して，

$$d_\varphi(\boldsymbol{x}) = \cos\varphi\, \boldsymbol{x} + (1-\cos\varphi)\frac{\boldsymbol{a}\cdot\boldsymbol{x}}{|\boldsymbol{a}|^2}\boldsymbol{a} + \frac{\sin\varphi}{|\boldsymbol{a}|}\boldsymbol{a} \times \boldsymbol{x}$$

となることを示せ．

(c) d_φ の自然基底に関する写像行列 D を求めよ．

(d) D が直交行列で，$\det D = 1$ であることを示せ．

8. 3次元空間において，x_1, x_2, x_3 軸方向への単位ベクトルをそれぞれ $\boldsymbol{e}_1, \boldsymbol{e}_2, \boldsymbol{e}_3$ とし，この座標系における点 X の座標を (x_1, x_2, x_3) と表す．以下，原点 O は常に固定されているとして，この空間における座標変換について，次のそれぞれに答えよ．回転の向きは図に示す通りとする．

(a) x_3 軸を固定し，その正の方向から見て x_1, x_2 軸を角 φ 回転して，$\boldsymbol{e}_1, \boldsymbol{e}_2, \boldsymbol{e}_3$ から，別の正規直交基底 $\boldsymbol{e}'_1, \boldsymbol{e}'_2, \boldsymbol{e}'_3$ が得られたとするとき，これらの間の関係と，座標系 $(\mathrm{O}; \boldsymbol{e}'_1, \boldsymbol{e}'_2, \boldsymbol{e}'_3)$ における点 X の座標 (x'_1, x'_2, x'_3) を求めよ．

(b) (a) に引き続き，x'_2 軸を固定して，その正の方向から見て角 θ 回転して座標 (x''_1, x''_2, x''_3) を得たとする．$\boldsymbol{e}''_1, \boldsymbol{e}''_2, \boldsymbol{e}''_3$ と $\boldsymbol{e}'_1, \boldsymbol{e}'_2, \boldsymbol{e}'_3$ との関係，および $\boldsymbol{e}''_1, \boldsymbol{e}''_2, \boldsymbol{e}''_3$ と $\boldsymbol{e}_1, \boldsymbol{e}_2, \boldsymbol{e}_3$ との関係を求めよ．

(c) さらに，(a) と同様に x''_3 軸を固定して角 ψ の回転を行い，新しい座標

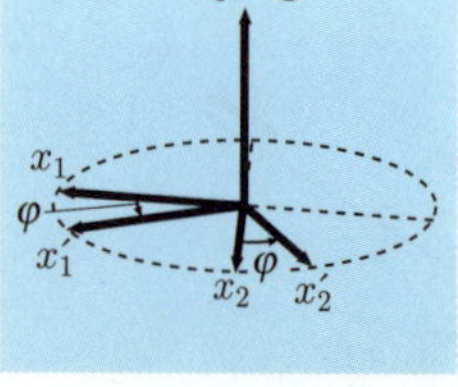

(a)

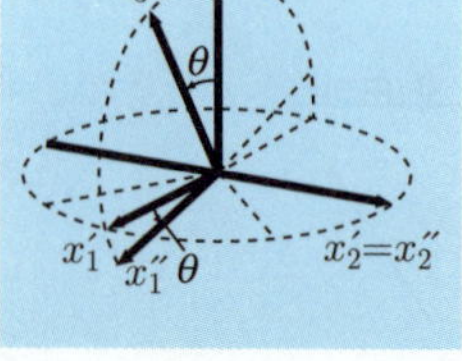

(b)

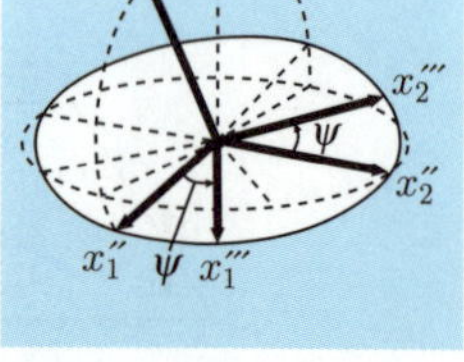

(c)

系 $(\mathrm{O}; \boldsymbol{e}_1''', \boldsymbol{e}_2''', \boldsymbol{e}_3''')$ を得たとする．各軸方向の単位ベクトル $\boldsymbol{e}_1''', \boldsymbol{e}_2''', \boldsymbol{e}_3'''$ を $\boldsymbol{e}_1, \boldsymbol{e}_2, \boldsymbol{e}_3$ で表せ．この座標系に関する座標を (x_1''', x_2''', x_3''') とするとき，ベクトル $\boldsymbol{x} = \begin{bmatrix} x_1 \\ x_2 \\ x_3 \end{bmatrix}$ に $\boldsymbol{x}''' = \begin{bmatrix} x_1''' \\ x_2''' \\ x_3''' \end{bmatrix}$ を対応させる写像の写像行列を求めよ．

9. 3 次元空間で，$\boldsymbol{x}$ を x 軸のまわりに角 α だけ回転する写像を $d_{x;\alpha}$, z 軸のまわりに角 β だけ回転する写像を $d_{z;\beta}$ とする．これらの合成 $d_{z;\beta}d_{x;\alpha}$ の写像行列を求めよ．$d_{z;\beta}d_{x;\alpha} = d_{x;\alpha}d_{z;\beta}$ となるのはどのような場合か調べよ．

10. 3 次元空間で固定された単位ベクトル $\boldsymbol{a}$ のまわりの角 θ だけの回転を $d_{\boldsymbol{a};\theta}$ と書くことにすると，7. で求めたように，

$$d_{\boldsymbol{a};\theta}(\boldsymbol{x}) = \cos\theta\,\boldsymbol{x} + (1 - \cos\theta)(\boldsymbol{a}\cdot\boldsymbol{x})\,\boldsymbol{a} + \sin\theta\,\boldsymbol{a}\times\boldsymbol{x}$$

となる．次のそれぞれに答えよ．

(a) 回転角 θ が微小で，その高次の項が無視できるとしたとき，この回転の下での $\boldsymbol{x}$ の変化 $r(\boldsymbol{x}) := d_{\boldsymbol{a};\theta}(\boldsymbol{x}) - \boldsymbol{x}$ を求めよ．

(b) 微小角の回転 $d_{\boldsymbol{a};\theta}$, $d_{\boldsymbol{b};\varphi}$ を連続して行ったとき，$d_{\boldsymbol{b};\varphi}(d_{\boldsymbol{a};\theta}(\boldsymbol{x})) - \boldsymbol{x}$ を求め，これが $d_{\boldsymbol{a};\theta}$, $d_{\boldsymbol{b};\varphi}$ の作用の順序によらないことを示せ．

(c) (a) の結果において，t を時間変数，$\theta = \omega t$（ω は定数）として $t = 1$ を代入すると，$r(\boldsymbol{x})$ は，$t = 0$ における速度ベクトル $\boldsymbol{v}$ に等しい．$\boldsymbol{p} := \omega\boldsymbol{a}$ とおいたとき，$\boldsymbol{x}$ に対して $\boldsymbol{v}$ を対応させる写像を，$\boldsymbol{p}$ を回転軸とする無限小回転という．$\boldsymbol{p} = \begin{bmatrix} p_i \end{bmatrix}_{3\times 1}$ と座標成分表示するとして，この無限小回転の，自然基底に関する写像行列 $R(\boldsymbol{p})$ を求めよ．

(d) $\boldsymbol{p}_1 \times \boldsymbol{p}_2$ を回転軸とする無限小回転の，自然基底に関する写像行列 $R(\boldsymbol{p}_1 \times \boldsymbol{p}_2)$ を求めよ．

11. $P_1, \ldots, P_m$ は $\mathbb{R}^{n\times n}$ の正方行列で，各 P_i は $P_i^2 = P_i$, $P_i^{\mathrm{T}} = P_i$ をみたすものとし，$A_i := \left\{P_i\boldsymbol{x},\ \boldsymbol{x} \in \mathbb{R}^n\right\}$ と定める．

(a) $P := P_iP_j$ が $P^2 = P$ かつ $P^{\mathrm{T}} = P$ をみたすための必要十分条件は何か．

(b) $\boldsymbol{x} \in A_i$ に対して，$P_i\boldsymbol{x} = \boldsymbol{x}$ であることを示せ．

(c) $A_i \subset A_j$ となるための必要十分条件は，$P_jP_i = P_i$ であることを示せ．

(d) 異なる A_i, A_j に対し，任意の $\boldsymbol{x} \in A_i$, $\boldsymbol{y} \in A_j$ が互いに直交するための必要十分条件は，$P_iP_j = O$ であることを示せ．

12. $\mathbb{R}$ ベクトル空間 V から部分空間 W への射影を表す写像行列を P, $W^{\perp}$ への射影を表す写像行列を Q とする．次のそれぞれを示せ．

(a)　P, Q の固有値は 0 または 1　　　(b)　$PQ = QP = O$

(c)　任意の $\boldsymbol{x} \in V$ に対して $P\boldsymbol{x} + Q\boldsymbol{x} = \boldsymbol{x}$

13. ベクトル空間 V が $V = W_1 \oplus \cdots \oplus W_k$ と直和分解されるとする．$\boldsymbol{x} \in V$ を

$$\boldsymbol{x} = \boldsymbol{x}_1 + \cdots + \boldsymbol{x}_k, \quad \boldsymbol{x}_i \in W_i, \ (i = 1, \ldots, k) \qquad (*)$$

のように分解したとき，$\boldsymbol{x}$ に対して $\boldsymbol{x}_i$ を対応させる写像の写像行列を F_i とする．

(a)　$F_1 + \cdots + F_n = E$ を示せ．

(b)　$F_i^2 = F_i$ および $F_iF_j = O$ $(i \neq j)$ を示せ．

(c)　$k = 2$ で $W_2 = W_1^{\perp}$ となるとき（すなわち $V = W \oplus W^{\perp}$ のように分解するとき），F_1, F_2 は対称行列であることを示せ．

14. $[-1, 1]$で定義された実多項式全体からなるベクトル空間をVとし，その基底B

$$B := \left\{ x^n \,\middle|\, n = 0, 1, 2, \ldots \right\}$$

を考える．$f, g \in V$ に対して $(f, g) := \displaystyle\int_{-1}^{1} f(x)g(x)\,dx$ が V における内積の条件をみたすことを示し，この内積を用いて基底 B を次数の低い順に 5 次まで正規直交化せよ．

大陸流とイギリス流

問題 8.（146 ページ）において，座標系の回転を表現するのに 3 つの回転を組み合わせた．このときの回転角 (φ, θ, ψ) はオイラー角と呼ばれ，剛体の回転運動などを解析するためになくてはならないものである．

さて，オイラー角の導入に際し，問題中では 2 番目の回転を x_2' のまわりで行った．これはイギリス式の表現で，日本では通常採用されているものであるが，欧州大陸では第 2 の回転を x_1' で行う（下図参照）．この結果，回転を表す行列が異なってしまう．

このような例は，特に原書などを読む場合につまづきやすいところである．少し話が異なるが，ドイツ語で書かれた古い数学の本には左手系の座標を用いた本があるらしく，学生時代，原書を読まないように指示されたことがある．

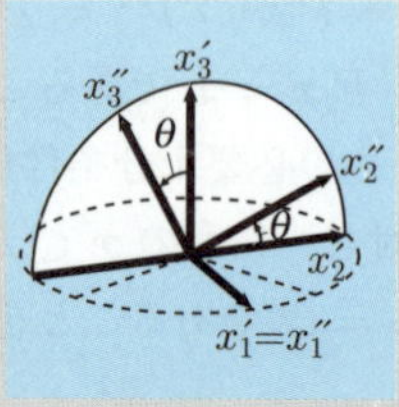

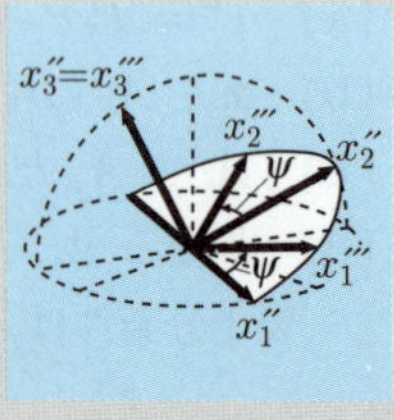

7 重要な正方行列と行列の標準化

この章では，行列の成分として複素数も許し，$z \in \mathbb{C}$ の複素共役を $\bar{z}$ と表す．

7.1 複素行列に関する一般的な話題

複素行列に関する一般的な計算規則　成分が複素数の行列に対して，行列の等式，加減，乗法，定数倍，転置は，実数を成分とする行列の場合と全く同様に定義される．成分が複素数のベクトルは，列ベクトルは $\mathbb{C}^{n\times 1}$，行ベクトルは $\mathbb{C}^{1\times n}$ の行列として計算規則を定義する．

1. $A = B \iff A, B$ が同じ型で，すべての成分に対して $a_{ij} = b_{ij}$
2. A, B が同じ型のときにのみ A と B の和・差が定義され，

$$A := \begin{bmatrix} a_{ij} \end{bmatrix}, B := \begin{bmatrix} b_{ij} \end{bmatrix} \in \mathbb{C}^{m\times n} \implies A \pm B := \begin{bmatrix} a_{ij} \pm b_{ij} \end{bmatrix}$$

3. $\lambda \in \mathbb{C}, A := \begin{bmatrix} a_{ij} \end{bmatrix} \in \mathbb{C}^{m\times n} \implies \lambda A := \begin{bmatrix} \lambda a_{ij} \end{bmatrix}$
4. A の列数と B の行数が等しい場合のみ積 AB が定義され，

$$A := \begin{bmatrix} a_{ij} \end{bmatrix} \in \mathbb{C}^{m\times n},\ B := \begin{bmatrix} b_{ij} \end{bmatrix} \in \mathbb{C}^{n\times r} \text{ のとき，} AB \in \mathbb{C}^{m\times r} \text{ で，}$$
$$AB \text{ の第 } (i,j) \text{ 成分} := \sum_{k=1}^{n} a_{ik} b_{kj} \tag{7.1}$$

5. $A \in \mathbb{C}^{m\times n}$ の第 i 列を $\boldsymbol{s}_i$，第 i 行を $\boldsymbol{z}_i^{\mathrm{T}}$ とし，$\boldsymbol{x} := \begin{bmatrix} x_i \end{bmatrix} \in \mathbb{C}^{n\times 1}$，$\boldsymbol{y}^{\mathrm{T}} := \begin{bmatrix} y_i \end{bmatrix} \in \mathbb{C}^{1\times m}$ とすれば，

$$A\boldsymbol{x} = \sum_{i=1}^{n} x_i \boldsymbol{s}_i, \quad \boldsymbol{y}^{\mathrm{T}} A = \sum_{i=1}^{m} y_i \boldsymbol{z}_i^{\mathrm{T}}$$

6. $A := \begin{bmatrix} a_{ij} \end{bmatrix} \in \mathbb{C}^{m\times n} \implies A^{\mathrm{T}} = \begin{bmatrix} a_{ji} \end{bmatrix} \in \mathbb{C}^{n\times m}$

行列の複素共役　$A \in \mathbb{C}^{m\times n}$ の各成分を複素共役に置き換えた行列を $\bar{A}$ と書く．

$$A := \begin{bmatrix} a_{ij} \end{bmatrix}_{m\times n} \implies \bar{A} := \begin{bmatrix} \bar{a}_{ij} \end{bmatrix}_{m\times n} \in \mathbb{C}^{m\times n} \tag{7.2}$$

$\bar{A}$ を A の**共役行列**ということもある．

随伴行列　　$m \times n$ 複素行列 $A := \left[a_{ij}\right]_{m\times n}$ に対して

$$A^* := \bar{A}^{\mathrm{T}} \ (\text{または } \overline{A^{\mathrm{T}}}) = \begin{bmatrix} \bar{a}_{11} & \bar{a}_{21} & \cdots & \bar{a}_{m1} \\ \bar{a}_{12} & \bar{a}_{22} & \cdots & \bar{a}_{m2} \\ \vdots & \vdots & \ddots & \vdots \\ \bar{a}_{1n} & \bar{a}_{2n} & \cdots & \bar{a}_{mn} \end{bmatrix} \in \mathbb{C}^{n\times m} \tag{7.3}$$

で定められる行列 A^* を，A の**随伴行列**または**エルミート共役行列**という．この他に**エルミート転置行列**，**共役転置行列**ということもある．

行列の複素共役および随伴行列に関する性質　　行列の複素共役および随伴に対して次のような性質が成り立つ．

A, B を複素行列，λ を複素数として，

1. $A+B$ が定義できれば，$\overline{A+B} = \bar{A}+\bar{B}$, $(A+B)^* = A^* + B^*$
2. AB が定義できれば，$\overline{AB} = \bar{A}\bar{B}$, $(AB)^* = B^*A^*$
3. $\overline{\lambda A} = \bar{\lambda}\bar{A}$, $(\lambda A)^* = \bar{\lambda}A^*$
4. A が実行列ならば，$\bar{A} = A$, $A^* = A^{\mathrm{T}}$　　(7.4)
5. A が正方行列ならば，$\det A^{\mathrm{T}} = \det A$, $\det \bar{A} = \det A^* = \overline{\det A}$
6. A が正方行列で固有値 λ を持つとき，$\bar{A}$, A^* はいずれも $\bar{\lambda}$ を固有値とする

複素ベクトル空間　　実ベクトル空間を複素数に拡張したものを**複素ベクトル空間**という．すなわち，ある集合 V が複素ベクトル空間であるとは，

1. $\boldsymbol{a}, \boldsymbol{b} \in V$ に対して $\boldsymbol{a}+\boldsymbol{b}$ が定義され，$\boldsymbol{a}+\boldsymbol{b} \in V$ であって，
   a. $\boldsymbol{a}, \boldsymbol{b} \in V$ に対して $\boldsymbol{a}+\boldsymbol{b} = \boldsymbol{b}+\boldsymbol{a}$ が成り立つ
   b. $\boldsymbol{a}, \boldsymbol{b}, \boldsymbol{c} \in V$ に対して $\boldsymbol{a}+(\boldsymbol{b}+\boldsymbol{c}) = (\boldsymbol{a}+\boldsymbol{b})+\boldsymbol{c}$ が成り立つ
   c. 零ベクトルが存在する
   d. 任意の $\boldsymbol{a} \in V$ に対して逆ベクトルが存在する
2. $\boldsymbol{a} \in V$, $\lambda \in \mathbb{C}$ に対して $\lambda\boldsymbol{a}$ が定義され，$\lambda\boldsymbol{a} \in V$ であって，
   a. $\boldsymbol{a} \in V$ に対して $1\boldsymbol{a} = \boldsymbol{a}$
   b. $\boldsymbol{a} \in V$, $\lambda, \mu \in \mathbb{C}$ に対して $\lambda(\mu\boldsymbol{a}) = (\lambda\mu)\boldsymbol{a}$
   c. $\boldsymbol{a}, \boldsymbol{b} \in V$, $\lambda \in \mathbb{C}$ に対して $\lambda(\boldsymbol{a}+\boldsymbol{b}) = \lambda\boldsymbol{a}+\lambda\boldsymbol{b}$
   d. $\boldsymbol{a} \in V$, $\lambda, \mu \in \mathbb{C}$ に対して $(\lambda+\mu)\boldsymbol{a} = \lambda\boldsymbol{a}+\mu\boldsymbol{a}$

が成り立つことをいう．$m \times n$ 複素行列全体 $\mathbb{C}^{m\times n}$ や列ベクトル全体 $\mathbb{C}^n$, 行ベクトル全体 $\mathbb{C}_n$ は，実数の場合と同様に複素ベクトル空間をなす．

部分空間，和空間，直和などの概念や，複素ベクトル空間における線形写像などは，実ベクトル空間に対する場合と全く同様にして定義される．

複素ベクトルの内積と直交性　ベクトル $\boldsymbol{a}, \boldsymbol{b} \in \mathbb{C}^n$ に対し，内積 $\boldsymbol{a} \cdot \boldsymbol{b}$ を

$$\boldsymbol{a} \cdot \boldsymbol{b} := \boldsymbol{a}^* \boldsymbol{b} = \sum_{i=1}^{n} \bar{a}_i b_i \tag{7.5}$$

で定義する[*1]．内積は複素数値をとり，次の性質を持つ．

$$\begin{array}{ll} 1. & \boldsymbol{a} \cdot \boldsymbol{a} \geqq 0,\ \text{等号は}\ \boldsymbol{a} = \boldsymbol{0}\ \text{の場合にのみ成り立つ} \\ 2. & \boldsymbol{b} \cdot \boldsymbol{a} = \overline{\boldsymbol{a} \cdot \boldsymbol{b}} \\ 3. & \beta, \gamma \in \mathbb{C}\ \text{に対し，}\ \boldsymbol{a} \cdot (\beta \boldsymbol{b} + \gamma \boldsymbol{c}) = \beta \boldsymbol{a} \cdot \boldsymbol{b} + \gamma \boldsymbol{a} \cdot \boldsymbol{c} \end{array} \tag{7.6}$$

2 つの複素ベクトル $\boldsymbol{a}, \boldsymbol{b} \in \mathbb{C}^n$ が直交するとは，$\boldsymbol{a} \cdot \boldsymbol{b} = 0$ であることをいう．

複素ベクトル空間における射影　V を複素ベクトル空間，W をその部分空間，$W^\perp$ を W の直交補空間として，$\boldsymbol{x} \in V$ を $\boldsymbol{x} = \boldsymbol{x}_1 + \boldsymbol{x}_2$ $(\boldsymbol{x}_1 \in W,\ \boldsymbol{x}_2 \in W^\perp)$ のように分解する．$\boldsymbol{x}$ に対して $\boldsymbol{x}_1$ を対応させる写像 p を，V から W への射影という．射影 p の写像行列を P とすると，次が成り立つ．

$$P^2 = P, \quad P^* = P \tag{7.7}$$

一般に，$V = W_1 \oplus \cdots \oplus W_k$ であるとき，$\boldsymbol{x} \in V$ を $\boldsymbol{x} = \boldsymbol{x}_1 + \cdots + \boldsymbol{x}_k$ $(\boldsymbol{x}_i \in W_i)$ のように分解し，$\boldsymbol{x}$ に $\boldsymbol{x}_i$ を対応させる写像 f_i は線形写像である．f_i の写像行列を F_i とすれば，実ベクトル空間での場合と同様，

$$F_i^2 = F_i, \quad F_i F_j = O\ (i \neq j), \quad F_1 + \cdots + F_k = E\ (\text{単位行列})$$

となる．しかし，一般に $F_i^* = F_i$ が成り立つとは限らない．

---

*1 これ以外にも $\boldsymbol{a} \cdot \boldsymbol{b} := \boldsymbol{a}^{\mathrm{T}} \bar{\boldsymbol{b}} = \sum_{i=1}^{n} a_i \bar{b}_i$ と定義する流儀もある．数学ではこのように定義することが多く，物理や工学では (7.5) の定義を採用することが多い．このように定義する場合には，(7.6) の第 3 項は「$\alpha, \beta \in \mathbb{C}$ に対し，$(\alpha \boldsymbol{a} + \beta \boldsymbol{b}) \cdot \boldsymbol{c} = \alpha \boldsymbol{a} \cdot \boldsymbol{c} + \beta \boldsymbol{b} \cdot \boldsymbol{c}$」に置き換えられる．どちらの定義を用いてもよいが，同じ定義を一貫して用いなければならない．

例題 7.1 **随伴行列に関する問題**

$A \in \mathbb{C}^{m\times k}$, $B \in \mathbb{C}^{k\times n}$ に関して，次を示せ．

(a) $\overline{AB} = \bar{A}\bar{B} \in \mathbb{C}^{m\times n}$

(b) $(AB)^* = B^*A^* \in \mathbb{C}^{n\times m}$

【解　答】

(a) AB の第 (i,j) 成分の複素共役を考えると，

$$\overline{AB} = \left[\overline{\sum_{l=1}^{k} a_{il}b_{lj}}\right] = \left[\sum_{l=1}^{k} \bar{a}_{il}\bar{b}_{lj}\right] = \bar{A}\bar{B}$$

となって，与式が示された．

(b) $(AB)^* = (\overline{AB})^{\mathrm{T}}$ であることと (a) の結果，および，行列の転置に関する複素行列の計算規則を用いると，

$$(AB)^* = (\overline{AB})^{\mathrm{T}} = (\bar{A}\bar{B})^{\mathrm{T}} = \bar{B}^{\mathrm{T}}\bar{A}^{\mathrm{T}} = B^*A^*$$

となる．ここで，$\bar{A}^{\mathrm{T}} = A^*$, $\bar{B}^{\mathrm{T}} = B^*$ を用いた．

問　題

1.1 複素数の行列について，次の計算をせよ．

(a) $A - \bar{A}$

(b) A が正方行列で $A^{\mathrm{T}} = A$ のとき，$A + A^*$

(c) $A \in \mathbb{C}^{n\times n}$ の列表現を $\begin{bmatrix}\boldsymbol{a}_1 & \cdots & \boldsymbol{a}_n\end{bmatrix}$ として，A^*A

1.2 次のそれぞれの行列の随伴行列を求めよ．

(a) $\begin{bmatrix} 1 & i \\ -i & 1 \end{bmatrix}$　(b) $\begin{bmatrix} 2+i & 3-i \\ 1+2i & 1-i \end{bmatrix}$　(c) $\begin{bmatrix} 1 & e^{i\alpha} \\ e^{i\beta} & 1 \end{bmatrix}$　$(\alpha, \beta \in \mathbb{R})$

1.3 複素行列に関して次を示せ．(b)～(d) では A は正方行列とする．

(a) $\bar{A} = A$, $A^* = A^{\mathrm{T}}$ のいずれかが成り立てば，A は実行列である．

(b) $\det A^{\mathrm{T}} = \det A$

(c) $\det \bar{A} = \det A^* = \overline{\det A}$

(d) λ が A の固有値ならば，$\bar{\lambda}$ は $\bar{A}$, A^* の固有値である．

(e) $(\lambda A)^* = \bar{\lambda}A^*$, $\overline{\lambda A} = \bar{\lambda}\bar{A}$

1.4 V は複素ベクトル空間で，$\boldsymbol{x}, \boldsymbol{y} \in V$ の内積が $\boldsymbol{x}\cdot\boldsymbol{y} = \boldsymbol{x}^*\boldsymbol{y}$ で定められているとする．V からその部分空間 W への射影の写像行列を P とするとき，$P^2 = P$, $P^* = P$ となることを示せ．(第 6 章問題 6.2 参照)

7.2 エルミート行列とユニタリ行列

エルミート行列・エルミート交代行列　正方行列 $A := [a_{ij}] \in \mathbb{C}^{n\times n}$ が

$$A^* = A \quad \text{すなわち} \quad a_{ij} = \bar{a}_{ji} \tag{7.8a}$$

をみたすとき，A を**エルミート行列**または**エルミート対称行列**といい，

$$A^* = -A \quad \text{すなわち} \quad a_{ij} = -\bar{a}_{ji} \tag{7.8b}$$

をみたすとき，A を**エルミート交代行列**または**反エルミート行列**という．

実エルミート行列は対称行列，実反エルミート行列は反対称行列である．

ユニタリ行列とユニタリ変換　正方行列 $U \in \mathbb{C}^{n\times n}$ が

$$U^*U = UU^* = E_n \quad \text{すなわち} \quad U^* = U^{-1} \tag{7.9}$$

をみたすとき，U を**ユニタリ行列**という．実ユニタリ行列は直交行列である．

ベクトル $\boldsymbol{x} \in \mathbb{C}^n$ のユニタリ行列 $U \in \mathbb{C}^{n\times n}$ による変換 $\boldsymbol{x} \longmapsto U\boldsymbol{x}$ を**ユニタリ変換**という．

エルミート行列とユニタリ行列の性質　エルミート行列・ユニタリ行列に関して次の性質が成り立つ．

1. エルミート行列の固有値は実数で，異なる固有値に属する固有ベクトルは直交する
2. エルミート行列 A に対して，適当なユニタリ行列 U を選び，

$$U^*AU = \mathrm{Diag}\,(\lambda_1, \ldots, \lambda_n) \tag{7.10}$$

　とすることができる
3. ユニタリ行列の固有値は，絶対値が 1 の複素数である
4. ユニタリ行列の列ベクトル全体は，$\mathbb{C}^n$ の正規直交基底をなす
5. $U \in \mathbb{C}^{n\times n}$ をユニタリ行列とし，$\boldsymbol{x} \in \mathbb{C}^n$，$\boldsymbol{y} := U\boldsymbol{x}$ のとき，$|x_1|^2 + \cdots + |x_n|^2 = |y_1|^2 + \cdots + |y_n|^2$ が成り立つ

ユニタリ行列による対角化　$A \in \mathbb{C}^{n\times n}$ がユニタリ行列によって対角化されることと，A の相異なる固有値に対する固有空間が互いに直交し，複素ベクトル空間 $\mathbb{C}^n$ がこれらの固有空間の直和になることは同値である．

例題 7.2 **エルミート行列**

エルミート行列に関して，次のそれぞれを示せ．

(a) エルミート行列の固有値は実数である．

(b) エルミート行列の異なる固有値に対する固有ベクトルは，内積 $\boldsymbol{x} \cdot \boldsymbol{y} = \boldsymbol{x}^* \boldsymbol{y}$ のもとで直交する．

【解　答】

(a) A をエルミート行列とし，A の 1 つの固有値 λ およびこの固有値に対する固有ベクトル $\boldsymbol{b}$ をとると，$A\boldsymbol{b} = \lambda \boldsymbol{b}$ が成り立つ．このとき，

$$\boldsymbol{b}^* A \boldsymbol{b} = \lambda \boldsymbol{b}^* \boldsymbol{b} = \lambda |\boldsymbol{b}|^2$$

また，$(A\boldsymbol{b})^* = (\lambda \boldsymbol{b})^*$ により $\boldsymbol{b}^* A^* = \bar{\lambda} \boldsymbol{b}^*$ となり，A がエルミート行列で $A^* = A$ であることを用いると，

$$\boldsymbol{b}^* A^* \boldsymbol{b} = \boldsymbol{b}^* A \boldsymbol{b} = \bar{\lambda} \boldsymbol{b}^* \boldsymbol{b}$$

以上より $(\bar{\lambda} - \lambda)|\boldsymbol{b}|^2 = 0$ を得る．$\boldsymbol{b}$ は固有ベクトルであるので零ベクトルではないから，$\bar{\lambda} - \lambda = 0$ である．よって，エルミート行列 A の固有値は実数である．

(b) エルミート行列 A の異なる固有値とそれに対する固有ベクトルの組 $(\lambda_1, \boldsymbol{b}_1)$, $(\lambda_2, \boldsymbol{b}_2)$ をとると，

$$A\boldsymbol{b}_1 = \lambda_1 \boldsymbol{b}_1, \quad A\boldsymbol{b}_2 = \lambda_2 \boldsymbol{b}_2$$

ここで，第 1 式の随伴を取って右から $\boldsymbol{b}_2$ をかけたもの，第 2 式に左から $\boldsymbol{b}_1^*$ をかけたものを求めると，それぞれ

$$\boldsymbol{b}_1^* A^* \boldsymbol{b}_2 = \lambda_1 \boldsymbol{b}_1^* \boldsymbol{b}_2, \quad \boldsymbol{b}_1^* A \boldsymbol{b}_2 = \lambda_2 \boldsymbol{b}_1^* \boldsymbol{b}_2$$

これらの式の辺々を差し引き，A がエルミート行列であることを用いて

$$(\lambda_1 - \lambda_2)\boldsymbol{b}_1^* \boldsymbol{b}_2 = (\lambda_1 - \lambda_2)(\boldsymbol{b}_1 \cdot \boldsymbol{b}_2) = 0$$

を得る．$\lambda_1 \neq \lambda_2$ であるから，$\boldsymbol{b}_1$, $\boldsymbol{b}_2$ は直交することが確かめられた．

問　題

2.1 A が反エルミート行列のとき，iA はエルミート行列であることを示せ．

2.2 反エルミート行列の固有値は純虚数であることを示せ．

2.3 任意の複素 $n \times n$ 行列は，2 つのエルミート行列 M, N を用いて $M + iN$ と表現できる．行列 A をこのように表す M, N を求めよ．

例題 7.3　**ユニタリ行列による対角化と固有空間**

行列 A がユニタリ行列によって対角化されることと，A の相異なる固有値に属する固有空間が互いに直交し，$\mathbb{C}^n$ がこれらの固有空間の直和で表されることが同値であることを示せ．

【解　答】

● A がユニタリ行列で対角化される場合

$U = \begin{bmatrix}\boldsymbol{u}_1 & \cdots & \boldsymbol{u}_n\end{bmatrix}$ をユニタリ行列として，$U^*AU = \mathrm{Diag}\left(\lambda_1, \ldots, \lambda_n\right)$ と対角化されたとする．両辺に左から U を乗ずると

$$AU = U\mathrm{Diag}\left(\lambda_1, \ldots, \lambda_n\right) \tag{$*$}$$

となり，この式の各列を書き下すと，

$$A\boldsymbol{u}_i = \lambda_i \boldsymbol{u}_i \quad (i = 1, \ldots, n)$$

となる．よって，このようなユニタリ行列 U の各列は A の固有ベクトルである．ユニタリ行列の列全体は $\mathbb{C}^n$ の正規直交基底であるから，異なる固有値に属する固有空間のベクトルは互いに直交する．また，これは A のすべての固有空間の次元の和が n であることを意味するから，$\mathbb{C}^n$ は A の固有空間の直和である．

● A の異なる固有値に属する固有空間が直交し，$\mathbb{C}^n$ がこれらの直和である場合

A の全固有空間の直和が $\mathbb{C}^n$ であるから，それぞれの固有空間の正規直交基底を全部集めると n 本ある．また，異なる固有空間が互いに直交するので，これらの基底全体は $\mathbb{C}^n$ の正規直交基底をなす．これらを $\boldsymbol{c}_1, \ldots, \boldsymbol{c}_n$ とすれば，行列 $U := \begin{bmatrix}\boldsymbol{c}_1 & \cdots & \boldsymbol{c}_n\end{bmatrix}$ はユニタリ行列となる（問題 1.1(c) を参照）．$\boldsymbol{c}_i$ に対応する固有値を λ_i とすると，この U は式 $(*)$ をみたすから，U^*AU は対角行列となる．

以上により，題意が示された．

問　題

3.1　ユニタリ行列の列全体は，$\mathbb{C}^n$ の正規直交基底であることを示せ．

3.2　ユニタリ行列の固有値は，絶対値が 1 の複素数であることを示せ．

3.3　ユニタリ変換によって $\mathbb{C}^n$ のベクトルの長さが不変であることを示せ．

3.4　(a)　2×2 ユニタリ行列が次で与えられることを示せ．

$$e^{i\phi}\begin{bmatrix} e^{ip}\cos\theta & -e^{iq}\sin\theta \\ e^{-iq}\sin\theta & e^{-ip}\cos\theta \end{bmatrix} \qquad (p, q, \theta, \phi \in \mathbb{R})$$

(b)　(a) のユニタリ行列の固有値と固有ベクトルを求めよ．

7.3 実対称行列およびエルミート行列の対角化

実対称行列の固有値と固有空間 $n \times n$ 実対称行列の固有値は実数であり，異なる固有値に対する固有空間は，内積 $\boldsymbol{x} \cdot \boldsymbol{y} := \boldsymbol{x}^{\mathrm{T}}\, \boldsymbol{y}$ のもとで互いに直交する．また，$\mathbb{R}^n$ はこれらの固有空間の直和に分解され，全固有空間の次元の和は n に等しい．

$$\left.\begin{array}{l} A \in \mathbb{R}^{n\times n},\ \lambda_1, \ldots, \lambda_k \text{ は } A \text{ の相異なる固有値} \\ W_{\lambda_i} \text{ は固有値 } \lambda_i \text{ に対する固有空間 } (i = 1, \ldots, k) \end{array}\right\}$$
$$\Longrightarrow \left\{\begin{array}{l} \mathbb{R}^n = W_{\lambda_1} \oplus \cdots \oplus W_{\lambda_k}, \quad W_{\lambda_i} \perp W_{\lambda_j}\ (i, j = 1, \ldots, k \text{ かつ } i \neq j) \\ \displaystyle\sum_{i=1}^{k} \mathrm{Dim}\ W_{\lambda_i} = n \end{array}\right. \tag{7.11}$$

実対称行列の固有空間の不変性 対称行列 A の固有値の1つを λ, 固有値 λ に対する固有ベクトルの1つを $\boldsymbol{x}_\lambda$ とし，$\boldsymbol{x}_\lambda$ によって張られる部分空間を W_λ とすると，W_λ の直交補空間 $W_\lambda^\perp$ は A-不変である*2．

$$\boldsymbol{x} \in W_\lambda^\perp \Longrightarrow A\boldsymbol{x} \in W_\lambda^\perp \tag{7.12}$$

実対称行列の対角化可能性 実対称行列は対角行列と相似であり，直交行列によって対角化される．対角化のための直交行列は，各固有空間の正規直交基底をすべて並べたもので，対角化された行列の対角成分は固有値を並べたものとなる*3．

$$\left.\begin{array}{l} A \in \mathbb{R}^{n\times n} \text{ は対称行列, } \lambda_1, \ldots, \lambda_k \text{ は相異なる } A \text{ の固有値} \\ \alpha_i \text{ は固有値 } \lambda_i \text{ に対する固有空間の次元} \\ \boldsymbol{b}_i^{(j)} \text{ は固有値 } \lambda_j \text{ に対する固有空間の基底} \end{array}\right\} \tag{7.13}$$
$$\Longrightarrow \left\{\begin{array}{l} B := \left[\boldsymbol{b}_1^{(1)}, \boldsymbol{b}_2^{(1)}, \ldots, \boldsymbol{b}_{\alpha_1}^{(1)}, \boldsymbol{b}_1^{(2)}, \ldots, \boldsymbol{b}_1^{(k)}, \ldots, \boldsymbol{b}_{\alpha_k}^{(k)}\right] \text{ として} \\ B^{\mathrm{T}} A B = \mathrm{Diag}\left(\lambda_1, \ldots, \lambda_1, \lambda_2, \ldots, \lambda_2, \ldots, \lambda_k, \ldots, \lambda_k\right) \end{array}\right.$$

---

*2 一般に，$\boldsymbol{x}$ が A の固有ベクトルであるとき，$\boldsymbol{x}$ がなす線形空間 W は A-不変であり，W の直交補空間は A^* 不変である．

*3 式 (7.13) での行列 B において，固有ベクトルの並ぶ順は任意に変えることができる．この場合，行列 $B^{\mathrm{T}}AB$ の対角成分に現れる固有値の並ぶ順序は，B で固有値が並ぶ順に応じて変化する．この事情はエルミート行列の対角化の場合でも全く同様である．

同時対角化可能な実対称行列　複数の行列が同じ可逆行列で対角化されることを，**同時対角化**可能であるという．N 個の実対称行列 $A_1,\ldots,A_N$ が直交行列 T で同時対角化されるための必要十分条件は，$A_1,\ldots,A_N$ が交換可能なことである．(第 7.4 節参照)

$$\begin{aligned} & T^{\mathrm{T}} A_i T \ (i=1,\ldots,N) \text{ がすべて対角行列} \\ & \iff A_j A_k = A_k A_j \ (j,k=1,\ldots,N) \end{aligned} \tag{7.14}$$

エルミート行列の固有値と固有空間　複素正方行列において，実対称行列に対応する行列はエルミート行列である．実対称行列の対角化に関して成り立つものと同様の事項がエルミート行列に対して成り立つ．

エルミート行列 $A \in \mathbb{C}^{n\times n}$ の固有値は実数で（第 7.2 節），それぞれ固有値の代数的重複度とその固有値に対する固有空間の次元は一致する．すなわち，

$$\left.\begin{array}{l} \lambda_1,\ldots,\lambda_k \text{ は相異なる } A \text{ の固有値} \\ W_\lambda \text{ は固有値 } \lambda \text{ に対する固有空間} \end{array}\right\} \Longrightarrow \mathbb{C}^n = W_{\lambda_1} \oplus \cdots \oplus W_{\lambda_k} \tag{7.15}$$

である．また，内積 $\boldsymbol{x}\cdot\boldsymbol{y} := \boldsymbol{x}^*\boldsymbol{y}$ のもとで，エルミート行列 A の固有空間は直交する．

$$W_{\lambda_i} \perp W_{\lambda_j} \quad (i \neq j) \tag{7.16}$$

A の各固有空間 W_λ の直交補空間 $W_\lambda^\perp$ は A-不変である．

$$\boldsymbol{x} \in W_\lambda^\perp \Longrightarrow A\boldsymbol{x} \in W_\lambda^\perp \tag{7.17}$$

エルミート行列の対角化　エルミート行列はユニタリ行列によって対角化される．対角化のための行列は，各列に正規直交化された固有ベクトル*4 を並べたものである．すなわち，

$$\left.\begin{array}{l} A \text{ はエルミート行列,} \\ \lambda_i \text{ は } A \text{ の固有値 } (i=1,\ldots,n. \text{ ただし重複を許す}) \\ \boldsymbol{a}_i \text{ は } \lambda_i \text{ に対する正規直交化された固有ベクトル，} U := \begin{bmatrix} \boldsymbol{a}_1 & \cdots & \boldsymbol{a}_n \end{bmatrix} \end{array}\right\} \\ \Longrightarrow U^*AU = \mathrm{Diag}\left(\lambda_1,\ldots,\lambda_n\right) \tag{7.18}$$

---

*4 異なる固有値に対する固有空間は直交することが保証されているから，重複している固有値に対する固有ベクトルをシュミットの正規直交化法を適用すればこのような固有ベクトルが得られる．

例題 7.4　　　**実対称行列の対角化**

$A \in \mathbb{R}^{n\times n}$ は可逆な対称行列で，直交行列 Q によって

$$Q^{\mathrm{T}}AQ = \mathrm{Diag}\left(\lambda_1, \ldots, \lambda_n\right)$$

のように対角化されるとする．このとき A^{-1} も Q で対角化され，

$$Q^{\mathrm{T}}A^{-1}Q = \mathrm{Diag}\left(\lambda_1^{-1}, \ldots, \lambda_n^{-1}\right)$$

であることを示せ．

【解　答】　A は仮定により可逆，また Q は直交行列であるから，$Q^{\mathrm{T}}AQ$ も可逆である．その逆行列は，

$$(Q^{\mathrm{T}}AQ)^{-1} = Q^{-1}A^{-1}(Q^{\mathrm{T}})^{-1} = Q^{\mathrm{T}}A^{-1}Q$$

である．ただし，$Q^{-1} = Q^{\mathrm{T}}$ を用いた．ここで，与えられた条件により

$$(Q^{\mathrm{T}}AQ)^{-1} = [\mathrm{Diag}\left(\lambda_1, \ldots, \lambda_n\right)]^{-1} = \mathrm{Diag}\left(\lambda_1^{-1}, \ldots, \lambda_n^{-1}\right)$$

であるから，与えられた式が示された．

【注　意】　交換可能な実対称行列は同じ直交行列で対角化できる．したがって，$Q^{\mathrm{T}}A^{-1}Q$ が対角行列となることだけならば，$A^{-1}A = AA^{-1}$ であることと，A が実対称行列であることを用いて示すことができる．

問　題

4.1　次の実対称行列を対角化するための直交行列を求め，それを用いて対角化せよ．

(a) $\begin{bmatrix} 1 & 1 \\ 1 & 1 \end{bmatrix}$　　(b) $\begin{bmatrix} 0 & 2 \\ 2 & 3 \end{bmatrix}$　　(c) $\begin{bmatrix} 2 & 0 & 1 \\ 0 & 2 & 0 \\ 1 & 0 & 2 \end{bmatrix}$

4.2　実対称行列の相異なる固有値に対する固有ベクトルが，内積 $\boldsymbol{x}\cdot\boldsymbol{y} = \boldsymbol{x}^{\mathrm{T}}\boldsymbol{y}$ のもとで互いに直交することを示せ．

4.3　B を実直交行列として，$B^{\mathrm{T}}AB$ が対角行列となるような $A \in \mathbb{R}^{n\times n}$ は対称行列であることを示せ．

一般に，$B \in \mathbb{C}^{n\times n}$ で $B^{\mathrm{T}}B = E$ をみたす行列 B によって $B^{\mathrm{T}}AB$ が複素対角行列となるとき，A が対称行列であるかどうか考えよ．

例題 7.5 **エルミート行列の対角化**

エルミート行列

$$A := \begin{bmatrix} 3 & 2i \\ -2i & 0 \end{bmatrix}$$

をユニタリ行列 U によって対角化せよ．

【解 答】 A の固有値と固有ベクトルを求める．$\det(A - \lambda E) = 0$ により

$$\begin{vmatrix} 3-\lambda & 2i \\ -2i & -\lambda \end{vmatrix} = \lambda^2 - 3\lambda - 4 = 0$$

これから固有値 $\lambda = -1, 4$ を得る．それぞれに対して固有ベクトルは

$$\lambda = -1 \Longrightarrow \begin{bmatrix} 1 \\ 2i \end{bmatrix}, \quad \lambda = 4 \Longrightarrow \begin{bmatrix} 2 \\ -i \end{bmatrix}$$

となる．$U = \dfrac{1}{\sqrt{5}} \begin{bmatrix} 1 & 2 \\ 2i & -i \end{bmatrix}$ とすれば，$U^*U = E_2$ で，

$$U^*AU = \frac{1}{5} \begin{bmatrix} 1 & -2i \\ 2 & i \end{bmatrix} \begin{bmatrix} 3 & 2i \\ -2i & 0 \end{bmatrix} \begin{bmatrix} 1 & 2 \\ 2i & -i \end{bmatrix} = \begin{bmatrix} -1 & 0 \\ 0 & 4 \end{bmatrix}$$

のように対角化される．

問 題

5.1 次のエルミート行列を対角化せよ．

(a) $\begin{bmatrix} -1 & 2i \\ -2i & 2 \end{bmatrix}$ (b) $\begin{bmatrix} 0 & i \\ -i & 0 \end{bmatrix}$ (c) $\begin{bmatrix} 2 & -2i \\ 2i & 5 \end{bmatrix}$

(d) $\begin{bmatrix} 1 & 1-i \\ 1+i & 2 \end{bmatrix}$ (e) $\begin{bmatrix} 0 & 1-2i \\ 1+2i & 0 \end{bmatrix}$ (f) $\begin{bmatrix} 1 & i & 0 \\ -i & 1 & -i \\ 0 & i & 1 \end{bmatrix}$

5.2 一般に行列 A が反エルミート行列ならば iA はエルミート行列であることを用いて，反対称行列 $B = \begin{bmatrix} 0 & 1 \\ -1 & 0 \end{bmatrix}$ を対角化せよ．

5.3 一般の正方行列 A に対し，λ をその固有値，$\boldsymbol{x}$ を λ に対する 1 つの固有ベクトル，W を $\boldsymbol{x}$ によって生成される部分空間とする．任意の $\boldsymbol{z} \in W^\perp$ に対し，$A^*\boldsymbol{z} \in W^\perp$ となることを示せ．

7.4 対角化可能性と正規行列

正規行列　n 次正方行列 $A \in \mathbb{C}^{n \times n}$ が**正規行列**であるとは,

$$AA^* = A^*A \tag{7.19}$$

が成り立つことをいう．エルミート行列，反エルミート行列，ユニタリ行列はすべて正規行列である．

正規行列の対角化可能性　複素正方行列 A がユニタリ行列 U によって対角化できるための必要十分条件は，A が正規行列であることである（例題 7.7 および問題 7.1 参照）．すなわち

$$\begin{aligned} &U^*AU = \mathrm{Diag}\,(\alpha_1, \ldots, \alpha_n) \text{ となるユニタリ行列 } U \text{ が存在する} \\ &\iff A \text{ は正規行列} \iff AA^* = A^*A \end{aligned} \tag{7.20a}$$

また，m 個の正方行列 $A_1, \ldots, A_m \in \mathbb{C}^{n \times n}$ が同じユニタリ行列 U で同時に対角化できるための必要十分条件は，$2m$ 個の行列 $A_1, \ldots, A_m, A_1^*, \ldots, A_m^*$ の積の順序が交換できることである．すなわち

$$\begin{aligned} &U^*A_1U, \ldots, U^*A_mU \text{ がすべて対角行列となるユニタリ行列 } U \text{ が存在する} \\ &\iff A_iA_j = A_jA_i,\ A_i^*A_j = A_jA_i^* \ (1 \leqq i \leqq m,\ 1 \leqq j \leqq m) \end{aligned} \tag{7.20b}$$

正規行列のスペクトル分解　A が正規行列であるとき，その相異なる固有値を $\lambda_1, \ldots, \lambda_k$, 固有値 λ_i の固有空間を W_{λ_i} とすれば

$$\mathbb{C}^n = W_{\lambda_1} \oplus \cdots \oplus W_{\lambda_k},\ W_{\lambda_i} \perp W_{\lambda_j} \quad (i \neq j,\ 1 \leqq i \leqq k,\ 1 \leqq j \leqq k)$$

が成り立つ．また，W_{λ_i} への射影の写像行列を P_i とすれば,

$$A = \lambda_1 P_1 + \cdots + \lambda_k P_k, \quad E_n = P_1 + \cdots + P_k, \quad P_iP_j = O\ (i \neq j)$$

のように A を一意的に表現できる．これを正規行列の**スペクトル分解**という．

例題 7.6　　**正規行列のスペクトル分解**

$A \in \mathbb{C}^{n\times n}$ を正規行列，$\lambda_1, \dots, \lambda_k$ は A の相異なるすべての固有値，W_{λ_j} は固有値 λ_j に対する固有空間，行列 P_j は $\mathbb{C}^n$ から W_{λ_j} への射影の写像行列とする．正規行列がユニタリ行列で対角化されることを用いて次を示せ．

(a)　$E_n = P_1 + \cdots + P_k$

(b)　$A = \lambda_1 P_1 + \cdots + \lambda_k P_k$

【解　答】

(a)　A はユニタリ行列で対角化できる（例題 7.7）ので，$\mathbb{C}^n = W_{\lambda_1} \oplus \cdots \oplus W_{\lambda_k}$ が成り立ち，各固有空間は互いに直交する（例題 7.3）．よって，

$$\boldsymbol{x} = \boldsymbol{x}_1 + \cdots + \boldsymbol{x}_k \quad (\boldsymbol{x}_j \in W_{\lambda_j},\ j = 1, \dots, k) \tag{$*$}$$

と表す方法は一意的である．ここで，P_j は W_{λ_j} への射影行列であるから，任意の $\boldsymbol{x} \in \mathbb{C}^n$ に対して $P_j\boldsymbol{x} = \boldsymbol{x}_j$ となり，

$$(P_1 + \cdots + P_k)\boldsymbol{x} = P_1\boldsymbol{x} + \cdots + P_k\boldsymbol{x} = \boldsymbol{x}_1 + \cdots + \boldsymbol{x}_k = \boldsymbol{x}$$

が得られる．よって $E_n = P_1 + \cdots + P_k$ が成り立つ．

(b)　式 $(*)$ の $\boldsymbol{x}_j$ は固有空間 W_{λ_j} の要素であるから $A\boldsymbol{x}_j = \lambda_j \boldsymbol{x}_j$ が成り立ち，

$$A\boldsymbol{x} = A\boldsymbol{x}_1 + \cdots + A\boldsymbol{x}_k = \lambda_1\boldsymbol{x}_1 + \cdots + \lambda_k\boldsymbol{x}_k$$

を得る．再び $\boldsymbol{x}_j = P_j\boldsymbol{x}$ を用いて，任意の $\boldsymbol{x} \in \mathbb{C}^n$ に対して

$$A\boldsymbol{x} = (\lambda_1 P_1 + \cdots + \lambda_k P_k)\boldsymbol{x}$$

となる．よって $A = \lambda_1 P_1 + \cdots + \lambda_k P_k$ が成り立つ．

問　題

6.1　正規行列 $A := \begin{bmatrix} 1 & i & 1 & -i \\ -i & 1 & i & 1 \\ 1 & -i & 1 & i \\ i & 1 & -i & 1 \end{bmatrix}$ について，

(a)　A の固有値および，各固有値に対する固有空間を求めよ．

(b)　$\boldsymbol{x} \in \mathbb{C}^4$ の，A の固有空間への射影に対する写像行列を求めよ．

(c)　(b) で求めた写像行列の総和が単位行列で，A は各写像行列を固有値倍した行列の総和に等しいことを確かめよ．

例題 7.7 ユニタリ行列による対角化可能性と正規行列

$A \in \mathbb{C}^{n\times n}$ が正規行列であるとして，次を示せ．

(a) λ を A の固有値，$\boldsymbol{a}$ を固有値 λ に対する固有ベクトルとすると，$\bar{\lambda}$ は A^* の固有値で，$\boldsymbol{a}$ は固有値 $\bar{\lambda}$ に対する A^* の固有ベクトルでもある．

(b) A の固有ベクトルで，異なる固有値に対するものは互いに直交する．

(c) A の固有値の代数的重複度と幾何的重複度は等しい．

【解　答】

(a) $\boldsymbol{a}$ は $(A-\lambda E_n)\boldsymbol{a}=\boldsymbol{0}$ をみたす．ここで，$A^*A=AA^*$ に注意して，

$$\begin{aligned}[(A-\lambda E_n)\boldsymbol{a}]\cdot[(A-\lambda E_n)\boldsymbol{a}] &= \boldsymbol{a}^*(A-\lambda E_n)^*(A-\lambda E_n)\boldsymbol{a} \\ &= \boldsymbol{a}^*(A^*-\bar{\lambda}E_n)(A-\lambda E_n)\boldsymbol{a} = \boldsymbol{a}^*(A^*A-\lambda A^*-\bar{\lambda}A+\bar{\lambda}\lambda E_n)\boldsymbol{a} \\ &= \boldsymbol{a}^*(AA^*-\lambda A^*-\bar{\lambda}A+\bar{\lambda}\lambda E_n)\boldsymbol{a} = \boldsymbol{a}^*(A-\lambda E_n)(A^*-\bar{\lambda}E_n)\boldsymbol{a} \\ &= [(A^*-\bar{\lambda}E_n)\boldsymbol{a}]\cdot[(A^*-\bar{\lambda}E_n)\boldsymbol{a}]\end{aligned}$$

となる．よって，$(A^*-\bar{\lambda}E_n)\boldsymbol{a}=\boldsymbol{0}$ が成り立ち，題意が示された．

(b) $A\boldsymbol{x}_1=\lambda_1\boldsymbol{x}_1,\ A\boldsymbol{x}_2=\lambda_2\boldsymbol{x}_2$（ただし，$\lambda_1 \neq \lambda_2$）とすると，

$$\boldsymbol{x}_1\cdot A\boldsymbol{x}_2=\boldsymbol{x}_1\cdot(\lambda_2\boldsymbol{x}_2)=\lambda_2\boldsymbol{x}_1\cdot\boldsymbol{x}_2$$

である．一方，(a) によって，$\boldsymbol{x}_1$ は $A^*\boldsymbol{x}_1=\bar{\lambda}_1\boldsymbol{x}_1$ もみたすことに注意して

$$\boldsymbol{x}_1\cdot A\boldsymbol{x}_2=\boldsymbol{x}_1^*A\boldsymbol{x}_2=(A^*\boldsymbol{x}_1)^*\boldsymbol{x}_2=(\bar{\lambda}_1\boldsymbol{x}_1)^*\boldsymbol{x}_2=\lambda_1\boldsymbol{x}_1^*\boldsymbol{x}_2=\lambda_1\boldsymbol{x}_1\cdot\boldsymbol{x}_2$$

以上から，$(\lambda_1-\lambda_2)\boldsymbol{x}_1\cdot\boldsymbol{x}_2=0$ であり，$\lambda_1\neq\lambda_2$ から，$\boldsymbol{x}_1$ と $\boldsymbol{x}_2$ とは直交する．

(c) A の固有値 λ の幾何的重複度，すなわち $\mathrm{Dim}\,[\mathrm{Kern}\,(A-\lambda E_n)]$ を k とする．$\mathrm{Kern}\,(A-\lambda E_n)$ の正規直交基底 $\boldsymbol{a}_1,\ldots,\boldsymbol{a}_k$ とその直交補空間の正規直交基底 $\boldsymbol{a}_{k+1},\ldots,\boldsymbol{a}_n$ を選ぶと，$\boldsymbol{a}_1,\ldots,\boldsymbol{a}_n$ は $\mathbb{C}^n$ の正規直交基底で，$U:=\begin{bmatrix}\boldsymbol{a}_1 & \cdots & \boldsymbol{a}_n\end{bmatrix}$ はユニタリ行列となる．$j=1,\ldots,k$ で $A\boldsymbol{a}_j=\lambda\boldsymbol{a}_j$ であるから，適当な $P\in\mathbb{C}^{k\times(n-k)}$, $Q\in\mathbb{C}^{(n-k)\times(n-k)}$ を用いて

$$AU=\begin{bmatrix}\lambda\boldsymbol{a}_1 & \cdots & \lambda\boldsymbol{a}_k & A\boldsymbol{a}_{k+1} & \cdots & A\boldsymbol{a}_n\end{bmatrix} \quad \text{したがって} \quad U^*AU=\begin{bmatrix}\lambda E_k & P \\ O & Q\end{bmatrix}$$

となる．また (a) により，A^* は $\bar{\lambda}$ を固有値，$\boldsymbol{a}_1,\ldots,\boldsymbol{a}_k$ を $\bar{\lambda}$ に対する固有ベクトルとするから[*5]，同様にして，適当な $R\in\mathbb{C}^{k\times(n-k)}$, $S\in\mathbb{C}^{(n-k)\times(n-k)}$

[*5] 固有値 λ に対する A の固有空間と，$\bar{\lambda}$ に対する A^* の固有空間は，一般には必ずしも同

を用いて $U^*A^*U = \begin{bmatrix} \bar{\lambda}E_k & R \\ O & S \end{bmatrix}$ となる．ここで，$U^*AU = (U^*A^*U)^*$ であるから，$\begin{bmatrix} \lambda E_k & P \\ O & Q \end{bmatrix} = \begin{bmatrix} \lambda E_k & O \\ R^* & S^* \end{bmatrix}$. よって P, R は零行列で，$U^*AU = \begin{bmatrix} \lambda E_k & O \\ O & Q \end{bmatrix}$ すなわち $A = U\begin{bmatrix} \lambda E_k & O \\ O & Q \end{bmatrix}U^*$ を得る．したがって，$A - \mu E_n = U\begin{bmatrix} (\lambda-\mu)E_k & O \\ O & Q-\mu E_{n-k} \end{bmatrix}U^*$ となるので，

$$\det(A - \mu E_n) = (\lambda - \mu)^k \det(Q - \mu E_{n-k}) \tag{$*$}$$

である．また，可逆行列を乗じても行列のランクは不変で，U は可逆であるから，

$$\mathrm{Rank}\,(A - \lambda E_n) = \mathrm{Rank}\begin{bmatrix} O & O \\ O & Q - \lambda E_{n-k} \end{bmatrix} = \mathrm{Rank}\,(Q - \lambda E_{n-k})$$

が得られる．ここで，次元公式により $\mathrm{Rank}\,(A - \lambda E_n) = n - k$ であるから，$\mathrm{Rank}\,(Q - \lambda E_{n-k}) = n - k$ となって，$Q - \lambda E_{n-k}$ は可逆であり，$\det(Q - \lambda E_{n-k}) \neq 0$. よって，$\det(Q - \mu E_{n-k})$ は $\mu - \lambda$ を因子として持たず，式 $(*)$ によって，λ は A の特性方程式の k 重根である．以上から，固有値 λ の代数的縮重度は k となって，幾何的縮重度に等しいことがわかった[*6]．

問　題

7.1 U^*AU が対角行列となるユニタリ行列 U が存在するとき，A は正規行列であることを示せ．

7.2 次の行列がユニタリ行列で対角化できるかどうか調べよ．対角化できるならば，対角化のためのユニタリ行列および対角化された行列を求めよ．

(a) $\begin{bmatrix} 3 & 1 \\ -1 & 1 \end{bmatrix}$　(b) $\begin{bmatrix} 1 & \sqrt{3} \\ \sqrt{3}\,i & 1 \end{bmatrix}$　(c) $\begin{bmatrix} i & 2 \\ 2 & i \end{bmatrix}$　(d) $\begin{bmatrix} 1 & -i \\ i & -1 \end{bmatrix}$

(e) $\begin{bmatrix} 1+i & 1 \\ 1 & 1-i \end{bmatrix}$　(f) $\begin{bmatrix} 3i & 1+i \\ -1+i & i \end{bmatrix}$　(g) $\begin{bmatrix} 1 & 0 & i+1 \\ 0 & 1 & 0 \\ i-1 & 0 & 1 \end{bmatrix}$

7.3 2×2 の正規行列の一般形を求めよ．

じとは限らないことに注意．

[*6] (c) の結果に例題 7.3 の結果を用いると，A が正規行列ならば，U^*AU が対角行列となるユニタリ行列 U が存在することがわかる（または，第 6.7 節の結果を応用してもよい）．

7.5 ジョルダン標準形

広義固有空間　n 次正方行列 A の固有値の 1 つを λ とする．

$$(A-\lambda E_n)^l \boldsymbol{x} = \boldsymbol{0} \quad (l \text{ は十分大きい自然数}) \tag{7.21}$$

となるような $\boldsymbol{x}$ の集合を，固有値 λ に対する**広義固有空間**という．広義固有空間は通常の固有空間を含む．

広義固有空間の次元と広義固有空間による直和分解　固有値 λ の広義固有空間の次元は，λ の代数的重複度に等しく，$\mathbb{C}^n$ は n 次正方行列 A の広義固有空間の直和に分解される．

$$\left.\begin{array}{l} A \in \mathbb{C}^{n\times n},\ \lambda_i \ (i=1,\ldots,m) \text{ は } A \text{ の固有値} \\ \widetilde{W}_{\lambda_i} \text{ は固有値 } \lambda_i \text{ の広義固有空間} \end{array}\right\} \Longrightarrow \mathbb{C}^n = \widetilde{W}_{\lambda_1} \oplus \cdots \oplus \widetilde{W}_{\lambda_m}$$

ジョルダン細胞とジョルダン行列　次の形の正方行列を**ジョルダン細胞**という．

$$J_k(\alpha) := \begin{bmatrix} \alpha & 1 & & & \smash{\text{\Large 0}} \\ & \alpha & 1 & & \\ & & \ddots & \ddots & \\ & & & \alpha & 1 \\ \text{\Large 0} & & & & \alpha \end{bmatrix} \in \mathbb{C}^{k\times k} \tag{7.22a}$$

ジョルダン細胞を対角線に並べた行列

$$\mathrm{Diag}\left(J_{k_1}(\alpha_1),\ldots,J_{k_l}(\alpha_l)\right) = \begin{bmatrix} J_{k_1}(\alpha_1) & & & \text{\Large 0} \\ & J_{k_2}(\alpha_2) & & \\ & & \ddots & \\ \text{\Large 0} & & & J_{k_l}(\alpha_l) \end{bmatrix} \tag{7.22b}$$

を，**ジョルダン行列**という[*7]．

[*7] 式 (7.22b) において，$\alpha_1,\ldots,\alpha_l$ は必ずしも相異なる必要はない．たとえば，$\begin{bmatrix} a & 0 & 0 \\ 0 & a & 1 \\ 0 & 0 & a \end{bmatrix}$ のような行列や，単位行列をはじめとする対角行列などもジョルダン行列である．

ジョルダン標準形　一般の n 次正方行列 A は，適当な正則行列 P を用いて

$$\begin{aligned}&P^{-1}AP = \mathrm{Diag}\left(K_{k_1}(\lambda_1), \ldots, K_{k_m}(\lambda_m)\right)\\&(K_{k_i}(\lambda_i)\text{ は対角行列 }\lambda_i E_{k_i}\text{ またはジョルダン細胞 }J_{k_i}(\lambda_i))\end{aligned} \tag{7.23}$$

のように標準化される*8．これを行列 A の**ジョルダン標準形**という．

ジョルダン標準形に変換するための行列 P を決める方法の一例を次に挙げる．

$$P := \left[\boldsymbol{a}_1^{(1)}, \ldots, \boldsymbol{a}_1^{(N_1)}, \boldsymbol{a}_2^{(1)}, \ldots, \boldsymbol{a}_2^{(N_2)}, \ldots, \boldsymbol{a}_m^{(1)}, \ldots, \boldsymbol{a}_m^{(N_m)}\right]$$

N_i は固有値 λ_i の代数的重複度であり，$\boldsymbol{a}_i^{(j)}$ は次によって定める．

1. 固有値 λ_i の幾何的重複度が N_i に一致するとき，$\boldsymbol{a}_i^{(j)}$ は固有値 λ_i に対する固有ベクトル
2. 固有値 λ_i の幾何的重複度 M_i が N_i と異なるとき，$\boldsymbol{a}_i^{(j)}$ は次の関係をみたすものを選ぶ

$$\boldsymbol{a}_i^{(j)} := \begin{cases} 1 \leqq j \leqq M_i & \Longrightarrow \quad \text{固有値 } \lambda_i \text{ に対する固有空間の基底} \\ M_i < j \leqq N_i & \Longrightarrow \quad (A - \lambda_i E_n)\boldsymbol{a}_i^{(j)} = \boldsymbol{a}_i^{(j-1)} \end{cases}$$

行列の対角化

行列の対角化，特に対称行列やエルミート行列のそれは，大変重要である．その応用例として，古典力学における振動の問題を考えてみよう．

系がポテンシャルの極小付近で微小振動する場合，系を表す座標を $\boldsymbol{q} := (q_1, \ldots, q_n)$ とし，適当な対称行列 K, V を用いれば，その運動方程式は $K\ddot{\boldsymbol{q}} = -V\boldsymbol{q}$ となることが知られている．この解を一般に求める計算は意外に面倒で，また解の振る舞いを調べるのも手間がかかるが，行列 B によって $U := B^{\mathrm{T}}VB$, $L := B^{\mathrm{T}}KB$ が対角行列になる場合には容易に解くことができる．ここで，B は通常の意味での直交行列とは限らないが，$\boldsymbol{q} := B\boldsymbol{Q}$ とすれば，$L_i\ddot{Q}_i = -U_iQ_i$（L_i, U_i は L, U の対角成分）を得る．これは調和振動の運動方程式で，一般解はこれら Q_i の重ね合わせとなるのである．

抵抗力がある系では，運動方程式に散逸を表す項が現れる．この項は，一般に新たな行列 F を用いて $F\dot{\boldsymbol{q}}$ と表され，上記の対角化の手続きは，3 つの行列の同時対角化の例となる．詳しくは適当な古典力学の本を参考にして欲しい．

---

*8 対角行列は，対角線に 1×1 のジョルダン細胞が並んだ行列であるから，(7.23) のかわりに，ジョルダン細胞が対角線に並んだ $\mathrm{Diag}\left(J_{k_1}(\lambda_1), \ldots, J_{k_p}(\lambda_p)\right)$ に標準化されると考えてもよい．すなわち，任意の行列は適当なジョルダン行列に相似である．なお，この式や (7.23) において，$\lambda_1, \ldots, \lambda_m$ は必ずしも相異なる必要はないことは，ジョルダン行列に関する脚註で述べたことと同様である．

例題 7.8 **ジョルダン標準形**

ジョルダン標準形について，次のそれぞれに答えよ．

(a) $A \in \mathbb{C}^{n\times n}$ が n 重に縮重した固有値 α をもち，その固有ベクトルが $\boldsymbol{a}_1, \ldots, \boldsymbol{a}_m$ （ただし，$\boldsymbol{a}_m$ は下の関係をみたし得るものを選ぶ）であるとする．行列 P を

$$P := \begin{bmatrix}\boldsymbol{a}_1 & \cdots & \boldsymbol{a}_n\end{bmatrix}, \quad (A - \alpha E_n)\boldsymbol{a}_j = \boldsymbol{a}_{j-1}\ (m+1 \leqq j \leqq n)$$

と定義するとき，次が成り立つことを示せ．

$$P^{-1}AP = \begin{bmatrix} B & O \\ O & C \end{bmatrix}, \quad B = \mathrm{Diag}\,(\overbrace{\alpha, \ldots, \alpha}^{m-1}), \quad C = J_{n-m+1}(\alpha)$$

(b) 行列 $A := \begin{bmatrix} 1 & -1 & 1 \\ -1 & 1 & 1 \\ -2 & -2 & 4 \end{bmatrix}$ をジョルダン標準形にせよ．

【解　答】

(a) 積 AP の第 j 列は $A\boldsymbol{a}_j$ で与えられる．よって

$$\begin{aligned} AP &= \begin{bmatrix} A\boldsymbol{a}_1, \cdots, A\boldsymbol{a}_n \end{bmatrix} = \begin{bmatrix} \alpha\boldsymbol{a}_1, \cdots, \alpha\boldsymbol{a}_m, \alpha\boldsymbol{a}_{m+1} + \boldsymbol{a}_m, \cdots, \alpha\boldsymbol{a}_n + \boldsymbol{a}_{n-1} \end{bmatrix} \\ &= \alpha P + \begin{bmatrix} \overbrace{\boldsymbol{0}, \cdots, \boldsymbol{0}}^{m}, \boldsymbol{a}_m, \cdots, \boldsymbol{a}_{n-1} \end{bmatrix} \end{aligned}$$

となる．この右辺第 2 項の行列を Q とすれば，$P^{-1}\boldsymbol{a}_j = \boldsymbol{e}_j$ に注意して

$$P^{-1}Q = \begin{bmatrix} O_{(m-1)\times(m-1)} & O_{(m-1)\times(n-m+1)} \\ O_{(n-m+1)\times(m-1)} & J_{n-m+1}(0) \end{bmatrix} \quad (O_{p\times q} \text{ は } \mathbb{C}^{p\times q} \text{ の零行列})$$

が得られる．以上により $P^{-1}AP$ は与えられた形となることが示された．

(b) A の固有値を求めると，

$$\det(A - \lambda E) = \begin{vmatrix} 1-\lambda & -1 & 1 \\ -1 & 1-\lambda & 1 \\ -2 & -2 & 4-\lambda \end{vmatrix} = \begin{vmatrix} 1-\lambda & -1 & 0 \\ -1 & 1-\lambda & 2-\lambda \\ -2 & -2 & 2-\lambda \end{vmatrix}$$

$$= \begin{vmatrix} 1-\lambda & -1 & 0 \\ 1 & 3-\lambda & 0 \\ -2 & -2 & 2-\lambda \end{vmatrix} = (2-\lambda)[(1-\lambda)(3-\lambda)+1] = (2-\lambda)^3$$

により，3重に縮重した固有値2を得る．このとき，$A-2E=\begin{bmatrix}-1 & -1 & 1\\ -1 & -1 & 1\\ -2 & -2 & 2\end{bmatrix}$

であるから，$\boldsymbol{v}(a,b):=\begin{bmatrix}a\\ b\\ a+b\end{bmatrix}$ （$a,b\in\mathbb{R}$）と定義すれば，$(A-2E)\boldsymbol{x}=\mathbf{0}$ の一般解として $\boldsymbol{x}=\boldsymbol{v}(a,b)$ が得られる．また，方程式 $(A-2E)\boldsymbol{x}=\boldsymbol{v}(a,b)$ を解くと，

$$\left[\begin{array}{ccc|c}-1 & -1 & 1 & a\\ -1 & -1 & 1 & b\\ -2 & -2 & 2 & a+b\end{array}\right]\longrightarrow\left[\begin{array}{ccc|c}-1 & -1 & 1 & a\\ 0 & 0 & 0 & b-a\\ 0 & 0 & 0 & 0\end{array}\right]$$

となるから，$a=b$ のときに限り解 $\boldsymbol{x}=\boldsymbol{w}:=\begin{bmatrix}\alpha\\ \beta\\ \alpha+\beta+a\end{bmatrix}$ （$\alpha,\beta\in\mathbb{R}$）を持つ．よって，$a=1,\alpha=\beta=1$ とし，固有空間の基底として $\boldsymbol{v}(1,1)$ およびこれと線形独立な $\boldsymbol{v}(1,0)$ を選んで $P=\left[\boldsymbol{v}(1,0),\boldsymbol{v}(1,1),\boldsymbol{w}\right]$ とすれば，

$$P^{-1}AP=\begin{bmatrix}1 & -1 & 0\\ 1 & 2 & -1\\ -1 & -1 & 1\end{bmatrix}\begin{bmatrix}1 & -1 & 1\\ -1 & 1 & 1\\ -2 & -2 & 4\end{bmatrix}\begin{bmatrix}1 & 1 & 1\\ 0 & 1 & 1\\ 1 & 2 & 3\end{bmatrix}=\begin{bmatrix}2 & 0 & 0\\ 0 & 2 & 1\\ 0 & 0 & 2\end{bmatrix}$$

となる．これが求めるべきジョルダン標準形である．

問　題

8.1 次の行列をジョルダン標準形にせよ．

(a) $\begin{bmatrix}-1 & -4\\ 1 & 3\end{bmatrix}$　(b) $\begin{bmatrix}4 & -3\\ 2 & -1\end{bmatrix}$　(c) $\begin{bmatrix}2 & -3 & 1\\ -1 & -2 & 2\\ -1 & -7 & 5\end{bmatrix}$

(d) $\begin{bmatrix}-2 & -3 & -6\\ 6 & 6 & 7\\ -1 & -1 & -1\end{bmatrix}$　(e) $\begin{bmatrix}2 & 1 & -1 & 1\\ 1 & 1 & 0 & -1\\ 2 & 1 & 0 & -2\\ 0 & 0 & 0 & 1\end{bmatrix}$　(f) $\begin{bmatrix}3 & 1 & -1 & -2\\ 1 & 3 & -1 & -1\\ 0 & 1 & 1 & 0\\ 2 & 1 & -1 & -1\end{bmatrix}$

8.2 行列 $A:=\begin{bmatrix}-1 & 4\\ -1 & 3\end{bmatrix}$ をジョルダン標準形にし，それを利用して A^n および $\exp(tA)$ （$t\in\mathbb{R}$）を求めよ．

例題 7.9 ジョルダン細胞のベキ乗

$k\times k$ ジョルダン細胞 $J_k(\alpha)$ に対し，$J_k(\alpha)^n$ を求めよ．

【解　答】

- $\alpha=0$ の場合，$J_k(0)=\begin{bmatrix}\boldsymbol{e}'_2\\ \vdots\\ \boldsymbol{e}'_k\\ \boldsymbol{0}\end{bmatrix}$（行表現），$J_k(0)=\begin{bmatrix}\boldsymbol{0} & \boldsymbol{e}_1 & \cdots & \boldsymbol{e}_{k-1}\end{bmatrix}$（列表現）

であるから，

$$J_k(0)^2=\begin{bmatrix}\boldsymbol{e}'_2\\ \vdots\\ \boldsymbol{e}'_k\\ \boldsymbol{0}\end{bmatrix}\begin{bmatrix}\boldsymbol{0} & \boldsymbol{e}_1 & \cdots & \boldsymbol{e}_{k-1}\end{bmatrix}=\begin{bmatrix}\boldsymbol{0} & \boldsymbol{0} & \boldsymbol{e}_1 & \cdots & \boldsymbol{e}_{k-2}\end{bmatrix}$$

以下同様に繰り返し計算して，$J_k(0)^n=\begin{bmatrix}\overbrace{\boldsymbol{0}\ \cdots\ \boldsymbol{0}}^{n} & \boldsymbol{e}_1 & \cdots & \boldsymbol{e}_{k-n}\end{bmatrix}$, 特に $n\geqq k$ ならば $J_k(0)^n=O$ を得る．

- $\alpha\neq 0$ の場合，$J^{(0)}:=J_k(0)$ と書くと，$J_k(\alpha)=\alpha E_k+J^{(0)}$ であるから，

$$\begin{aligned}J_k(\alpha)^n&=(\alpha E_k+J^{(0)})^n=\sum_{j=0}^{k-1}\frac{n(n-1)\cdots(n-j+1)}{j!}\alpha^{n-j}{J^{(0)}}^j\\&=\left[\alpha^n\boldsymbol{e}_1,\alpha^n\boldsymbol{e}_2+n\alpha^{n-1}\boldsymbol{e}_1,\cdots,\sum_{j=0}^{k-1}\frac{n\cdots(n-j+1)}{j!}\alpha^{n-j}\boldsymbol{e}_{k-j}\right]\end{aligned}$$

ただし，E_k と $J^{(0)}$ が交換することと，$n\geqq k$ で ${J^{(0)}}^n=O$ となることを用いた．

問　題

9.1 $\begin{bmatrix}1&1\\0&1\end{bmatrix}$, $\begin{bmatrix}1&1&0\\0&1&1\\0&0&1\end{bmatrix}$ の n 乗を求めよ．

9.2 A は，$J_k(\alpha)$ と $J_l(\beta)$ を対角に配置した正方行列とする．$(A-\alpha E)^n$ はどのような形か調べよ．

9.3 自然数 k に対し，$W^{(k)}:=\left\{\boldsymbol{x}\ \middle|\ (A-\lambda E)^k\boldsymbol{x}=\boldsymbol{0}\right\}$ とするとき，$W=W^{(1)}\subset W^{(2)}\subset\cdots$ となることを示せ．

第 7 章演習問題

1. 行列の固有値に関して次を示せ．

(a) 実交代行列の固有値が実数となるのは 0 が固有値となるとき以外にはない．

(b) $n \times n$ 実直交行列 B について，$\det B = -1$ ならば B は -1 を固有値として持つ．

(c) ある自然数 m に対し，$A^m = O$ となる行列をベキ零行列という．ベキ零行列は 0 以外の固有値を持たない．

2. B は -1 を固有値としない実直交行列とする．

(a) $E + B$ は可逆であることを示せ．

(b) 行列 $A := (E - B)(E + B)^{-1}$ は実交代行列であることを示せ．

(c) (b) で定義された A によって，$B = (E+A)^{-1}(E-A) = (E-A)(E+A)^{-1}$ と表されることを示せ．

(d) 任意の実交代行列 A について，$E+A$ は可逆であり，$X = (E-A)(E+A)^{-1}$ は実直交行列で，$\det X = 1$ であることを示せ．

(e) $X = \begin{bmatrix} \cos\theta & -\sin\theta \\ \sin\theta & \cos\theta \end{bmatrix}$（ただし，$\theta \neq n\pi$）に対し，$X = (E-Y)(E+Y)^{-1}$ となる交代行列 Y を求めよ．

3. (a) A, B を同じ型のエルミート行列とする．積 AB がエルミートとなる条件を求めよ．

(b) $A \in \mathbb{C}^{n\times n}$ をエルミート行列，$\lambda_1, \ldots, \lambda_n$ は A の固有値（ただし，重複を許す）とし，$\boldsymbol{b}_i$ は

$$A\boldsymbol{b}_i = \lambda_i \boldsymbol{b}_i \ (1 \leqq i \leqq n) \text{ で，} \boldsymbol{b}_1, \ldots, \boldsymbol{b}_n \text{ は } \mathbb{C}^n \text{ の正規直交基底}$$

をみたすものとする．内積 $\boldsymbol{b}_i \cdot A\boldsymbol{b}_j$ を求めよ．

(c) A とその固有値・固有ベクトルは (b) と同様に定める．$\boldsymbol{x}, \boldsymbol{y} \in \mathbb{C}^n$ のとき，$\boldsymbol{x} \cdot A\boldsymbol{y}$ を A の固有値と $\boldsymbol{x}, \boldsymbol{y}$ および A の固有ベクトルで表せ．

4. $\boldsymbol{a}$ は $\mathbb{C}^n$ における規格化されたベクトルで，$A := \boldsymbol{a}\boldsymbol{a}^*$ とする．

(a) A がエルミート行列であることを示せ．

(b) $A^2 = A$ であることを示せ．

(c) A の固有値と固有ベクトルを求めよ．

5. 第6章の問題2. で導入したように，$\mathbb{R}^n$ の部分空間 W が行列 A に関して不変である（または，簡単に A-不変である）とは，

$$\text{任意の } \boldsymbol{x} \in W \text{ に対し，} A\boldsymbol{x} \in W$$

が成り立つことをいう．$A \in \mathbb{C}^{n\times n}$ について，固有値 λ に属する固有空間を W_λ と書くことにして，以下に答えよ．

(a)　λ を A の固有値として，$W_\lambda^\perp$ は A^* に関して不変であることを示せ．

(b)　W_λ の正規直交基底 $\boldsymbol{a}_1, \ldots, \boldsymbol{a}_k$ に $\boldsymbol{a}_{k+1}, \ldots, \boldsymbol{a}_n$ を補充して $\mathbb{C}^n$ の正規直交基底を作り，$U := \begin{bmatrix} \boldsymbol{a}_1 & \cdots & \boldsymbol{a}_n \end{bmatrix}$ とするとき，次が成り立つことを示せ．

$$U^*AU = \begin{bmatrix} \lambda E_k & P \\ O & Q \end{bmatrix} \quad (P \in \mathbb{C}^{k\times(n-k)},\ Q \in \mathbb{C}^{(n-k)\times(n-k)})$$

(c)　以下，A が正規行列であるとする．W_λ が A^* に関して不変であること，および $W_\lambda^\perp$ が A に関して不変であることを示せ．

(d)　(b) の U を用いると，$U^*AU = \begin{bmatrix} \lambda E_k & O \\ O & Q \end{bmatrix}$ で，Q が正規行列となることを示せ．

6. $\boldsymbol{x} \in \mathbb{R}^n$ を $f(\boldsymbol{x}) = \boldsymbol{x} - \dfrac{2\boldsymbol{a}\cdot\boldsymbol{x}}{|\boldsymbol{a}|^2}\boldsymbol{a}$（$\boldsymbol{a}$ は $\mathbb{R}^n$ の $\mathbf{0}$ でない定ベクトル）に対応させる写像 f がある．f の自然基底に関する写像行列を F とする．

(a)　f によって不変な部分空間はどのようなものか．また，$\boldsymbol{a}$ を含まない部分空間のうち，最も大きいもの W とその直交補空間 $W^\perp$ を求めよ．

(b)　W の正規直交基底と $W^\perp$ の正規直交基底を並べた直交行列を A とする．F を対角化した行列 $A^{-1}FA$ を求めよ．

7. 集合 G に $A, B \in G \Longrightarrow AB \in G$ のように乗法が定義され，

(1)　$A, B, C \in G$ ならば，$(AB)C = A(BC)$（結合律の成立）

(2)　すべての $A \in G$ に対して $IA = AI = A$ となるような元 $I \in G$ が存在する（単位元の存在）

(3)　すべての $A \in G$ に対し，A に応じて $A^{-1} \in G$ が存在して，$AA^{-1} = A^{-1}A = I$（逆元の存在）

が成り立つとき，G は群をなすという．次の行列の集合は群をなすか．ただし，乗法としては，通常の行列の積を用いることとする．

(a)　実行列全体　　(b)　n 次の実直交行列全体

(c)　n 次の交代行列全体　　(d)　n 次のエルミート行列全体

(e) 行列式が 1 であるような，$\mathbb{R}^{n\times n}$ の行列全体

8. $A \in \mathbb{R}^{n\times n}$ はベキ零行列（1. 参照）で，$A^m = O$, $A^{m-1} \neq O$ とする．また，$W^{(i)} := \left\{\boldsymbol{x} \in \mathbb{R}^n \mid A^i\boldsymbol{x} = \boldsymbol{0}\right\}$ と定める．

(a) $W^{(i)} \subset W^{(i+1)}$ $(1 \leqq i \leqq m-1)$ で，$W^{(m)}$ は $\mathbb{R}^n$ 自身であることを示せ．

(b) $W^{(m-1)}$ の基底に $\{\boldsymbol{a}_1^{(m)}, \ldots, \boldsymbol{a}_{\nu_m}^{(m)}\}$ を補充して $W^{(m)}$ の基底を作ったとする．$A\boldsymbol{a}_1^{(m)}, \ldots, A\boldsymbol{a}_{\nu_m}^{(m)}$ は $W^{(m-1)}$ に属し，線形独立であることを示せ．

(c) $\mathrm{Lin}\left(A\boldsymbol{a}_1^{(m)}, \ldots, A\boldsymbol{a}_{\nu_m}^{(m)}\right) \cap W^{(m-2)} = \boldsymbol{0}$ であることを示せ．また，$W^{(m-2)}$ の基底に $\left\{A\boldsymbol{a}_1^{(m)}, \ldots, A\boldsymbol{a}_{\nu_m}^{(m)}\right\}$ および適当な $\left\{\boldsymbol{a}_1^{(m-1)}, \ldots, \boldsymbol{a}_{\nu_{m-1}}^{(m-1)}\right\}$ を補充すれば $W^{(m-1)}$ の基底となることを示せ．

(d) (c) の手続きを繰り返し，$W^{(m-k-1)}$ の基底に $\displaystyle\sum_{j=0}^{k} \nu_{m-j}$ 本のベクトル

$$A^k\boldsymbol{a}_1^{(m)}, \ldots, A^k\boldsymbol{a}_{\nu_m}^{(m)}, A^{k-1}\boldsymbol{a}_1^{(m-1)}, \ldots, A^{k-1}\boldsymbol{a}_{\nu_{m-1}}^{(m-1)}, \ldots,$$

$$A^{k-j}\boldsymbol{a}_1^{(m-j)}, \ldots, A^{k-j}\boldsymbol{a}_{\nu_{m-j}}^{(m-j)}, \ldots, \text{ および } \boldsymbol{a}_1^{(m-k)}, \ldots, \boldsymbol{a}_{\nu_{m-k}}^{(m-k)}$$

を補充して $W^{(m-k)}$ の基底を作る．$W^{(i)}$ の基底を A および $\boldsymbol{a}_k^{(j)}$ $(1 \leqq k \leqq \nu_j,\ 1 \leqq j \leqq m)$ を用いて表せ．

(e) $B := \left[A^{j-1}\boldsymbol{a}_k^{(j)}, A^{j-2}\boldsymbol{a}_k^{(j)}, \ldots A\boldsymbol{a}_k^{(j)}, \boldsymbol{a}_k^{(j)}\right] \in \mathbb{R}^{n\times j}$ とする．$AB = BC$ となる $j \times j$ 行列 C を求めよ．

9. A は 2×2 行列，$\boldsymbol{y}(x)$ を 2 成分ベクトルで，$\dfrac{d\boldsymbol{y}}{dx} = A\boldsymbol{y}$ が成り立つとする，

(a) $\boldsymbol{y} = \boldsymbol{a}e^{kx}$ とすると，k は A の固有値，$\boldsymbol{a}$ は固有値 k に対する A の固有ベクトルであることを示せ．

(b) A の固有値が縮重しているとする．$\boldsymbol{y} = (x\boldsymbol{a} + \boldsymbol{b})e^{kx}$ とするとき，$\boldsymbol{a}, \boldsymbol{b}$ はどのように定められるか．

(c) (b) において $\boldsymbol{a}, \boldsymbol{b}$ を並べた行列を P とする．$P^{-1}AP$ はどのような行列か．

10. $2n \times 2n$ 次正方行列 S が，

$$S^{\mathrm{T}}JS = J, \quad J := \begin{bmatrix} O & E_n \\ -E_n & O \end{bmatrix} \tag{7.24}$$

をみたすとき，S を**シンプレクティック行列**という．これに関して次を示せ．

(a) シンプレクティック行列 S は可逆であり，

$$|\det S| = 1, \quad S^{-1} = -JS^{\mathrm{T}}J$$

が成り立つ．

(b)　S がシンプレクティック行列ならば，S^{T}, S^{-1} もシンプレクティックである．

(c)　S の特性方程式 $\chi_S(\lambda)$ は，

$$\chi_S(\lambda) = \sigma_S \lambda^{2n} \chi_S\left(\frac{1}{\lambda}\right) \quad (\sigma_S \text{ は } \det S \text{ の符号})$$

をみたす．

(d)　λ が S の固有値ならば λ^{-1} も固有値である．

(e)　同じ型のシンプレクティック行列の集合は群をなす（7. 参照）．

(f)　$\boldsymbol{x} := \left[x_i\right]_{2n}, \boldsymbol{y} := \left[y_i\right]_{2n}$ に対し，

$$[\boldsymbol{x}, \boldsymbol{y}] := \boldsymbol{x}^{\mathrm{T}} J \boldsymbol{y} = \sum_{j=1}^{n} (x_j y_{j+n} - x_{j+n} y_j)$$

と定める．シンプレクティック行列 S による線形写像は $[\boldsymbol{x}, \boldsymbol{y}]$ を不変にする．

11.　J は 10. 中の (7.24) で定義された $2n \times 2n$ 行列とし，$\boldsymbol{z}$ は $\mathbb{R}^{2n}$ のベクトルで，

$$1 \leqq i \leqq n \text{ のとき } z_i = x_i,\ n+1 \leqq i \leqq 2n \text{ のとき } z_i = y_{i-n}$$

とする．x, y は t の関数で，その導関数は関数 $K = K(x_1, \ldots, x_n, y_1, \ldots, y_n)$ を用いて次のように表されるとする．

$$\frac{dx_i}{dt} = \frac{\partial K}{\partial y_i}, \quad \frac{dy_i}{dt} = -\frac{\partial K}{\partial x_i} \tag{$*$}$$

以下，$\dfrac{\partial K}{\partial \boldsymbol{z}}$ は $\dfrac{\partial K}{\partial z_i}$ を第 i 成分とする $\mathbb{R}^{2n}$ のベクトル，他も同様と定義する．

(a)　式 $(*)$ が $\dfrac{d\boldsymbol{z}}{dt} = J\dfrac{\partial K}{\partial \boldsymbol{z}}$ のように表されることを確かめよ．

(b)　$\boldsymbol{Z} := \left[X_1, \ldots, Y_n\right]$ を $x_1, \ldots, x_n, y_1, \ldots, y_n$ の関数とする．$\dfrac{d\boldsymbol{Z}}{dt} = M\dfrac{d\boldsymbol{z}}{dt}$ としたとき，行列 M を求めよ．また，$\dfrac{\partial K}{\partial \boldsymbol{z}} = N\dfrac{\partial K}{\partial \boldsymbol{Z}}$ としたとき，行列 N と M の関係を求めよ．

(c)　$\dfrac{d\boldsymbol{Z}}{dt} = J\dfrac{\partial K}{\partial \boldsymbol{Z}}$ が成り立つために，M はシンプレクティック行列でなければならないことを示せ．

(d)　u, v を $\boldsymbol{z}$ の関数，$\left[u, v\right]_{\boldsymbol{z}} := \displaystyle\sum_{i=1}^{n}\left(\frac{\partial u}{\partial x_i}\frac{\partial v}{\partial y_i} - \frac{\partial u}{\partial y_i}\frac{\partial v}{\partial x_i}\right) = \left(\frac{\partial u}{\partial \boldsymbol{z}}\right)^{\mathrm{T}} J \frac{\partial v}{\partial \boldsymbol{z}}$ とする．変数変換 $\boldsymbol{z} \longrightarrow \boldsymbol{Z}$ のもとで，$\boldsymbol{Z}$ が (c) の関係式をみたせば $\left[u, v\right]_{\boldsymbol{Z}} = [u, v]_{\boldsymbol{z}}$ となることを示せ．

8 対称行列と2次形式

8.1 2 次 形 式

2次多項式と2次形式　α_0 を実数，$\boldsymbol{a} = \left[\alpha_i\right]_{n\times 1}$，$\boldsymbol{x} = \left[x_i\right]_{n\times 1}$ が $\mathbb{R}^n$ のベクトルで，行列 $A = \left[\alpha_{ij}\right]_{n\times n} \in \mathbb{R}^{n\times n}$ が対称行列*1 であるとき，次のような $p(\boldsymbol{x})$ を，変数 $x_1, \ldots, x_n$ に関する **2次多項式**という．

$$p(\boldsymbol{x}) = \alpha_0 + \sum_{i=1}^{n}\alpha_i x_i + \sum_{i=1}^{n}\sum_{j=1}^{n}\alpha_{ij}x_i x_j = \alpha_0 + \boldsymbol{a}^{\mathrm{T}}\boldsymbol{x} + \boldsymbol{x}^{\mathrm{T}}A\boldsymbol{x} \tag{8.1}$$

2次多項式 $p(\boldsymbol{x})$ のうち，$\alpha_0 = 0$ かつ $\boldsymbol{a} = \boldsymbol{0}$ であるものを **2次形式**，A をその**行列**または**係数行列**という．さらに，A が対角行列である2次形式を，**標準形**という．

$$\begin{aligned} p(\boldsymbol{x}) \text{ が2次形式} \quad &\Longleftrightarrow \quad p(\boldsymbol{x}) = \sum_{i=1}^{n}\sum_{j=1}^{n}\alpha_{ij}x_i x_j = \boldsymbol{x}^{\mathrm{T}}A\boldsymbol{x} \\ p(\boldsymbol{x}) \text{ が標準形} \quad &\Longleftrightarrow \quad p(\boldsymbol{x}) = \sum_{i=1}^{n}\alpha_{ii}x_i^2 \quad (A \text{ が対角行列}) \end{aligned} \tag{8.2}$$

$\boldsymbol{x}^{\mathrm{T}}A\boldsymbol{x}$ のかわりに $\boldsymbol{x}\cdot A\boldsymbol{x}$ のように内積を用いて2次形式を表現してもよい．

多変数関数と2次形式　$f(\boldsymbol{x})$ を実 n 変数関数とするとき，適当な条件の下で

$$\begin{aligned} f(\boldsymbol{a}+\boldsymbol{h}) &= f(\boldsymbol{a}) + \sum_{i=1}^{n}f_{x_i}(\boldsymbol{a})h_i + \frac{1}{2!}\sum_{i,j=1}^{n}f_{x_i x_j}(\boldsymbol{a})h_i h_j + \cdots \\ &= \alpha_0 + \boldsymbol{b}^{\mathrm{T}}\boldsymbol{h} + \boldsymbol{h}^{\mathrm{T}}B\boldsymbol{h} + \cdots \\ \boldsymbol{h} &= \left[h_i\right]_{n\times 1} \end{aligned} \tag{8.3}$$

の形で表すことができる．

---

*1 $x_i x_j = x_j x_i$ であるから，A が対称行列でない $\boldsymbol{x}^{\mathrm{T}}A\boldsymbol{x}$ は，$\dfrac{1}{2}(\alpha_{ij} + \alpha_{ji})$ を改めて α_{ij} とすることで，対称行列の場合に帰着する．また，$\mathrm{Rank}\,A = 0$ のときは $\boldsymbol{x}^{\mathrm{T}}A\boldsymbol{x} = 0$ になってしまうから，以下では $\mathrm{Rank}\,A \geqq 1$ と仮定する．

主軸系　正規直交基底 $B=\{\boldsymbol{b}_1,\ldots,\boldsymbol{b}_n\}$ を用いた座標系 $(\mathrm{O};\boldsymbol{b}_1,\ldots,\boldsymbol{b}_n)$ において2次形式 $p(\boldsymbol{x})$ が標準形となるとき，基底 B を $p(\boldsymbol{x})$ の**主軸系**という．すなわち，

$A\in\mathbb{R}^{n\times n}$ を対称行列，$B\in\mathbb{R}^{n\times n}$ を直交行列，$\boldsymbol{x},\boldsymbol{y}\in\mathbb{R}^n$，$\boldsymbol{x}=B\boldsymbol{y}$ として，

$$\begin{aligned}&B \text{ が } p(\boldsymbol{x})=\boldsymbol{x}^{\mathrm{T}}A\boldsymbol{x} \text{ の主軸系}\\ &\iff p(\boldsymbol{x})=\boldsymbol{y}^{\mathrm{T}}B^{\mathrm{T}}AB\boldsymbol{y} \text{ が } \boldsymbol{y} \text{ に関して標準形}\\ &\iff B^{\mathrm{T}}AB \text{ が対角行列}\end{aligned} \tag{8.4}$$

このような直交行列 B を対称行列 A の主軸系ということもある．

一般に行列 A（対称行列とは限らない）に対して，$B^{\mathrm{T}}AB$ が対角行列となるように直交行列 B を求めることを，行列 A の**直交行列による対角化**という．主軸系を求めることは，対角化の直交行列を求めることと同じである．

対称行列の固有値問題　任意の $n\times n$ 実対称行列の固有値と固有ベクトルに関して，次の性質が成り立つ（第7.2〜7.4節参照）．

$A\in\mathbb{R}^{n\times n}$ を実対称行列（$A^{\mathrm{T}}=A$）として，

1. A の固有値はすべて実数
2. A の相異なる固有値に対する固有ベクトルは直交する　(8.5)
3. すべての固有値の代数的重複度と幾何的重複度は一致する

主軸変換　任意の2次形式 $p(\boldsymbol{x})=\boldsymbol{x}^{\mathrm{T}}A\boldsymbol{x}$，すなわち任意の $n\times n$ 実対称行列 A に対して，少なくとも1つの主軸系が存在する．

対称行列 A の主軸系は，次のようにして求める（式(7.13)参照）．

1. 行列 A の固有値 λ_i とその重複度 k_i（$1\leqq i\leqq r$，$r\leqq n$）を求める．
2. 固有値 λ_i（$i=1,\ldots,r$）に対する固有空間の正規直交基底を求める．

$$\left\{\boldsymbol{b}_1^{(i)}\quad\cdots\quad\boldsymbol{b}_{k_i}^{(i)}\right\}:\mathrm{Kern}(A-\lambda_iE_n) \text{ の正規直交基底}$$

3. 主軸系 B と，対角化された行列 $B^{\mathrm{T}}AB$ は次で与えられる．

$$B=\left[\boldsymbol{b}_1^{(1)}\quad\cdots\quad\boldsymbol{b}_{k_1}^{(1)}\quad\boldsymbol{b}_1^{(2)}\quad\cdots\quad\boldsymbol{b}_{k_2}^{(2)}\quad\cdots\quad\boldsymbol{b}_1^{(r)}\quad\cdots\quad\boldsymbol{b}_{k_r}^{(r)}\right]$$

$$B^{\mathrm{T}}AB=\mathrm{Diag}\,(\underbrace{\lambda_1,\ldots,\lambda_1}_{k_1\text{ 個}},\underbrace{\lambda_2,\ldots,\lambda_2}_{k_2\text{ 個}},\ldots,\underbrace{\lambda_r,\ldots,\lambda_r}_{k_r\text{ 個}})$$

例題 8.1 **2 次形式と対称行列**

次の 2 次形式を $\boldsymbol{x}^{\mathrm{T}}A\boldsymbol{x}$ となるように対称行列 A を用いて表現せよ．

(a) $x^2+3y^2+4xy,\ \boldsymbol{x}=[x,y]^{\mathrm{T}}$

(b) $x^2+y^2+z^2+xy+yz+xz,\ \boldsymbol{x}=[x,y,z]^{\mathrm{T}}$

【解　答】 A の第 (i,j) 成分を a_{ij} とする．

(a) x, y の 2 乗の項から $a_{11}=1,\ a_{22}=3$ である．また，$a_{12}=a_{21}=a$ とすれば，交差項の形から $2axy=4xy$ となり $a=2$. 以上から $A=\begin{bmatrix}1&2\\2&3\end{bmatrix}$.

(b) (a) と同様にして対角成分を求めると，$a_{11}=1,\quad a_{22}=1,\quad a_{33}=1$ となる．次に $a_{12}=a_{21}=a,\ a_{13}=a_{31}=b,\ a_{23}=a_{32}=c$ とすれば，

$$\boldsymbol{x}^{\mathrm{T}}A\boldsymbol{x}=x^2+y^2+z^2+2axy+2bzx+2cyz=x^2+y^2+z^2+xy+yz+zx$$

よって，$a=b=c=\dfrac{1}{2}$ である．以上により，

$$A=\begin{bmatrix}1&\frac{1}{2}&\frac{1}{2}\\\frac{1}{2}&1&\frac{1}{2}\\\frac{1}{2}&\frac{1}{2}&1\end{bmatrix}=\frac{1}{2}\begin{bmatrix}2&1&1\\1&2&1\\1&1&2\end{bmatrix}$$

問　題

1.1 次の 2 次形式を表現する対称行列を求めよ．

(a) $x^2+y^2-z^2+2zx$

(b) $x^2+3y^2+z^2+4xy+4yz+6zx$

(c) $x^2+z^2+2xy+2yz-2zx$

(d) $xy+yz+zx$

1.2 次の多変数関数 $U(x,y,\ldots)$ に対して，$U(x,y,\ldots)-U(0,0,\ldots)$ を 2 次の項まで取って近似せよ．

(a) $U(x,y)=-A\cos x-B\cos y$

(b) $U(x,y)=x^4-x^3+y^2$

(c) $U(x,y,z)=x^2+2y^2+2xy+z^3-z^2$

1.3 $A\in\mathbb{R}^{n\times n}$, $A^{\mathrm{T}}=A$, $\boldsymbol{a},\boldsymbol{b}\in\mathbb{R}^n$ のとき，$\boldsymbol{a}^{\mathrm{T}}A\boldsymbol{b}=\boldsymbol{b}^{\mathrm{T}}A\boldsymbol{a}$, すなわち $\boldsymbol{a}\cdot A\boldsymbol{b}=\boldsymbol{b}\cdot A\boldsymbol{a}$ を示せ．

8.2 2 次曲面

2 次曲面 次の関係式をみたす n 次元空間の点 $X=(x_1,\ldots,x_n)$ 全体を，**2 次曲面**（または **2 次超曲面**）という．

> $A\in\mathbb{R}^{n\times n}$ を対称行列，$\boldsymbol{a}\in\mathbb{R}^n$，$\beta\in\mathbb{R}$ として，
>
> $$p(\boldsymbol{x}):=\boldsymbol{x}^{\mathrm{T}}A\boldsymbol{x}+\boldsymbol{a}^{\mathrm{T}}\boldsymbol{x}+\beta=0 \tag{8.6}$$

2 次曲面 $p(\boldsymbol{x})=0$ の中で，2 次形式 $\boldsymbol{x}^{\mathrm{T}}A\boldsymbol{x}$ が標準形であり，かつ $\boldsymbol{a}^{\mathrm{T}}\boldsymbol{x}+\beta$ がアフィン変換で消せないものを**標準形**という．

標準形への変換 2 次曲面の標準形への変換は，次のようにして行う．

① 2 次形式の部分 $\boldsymbol{x}^{\mathrm{T}}A\boldsymbol{x}$ に対して，主軸系 B を求め，

$$B^{\mathrm{T}}AB=\mathrm{Diag}\left(\lambda_1,\ldots,\lambda_n\right)\quad(\lambda_1,\ldots,\lambda_n \text{ は } 0 \text{ にもなり得る数})$$

とする．新しい変数 $\boldsymbol{y}=B^{-1}\boldsymbol{x}$ を用いて (8.6) を

$$\lambda_1y_1^2+\cdots+\lambda_ny_n^2+\gamma_1y_1+\cdots+\gamma_ny_n+\beta=0$$

の形にする（$\boldsymbol{x}=B\boldsymbol{y}$ を (8.6) に代入することによって計算できる）．

② 変数 y_i について平方完成する．すなわち，変換

$$z_i=\begin{cases} y_i & (\lambda_i=0 \text{ の場合}) \\ y_i+\dfrac{\gamma_i}{2\lambda_i} & (\lambda_i\neq 0 \text{ の場合}) \end{cases}\qquad 1\leqq i\leqq n$$

を行なう．$\lambda_1,\ldots,\lambda_n$ のうち，$\lambda_1,\ldots,\lambda_r$ が非零，$\lambda_{r+1},\ldots,\lambda_n$ が 0 であるとすると，2 次曲面の方程式は，$n-r$ 個の定数 $\mu_{r+1},\ldots,\mu_n$ を用いて

$$\lambda_1z_1^2+\cdots+\lambda_rz_r^2+\mu_{r+1}z_{r+1}+\cdots+\mu_nz_n+\gamma=0$$

と変形される．

③ $\mu_{r+1},\ldots,\mu_n$ のうち，どれか 1 つ（たとえば μ_k）が 0 でないとすると，

$$\zeta_k=z_k+\frac{\gamma}{\mu_k}$$

によって γ を消去できる．

2 次元空間における 2 次曲面（2 次曲線）の標準形の例

Rank $A = 2$（固有値がいずれも非零）

標準形	図形	図	非零の固有値
$\dfrac{x^2}{a^2} + \dfrac{y^2}{b^2} + 1 = 0$	空集合		同符号
$\dfrac{x^2}{a^2} + \dfrac{y^2}{b^2} - 1 = 0$	楕円	8.1(a)	
$\dfrac{x^2}{a^2} + \dfrac{y^2}{b^2} = 0$	1 点（原点）		
$\dfrac{x^2}{a^2} - \dfrac{y^2}{b^2} + 1 = 0$	双曲線	8.1(b)	異符号
$\dfrac{x^2}{a^2} - \dfrac{y^2}{b^2} = 0$	交わる 2 直線	8.1(c)	

Rank $A = 1$（固有値の一方が 0, 他方が非零）

標準形	図形	図
$x^2 - 2py = 0$	放物線	8.1(d)
$x^2 - a^2 = 0$	平行な 2 直線	8.1(e)
$x^2 + a^2 = 0$	空集合	
$x^2 = 0$	直線 $x = 0$	8.1(f)

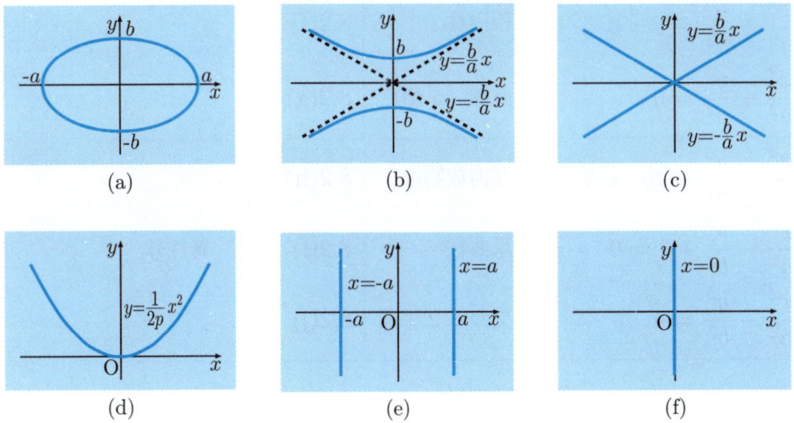

図 8.1　さまざまな平面図形の例

3 次元空間における 2 次曲面の標準形の例

Rank $A = 3$（固有値は全て非零）

標準形	図形	図	固有値の状態
$\dfrac{x^2}{a^2}+\dfrac{y^2}{b^2}+\dfrac{z^2}{c^2}-1=0$	楕円体	8.2(a)	3 つの固有値がすべて同符号
$\dfrac{x^2}{a^2}+\dfrac{y^2}{b^2}+\dfrac{z^2}{c^2}+1=0$	空集合		
$\dfrac{x^2}{a^2}+\dfrac{y^2}{b^2}+\dfrac{z^2}{c^2}=0$	1 点（原点）		
$\dfrac{x^2}{a^2}+\dfrac{y^2}{b^2}-\dfrac{z^2}{c^2}+1=0$	2 葉双曲面	8.2(b)	固有値のうち 1 つが異符号
$\dfrac{x^2}{a^2}+\dfrac{y^2}{b^2}-\dfrac{z^2}{c^2}-1=0$	1 葉双曲面	8.2(c)	
$\dfrac{x^2}{a^2}+\dfrac{y^2}{b^2}-\dfrac{z^2}{c^2}=0$	楕円錐	8.2(d)	

Rank $A = 2$（固有値のうち 1 つのみが 0）

標準形	図形	図	非零の固有値
$\dfrac{x^2}{a^2}+\dfrac{y^2}{b^2}-2pz=0$	楕円放物面	8.2(e)	同符号
$\dfrac{x^2}{a^2}+\dfrac{y^2}{b^2}+1=0$	空集合		
$\dfrac{x^2}{a^2}+\dfrac{y^2}{b^2}-1=0$	楕円柱	8.2(f)	
$\dfrac{x^2}{a^2}+\dfrac{y^2}{b^2}=0$	直線（z 軸）	8.2(g)	
$\dfrac{x^2}{a^2}-\dfrac{y^2}{b^2}-2pz=0$	双曲放物面	8.2(h)	異符号
$\dfrac{x^2}{a^2}-\dfrac{y^2}{b^2}+1=0$	双曲柱	8.2(i)	
$\dfrac{x^2}{a^2}-\dfrac{y^2}{b^2}=0$	交わる 2 平面	8.2(j)	

Rank $A = 1$（固有値のうち 2 つが 0, 1 つが非零）

標準形	図形	図
$x^2 - 2py = 0$	放物柱	8.2(k)
$x^2 - a^2 = 0$	平行な 2 平面	8.2(l)
$x^2 + a^2 = 0$	空集合	
$x^2 = 0$	1 つの平面	8.2(m)

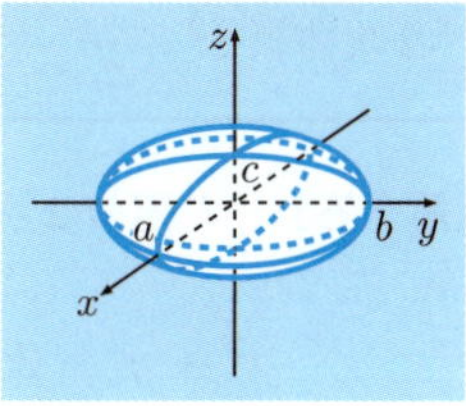

(a)

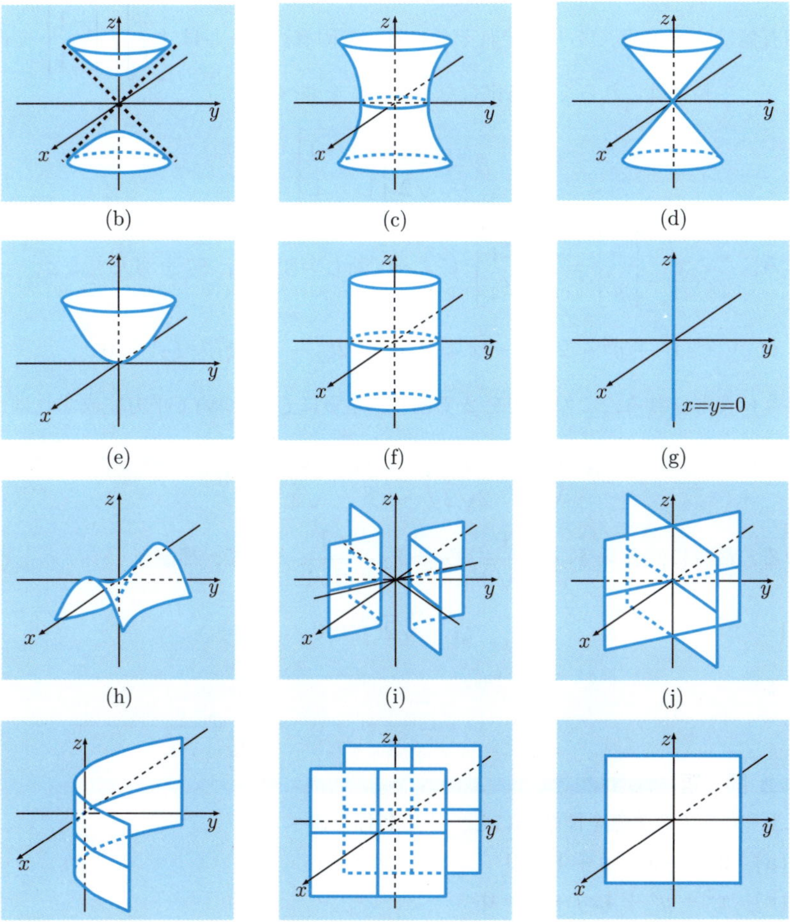

(b) (c) (d) (e) (f) (g) (h) (i) (j) (k) (l) (m)

図 **8.2**

例題 8.2　　**2 次曲線**

2 次曲線 $x^2+y^2-2xy-2x=0$ を標準形にせよ．

【解　答】　左辺の 2 次形式の部分は，

$$x^2+y^2-2xy=\boldsymbol{x}^{\mathrm{T}}A\boldsymbol{x},\quad \boldsymbol{x}=\begin{bmatrix}x\\y\end{bmatrix},\quad A=\begin{bmatrix}1&-1\\-1&1\end{bmatrix}$$

と書ける．まず A の主軸系を求める．$\det(A-\lambda E_2)=(1-\lambda)^2-1=0$ から，A の固有値は $\lambda=0,2$ であり，それぞれに対して固有ベクトルは $\begin{bmatrix}1\\1\end{bmatrix}, \begin{bmatrix}-1\\1\end{bmatrix}$ である．よって，主軸系はこれらを規格化したベクトルを並べ，

$$B=\frac{1}{\sqrt{2}}\begin{bmatrix}1&-1\\1&1\end{bmatrix}$$

となる．ここで，$\begin{bmatrix}x\\y\end{bmatrix}=B\begin{bmatrix}\xi_1\\\xi_2\end{bmatrix}$ によって新しい変数 ξ_1,ξ_2 を導入すると，

$$x^2+y^2-2xy-2x=0 \implies 2\xi_2^2-\sqrt{2}(\xi_1-\xi_2)=0$$

のように変形される．この両辺を 2 で割り，さらに ξ_2 について平方完成すれば，

$$\left(\xi_2+\frac{1}{2\sqrt{2}}\right)^2-\frac{1}{8}-\frac{1}{\sqrt{2}}\xi_1=0$$

となる．最後に，$\zeta_1=\xi_1+\dfrac{1}{4\sqrt{2}}, \zeta_2=\xi_2+\dfrac{1}{2\sqrt{2}}$ として，標準形

$$\zeta_1-\sqrt{2}\zeta_2^2=0$$

を得る．

問　題

2.1　次の 2 次曲線を標準形にし，その名称を述べよ．

(a)　$2xy+x-y+1=0$

(b)　$x^2+y^2+4xy+1=0$

(c)　$x^2+2y^2+2xy-1=0$

(d)　$4x^2+y^2+4xy+x-2y-1=0$

8.3 対称行列の非直交対角化

直交行列を用いない対角化　$n \times n$ 対称行列 A は，直交行列を用いず，以下のように基本変形だけで対角化できる．

① A が零行列でない場合は，以下のいずれかの方法により，A を下記 (8.7) のように変形する．零行列の場合は何もする必要はない．

a. $a_{11} \neq 0$ の場合，A の第 i 行から第 1 行の $\dfrac{a_{i1}}{a_{11}}$ 倍を差し引き，その後第 i 列から第 1 列の $\dfrac{a_{1i}}{a_{11}}$ 倍を差し引く

b. $a_{11} = 0$ の場合，次のいずれかにより，$a_{11} \neq 0$ の場合に帰着する

i. ある対角成分 a_{ii} が 0 でないとき
第 1 行と第 i 行を入れ換え，その後第 1 列と第 i 列を入れ換える

ii. 対角成分がすべて 0 で，ある非対角成分 a_{ij} が 0 でないとき
第 i 行に第 j 行を加え，その後第 i 列に第 j 列を加えて，前項を用いる

$$A \longrightarrow \left[\begin{array}{c|ccc} \alpha & 0 & \cdots & 0 \\ \hline 0 & & & \\ \vdots & & A_1 & \\ 0 & & & \end{array}\right] \qquad \begin{array}{l} \alpha \neq 0 \\ A_1 \text{ は対称行列} \end{array} \tag{8.7}$$

② (8.7) の A_1 も①を適用して変形し，以下順次同様にする．

以上の手続きを行列表現すると，次の通りになる（第 4.4 節参照）．

> $A \in \mathbb{R}^{n\times n}$ に対して，次のような可逆な行列 $W \in \mathbb{R}^{n\times n}$ が存在する．
>
> $$W^{\mathrm{T}}AW = \mathrm{Diag}\left(\alpha_1, \ldots, \alpha_n\right) \quad (\alpha_1, \ldots, \alpha_n \text{ は固有値とは限らない})$$

符号数　対称行列 A の正の固有値の個数（重複度を含む）を p，負の固有値の個数（重複度を含む）を q，0 の重複度を s とするとき，これらの数の組 (p, q, s) を，A の**符号数**という[*2]．

シルベスターの慣性則　対称行列 $A \in \mathbb{R}^{n\times n}$ と可逆行列 $W \in \mathbb{R}^{n\times n}$ に対して，A と $W^{\mathrm{T}}AW$ の符号数は等しい．これを**シルベスターの慣性則**という．

[*2] $p - q$ を符号数ということもある．

例題 8.3 　　**対称行列の非直交対角化**

次の対称行列 A を，基本変形のみを用いて対角化せよ．また，対角化した行列を $W^{\mathrm{T}}AW$ としたときの行列 W を求めよ．

$$\text{(a)}\quad A=\begin{bmatrix}1&1&1\\1&2&3\\1&3&0\end{bmatrix}\qquad \text{(b)}\quad A=\begin{bmatrix}0&1&1\\1&0&1\\1&1&0\end{bmatrix}$$

【解　答】

(a)　この行列の第 $(1,1)$ 成分は非零であるから，第 2 行から第 1 行を，第 2 列から第 1 列を差し引くと，

$$\begin{bmatrix}1&1&1\\1&2&3\\1&3&0\end{bmatrix}\longrightarrow\begin{bmatrix}1&1&1\\0&1&2\\1&3&0\end{bmatrix}\longrightarrow\begin{bmatrix}1&0&1\\0&1&2\\1&2&0\end{bmatrix}$$

以下同様にして第 3 行から第 1 行，第 3 列から第 1 列をそれぞれ差し引き，その後第 3 行から第 2 行の 2 倍，第 3 列から第 2 列の 2 倍を差し引くと，

$$\begin{bmatrix}1&0&1\\0&1&2\\1&2&0\end{bmatrix}\longrightarrow\begin{bmatrix}1&0&1\\0&1&2\\0&2&-1\end{bmatrix}\longrightarrow\begin{bmatrix}1&0&0\\0&1&2\\0&2&-1\end{bmatrix}\longrightarrow\begin{bmatrix}1&0&0\\0&1&0\\0&2&-5\end{bmatrix}$$
$$\longrightarrow\begin{bmatrix}1&0&0\\0&1&0\\0&0&-5\end{bmatrix}$$

となる．この行列を $W^{\mathrm{T}}AW$ とすると，この間の操作を考えて，

$$W=R_3(1,2;-1)R_3(1,3;-1)R_3(2,3;-2)=\begin{bmatrix}1&-1&1\\0&1&-2\\0&0&1\end{bmatrix}$$

(b)　この行列は対角成分がすべて 0 であるから，第 1 行に第 2 行，第 1 列に第 2 列を加えることにより，非零の第 $(1,2)$ 成分および第 $(2,1)$ 成分を第 $(1,1)$ 成分に反映させる．

$$\begin{bmatrix}0&1&1\\1&0&1\\1&1&0\end{bmatrix}\longrightarrow\begin{bmatrix}1&1&2\\1&0&1\\1&1&0\end{bmatrix}\longrightarrow\begin{bmatrix}2&1&2\\1&0&1\\2&1&0\end{bmatrix}$$

ここで (a) と同様にして，第 2 行から第 1 行の $\frac{1}{2}$ 倍，第 2 列から第 1 列の $\frac{1}{2}$ 倍を差し引き，その後第 3 行から第 1 行，第 3 列から第 1 列を差し引くと，

$$\begin{bmatrix} 2 & 1 & 2 \\ 1 & 0 & 1 \\ 2 & 1 & 0 \end{bmatrix} \longrightarrow \begin{bmatrix} 2 & 1 & 2 \\ 0 & -\frac{1}{2} & 0 \\ 2 & 1 & 0 \end{bmatrix} \longrightarrow \begin{bmatrix} 2 & 0 & 2 \\ 0 & -\frac{1}{2} & 0 \\ 2 & 0 & 0 \end{bmatrix}$$

$$\longrightarrow \begin{bmatrix} 2 & 0 & 2 \\ 0 & -\frac{1}{2} & 0 \\ 0 & 0 & -2 \end{bmatrix} \longrightarrow \begin{bmatrix} 2 & 0 & 0 \\ 0 & -\frac{1}{2} & 0 \\ 0 & 0 & -2 \end{bmatrix}$$

この間の変形を基本行列を用いて表現することにより，W は次のようになる

$$W = R_3(2,1;1)R_3(1,2;-1/2)R_3(1,3;-1) = \begin{bmatrix} 1 & -\frac{1}{2} & -1 \\ 1 & \frac{1}{2} & -1 \\ 0 & 0 & 1 \end{bmatrix}$$

【注　意】 直交行列を用いず，基本変形だけによる対角化には，対角成分の位置が異なるだけではなく，その値が全く異なる解が存在し得る．このような場合でも符号数は同じである．

問　題

3.1 次の対称行列 A を直交行列によらず，$B := W^{\mathrm{T}}AW$ が対角行列になるようにせよ．また，その際の W を求めよ．

(a)　$A = \begin{bmatrix} 2 & 1 \\ 1 & 3 \end{bmatrix}$　(b)　$A = \begin{bmatrix} 0 & 1 \\ 1 & 2 \end{bmatrix}$　(c)　$A = \begin{bmatrix} 0 & 1 \\ 1 & 0 \end{bmatrix}$

(d)　$A = \begin{bmatrix} 0 & 1 & 1 \\ 1 & 1 & 2 \\ 1 & 2 & -1 \end{bmatrix}$　(e)　$A = \begin{bmatrix} 0 & 1 & 2 \\ 1 & 0 & 3 \\ 2 & 3 & 0 \end{bmatrix}$

3.2 問題 3.1 のそれぞれの行列に対し，2 次形式 $\boldsymbol{x}^{\mathrm{T}}A\boldsymbol{x}$ が変数変換 $\boldsymbol{x} = W\boldsymbol{y}$ のもとでどのように変化するか求め，非直交対角化が 2 次形式の変形とどのような関係にあるか調べよ．

例題 8.4 **2 次形式の符号数**

次の 2 次形式の符号数を求めよ．

(a) $f(x,y,z) = x^2 - y^2 + 2xy + yz + 2zx$

(b) $f(x,y,z) = 2xy + 2yz + 2zx$

【解　答】

(a) 変数 x について平方完成して，

$$\begin{aligned} f(x,y,z) &= x^2 + 2(y+z)x + (y+z)^2 - (y+z)^2 - y^2 + yz \\ &= (x+y+z)^2 - z^2 - yz \end{aligned}$$

これをさらに z について平方完成すると，

$$f(x,y,z) = (x+y+z)^2 + \frac{y^2}{4} - \left(z + \frac{y}{2}\right)^2$$

ここで，$x+y+z$, $\dfrac{y}{2}$, $z+\dfrac{y}{2}$ を新しい変数とすれば，$f(x,y,z)$ は $\mathrm{Diag}(1,1,-1)$ を行列とする 2 次形式となるので，符号数は $(2,1,0)$ である．

(b) どの変数に対しても 2 乗の項がないが，次のように平方完成する．

$$\begin{aligned} f(x,y,z) &= 2x^2 + 2(y+z)x - 2x^2 + 2yz \\ &= 2\left[x^2 + (y+z)x + \frac{(y+z)^2}{4}\right] - \frac{(y+z)^2}{2} - 2x^2 + 2yz \\ &= 2\left(x + \frac{y+z}{2}\right)^2 - 2x^2 - \frac{(y+z)^2 - 4yz}{4} \\ &= 2\left(x + \frac{y+z}{2}\right)^2 - 2x^2 - \frac{(y-z)^2}{4} \end{aligned}$$

(a) と同様にして，この 2 次形式の符号数は $(1,2,0)$ である．

問　題

4.1 次の 2 次形式の符号数を調べよ．

(a) $f(x,y) = x^2 + y^2 + 4xy$

(b) $f(x,y) = x^2 + 2y^2 + 2xy$

(c) $f(x,y,z) = x^2 + z^2 + 2xy - 2zx + 4yz$

(d) $f(x,y,z) = x^2 + 3y^2 + z^2 + 4xy + 8yz + 6zx$

(e) $f(x,y,z) = x^2 + y^2 - z^2 + 2xy + 2zx$

8.4 正定値行列

正定値・負定値　2 次形式 $q(\boldsymbol{x})$ の取り得る符号によって，$q(\boldsymbol{x})$ またはその行列 A の正値性が定められる[*3]．

$A \in \mathbb{R}^{n\times n}$ を対称行列，$\boldsymbol{x} \in \mathbb{R}^n$，$q(\boldsymbol{x}) = \boldsymbol{x}^{\mathrm{T}} A \boldsymbol{x}$ として，A または $q(\boldsymbol{x})$ の正値性を次のように定める，

1. **正定値**および**負定値**
   a. 任意の $\boldsymbol{x} \neq \boldsymbol{0}$ に対して $q(\boldsymbol{x}) > 0 \iff q(\boldsymbol{x})$ は**正定値**
   b. 任意の $\boldsymbol{x} \neq \boldsymbol{0}$ に対して $q(\boldsymbol{x}) < 0 \iff q(\boldsymbol{x})$ は**負定値**
2. **半正定値**および**半負定値**　(8.8)
   a. 任意の $\boldsymbol{x}$ に対して $q(\boldsymbol{x}) \geqq 0 \iff q(\boldsymbol{x})$ は**半正定値**
   b. 任意の $\boldsymbol{x}$ に対して $q(\boldsymbol{x}) \leqq 0 \iff q(\boldsymbol{x})$ は**半負定値**
3. $q(\boldsymbol{x})$ が正にも負にもなる $\iff q(x)$ は**不定値**

2 次形式 $\boldsymbol{x}^{\mathrm{T}} A \boldsymbol{x}$（$A$ は対称行列）が負定値であるとき，$-\boldsymbol{x}^{\mathrm{T}} A \boldsymbol{x}$ や $-A$ は正定値となる．半正定値と半負定値の関係も同様である．

正定値行列の性質　行列の正値性に関して，次の性質が成り立つ．

1. 対角行列 $D = \mathrm{Diag}\left(\alpha_1, \ldots, \alpha_n\right)$ は，すべての対角成分 α_i が正のときにのみ正定値となる
2. 対称行列 $A \in \mathbb{R}^{n\times n}$ は，

$$W^{\mathrm{T}} A W \text{ が正定値（ただし，} W \text{ は可逆行列）}$$

   となるような W が存在するときにのみ正定値となる
3. 対称行列 $A \in \mathbb{R}^{n\times n}$ は，その固有値がすべて正のときにのみ正定値となる

これらで正を負に置き換えれば負定値に関する条件となる．

[*3] 正定値，負定値はそれぞれ正値，負値ということもある．半正定値，半負定値も同様である．日本語の読みの上では，「負定値」と「不定値」は区別できないことに注意されたい．

正定値・負定値と半正定値・半負定値の違いは，前者の場合，$\boldsymbol{x} = \boldsymbol{0}$ 以外では 2 次形式は絶対に 0 にならないのに対し，半正定値・半負定値の場合は $\boldsymbol{x} = \boldsymbol{0}$ でなくても 0 になる可能性があるという点である．

正値性の判定 (1)　　実対称行列 $A \in \mathbb{R}^{n\times n}$ は，ある対角化

$$W^{\mathrm{T}}AW = \mathrm{Diag}(\alpha_1, \ldots, \alpha_n) \quad (W\text{ は直交行列でなくてもよい})$$

において，α_i がすべて正のときに限り正定値となる．

一般に，自然基底ベクトルを 2 次形式に代入することにより，次を得る．

$$\text{実対称行列 } A \in \mathbb{R}^{n\times n} \text{ が正定値 } \Longrightarrow a_{ii} > 0 \quad (1 \leqq i \leqq n) \tag{8.9}$$

よって，A の対角成分に負または 0 の数が現れたときは，A は正定値ではない[*4]．しかし，対角成分がすべて正であっても A が正定値でない場合もある．

正値性の判定 (2)　　実対称行列 $A \in \mathbb{R}^{n\times n}$ に関し，第 i 次の主座小行列 H_i $(i = 1, 2, \ldots, n)$ を次のように定める．

$$A = \left[a_{ij}\right]_{n\times n} \quad \text{として，} \quad H_i = \begin{bmatrix} a_{11} & \cdots & a_{1i} \\ \vdots & \ddots & \vdots \\ a_{i1} & \cdots & a_{ii} \end{bmatrix} \quad (i = 1, 2, \ldots, n)$$

すなわち，

$$A = \begin{matrix} \\ i\left\{ \begin{matrix} \\ \\ \\ \end{matrix} \right. \\ \\ \\ \end{matrix} \overbrace{\begin{bmatrix} \boxed{\quad H_i \quad} & \begin{matrix} a_{1,i+1} & \cdots & a_{1,n} \\ \vdots & & \vdots \\ a_{i,i+1} & \cdots & a_{i,n} \end{matrix} \\ \begin{matrix} a_{i+1,1} & \cdots \\ \vdots & \\ a_{n,1} & \cdots \end{matrix} & \begin{matrix} \cdots & a_{i+1,n} \\ & \vdots \\ \cdots & a_{n,n} \end{matrix} \end{bmatrix}}^{i}$$

このとき，A の正値性について，次の性質が成り立つ．

$$\begin{aligned} &A\text{ が正定値} \iff \text{すべての } i = 1, \ldots, n \text{ に対して，} \det H_i > 0 \\ &A\text{ が負定値} \iff \text{すべての } i = 1, \ldots, n \text{ に対して，} (-1)^i \det H_i > 0 \end{aligned} \tag{8.10}$$

[*4] 対角成分に負の数が現れたからといって負定値になるわけではない．(8.9) は同値な関係ではないこと，および 2 次形式には正定値や負定値以外のものもあることに注意せよ．

例題 8.5　**2 次形式の正値性 (1)**

次の 2 次形式の正値性を調べよ．

(a)　$f(x, y, z) = x^2 + 2y^2 + 5z^2 + 4yz$

(b)　$f(x, y, z) = 2xy + 2yz + 2zx$

【解　答】　(a) と (b) をそれぞれ別の方法で調べる．

(a)　与えられた 2 次形式を平方完成すると，

$$f(x, y, z) = x^2 + 2(y^2 + 2yz + z^2) - 2z^2 + 5z^2 = x^2 + 2(y + z)^2 + 3z^2$$

となる．これは，2 次形式 f を与える行列が $\mathrm{Diag}\big(1, 2, 3\big)$ と対角化されることを意味しており，f は正定値である．

(b)　この 2 次形式を与える対称行列は，

$$A = \begin{bmatrix} 0 & 1 & 1 \\ 1 & 0 & 1 \\ 1 & 1 & 0 \end{bmatrix}$$

である．この行列の固有多項式 $\chi(\lambda) := \det(A - \lambda E_3)$ は

$$\chi(\lambda) = \begin{vmatrix} -\lambda & 1 & 1 \\ 1 & -\lambda & 1 \\ 1 & 1 & -\lambda \end{vmatrix} = \begin{vmatrix} 0 & 1+\lambda & 1-\lambda^2 \\ 0 & -1-\lambda & 1+\lambda \\ 1 & 1 & -\lambda \end{vmatrix} = (1+\lambda)^2(2-\lambda)$$

となり，固有値は $\lambda = -1, 2$ である．したがって，A は正の固有値と負の固有値を持つので不定値である．

問　題

5.1　次の 2 次形式の正値性を調べよ．

(a)　$f(x, y) = x^2 + 2y^2 + 4xy$

(b)　$f(x, y) = -x^2 - y^2 - xy$

(c)　$f(x, y, z) = x^2 + 5y^2 + 4z^2 + 4xy + 8yz + 6zx$

(d)　$f(x, y, z) = x^2 + y^2 + 2z^2 + 2zx$

(e)　$f(x, y, z) = 2x^2 + y^2 + 2z^2 + 2xy + 2yz - 2zx$

5.2　$f(x, y)$ は 2 回連続微分可能な 2 変数関数で，$f_x(a, b) = 0$, $f_y(a, b) = 0$ とする．$(x, y) = (a, b)$ の近くで $f(a, b)$ が真に最小となるための十分条件を，f の第 2 次の偏導関数で表せ．また，$f(a, b)$ が $(x, y) = (a, b)$ の近くでの最小に含まれる場合についてはどうか．

例題 8.6　　2 次形式の正値性 (2)

次を証明せよ．

(a)　対角行列はすべての対角成分が正のときにのみ正定値である．

(b)　対称行列 $A \in \mathbb{R}^{n\times n}$ は，$W^{\mathrm{T}}AW$ が正定値となるような可逆行列 W が存在するときにのみ正定値となる．

【解　答】

(a)　$D = \mathrm{Diag}(\alpha_1, \ldots, \alpha_n)$ $(\alpha_i > 0)$ とすれば，任意の $\boldsymbol{x} = \left[x_i\right] \in \mathbb{R}^n$ に対して

$$\boldsymbol{x}^{\mathrm{T}}D\boldsymbol{x} = \alpha_1 x_1^2 + \cdots + \alpha_n x_n^2$$

α_i は正であるから各項は 0 以上で，この 2 次形式は 0 以上の値をとる．また，0 となるのはすべての項が 0 のとき，すなわち $\boldsymbol{x} = \boldsymbol{0}$ の場合に限るから，この 2 次形式は正定値である．

また，ある j で $\alpha_j \leqq 0$ となった場合，$\boldsymbol{x} = \boldsymbol{e}_j$ とすれば，このような $\boldsymbol{x}$ で $\boldsymbol{x}^{\mathrm{T}}D\boldsymbol{x} \leqq 0$ となるから D は正定値ではなくなる．以上により，D の対角成分がすべて正の場合にのみ D は正定値となることがわかった．

(b)　A が正定値であるとすると，任意の $\boldsymbol{x} \neq \boldsymbol{0}$ で $\boldsymbol{x}^{\mathrm{T}}A\boldsymbol{x} > 0$ となる．ここで，可逆行列 W に対して $W\boldsymbol{x}$ は $\mathbb{R}^n$ のベクトルで，かつ $\boldsymbol{x} \neq \boldsymbol{0}$ ならば $W\boldsymbol{x}$ も $\boldsymbol{0}$ ではないから，任意の $\boldsymbol{x} \neq \boldsymbol{0}$ に対して

$$(W\boldsymbol{x})^{\mathrm{T}}A(W\boldsymbol{x}) = \boldsymbol{x}^{\mathrm{T}}W^{\mathrm{T}}AW\boldsymbol{x} = \boldsymbol{x}^{\mathrm{T}}(W^{\mathrm{T}}AW)\boldsymbol{x} > 0$$

したがって，A が正定値ならば可逆行列 W に対して $W^{\mathrm{T}}AW$ も正定値である．

逆に可逆行列 W に対し，$W^{\mathrm{T}}AW$ が正定値であるとすると，

$$\text{任意の } \boldsymbol{y} \neq \boldsymbol{0} \text{ に対して}\quad \boldsymbol{y}^{\mathrm{T}}W^{\mathrm{T}}AW\boldsymbol{y} = (W\boldsymbol{y})^{\mathrm{T}}A(W\boldsymbol{y}) > 0$$

ここで，任意の $\boldsymbol{x}$ に対して $W\boldsymbol{y} = \boldsymbol{x}$ となる $\boldsymbol{y}$ は $W^{-1}\boldsymbol{x} \neq \boldsymbol{0}$ で与えられるから，$\boldsymbol{x}^{\mathrm{T}}A\boldsymbol{x} > 0$, すなわち A が正定値であることが示された．

問　題

6.1　上記の例題 8.6 を負定値の場合について調べよ．

6.2　実対称行列 A の固有値がすべて正であることと 2 次形式 $\boldsymbol{x}^{\mathrm{T}}A\boldsymbol{x}$ が正定値であることが同値であること，および固有値がすべて負であることと $\boldsymbol{x}^{\mathrm{T}}A\boldsymbol{x}$ が負定値であることが同値であることを示せ．

6.3　$A \in \mathbb{R}^{n\times n}$ に対し，$\boldsymbol{x}^{\mathrm{T}}A\boldsymbol{x}$ が正定値であるとき，負定値であるとき，半正定値であるときおよび半負定値であるときの A の符号数を調べよ．

第 8 章演習問題

1. 次の行列の符号数を求めよ．

(a) $\begin{bmatrix} 1 & -2 \\ -2 & 2 \end{bmatrix}$ (b) $\begin{bmatrix} 1 & 1 \\ 1 & 0 \end{bmatrix}$ (c) $\begin{bmatrix} 1 & 1 \\ 1 & 2 \end{bmatrix}$

(d) $\begin{bmatrix} 1 & 1 & 1 \\ 1 & 2 & -2 \\ 1 & -2 & 2 \end{bmatrix}$ (e) $\begin{bmatrix} 1 & 2 & 3 \\ 2 & 2 & 2 \\ 3 & 2 & 1 \end{bmatrix}$ (f) $\begin{bmatrix} 1 & 2 & 3 & 4 \\ 2 & 3 & 4 & 3 \\ 3 & 4 & 3 & 2 \\ 4 & 3 & 2 & 1 \end{bmatrix}$

2. 実対称行列 $\begin{bmatrix} 1 & -1 & 1 & -1 \\ -1 & a & -2 & 1 \\ 1 & -2 & b & -1 \\ -1 & 1 & -1 & c \end{bmatrix}$ が正定値となる条件を求めよ．

3. $\boldsymbol{x} \in \mathbb{C}^n$ に対し，$A \in \mathbb{C}^{n \times n}$ をエルミート行列として，$A\{\boldsymbol{x}\} := \boldsymbol{x}^* A \boldsymbol{x}$ をエルミート形式という．

(a) $A\{\boldsymbol{x}\}$ は実数値をとることを示せ．

(b) 行列 U を用いてエルミート形式 $U^*AU\{\boldsymbol{x}\}$ が標準形になるとき，U はどのような行列を用いればよいか．

(c) 次のエルミート行列で与えられるエルミート形式が正定値かどうか判定せよ．

i. $\begin{bmatrix} 2 & -i \\ i & 1 \end{bmatrix}$ ii. $\begin{bmatrix} 1 & 2i \\ -2i & 1 \end{bmatrix}$ iii. $\begin{bmatrix} 0 & i \\ -i & 0 \end{bmatrix}$

4. $A \in \mathbb{R}^{n \times n}$ を対称行列とし，$\boldsymbol{x} \in \mathbb{R}^n$ は $\boldsymbol{x}^{\mathrm{T}}\boldsymbol{x} = 1$ をみたすとする．このとき，

$$F := \boldsymbol{x}^{\mathrm{T}} A \boldsymbol{x}$$

の最大値と最小値を次のようにして求める．

(a) F が極値となるために $\boldsymbol{x}$ がみたすべき条件を書け．

(b) A の主軸系を用いて F を標準形にせよ．

(c) F の最大値，最小値はそれぞれ A の固有値の最大値，最小値であることを示せ．

5. $A \in \mathbb{R}^{n\times n}$, $\boldsymbol{x} \in \mathbb{R}^n$（ただし，$A$ は対称行列で，$\boldsymbol{x} \neq \boldsymbol{0}$）に対して $F(\boldsymbol{x}) := \dfrac{\boldsymbol{x}^{\mathrm{T}}A\boldsymbol{x}}{\boldsymbol{x}^{\mathrm{T}}\boldsymbol{x}}$ をレイリー商という．F の最大値，最小値が A の固有値の最大値，最小値となることを示せ．

【ヒント】A を対角化する直交行列を P とし，変数 $\boldsymbol{y} = P^{-1}\boldsymbol{x}$ を用いて考えよ．

6. (a) $A \in \mathbb{R}^{n\times n}$ を正定値対称行列とし，$\displaystyle\int_{\mathbb{R}} dx \exp\left(-\frac{x^2}{2}\right) = \sqrt{2\pi}$ を用いて次を示せ．

$$\int_{\mathbb{R}} dx_1 \cdots \int_{\mathbb{R}} dx_n \exp\left(-\frac{1}{2}\boldsymbol{x}^{\mathrm{T}}A\boldsymbol{x}\right) = \sqrt{\frac{(2\pi)^n}{\det A}}$$

(b) V が正定値対称行列ならば，V^{-1} もそうであることを示せ，

(c) $V \in \mathbb{R}^{n\times n}$ を正定値対称行列，$\boldsymbol{x}, \boldsymbol{m} \in \mathbb{R}^n$ とするとき，

$$f(\boldsymbol{x}, \boldsymbol{m}) := \frac{1}{\sqrt{(2\pi)^n \det V}} \exp\left[-\frac{1}{2}(\boldsymbol{x}-\boldsymbol{m})^{\mathrm{T}}V^{-1}(\boldsymbol{x}-\boldsymbol{m})\right]$$

として，(a) および (b) の結果を用いて次を示せ．

$$\int_{\mathbb{R}} dx_1 \cdots \int_{\mathbb{R}} dx_n \boldsymbol{x} f(\boldsymbol{x}, \boldsymbol{m}) = \boldsymbol{m}$$

$$\int_{\mathbb{R}} dx_1 \cdots \int_{\mathbb{R}} dx_n (x_i - m_i)(x_j - m_j) f(\boldsymbol{x}, \boldsymbol{m}) = V_{ij}$$

7. $A := \begin{bmatrix} 2 & 0 & -1 \\ 0 & 1 & 0 \\ -1 & 0 & 2 \end{bmatrix}$, $\boldsymbol{b} := \begin{bmatrix} 1 \\ 1 \\ 0 \end{bmatrix}$ とする．次の積分を計算せよ．

$$\int_{\mathbb{R}^3} dx_1 dx_2 dx_3 \exp\left(-\frac{1}{2}\boldsymbol{x}^{\mathrm{T}}A\boldsymbol{x} + \boldsymbol{b}^{\mathrm{T}}\boldsymbol{x}\right), \quad \boldsymbol{x} = \begin{bmatrix} x_1 \\ x_2 \\ x_3 \end{bmatrix}$$

8. n 変数関数 $f(x_1, \ldots, x_n)$ が

$$\frac{\partial f}{\partial x_i}(a_1, \ldots, a_n) = 0 \quad (i = 1, \ldots, n)$$

をみたすとする．変数の微小変化に対して 2 次までの範囲の変化で考えたとき，$(x_1, \ldots, x_n) = (a_1, \ldots, a_n)$ の近くでの f の増減を，第 2 次の偏微分係数で分類せよ．

9. 変数 $q_1, \ldots, q_n$ で記述される n 自由度の系が，ポテンシャル $U(q_1, \ldots, q_n)$ のもとで運動する．

(a) $(q_1, \ldots, q_n) = (a_1, \ldots, a_n)$ において $\dfrac{\partial U}{\partial q_j} = 0$ $(j = 1, \ldots, n)$ が成り立つとき，この点のまわりでの変位の 2 次までの範囲で $U(a_1, \ldots, a_n)$ が最小になることが保証されるためには，U はどのような関係をみたすべきか．

(b) K, k を正定数として，

$$U(q_1, q_2, q_3) = K\sum_{j=1}^{3}(1-\cos q_j)+\frac{k}{2}\left[(q_1 - q_2)^2 + (q_2 - q_3)^2 + (q_3 - q_1)^2\right]$$

とするとき，$(q_1, q_2, q_3) = (0, 0, 0)$ のまわりでの U を 2 次形式で近似せよ．

(c) (b) で求めた 2 次形式の行列の主軸系を求めよ．

10. 密度 ρ の剛体が 3 次元空間内で原点 O のまわりを一定の角速度 $\boldsymbol{\omega}$ で回転しているとき，その角運動量は，B をその剛体の占める領域として

$$\boldsymbol{L} = \int_{\mathrm{B}} \boldsymbol{r} \times (\boldsymbol{\omega} \times \boldsymbol{r})\rho \, dV$$

で与えられる．以下，デカルト座標を用いることにして，これを $\boldsymbol{L} = I\boldsymbol{\omega}$ の形に書いたときの行列 I を慣性テンソルという．

(a) 慣性テンソルの各成分を求め，それが正定値対称行列であることを示せ．

(b) 内積 $\boldsymbol{\omega} \cdot \boldsymbol{L}$ は何を表すか．

(c) 図のような剛体に対して慣性テンソルを計算し，その主軸系を求めよ．i. については密度が一定，ii. については両端の質点の質量を M とする．

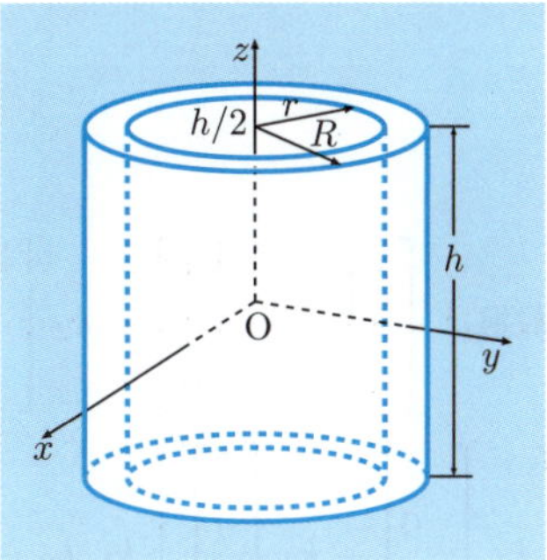

i.

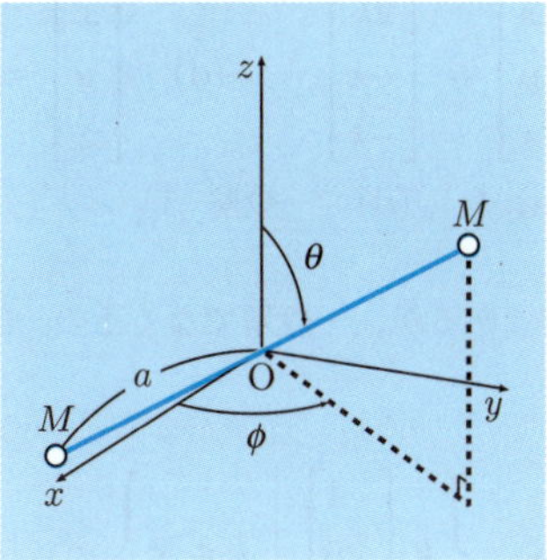

ii.

問題解答

1章

1.1 (a) $a=d=1,\ b=2,\ c=-2$. または $a=d=0,\ b,\ c$ は任意. (b) 等号は成立しない. (c) $\lambda=1,\ a=1,\ b=2,\ c=-1,\ d=-2$

2.1 (a), (b) 行列の実数倍の定義から明らか. (c) $k=0$ ならば, (b) により $kA=O$. $kA=O$ ならば, $A \neq 0$ により少なくとも 1 つの成分が非零. その成分を a_{ij} とすると, $ka_{ij}=0$ により $k=0$.

2.2 いずれも各成分を具体的に書き下して示すことができる.

3.1 略

3.2 $A=\left[a_{ij}\right]$ などと成分表示し, $A\boldsymbol{x}=\boldsymbol{b}$ が $\displaystyle\sum_{j=1}^{n} a_{ij}x_j=b_i$, $A\boldsymbol{y}=\boldsymbol{c}$ が $\displaystyle\sum_{j=1}^{n} a_{ij}y_j=c_i$ となることから, それぞれの i 番目の式の各辺を加えればよい.

3.3 係数行列の基本行変形は, 同次方程式に現れる式だけを組み合わせて定数倍や式の加減を行ったものであることから明らか. 実際, 方程式 $A\boldsymbol{x}=\boldsymbol{0}$ の拡大係数行列 $\widetilde{A} := \left[\,A \mid \boldsymbol{0}\,\right]$ は A と行数が同じで, A に対する基本行変形をそのまま $\widetilde{A}$ に行うことができる. 零ベクトルに基本行変形を行っても零ベクトルのままであるから, A を B に移す基本行変形を $\widetilde{A}$ に行えば, $B\boldsymbol{x}=\boldsymbol{0}$ の拡大形数行列 $\left[\,B \mid \boldsymbol{0}\,\right]$ を得る.

4.1 (a), (b), (d) 解である (c), (e) 解でない

4.2 (a), (b) 同値である (c) 同値でない

5.1 k を自由パラメータとする. (a) $\begin{bmatrix} x \\ y \end{bmatrix} = \begin{bmatrix} 3k \\ -k \end{bmatrix}$ (b) $\begin{bmatrix} x \\ y \\ z \end{bmatrix} = \begin{bmatrix} 2k \\ k \\ -3k \end{bmatrix}$

(c) $\begin{bmatrix} x \\ y \\ z \end{bmatrix} = \begin{bmatrix} 2k \\ -k \\ -k \end{bmatrix}$ (d) $\begin{bmatrix} x \\ y \\ z \end{bmatrix} = \begin{bmatrix} k \\ 0 \\ k \end{bmatrix}$

5.2 (a), (c), (d) 一般解

(b) 解であるが, 一般解でなくその一部. 一般解は $\begin{bmatrix} 1 \\ 0 \\ 0 \end{bmatrix} + k_1 \begin{bmatrix} 1 \\ 1 \\ 0 \end{bmatrix} + k_2 \begin{bmatrix} -2 \\ 0 \\ 1 \end{bmatrix}$

5.3 (a) $\left\{ k \begin{bmatrix} 1 \\ 0 \\ -1 \end{bmatrix} \,\middle|\, k \in \mathbb{R} \right\}$ (b) $\left\{ k_1 \begin{bmatrix} 1 \\ 0 \\ -1 \\ 0 \end{bmatrix} + k_2 \begin{bmatrix} 1 \\ 0 \\ 0 \\ 1 \end{bmatrix} \,\middle|\, k_1, k_2 \in \mathbb{R} \right\}$

(c) $\left\{ k \begin{bmatrix} 1 \\ 0 \\ 1 \\ 2 \end{bmatrix} \;\middle|\; k \in \mathbb{R} \right\}$ (d) $\left\{ \begin{bmatrix} 0 \\ 0 \\ 0 \\ 0 \end{bmatrix} \right\}$

5.4 $A\boldsymbol{x} = \boldsymbol{0}$ の一般解を $\boldsymbol{x}_0$, 一般解に含まれない解を $\boldsymbol{x}_1$ とする．解の和や定数倍もまた解であることを使うと，$\boldsymbol{x} = \boldsymbol{x}_0 + \lambda \boldsymbol{x}_1$ も解となる．$\boldsymbol{x}_1$ は $\boldsymbol{x}_0$ に含まれないから，λ は一般解のパラメータとは独立に自由に選べる．よって $A\boldsymbol{x} = \boldsymbol{0}$ は $n - r + 1$ 個の自由パラメータを含むことになる．

6.1 (a) 2 (b) 2 (c) 2 (d) 3 (e) 2 (f) 2

7.1 k を自由パラメータとする．(a) $\begin{bmatrix} 2 \\ -1 \end{bmatrix}$ (b) $\begin{bmatrix} \frac{1}{2} \\ 0 \end{bmatrix} + k \begin{bmatrix} -1 \\ 2 \end{bmatrix}$

(c) $\begin{bmatrix} 1 \\ 0 \end{bmatrix} + k \begin{bmatrix} 1 \\ 1 \end{bmatrix}$ (d) $\begin{bmatrix} 0 \\ -1 \\ 0 \end{bmatrix} + k \begin{bmatrix} -5 \\ 1 \\ 2 \end{bmatrix}$ (e) 解なし．

演習問題

1. (a) $(a, b) = \left(\frac{1}{2}, 0\right)$, $(0, 2)$ (b) $(a, b) = \left(\frac{1}{2}, 1\right)$, $\left(1, \frac{1}{2}\right)$ (c) $a = 1$

2. (a) $a = 1$, $b = 2$ (b) $a = \frac{1}{3}$, $b = \frac{2}{3}$ (c) $a = 6$, $b = 2$, $c = 2$, $d = 4$
(d) $a = 2$, $b = -1$, $c = 3$, $d = -1$

3. (a) $\begin{bmatrix} 5 & -6 & 0 \\ 10 & 0 & 6 \end{bmatrix}$ (b) $\begin{bmatrix} -1 & 11 \\ -7 & -1 \end{bmatrix}$ (c) $\begin{bmatrix} 6 & 2 \\ -4 & -2 \end{bmatrix}$

(d) $\begin{bmatrix} -1 & -1 \\ -4 & 5 \end{bmatrix}$ (e) $X = \frac{1}{5} \begin{bmatrix} -9 & 5 & 3 \\ 3 & 6 & 4 \end{bmatrix}$ (f) $X = \begin{bmatrix} 13 & 9 \\ 24 & 3 \end{bmatrix}$

(g) $X = \begin{bmatrix} 1 & -2 \\ -1 & 2 \end{bmatrix}$, $Y = \begin{bmatrix} 1 & -2 \\ -6 & -3 \end{bmatrix}$

(h) $X = \begin{bmatrix} 3 & 2 \\ 3 & 5 \end{bmatrix}$, $Y = \begin{bmatrix} 1 & -2 \\ -3 & -3 \end{bmatrix}$

4. (a) 3 (b) 2 (c) 2 (d) 3 (e) 3

5. $\begin{bmatrix} A \mid \boldsymbol{b} \end{bmatrix}$ に対する基本行変形は，基本行変形のみを用いて元に戻せることから明らか．なお，ブロック行列に対する基本行変形（第 4.4 節）を用いれば，拡大形数行列と基本行列の積を計算することによって，基本行変形の前後の解が完全に一致することを示すことができる．

6. (a) 同値（どちらの場合も零解のみ） (b) 同値でない（前者の行列は零解，後者の行列の一般解は $\begin{bmatrix} k \\ 2k \end{bmatrix}$） (c) 同値でない（前者は零解，後者は $\begin{bmatrix} -11k \\ 7k \\ 3k \end{bmatrix}$）

(d) 同値でない（前者は $\begin{bmatrix} 0 \\ 3 \end{bmatrix}$, 後者は $\begin{bmatrix} 1 \\ 1 \end{bmatrix}$） (e) 同値でない（前者は $\begin{bmatrix} 1+2k \\ k \end{bmatrix}$, 後者は $\begin{bmatrix} 1 \\ 0 \end{bmatrix}$） (f) 同値（共に $\begin{bmatrix} 1 \\ 1 \\ 1 \end{bmatrix}$） (g) 同値（共に $\begin{bmatrix} -k-l \\ 1-k+l \\ k \\ l \end{bmatrix}$）

(h) 同値でない（前者 $\begin{bmatrix} 1+k+l \\ 1+k-l \\ k \\ l \end{bmatrix}$, 後者は $\begin{bmatrix} -1-k \\ 1+k \\ 0 \\ k \end{bmatrix}$） (i) 同値（共に解なし）

(j) 同値でない（前者は $\begin{bmatrix} 1+k \\ 1+k \\ 1+k \\ k \end{bmatrix}$, 後者は $\begin{bmatrix} k \\ 1-3k+l \\ k \\ l \end{bmatrix}$）

7. (a) $\begin{bmatrix} 0 \\ 0 \\ 0 \end{bmatrix}$ (b) $\begin{bmatrix} 1 \\ -1 \\ -1 \end{bmatrix}$ (c) $\begin{bmatrix} -k \\ k \\ k \end{bmatrix}$ (d) $\begin{bmatrix} -k \\ 1+k \\ k \end{bmatrix}$ (e) 解なし

8. 基本行変形のうえ，任意パラメータが存在するように $a \sim d$ の関係を決める．なお，第5章例題5.8も参照. (a) $ad-bc=0$ (b) $b=1$ または $b=2a^2-1$

9. (a), (b) 与えられた方程式を成分ごとに計算すればよい． (c) 解を $\boldsymbol{x}=\boldsymbol{v}_0+\boldsymbol{y}$ とする．これを $A\boldsymbol{x}=\boldsymbol{b}$ に代入し，$A\boldsymbol{y}=\boldsymbol{0}$ を得る．$\boldsymbol{y}=\boldsymbol{v}$ とすれば，$\boldsymbol{x}$ は $n-r$ 個の自由パラメータを含む解となり，$A\boldsymbol{x}=\boldsymbol{b}$ の一般解である． (d) 一般解以外の解があるとして，問題5.4と同様にすればよい．

10. (a) $i_1+i_3=I,\ i_1-i_2-i_5=0,\ i_3-i_4+i_5=0,\ i_2+i_4=J$ (b) 行階段型に変形された拡大係数行列は，$\left[\begin{array}{ccccc|c} 1 & 0 & 1 & 0 & 0 & I \\ 0 & 1 & 0 & 1 & 0 & J \\ 0 & 0 & 1 & -1 & 1 & 0 \\ 0 & 0 & 0 & 0 & 0 & J-I \end{array}\right]$. 解を持つための条件は $I=J$. これは，C_1 を通って流れ込む電流と C_4 から流れ出す電流が等しい，すなわち回路を通る間に電流が失われないことを意味する．$I \neq J$ の場合，回路のどこかで電流が漏れていることになり，漏れの量を確定しない限り各抵抗における電流の値を決められない．$I=J$ の場合，自由変数として表される変数の数だけ独立に変えられるから，独立変数の数は2. (c) $i_5=\alpha$ により，(b) の方程式を解くと，$(i_1,i_2,i_3,i_4)=(I+\alpha-j, I-j, j-\alpha, j)$ （j は任意パラメータ）．また，R_2, R_4, R_5 を順に通る経路を1周すると電位は不変だから $i_2R_2-i_4R_4-\alpha R_5=0$ が成り立つ．よって $I=\dfrac{R_5}{R_2}\alpha+\left(1+\dfrac{R_2}{R_4}\right)j$. 以上により，

$$i_1 = \left(1 + \frac{R_5}{R_2}\right)\alpha + \frac{R_4}{R_2}j,\ i_2 = \frac{R_5}{R_2}\alpha + \frac{R_4}{R_2}j,\ i_3 = j - \alpha,\ i_4 = j$$

を得る． (d) R_1, R_5, R_3 を通る経路に対して (c) と同様に考えると，$i_1R_1 + \alpha R_5 - i_3R_3 = 0$. これに (c) の解を代入して R_1 について解くと，

$$R_1 = \frac{[R_3 j - (R_3 + R_5)\alpha]R_2}{(R_2 + R_5)\alpha + R_4 j} \quad \text{特に } \alpha = 0 \text{ のとき} \quad R_1 = \frac{R_2R_3}{R_4}$$

11. i_k を第 k 成分とする列ベクトルを $\boldsymbol{i}$ とし，立方体の各頂点での電流の保存の式をまとめて $A\boldsymbol{i} = \boldsymbol{0}$ と表したとき，係数行列 A は

$$A = \begin{bmatrix} 1 & 1 & 1 & 0 & 0 & 0 & 0 & 0 & 0 & -1 & -1 & -1 \\ 1 & 0 & 0 & -1 & -1 & 0 & 0 & 0 & 0 & 0 & 0 & 0 \\ 0 & 0 & 1 & 0 & 0 & -1 & -1 & 0 & 0 & 0 & 0 & 0 \\ 0 & 1 & 0 & 0 & 0 & 0 & 0 & -1 & -1 & 0 & 0 & 0 \\ 0 & 0 & 0 & 0 & 1 & 1 & 0 & 0 & 0 & -1 & 0 & 0 \\ 0 & 0 & 0 & 1 & 0 & 0 & 0 & 0 & 1 & 0 & -1 & 0 \\ 0 & 0 & 0 & 0 & 0 & 0 & 1 & 1 & 0 & 0 & 0 & -1 \end{bmatrix}$$

である．これを基本行変形により行階段型に変形すると，

$$A \longrightarrow \begin{bmatrix} 1 & 1 & 1 & 0 & 0 & 0 & 0 & 0 & 0 & -1 & -1 & -1 \\ 0 & 1 & 0 & 0 & 0 & 0 & 0 & -1 & -1 & 0 & 0 & 0 \\ 0 & 0 & 1 & 0 & 0 & -1 & -1 & 0 & 0 & 0 & 0 & 0 \\ 0 & 0 & 0 & 1 & 0 & 0 & 0 & 0 & 1 & 0 & -1 & 0 \\ 0 & 0 & 0 & 0 & 1 & 1 & 0 & 0 & 0 & -1 & 0 & 0 \\ 0 & 0 & 0 & 0 & 0 & 0 & 1 & 1 & 0 & 0 & 0 & -1 \\ 0 & 0 & 0 & 0 & 0 & 0 & 0 & 0 & 0 & 0 & 0 & 0 \end{bmatrix}$$

となる．$\lambda_1, \ldots, \lambda_6$ を任意パラメータとしてこれを解き，次を得る．

$$i_1 = -\lambda_1 - \lambda_3 + \lambda_4 + \lambda_5,\ i_2 = \lambda_2 + \lambda_3,\ i_3 = \lambda_1 - \lambda_2 + \lambda_6,\ i_4 = -\lambda_3 + \lambda_5,$$
$$i_5 = -\lambda_1 + \lambda_4,\ i_6 = \lambda_1,\ i_7 = -\lambda_2 + \lambda_6,\ i_8 = \lambda_2,\ i_9 = \lambda_3,\ i_{10} = \lambda_4,$$
$$i_{11} = \lambda_5,\ i_{12} = \lambda_6$$

2 章

1.1 (a) $AB = \begin{bmatrix} 3 & -1 \\ 3 & 1 \end{bmatrix}$, $BA = \begin{bmatrix} 3 & 3 \\ -1 & 1 \end{bmatrix}$ (b) $AB = BA = \begin{bmatrix} -2 & 4 \\ 4 & -2 \end{bmatrix}$

(c) $AB = \begin{bmatrix} 1 \end{bmatrix}$, $BA = \begin{bmatrix} 2 & -2 \\ 1 & -1 \end{bmatrix}$ (d) $AB = \begin{bmatrix} -2 & 2 \\ 2 & 2 \end{bmatrix}$, $BA = \begin{bmatrix} 1 & 3 & -1 \\ 2 & 2 & -2 \\ 3 & 1 & -3 \end{bmatrix}$

(b) 以外は $AB = BA$ とはならない.

2.1 $AI^{(n)}(i,j)$ は第 j 列に A の第 i 列があって他は 0 であるような $m\times n$ 行列. $I^{(m)}(i,j)A$ は第 i 行に A の第 j 行があり, 他は 0 であるような $m \times n$ 行列.

2.2 α を任意の実数として, $A = \begin{bmatrix} \alpha & 0 \\ 0 & \alpha \end{bmatrix}$

2.3 $AI_n = A$ のとき, $\mathbb{R}_n$ の自然基底の 1 つである $\boldsymbol{e}'_j$ が第 1 行で, 残りの成分がすべて 0 の行列を A として選ぶと, AI_n は第 1 行が I_n の第 j 行, 残りが 0 となる. よって, I_n の第 j 行は $\boldsymbol{e}'_j$ となり, $I_n = E_n$. $I_mA = A$ の場合は, $\mathbb{R}^m$ の自然基底を使って同様にする.

A が正方行列ならば, 次のようにしてもよい. $AI_n = A$ のとき, $A = E_n$ とすれば $E_nI_n = E_n$. 一方, 単位行列の性質から $E_nI_n = I_n$. よって $I_n = E_n$. $I_mA = A$ のときも同様.

3.1 (a) $\begin{bmatrix} 1 & n \\ 0 & 1 \end{bmatrix}$ (b) $2^{n-1}A$ (c) $\begin{bmatrix} 1 & n & n(n-1)/2 \\ 0 & 1 & n \\ 0 & 0 & 1 \end{bmatrix}$

3.2 $(x^nA^n)(xA) = x^n(A^n(xA)) = x^n(x(A^nA)) = x^{n+1}A^{n+1}$ を用いる. (2.7) 参照.

3.3 例題 $\begin{bmatrix} \cos x & -\sin x \\ \sin x & \cos x \end{bmatrix}$ (a) $\begin{bmatrix} e^x & xe^x \\ 0 & e^x \end{bmatrix}$ (b) $\dfrac{1}{2}\begin{bmatrix} e^{2x}+1 & e^{2x}-1 \\ e^{2x}-1 & e^{2x}+1 \end{bmatrix}$

(c) $\begin{bmatrix} e^x & xe^x & x^2e^x/2 \\ 0 & e^x & xe^x \\ 0 & 0 & e^x \end{bmatrix}$

3.4 (a) $\exp(t_1A)\exp(t_2A) = \left(E+\sum_{n=1}^{\infty}\frac{t_1^n}{n!}A^n\right)\left(E+\sum_{m=1}^{\infty}\frac{t_2^m}{m!}A^m\right) = E+\sum_{k=1}^{\infty}\frac{t_1^k}{k!}A^k + \sum_{k=1}^{\infty}\frac{t_2^k}{k!}A^k+\sum_{n=1}^{\infty}\sum_{m=1}^{\infty}\frac{t_1^nt_2^m}{n!\,m!}A^{n+m} = E+(t_1+t_2)A+\sum_{k=2}^{\infty}\frac{t_1^k+t_1^k}{k!}A^k+\sum_{k=2}^{\infty}\sum_{l=1}^{k-1}\frac{t_1^lt_2^{k-l}}{l!(k-l)!}A^k = E+\sum_{k=1}^{\infty}\sum_{l=0}^{k}\frac{t_1^lt_2^{k-l}}{l!(k-l)!}A^k = E+\sum_{k=1}^{\infty}\frac{(t_1+t_2)^k}{k!}A^k = \exp[(t_1+t_2)A]$

(b) $\exp(iA) = E+\sum_{n=1}^{\infty}\frac{i^n}{n!}A^n = E+\sum_{n=1}^{\infty}\frac{(-1)^n}{(2n)!}A^{2n}+i\sum_{n=0}^{\infty}\frac{(-1)^n}{(2n+1)!}A^{2n+1}$
$= \cos A + i\sin A$

4.1 $\boldsymbol{c}\boldsymbol{a}^{\mathrm{T}} = [c_ia_j]_{n\times n}$ であるから, $(\boldsymbol{c}\boldsymbol{a}^{\mathrm{T}})\boldsymbol{b}$ の第 i 成分は, $\sum_{j=1}^{n}(c_ia_j)b_j = \sum_{j=1}^{n}(a_jb_j)c_i = (\boldsymbol{a}\cdot\boldsymbol{b})c_i$ となり, $(\boldsymbol{c}\boldsymbol{a}^{\mathrm{T}})\boldsymbol{b} = (\boldsymbol{a}\cdot\boldsymbol{b})\boldsymbol{c}$ を得る. $(\boldsymbol{c}\boldsymbol{b}^{\mathrm{T}})\boldsymbol{a}$ についても同様.

4.2 (a), (b) $A = \left[a_{ij}\right]$, $B = \left[b_{ij}\right]$ と各成分を表示し, 直接計算して示す.

(c) $\left[(AB)^{\mathrm{T}}\right]_{ij} = \sum_{k=1}^{l}A_{jk}B_{ki} = \sum_{k=1}^{l}(B^{\mathrm{T}})_{ik}(A^{\mathrm{T}})_{kj} = (B^{\mathrm{T}}A^{\mathrm{T}})_{ij}$

4.3 $(M+M^{\mathrm{T}})^{\mathrm{T}} = M^{\mathrm{T}}+(M^{\mathrm{T}})^{\mathrm{T}} = M^{\mathrm{T}}+M = M+M^{\mathrm{T}}$ および $(M-M^{\mathrm{T}})^{\mathrm{T}} =$

$M^{\mathrm{T}} - (M^{\mathrm{T}})^{\mathrm{T}} = M^{\mathrm{T}} - M = -(M - M^{\mathrm{T}})$

5.1 (a) $\begin{bmatrix} 1 & 3 \\ 3 & 3 \end{bmatrix} + \begin{bmatrix} 0 & -1 \\ 1 & 0 \end{bmatrix}$ (b) $\begin{bmatrix} 0 & 2 \\ 2 & 0 \end{bmatrix} + \begin{bmatrix} 0 & 1 \\ -1 & 0 \end{bmatrix}$

(c) $\begin{bmatrix} 1 & 1 & 2 \\ 1 & -1 & 3 \\ 2 & 3 & -2 \end{bmatrix} + \begin{bmatrix} 0 & 1 & -1 \\ -1 & 0 & -1 \\ 1 & 1 & 0 \end{bmatrix}$

5.2 $A^{\mathrm{T}} = kA$ を各成分ごとに書き下して得られる方程式を解けばよい．A は対称行列で $k = 1$，または A は反対称行列で $k = -1$，または $A = O$ で k は任意のいずれか．

一般の場合も同様．$A = \left[a_{ij}\right]_{n \times n}$ として，非対角成分から $a_{ij} = ka_{ji}$, $a_{ji} = ka_{ij}$．よって，$(k^2 - 1)a_{ij} = 0$．対角成分から $(k - 1)a_{ii} = 0$．これらより上記と同じ結果を得る．

6.1 $E_n E_n = E_n$ により，$E_n^{-1} = E_n$ である．または，逆行列の定義により，$E_n^{-1} E_n = E_n$，単位行列の定義により $E_n^{-1} E_n = E_n^{-1}$．これらを比較して $E_n^{-1} = E_n$ を得る．

6.2 $AB = E$ の両辺に左から C をかけて，$C(AB) = CE = C$．一方，$C(AB) = (CA)B = EB = B$ であるから，$B = C$．

6.3 $A^{-1} = B$ と書くと $AB = E$ となるから，$(AB)^{\mathrm{T}} = E^{\mathrm{T}} = E$．$A$ は対称行列だから $(AB)^{\mathrm{T}} = B^{\mathrm{T}} A^{\mathrm{T}} = B^{\mathrm{T}} A$．よって，$B^{\mathrm{T}} A = E$ を得て，問題 6.2 の結果から $B = B^{\mathrm{T}}$．

7.1 (a) $Q = P^{-1}$ は，$QP = E_2$ を直接計算して確かめる．$PAQ = \begin{bmatrix} 1 & 0 \\ 0 & -1 \end{bmatrix}$． (b) 例題 2.7 より，$\exp(tPAQ) = \mathrm{Diag}\left(e^t, e^{-t}\right)$．また，$\exp(tPAQ) = E + \sum_{n=1}^{\infty} \frac{t^n}{n!}(PAQ)^n = P\left(E + \sum_{n=1}^{\infty} \frac{t^n}{n!} A^n\right) Q = P \exp(tA) Q$ から，$\exp(tA) = Q \exp(tPAQ) P = \begin{bmatrix} 2e^t - e^{-t} & -2e^t + 2e^{-t} \\ e^t - e^{-t} & -e^t + 2e^{-t} \end{bmatrix}$．

8.1 (a) $\begin{bmatrix} 1 & -1 \\ 0 & 1 \end{bmatrix}$ (b) $\begin{bmatrix} 1 & -\frac{a}{2} \\ 0 & \frac{1}{2} \end{bmatrix}$ (c) $\begin{bmatrix} 1 & 1 & -1 \\ 0 & -1 & 1 \\ 0 & 0 & 1 \end{bmatrix}$

8.2 上三角行列 $A := \left[a_{ij}\right]$ の逆行列を $A^{-1} := \left[b_{ij}\right]$ とすると，$A^{-1} A = \left[\sum_{k=1}^{j} b_{ik} a_{kj}\right]$．$j = 1$ に対して $i = 1$ とすると，$b_{11} a_{11} = 1$ を得て，これから $a_{11} \neq 0$, $b_{11} = a_{11}^{-1}$．以下，$i = 2, \ldots, n$ として $b_{i1} = 0$ $(i \geqq 2)$ を得る．$j = 2, \ldots, n$ に対しても同様にして，A^{-1} が上三角であることと，$b_{ii} = a_{ii}^{-1}$ を得る．下三角行列も同様．

演習問題

1. (a) $\begin{bmatrix} 3 & 1 & 2 \\ 3 & 1 & 2 \\ -3 & -1 & -2 \end{bmatrix}$ (b) 5 (c) $\begin{bmatrix} 4 & 3 \\ 7 & 4 \\ 5 & 5 \end{bmatrix}$ (d) $\begin{bmatrix} 4 & 6 & 10 \end{bmatrix}$

(e) -8 (f) $\begin{bmatrix} -19 & 8 \\ -10 & 9 \end{bmatrix}$

2. (a) 積 AB, BA が共に存在するために，A の行数と B の列数，A の列数と B の行数はそれぞれ同じ．$A \in \mathbb{R}^{m\times n}$, $B \in \mathbb{R}^{n\times m}$ とすると，$AB \in \mathbb{R}^{m\times m}$, $BA \in \mathbb{R}^{n\times n}$ であり，これらの和が存在するために $n = m$. すなわち，A, B は大きさの等しい正方行列.

(b) i. $\begin{bmatrix} 2 & 6 \\ -9 & -2 \end{bmatrix}$ ii. $\begin{bmatrix} 0 & -1 \\ 1 & 0 \end{bmatrix}$ iii. $\begin{bmatrix} -16 & 0 \\ 0 & 16 \end{bmatrix}$ iv. $\begin{bmatrix} 1 & 0 & 0 \\ 0 & 3 & 0 \\ 0 & 0 & -4 \end{bmatrix}$

v. $\begin{bmatrix} 4 & -4 & 3 \\ 2 & -2 & -8 \\ -7 & 4 & -2 \end{bmatrix}$

(c) α, β を定数とする． i. $B = \begin{bmatrix} \alpha + \dfrac{a-c}{2b}\beta & \beta \\ \beta & \alpha - \dfrac{a-c}{2b}\beta \end{bmatrix}$. ii. $B = \begin{bmatrix} \alpha & a\beta \\ b\beta & \alpha \end{bmatrix}$

iii. $a \neq b$ のとき $B = \begin{bmatrix} \alpha & \dfrac{\alpha-\beta}{a-b} \\ 0 & \beta \end{bmatrix}$, $a = b$ ならば $B = \begin{bmatrix} \alpha & \beta \\ 0 & \alpha \end{bmatrix}$

3. (a) $A = [a_{ij}]$, $B = [b_{ij}]$ とすれば,

$$\frac{d}{dx}(AB) = \left[\sum_{l=1}^{k} \frac{d(a_{il}b_{lj})}{dx}\right] = \left[\sum_{l=1}^{k} \frac{da_{il}}{dx} b_{lj}\right] + \left[\sum_{l=1}^{k} a_{il}\frac{db_{lj}}{dx}\right] = \frac{dA}{dx}B + A\frac{dB}{dx}$$

(b) 一般に $A\dfrac{dA}{dx} \neq \dfrac{dA}{dx}A$ であるから成り立たない． (c) $AA^{-1} = E$ の両辺を微分し，$\dfrac{dA}{dx}A^{-1} + A\dfrac{dA^{-1}}{dx} = O$. これを $\dfrac{dA^{-1}}{dx}$ について解くと，$\dfrac{dA^{-1}}{dx} = -A^{-1}\dfrac{dA}{dx}A^{-1}$.

4. (a) $n \geqq 1$ で $O^n = O$ である．よって $\exp A = E$. (b) $(\exp A)^{\mathrm{T}} = \left(E + \sum_{n=0}^{\infty} \frac{1}{n!}A^n\right)^{\mathrm{T}} = E + \sum_{n=1}^{\infty}\left(\frac{1}{n!}A^n\right)^{\mathrm{T}} = E + \sum_{n=1}^{\infty}\frac{1}{n!}\left(A^{\mathrm{T}}\right)^n = \exp(A^{\mathrm{T}})$ (c) $e^{B^{-1}AB} = E + \sum_{n=1}^{\infty}\frac{1}{n!}(B^{-1}AB)^n = E + \sum_{n=1}^{\infty}\frac{1}{n!}B^{-1}A^nB = B^{-1}\left(E + \sum_{n=1}^{\infty}\frac{1}{n!}A^n\right)B = B^{-1}e^AB$ (d) $e^{tA}e^{sA} = e^{(t+s)A}$（問題 3.4）により，$\exp A \exp(-A) = E$. よって $\exp A$ は可逆で $(\exp A)^{-1} = \exp(-A)$. (e) $(\exp A)^{-1} = \exp(-A)$ と $A^{\mathrm{T}} = -A$ を用いて $(\exp A)^{-1} = \exp(A^{\mathrm{T}})$. さらに (b) の結果もあわせ，$(\exp A)^{-1} = (\exp A)^{\mathrm{T}}$.

5. (a) $\dfrac{de^{tA}}{dt} = Ae^{tA} = e^{tA}A$ は，e^{tA} の定義を直接微分して示せる．後者については,

$$\frac{d}{dt}(e^{tA}Be^{-tA}) = e^{tA}ABe^{-tA} + e^{tA}B(-A)e^{-tA} = e^{tA}[A,B]e^{-tA}$$
$$= Ae^{tA}Be^{-tA} + e^{tA}Be^{-tA}(-A) = [A, e^{tA}Be^{-tA}]$$

(b) 以下，A が正則でなくても $A^0=E$ 略記すると，$e^AB=\displaystyle\sum_{k=0}^{\infty}\frac{1}{k!}A^kB$ であるから，

$$AB=BA+[A,B],\ A^2B=BA^2+2[A,B]A+[A,[A,B]],\dots$$
$$A^kB=\sum_{n=0}^{k}\binom{k}{n}\underbrace{[A,[A,\cdots,[A}_{n},B]\cdots]]A^{k-n},\qquad \binom{k}{n}\ \text{は二項係数}$$

ここで，$M_n:=\underbrace{[A,[A,\cdots,[A}_{n},B]\cdots]]$ と定義すれば，

$$\sum_{k=0}^{\infty}\frac{1}{k!}A^kB=\sum_{k=0}^{\infty}\sum_{n=0}^{k}\frac{1}{k!}\binom{k}{n}M_nA^{k-n}=\sum_{k=0}^{\infty}\sum_{n=0}^{k}\frac{1}{(k-n)!n!}M_nA^{k-n}$$
$$=\sum_{j=0}^{\infty}\sum_{n=0}^{\infty}\frac{1}{j!n!}M_nA^j=\sum_{n=0}^{\infty}\frac{1}{n!}M_n\sum_{j=0}^{\infty}\frac{1}{j!}A^j=\sum_{n=0}^{\infty}\frac{1}{n!}M_ne^A$$

この両辺に e^{-A} を右から乗じて示すべき式を得る．

【別　解】 $e^{tA}Be^{-tA}$ を t の関数としてマクローリン展開する．(a) を繰り返し用いると，$\left.\dfrac{d^n}{dt^n}(e^{tA}Be^{-tA})\right|_{t=0}$ は上記の M_n で，$e^{tA}Be^{-tA}=\displaystyle\sum_{n=0}^{\infty}\frac{t^n}{n!}M_n$．これで $t=1$ とする．

(c) (b) の結果により，$e^Ae^Be^{-A}=\displaystyle\sum_{k=0}^{\infty}\frac{1}{k!}\underbrace{[A,[A,\cdots,[A,[A}_{k},e^B]]\cdots]]$ である．また，$e^BAe^{-B}=\displaystyle\sum_{k=0}^{\infty}\frac{1}{k!}\underbrace{[B,[B,\cdots,[B,[B}_{k},A]]\cdots]]$ と $[[A,B],B]=O$ により，$e^BAe^{-B}=A+[B,A]$．この両辺に右から e^B をかけて整理すると，$[A,e^B]=[A,B]e^B$．また，$[[A,B],B]=O$ であるから，$[A,B]e^B=e^B[A,B]$ も成り立つ．よって

$$\begin{aligned}[A,e^B]&=e^B[A,B]\\ [A,[A,e^B]]&=[A,e^B[A,B]]=Ae^B[A,B]-e^B[A,B]A\\ &=(Ae^B-e^BA)[A,B]=[A,e^B][A,B]=e^B[A,B]^2\\ [A,[A,[A,e^B]]]&=[A,e^B[A,B]^2]=[A,e^B][A,B]^2=e^B[A,B]^3\end{aligned}$$

$$\cdots\cdots\cdots\cdots\cdots\cdots\cdots\cdots\cdots\cdots\cdots\cdots$$

$$\underbrace{[A,[A,\cdots,[A,[A}_{n},e^B]]\cdots]]=\underbrace{[A,[A,\cdots,[A}_{n-1},e^B[A,B]]]\cdots]]=\cdots=e^B[A,B]^n$$

ただし，$[[A,B],A]=O$ を用いた．以上から，

$$e^Ae^Be^{-A}=\sum_{k=0}^{\infty}\frac{1}{k!}e^B[A,B]^k=e^B\sum_{k=0}^{\infty}\frac{1}{k!}[A,B]^k=e^Be^{[A,B]}$$

両辺に右から e^A をかけ，$e^{[A,B]}e^A=e^Ae^{[A,B]}$ を用いて示すべき式を得る．

2 章

6. (a) $A\boldsymbol{x}=\boldsymbol{0}$ の両辺に左から C をかけて唯一の解 $\boldsymbol{x}=\boldsymbol{0}$ を得る．次に，$A\boldsymbol{x}_1=\boldsymbol{b}$, $A\boldsymbol{x}_2=\boldsymbol{b}$ とすると，$A(\boldsymbol{x}_1-\boldsymbol{x}_2)=\boldsymbol{0}$. 前記の結果から，$\boldsymbol{x}_1-\boldsymbol{x}_2=\boldsymbol{0}$ が得られるので，$A\boldsymbol{x}=\boldsymbol{b}$ の解は一意的である． (b) $CA=E_n$ となる C があるとき，$A\boldsymbol{x}=\boldsymbol{e}_j$ の解は $\boldsymbol{x}=C\boldsymbol{e}_j$．よって，$C':=\begin{bmatrix}C\boldsymbol{e}_1 & \cdots & C\boldsymbol{e}_n\end{bmatrix}$ とすると，$AC'=\begin{bmatrix}\boldsymbol{e}_1 & \cdots & \boldsymbol{e}_n\end{bmatrix}=E_n$ が成り立つ．ここで，$C\boldsymbol{e}_j$ は C の第 j 列を抜き出したものであるから，C' は実は C に等しい．よって，$AC=E_n$ である．$AB=E_n$ が成り立つときも同様に，$\boldsymbol{y}^{\mathrm{T}}A=\boldsymbol{e}'_j$ をみたす行ベクトル $\boldsymbol{y}^{\mathrm{T}}=\boldsymbol{e}'_jB$ を並べた行列を考えるとよい．

7. (a) $A^n=\begin{bmatrix}(-1)^n & 0\\ \dfrac{2^n-(-1)^n}{3} & 2^n\end{bmatrix}$, $\exp(tA)=\begin{bmatrix}e^{-t} & 0\\ \dfrac{e^{2t}-e^{-t}}{3} & e^{2t}\end{bmatrix}$ (b) $A^{2n}=3^nE_2$, $A^{2n+1}=3^nA$, $\exp(tA)=\begin{bmatrix}\cosh\sqrt{3}t & \sqrt{3}\sinh\sqrt{3}t\\ \dfrac{1}{\sqrt{3}}\sinh\sqrt{3}t & \cosh\sqrt{3}t\end{bmatrix}$ (c) $J:=\begin{bmatrix}0 & 1\\ -1 & 0\end{bmatrix}$ として，$A=E_2-2J$ で，E_2 と J は積の順序を交換できるから $A^n=\displaystyle\sum_{j=0}^{n}\binom{n}{j}(-2)^jJ^j$.
$J^{2j}=(-1)^jE_2$, $J^{2j+1}=(-1)^jJ$ となることを用いて，

$$\exp(tA)=\sum_{n=0}^{\infty}\frac{t^n}{n!}A^n=\sum_{n=0}^{\infty}\frac{t^n}{n!}\sum_{j=0}^{n}\binom{n}{j}(-2)^jJ^j=\sum_{n=0}^{\infty}\sum_{j=0}^{n}\frac{(-2)^jt^n}{j!(n-j)!}J^j$$
$$=\sum_{k=0}^{\infty}\sum_{j=0}^{\infty}\frac{(-2)^jt^{j+k}}{j!k!}J^j=\sum_{k=0}^{\infty}\frac{t^k}{k!}\sum_{j=0}^{\infty}\frac{(-2t)^j}{j!}J^j=e^t\sum_{j=0}^{\infty}\frac{(-2t)^j}{j!}J^j$$

となる．ここで，

$$\sum_{j=0}^{\infty}\frac{(-2t)^j}{j!}J^j=\sum_{j=0}^{\infty}\frac{(2t)^{2j}}{(2j)!}J^{2j}-\sum_{j=0}^{\infty}\frac{(2t)^{2j+1}}{(2j+1)!}J^{2j+1}$$
$$=\sum_{j=0}^{\infty}\frac{(-1)^j(2t)^{2j}}{(2j)!}E_2-\sum_{j=0}^{\infty}\frac{(-1)^j(2t)^{2j+1}}{(2j+1)!}J=\cos 2t\cdot E_2-\sin 2t\cdot J$$

であるから，$\exp(tA)=e^t\begin{bmatrix}\cos 2t & -\sin 2t\\ \sin 2t & \cos 2t\end{bmatrix}$.

(d) $A^n=\begin{bmatrix}\cos n\alpha & -\sin n\alpha\\ \sin n\alpha & \cos n\alpha\end{bmatrix}$, $\exp(tA)=e^{t\cos\alpha}\begin{bmatrix}\cos(t\sin\alpha) & -\sin(t\sin\alpha)\\ \sin(t\sin\alpha) & \cos(t\sin\alpha)\end{bmatrix}$

(e) $A^n=\begin{bmatrix}(-1)^n & 0 & 0\\ 0 & 1 & n\\ 0 & 0 & 1\end{bmatrix}$, $\exp(tA)=\begin{bmatrix}e^{-t} & 0 & 0\\ 0 & e^t & te^t\\ 0 & 0 & e^t\end{bmatrix}$

8. (a) $\begin{bmatrix}1 & -2 & 1\\ 0 & 1 & -2\\ 0 & 0 & 1\end{bmatrix}$ (b) $\begin{bmatrix}1 & 0 & 0\\ 0 & \frac{1}{2} & -\frac{1}{4}\\ 0 & 0 & \frac{1}{2}\end{bmatrix}$ (c) $\begin{bmatrix}\frac{1}{3} & -\frac{1}{6} & \frac{1}{6}\\ 0 & \frac{1}{2} & -\frac{1}{2}\\ 0 & 0 & 1\end{bmatrix}$

(d) $\begin{bmatrix} 1 & 0 & 0 & 0 \\ 1 & 1 & 0 & 0 \\ -\frac{3}{2} & -1 & \frac{1}{2} & 0 \\ -\frac{3}{2} & -2 & \frac{1}{2} & -1 \end{bmatrix}$ (e) $\begin{bmatrix} 1 & -1 & 0 & 0 \\ 0 & 1 & 0 & 0 \\ 0 & 0 & 1 & 0 \\ 0 & 0 & -1 & 1 \end{bmatrix}$

9. (a) $\boldsymbol{x} = \boldsymbol{e}_j$（$\mathbb{R}^n$ の自然基底の 1 つ）とすると，$\boldsymbol{x}^{\mathrm{T}} M \boldsymbol{x} = M_{jj} = 0$ となって，M の対角成分は 0．さらに $\boldsymbol{x} = \boldsymbol{e}_i + \boldsymbol{e}_j$ とすれば，$\boldsymbol{x}^{\mathrm{T}} M \boldsymbol{x} = M_{ii} + M_{jj} + M_{ij} + M_{ji}$ となり，対角成分が 0 であることから $M_{ij} + M_{ji} = 0$．よって $M^{\mathrm{T}} = -M$ を得る．逆に $M^{\mathrm{T}} = -M$ とする．一般に $\boldsymbol{x}^{\mathrm{T}} M \boldsymbol{x}$ は単なる数で，$\boldsymbol{x}^{\mathrm{T}} M \boldsymbol{x} = (\boldsymbol{x}^{\mathrm{T}} M \boldsymbol{x})^{\mathrm{T}} = \boldsymbol{x}^{\mathrm{T}} M^{\mathrm{T}} \boldsymbol{x}$ であるから，これに $M^{\mathrm{T}} = -M$ を代入すると，任意の $\boldsymbol{x}$ に対して $\boldsymbol{x}^{\mathrm{T}} M \boldsymbol{x} = 0$．次に，$|\boldsymbol{v}(t)|$ が一定であるとする．$\dfrac{d|\boldsymbol{v}|^2}{dt} = \dfrac{d(\boldsymbol{v} \cdot \boldsymbol{v})}{dt} = 2\boldsymbol{v} \cdot \dfrac{d\boldsymbol{v}}{dt}$ であり，また $\dfrac{d\boldsymbol{v}}{dt} = \dfrac{dA(t)}{dt}\boldsymbol{v}_0 = BA\boldsymbol{v}_0$ であるから，

$$0 = \boldsymbol{v} \cdot \frac{d\boldsymbol{v}}{dt} = \boldsymbol{v}_0^{\mathrm{T}} A^{\mathrm{T}} B A \boldsymbol{v}_0$$

したがって，前半の議論から $|\boldsymbol{v}(t)|$ が一定となるための必要十分条件は，$A^{\mathrm{T}}BA$ が交代行列となること，すなわち $A^{\mathrm{T}}BA = -(A^{\mathrm{T}}BA)^{\mathrm{T}} = -A^{\mathrm{T}}B^{\mathrm{T}}A$ となることである．仮定により A は可逆であるから，この両辺に左から $(A^{\mathrm{T}})^{-1}$, 右から A^{-1} をかければ $B^{\mathrm{T}} = -B$ を得る． (b) $\dfrac{dA}{dt} = BA$ により，$\dfrac{dA^{\mathrm{T}}}{dt} = A^{\mathrm{T}}B^{\mathrm{T}}$．仮定により $B^{\mathrm{T}} = -B$ であるから，$\dfrac{d}{dt}(A^{\mathrm{T}}A) = \dfrac{dA^{\mathrm{T}}}{dt}A + A^{\mathrm{T}}\dfrac{dA}{dt} = A^{\mathrm{T}}(B^{\mathrm{T}} + B)A = O$．よって，$A^{\mathrm{T}}A$ は t によらない定行列で，$A(t)^{\mathrm{T}}A(t) = A(0)^{\mathrm{T}}A(0) = E_n$． (c) X が t によらないので，$\dfrac{dY}{dt} = \dfrac{dA^{\mathrm{T}}}{dt}XA + A^{\mathrm{T}}X\dfrac{dA}{dt} = A^{\mathrm{T}}B^{\mathrm{T}}XA + A^{\mathrm{T}}XBA$．ここで，$B$ が交代行列であるから，

$$\frac{dY}{dt} = A^{\mathrm{T}}(XB - BX)A = A^{\mathrm{T}}[X, B]A$$

次に，B が交代行列のとき，(b) によって $A^{\mathrm{T}}A = AA^{\mathrm{T}} = E_n$ であるから，

$$\begin{aligned} \frac{dY}{dt} &= A^{\mathrm{T}}XBA - A^{\mathrm{T}}BXA = A^{\mathrm{T}}XAA^{\mathrm{T}}BA - A^{\mathrm{T}}BAA^{\mathrm{T}}XA \\ &= YA^{\mathrm{T}}BA - A^{\mathrm{T}}BAY = [Y, A^{\mathrm{T}}BA] \end{aligned}$$

ここで，Y として $A^{\mathrm{T}}BA$ を選べば，$[Y, A^{\mathrm{T}}BA] = O$ から $A^{\mathrm{T}}BA$ は t によらず一定で，$A^{\mathrm{T}}BA = A(0)^{\mathrm{T}}BA(0) = B$．よって一般の Y に対して $[Y, A^{\mathrm{T}}BA] = [Y, B]$ を得る．

10. 運動方程式は $\dot{q}_n = \dfrac{p_n}{m}$, $\dot{p}_n = \alpha e^{\beta(q_{n-1} - q_n)} - \alpha e^{\beta(q_n - q_{n+1})}$ となるから，

$$\dot{a}_n = \omega(b_n - b_{n+1})a_n, \quad \dot{b}_n = 2\omega(a_{n-1}^2 - a_n^2)$$

を得る．これと $\dfrac{dL}{dt} = \omega[B, L]$ の各成分を比較することによって示すことができる．

3章

1.1 (a) ベクトル空間．零要素は $\mathbf{0}$ (b) ベクトル空間でない．1以外の実数倍が与えられた集合に属さない (c) ベクトル空間．零要素は O (d) ベクトル空間でない．非整数の実数倍が与えられた集合に属さない (e) ベクトル空間．零要素は0 (f) ベクトル空間でない．零要素が存在しない

1.2 $\boldsymbol{u}, \boldsymbol{v} \in U$ ならば $\boldsymbol{u}+\boldsymbol{v} \in U$ であることと，$U \subset V$ から，1. a., b. が成り立つ．また，$\boldsymbol{u} \in U$, $\lambda \in \mathbb{R}$ ならば $\lambda \boldsymbol{u} \in U$ であることから，$\lambda = 0$ と選んで $\mathbf{0} \in U$. $\lambda = -1$ と選べば $\boldsymbol{u} \in U$ に対して逆ベクトル $-\boldsymbol{u} \in U$ となって，1. c., d. が成り立つ．また，$U \subset V$ により，2. a. から d. が成り立つ．以上により，V の部分空間もまた $\mathbb{R}$ ベクトル空間である．

1.3 (a) $\boldsymbol{a} + (-1)\boldsymbol{a} = 1\boldsymbol{a} + (-1)\boldsymbol{a} = [1+(-1)]\boldsymbol{a} = 0\boldsymbol{a} = \mathbf{0}$ によって，$(-1)\boldsymbol{a} = -\boldsymbol{a}$
(b) $-(-\boldsymbol{a}) = (-1)(-\boldsymbol{a}) = (-1)[(-1)\boldsymbol{a}] = [(-1)(-1)]\boldsymbol{a} = 1\boldsymbol{a} = \boldsymbol{a}$

2.1 (a) $A\boldsymbol{x}$ は，$\boldsymbol{x}$ の各成分を係数として A の各列を線形結合したものであるから，$A\boldsymbol{x} = \mathbf{0}$ の解が $\boldsymbol{x} = \mathbf{0}$ に限ることは，線形独立の定義から，A の各列が線形独立であることと同値．
(b) $A\boldsymbol{x} = \mathbf{0}$ が零解以外の解を持たないことと，A^{-1} の存在とが同値である（第2.4節）から，(a) の結果を利用して示す．

2.2 $\mathbb{R}^2$ 全体

3.1 いずれも定義に基づいて直接計算して示すことができる

3.2 (a), (b) 定義から明らか． (c) $\lambda \in \mathbb{R}$ として，$|\boldsymbol{x}+\lambda\boldsymbol{y}|^2 = \lambda^2|\boldsymbol{y}|^2 + 2(\boldsymbol{x}\cdot\boldsymbol{y})\lambda + |\boldsymbol{x}|^2$ となる．この2次式が任意の λ に関して0以上となる条件から，$(\boldsymbol{x}\cdot\boldsymbol{y})^2 \leqq |\boldsymbol{x}|^2|\boldsymbol{y}|^2$. よって $(\boldsymbol{x}\cdot\boldsymbol{y}) \leqq |\boldsymbol{x}||\boldsymbol{y}|$. (d) については，

$$\begin{aligned} |\boldsymbol{x}+\boldsymbol{y}|^2 &= (\boldsymbol{x}+\boldsymbol{y})\cdot(\boldsymbol{x}+\boldsymbol{y}) = |\boldsymbol{x}|^2 + |\boldsymbol{y}|^2 + 2(\boldsymbol{x}\cdot\boldsymbol{y}) \\ &\leqq |\boldsymbol{x}|^2 + |\boldsymbol{y}|^2 + 2|\boldsymbol{x}|\cdot|\boldsymbol{y}| = (|\boldsymbol{x}| + |\boldsymbol{y}|)^2 \end{aligned}$$

となり，与えられた式が成り立つ．

4.1 (a) 次元は1, 基底の例は $\{1\}$ (b) 次元は n, 基底の例は $\{I_{1,1}^{(n)}, \ldots, I_{n,n}^{(n)}\}$ （$I_{i,j}^{(n)}$ は第 (i,j) 成分のみ1で他が0の $n \times n$ 行列） (c) 次元は $n+1$, 基底の例は $\{1, x, x^2, \ldots, x^n\}$ (d) 次元は3, 基底の例は $\{x^2, xy, y^2\}$

5.1 連立1次方程式 $A\boldsymbol{x} = \mathbf{0}$ について，第1章問題9. により，$\boldsymbol{x}_1, \boldsymbol{x}_2$ が解ならば，$\boldsymbol{x}_1 + \boldsymbol{x}_2$ も解である．また，$\boldsymbol{x}_1$ が解ならば，$\lambda\boldsymbol{x}_1$（$\lambda \in \mathbb{R}$）も解である．ここで，列ベクトルの和と実数倍の規則から，(3.1) の 1.a.,b. および 2. のすべてが成り立つ．この方程式は自明解 $\boldsymbol{x} = \mathbf{0}$ をもち，これが零要素である．$\boldsymbol{x}$ が解ならば $-\boldsymbol{x}$ も $A\boldsymbol{x} = \mathbf{0}$ の解であるから逆ベクトルも存在する．

5.2 次の表にまとめる通りである．

	(a)	(b)	(c)	(d)	(e)	(f)
次元	0	1	1	2	2	1
基底	なし	$\begin{bmatrix} -2 \\ 1 \\ 1 \end{bmatrix}$	$\begin{bmatrix} 0 \\ -3 \\ 1 \\ 1 \end{bmatrix}$	$\begin{bmatrix} 1 \\ 1 \\ -1 \\ 0 \end{bmatrix}, \begin{bmatrix} 0 \\ 2 \\ 0 \\ -1 \end{bmatrix}$	$\begin{bmatrix} 1 \\ -2 \\ 0 \\ 1 \end{bmatrix}, \begin{bmatrix} -1 \\ 0 \\ 1 \\ 0 \end{bmatrix}$	$\begin{bmatrix} 1 \\ -1 \\ 1 \\ -1 \end{bmatrix}$

5.3　与えられたベクトルを並べた行列のランクが次元となる．次元は 2. $\mathbb{R}^3$ の次元は 3 であるから，与えられたベクトルをもとにして（またはそれから何本かを取り除いて）$\mathbb{R}^3$ の基底を作ることはできない

5.4　A の第 i 列を $\boldsymbol{a}_i$, $\boldsymbol{x} \in \mathbb{R}^n$ の第 i 成分を x_i とすると，$A\boldsymbol{x} = \displaystyle\sum_{i=1}^{n} x_i \boldsymbol{a}_i$ となる．任意の $\boldsymbol{v} \in \mathbb{R}^n$ をとり，これを $\boldsymbol{a}_i$（$1 \leqq i \leqq n$）の線形結合によって表すには，$A\boldsymbol{x} = \boldsymbol{v}$ が解を持てばよい．両辺に A^{-1} をかけると，$\boldsymbol{x} = A^{-1}\boldsymbol{v}$ を得て $\boldsymbol{a}_1, \ldots, \boldsymbol{a}_n$ は $\mathbb{R}^n$ を生成することがわかる．また，可逆な行列の各列は線形独立であるから，A の各列は $\mathbb{R}^n$ の基底となる．A の各行も同様.

6.1　$\mathrm{Dim}\, W_1 + \mathrm{Dim}\, W_2 = \mathrm{Dim}\,(W_1 + W_2) + \mathrm{Dim}\,(W_1 \cap W_2)$ であること，および $\mathrm{Dim}\, W = 0$ となるのは $W = \{\boldsymbol{0}\}$ に限ることから，両者は同値である.

6.2　(a)　$V = W_1 + W_2$ であるが，$V = W_1 \oplus W_2$ ではない.　(b)　$V = W_1 \oplus W_2$　(c)　$V = W_1 \oplus W_2$　(d)　$V = W_1 + W_2$ であるが，$V = W_1 \oplus W_2$ ではない

6.3　たとえば，$V = \mathbb{R}^3$, W_1 は $\boldsymbol{e}_1$ と $\boldsymbol{e}_2$ で張られる空間，W_2 は $\boldsymbol{e}_2$ と $\boldsymbol{e}_3$ で張られる空間とすると，$\boldsymbol{x} := x_1\boldsymbol{e}_1 + x_2\boldsymbol{e}_2 + x_3\boldsymbol{e}_3$ のとき，$\mu \in \mathbb{R}$ として $\boldsymbol{x} = \boldsymbol{x}_1 + \boldsymbol{x}_2$, $\boldsymbol{x}_1 := x_1\boldsymbol{e}_1 + (x_2 - \mu)\boldsymbol{e}_2$, $\boldsymbol{x}_2 := \mu\boldsymbol{e}_2 + x_3\boldsymbol{e}_3$ とすることができ，$\boldsymbol{x}_1$, $\boldsymbol{x}_2$ は一意的に決まらない.

6.4　$\widetilde{W}_i := W_1 + \cdots + W_{i-1} + W_{i+1} + \cdots + W_m$ と定義する．$i = 1, \ldots, m$ に対して $W_i \cap \widetilde{W}_i = \{\boldsymbol{0}\}$ であるとすると，$k = 2, \ldots, m$ に対し，$W_1 + \cdots + W_{k-1} \subset \widetilde{W}_k$ である．よって，$W_k \cap (W_1 + \cdots + W_{k-1}) = \{\boldsymbol{0}\}$ が成り立つ．逆に，$k = 2, \ldots, m$ に対して $(W_1 + \cdots + W_{k-1}) \cap W_k = \{\boldsymbol{0}\}$ とする．$\boldsymbol{x} \in W_i \cap \widetilde{W}_i$（$\boldsymbol{x} \neq \boldsymbol{0}$）に対し，$\boldsymbol{x} \in \widetilde{W}_i$ により $\boldsymbol{x} = \displaystyle\sum_{j \neq i} \boldsymbol{x}_j$ と書ける．また，$\boldsymbol{x} \in W_i$ から，$\boldsymbol{x} = \boldsymbol{x}_i \in W_i$ でもある．よって，$-\boldsymbol{x}_i$ を改めて $\boldsymbol{x}_i$ と書くと，$-\boldsymbol{x}_i = \displaystyle\sum_{j \neq i} \boldsymbol{x}_j$ となり，$\displaystyle\sum_{j=1}^{m} \boldsymbol{x}_j = \boldsymbol{0}$. ここで，$\boldsymbol{x}_1, \ldots, \boldsymbol{x}_m$ の中で零ベクトルではないものの中の最大の番号を l とすると，$\boldsymbol{x}_l = -\displaystyle\sum_{j=1}^{l-1} \boldsymbol{x}_j$. 左辺は W_l に，右辺は $W_1 + \cdots + W_{l-1}$ に属すので，$\boldsymbol{0}$ しかなく，$\boldsymbol{x} \neq \boldsymbol{0}$ に矛盾する.

6.5　$\boldsymbol{y}_1 = -\boldsymbol{y}_2 - \cdots - \boldsymbol{y}_n$ となるが，左辺は W_1 に属し，右辺は $W_2 + \cdots + W_n$ に属する．よって，$\boldsymbol{y}_1 = \boldsymbol{0}$, $\boldsymbol{y}_2 + \cdots + \boldsymbol{y}_n = \boldsymbol{0}$. 以下これを繰り返せばよい.

7.1　直交補空間の定義により，$W_1 \perp W_2$ ならば，$W_2 \subset W_1^{\perp}$ である．ここで，$\boldsymbol{x} \in W_1 \cap W_2$ とすると，$\boldsymbol{x} \in W_1$ かつ $\boldsymbol{x} \in W_2$ から $\boldsymbol{x} \cdot \boldsymbol{x} = 0$ となり，$\boldsymbol{x} = \boldsymbol{0}$ に限る．よって，$V = W_1 \oplus W_2$

が成り立ち，$\mathrm{Dim}\,V = \mathrm{Dim}\,W_1 + \mathrm{Dim}\,W_2$ である．したがって，$\mathrm{Dim}\,W_2 = \mathrm{Dim}\,W_1^{\perp}$ が得られ，$W_2 \subset W_1^{\perp}$ とあわせて $W_2 = W_1^{\perp}$ となる．

7.2 $\boldsymbol{b}_1, \ldots, \boldsymbol{b}_r$ は W の正規直交基底，$\boldsymbol{b}_1, \ldots, \boldsymbol{b}_n$ は V の正規直交基底であるから，任意の $\boldsymbol{x} \in W^{\perp}$ は $\boldsymbol{x} = \displaystyle\sum_{j=r+1}^{n} \beta_j \boldsymbol{b}_j$ のように表される（$\boldsymbol{x} \in V$ から $\boldsymbol{x} = \displaystyle\sum_{j=1}^{n}\beta_j \boldsymbol{b}_j$ と書けるが，$\boldsymbol{x}$ は $\boldsymbol{b}_1, \ldots, \boldsymbol{b}_r$ と直交するため $\beta_1 = \cdots = \beta_r = 0$ となる）．よって，$W^{\perp} \subset \mathrm{Lin}\,(\boldsymbol{b}_{r+1}, \ldots, \boldsymbol{b}_n)$．ここで，$\mathrm{Dim}\,\mathrm{Lin}\,(\boldsymbol{b}_{r+1}, \ldots, \boldsymbol{b}_n) = n - r$，また $\mathrm{Dim}\,V = \mathrm{Dim}\,W + \mathrm{Dim}\,W^{\perp}$ より $\mathrm{Dim}\,W^{\perp} = n - r$ であるから，$W^{\perp}$ は $\boldsymbol{b}_{r+1}, \ldots, \boldsymbol{b}_n$ によって生成される．$\boldsymbol{b}_{r+1}, \ldots, \boldsymbol{b}_n$ は定義により線形独立で，付け加えられたベクトルは $W^{\perp}$ の基底であることになる．

8.1 与えられた集合を U として，ベクトルの合成，スカラー倍の定義により，$\boldsymbol{u}, \boldsymbol{v} \in U$, $\alpha \in \mathbb{R}$ ならば，$\boldsymbol{u} + \boldsymbol{v} \in U$, $\alpha \boldsymbol{u} \in U$ は明らかである．

3章

8.2 $\boldsymbol{a}, \boldsymbol{b}, \boldsymbol{c}$ が共面であるとき，いずれか 2 つが平行移動により 1 直線上にある場合（これを共線であるという．1 つが零ベクトルであるときも含む）は明らかに線形従属であるから，どの 2 つもそうでないとする．3 つのベクトルの始点を重ね，$\boldsymbol{c}$ の終点から $\boldsymbol{a}, \boldsymbol{b}$ に平行な直線を引き，それぞれが $\boldsymbol{a}, \boldsymbol{b}$ の延長線と交わる点を終点とするベクトルを $\boldsymbol{a}', \boldsymbol{b}'$ とすると，$\boldsymbol{a}' + \boldsymbol{b}' + (-1)\boldsymbol{c} = \boldsymbol{0}$ が成り立つ．よって線形従属である．

$\boldsymbol{a}, \boldsymbol{b}, \boldsymbol{c}$ が線形従属であるとき，少なくとも 1 つは 0 でない α, β, γ に対して $\alpha\boldsymbol{a} + \beta\boldsymbol{b} + \gamma\boldsymbol{c} = \boldsymbol{0}$ である．$\alpha \neq 0$ とすると，$\boldsymbol{a} = -\dfrac{\beta}{\alpha}\boldsymbol{b} - \dfrac{\gamma}{\alpha}\boldsymbol{c}$ となるので，これらは共面である．$\alpha = 0$ のときは，β, γ のうち 0 でないものを α の代わりに用いれば同様になる．

9.1 原点を O とすると，$\boldsymbol{x} = \overrightarrow{\mathrm{OX}} = \overrightarrow{\mathrm{OA}} + \overrightarrow{\mathrm{AX}}$．ここで，$\overrightarrow{\mathrm{AX}} = t\overrightarrow{\mathrm{AB}} = t(\boldsymbol{b} - \boldsymbol{a})$ により，$\boldsymbol{x} = (1-t)\boldsymbol{a} + t\boldsymbol{b}$ を得る．次に，C の位置ベクトルを $\boldsymbol{c}$ とすると，$\dfrac{|\boldsymbol{c} - \boldsymbol{a}|}{|\boldsymbol{c} - \boldsymbol{b}|} = \dfrac{\alpha}{\beta}$. また，$\boldsymbol{c} - \boldsymbol{a} = k(\boldsymbol{b} - \boldsymbol{a})$ であるから，$(k-1)(\boldsymbol{c} - \boldsymbol{a}) = k(\boldsymbol{c} - \boldsymbol{b})$．したがって $k = \dfrac{\alpha}{\alpha \pm \beta}$ を得て，$\boldsymbol{c} = \dfrac{\beta}{\alpha + \beta}\boldsymbol{a} + \dfrac{\alpha}{\alpha + \beta}\boldsymbol{b}$ または $\boldsymbol{c} = \dfrac{\beta}{\beta - \alpha}\boldsymbol{a} + \dfrac{\alpha}{\alpha - \beta}\boldsymbol{b}$.

9.2 (a) AB, BC, CA の中点をそれぞれ D, E, F とすると，$\overrightarrow{\mathrm{AD}} = \dfrac{1}{2}\overrightarrow{\mathrm{AB}}$, $\overrightarrow{\mathrm{AE}} = \dfrac{1}{2}(\overrightarrow{\mathrm{AB}} + \overrightarrow{\mathrm{AC}})$, $\overrightarrow{\mathrm{AF}} = \dfrac{1}{2}\overrightarrow{\mathrm{AC}}$ である．ここで，$\mathrm{DP} : \mathrm{PC} = t : 1-t$, $\mathrm{FP} : \mathrm{PB} = s : 1-s$ とすると，$\overrightarrow{\mathrm{AP}} = t\overrightarrow{\mathrm{AC}} + (1-t)\overrightarrow{\mathrm{AD}} = s\overrightarrow{\mathrm{AB}} + (1-s)\overrightarrow{\mathrm{AF}}$ となる．よって $t = s = \dfrac{1}{3}$ となり，$\overrightarrow{\mathrm{AP}} = \dfrac{1}{3}(\overrightarrow{\mathrm{AB}} + \overrightarrow{\mathrm{AC}})$．$\overrightarrow{\mathrm{AP}} = \dfrac{2}{3}\overrightarrow{\mathrm{AE}}$ より，P は線分 AE 上に存在する． (b) $\overrightarrow{\mathrm{AD}} = \dfrac{2}{3}\overrightarrow{\mathrm{AB}}$, $\overrightarrow{\mathrm{AE}} = \dfrac{1}{3}\overrightarrow{\mathrm{AC}}$ が成り立つ．$\mathrm{DF} : \mathrm{FC} = t : 1-t$, $\mathrm{EF} : \mathrm{FB} = s : 1-s$ とすると，$\overrightarrow{\mathrm{AF}} = t\overrightarrow{\mathrm{AC}} + (1-t)\overrightarrow{\mathrm{AD}} = s\overrightarrow{\mathrm{AB}} + (1-s)\overrightarrow{\mathrm{AE}}$．これから，$t = \dfrac{1}{7}$, $s = \dfrac{4}{7}$．よって $\overrightarrow{\mathrm{AF}} = \dfrac{4}{7}\overrightarrow{\mathrm{AB}} + \dfrac{1}{7}\overrightarrow{\mathrm{AC}}$．

内分比については，$\overrightarrow{\mathrm{AG}} = p\overrightarrow{\mathrm{AC}} + (1-p)\overrightarrow{\mathrm{AB}} = q\overrightarrow{\mathrm{AF}}$ とすると，$p = \dfrac{1}{5}$, $q = \dfrac{7}{5}$ を得て，$\overrightarrow{\mathrm{AG}} = \dfrac{4}{5}\overrightarrow{\mathrm{AB}} + \dfrac{1}{5}\overrightarrow{\mathrm{AC}}$．よって $1:4$.

9.3 $\boldsymbol{x} = \dfrac{4x+2y-z}{8}\boldsymbol{a} + \dfrac{2y-z}{4}\boldsymbol{b} + \dfrac{z+2y}{4}\boldsymbol{c}$

9.4 (a) $(4,0,2)$, $(2,4,0)$, $(0,2,4)$ (b) $\mathrm{AB}^2 = \mathrm{AD}^2$, $\mathrm{AD}^2 = \mathrm{BD}^2$, $\mathrm{AD}^2 = \mathrm{CD}^2$ を解く．$\left(2+\dfrac{2}{\sqrt{3}}, 2+\dfrac{2}{\sqrt{3}}, 2+\dfrac{2}{\sqrt{3}}\right)$, $\left(2-\dfrac{2}{\sqrt{3}}, 2-\dfrac{2}{\sqrt{3}}, 2-\dfrac{2}{\sqrt{3}}\right)$

9.5 $\boldsymbol{a}, \boldsymbol{b}$ を 2 辺とする 3 角形に対して余弦定理を適用する．残りの辺は $\boldsymbol{b}-\boldsymbol{a}$ であるから，

$$2|\boldsymbol{a}||\boldsymbol{b}|\cos\theta = |\boldsymbol{a}|^2 + |\boldsymbol{b}|^2 - |\boldsymbol{b}-\boldsymbol{a}|^2 = 2(a_1b_1 + a_2b_2 + a_3b_3)$$

となり，両辺を 2 で割って示すべき式を得る．

演習問題

1. (a) ベクトル空間．次元は $\dfrac{n(n+1)}{2}$, 基底は第 (i,j) 成分と第 (j,i) 成分（$i \neq j$）のみが 1 で他は 0 の行列，および第 (i,i) 成分のみが 1 で他は 0 の行列 (b) ベクトル空間でない（異なる型の行列には和がない） (c) ベクトル空間．次元は 2, 基底は 1 および i (d) ベクトル空間でない（零要素が存在せず，定数倍も定義されない） (e) ベクトル空間でない（与えられた和の定義では $A+B=B+A$ が成立しない） (f) ベクトル空間でない（零要素が存在しない）

2. (a) 部分空間でない (b) 部分空間．次元は 2, 基底は $\begin{bmatrix} 0 & 1 \\ 0 & 0 \end{bmatrix}$ および $\begin{bmatrix} 0 & 0 \\ 1 & 0 \end{bmatrix}$ (c) 部分空間，次元は 1, 基底は $\begin{bmatrix} 1 \\ -1 \\ 0 \end{bmatrix}$ (d) 部分空間，次元は 1, 基底は 1

3. (a) ベクトル空間は必ず零要素を持つので，単一の要素からなる集合でベクトル空間となり得るのは $\{\boldsymbol{0}\}$ しかない．$\{\boldsymbol{0}\}$ がベクトル空間であることは容易に確かめられる（問題 1.1(a)）． (b) $\boldsymbol{u}, \boldsymbol{v} \in W_1 \cap W_2$ とする．$\boldsymbol{u}, \boldsymbol{v} \in W_1$ で，W_1 はベクトル空間であるから，$\boldsymbol{u}+\boldsymbol{v} \in W_1$．同様に $\boldsymbol{u}+\boldsymbol{v} \in W_2$ も確かめられ，$\boldsymbol{u}+\boldsymbol{v} \in W_1 \cap W_2$ が成り立つ．同様にして $\boldsymbol{u} \in W_1 \cap W_2$, $\lambda \in \mathbb{R}$ に対し，$\lambda\boldsymbol{u} \in W_1 \cap W_2$ も成り立ち，$W_1 \cap W_2$ は部分空間である． (c) $W_1 + W_2$ は定義により明らかに部分空間で，任意の $\boldsymbol{x} \in W_1 + W_2$ に対し，$\boldsymbol{x} = \boldsymbol{x}_1 + \boldsymbol{x}_2$（$\boldsymbol{x}_1 \in W_1$, $\boldsymbol{x}_2 \in W_2$）と書ける．$W_1 \subset W$, $W_2 \subset W$ により，$\boldsymbol{x}_1, \boldsymbol{x}_2 \in W$ であるから $\boldsymbol{x} = \boldsymbol{x}_1 + \boldsymbol{x}_1 \in W$ である．よって任意の $\boldsymbol{x} \in W_1 + W_2$ に対して $\boldsymbol{x} \in W$ となり，$W_1 + W_2 \subset W$ が示された． (d) $\operatorname{Dim} W_1 = d_1$, $\operatorname{Dim} W_2 = d_2$ とし，$\boldsymbol{a}_1, \ldots, \boldsymbol{a}_{d_2}$ を W_2 の基底とする．このとき，任意の $\boldsymbol{x} \in W_1$ に対して $\boldsymbol{x} \in W_2$ であるから，$\boldsymbol{x} = \displaystyle\sum_{j=1}^{d_2} \alpha_j \boldsymbol{a}_i$ となり，W_1 の基底は $\boldsymbol{a}_1, \ldots, \boldsymbol{a}_{d_2}$ に含まれる．よって $d_1 \leqq d_2$. $W_1 \subset W_2$ で $d_1 = d_2$ の場合，W_1 の基底は W_2 の基底でもあることにな

る．よって $W_1 = W_2$．したがって，$W_1 \subset W_2$ かつ $W_1 \neq W_2$ ならば $d_1 < d_2$． (e) $\mathrm{Dim}\, W_1 = d_1$, $\mathrm{Dim}\, W_2 = d_2$, $\mathrm{Dim}\, W_1 \cap W_2 = d_0$ とすると，(d) により $d_0 \leqq d_1, d_2$．よって，$\boldsymbol{a}_1, \ldots, \boldsymbol{a}_{d_0}$ を $W_1 \cap W_2$ の基底とし，$\boldsymbol{a}_1, \ldots, \boldsymbol{a}_{d_0}, \boldsymbol{b}_1, \ldots, \boldsymbol{b}_{d_1-d_0}$ が W_1 の基底，$\boldsymbol{a}_1, \ldots, \boldsymbol{a}_{d_0}, \boldsymbol{c}_1, \ldots, \boldsymbol{c}_{d_2-d_0}$ が W_2 の基底となるようにすると，これらはすべて $W_1 + W_2$ に属する．いま，任意の $\boldsymbol{x} \in W_1 + W_2$ に対して $\boldsymbol{x} = \boldsymbol{x}_1 + \boldsymbol{x}_2$（$\boldsymbol{x}_1 \in W_1$, $\boldsymbol{x} \in W_2$）と書けるので，$\boldsymbol{x} = \sum_{i=1}^{d_0} \alpha_i \boldsymbol{a}_i + \sum_{i=1}^{d_1-d_0} \beta_i \boldsymbol{b}_i + \sum_{i=1}^{d_2-d_0} \gamma_i \boldsymbol{c}_i$ と表せる．よって，$\boldsymbol{a}_i, \boldsymbol{b}_j, \boldsymbol{c}_k$（$1 \leqq i \leqq d_0$, $1 \leqq j \leqq d_1 - d_0$, $1 \leqq k \leqq d_2 - d_0$．以下同様）が互いに線形独立であれば，これらが $W_1 + W_2$ の基底となり，$\mathrm{Dim}\, W_1 + W_2 = d_0 + (d_1 - d_0) + (d_2 - d_0) = d_1 + d_2 - d_0$ が得られて題意が示される．

ここで，$\sum_{i=1}^{d_0} \alpha_i \boldsymbol{a}_i + \sum_{i=1}^{d_1-d_0} \beta_i \boldsymbol{b}_i + \sum_{i=1}^{d_2-d_0} \gamma_i \boldsymbol{c}_i = \boldsymbol{0}$ とすると，

$$\sum_{i=1}^{d_0} \alpha_i \boldsymbol{a}_i + \sum_{i=1}^{d_1-d_0} \beta_i \boldsymbol{b}_i = -\sum_{i=1}^{d_2-d_0} \gamma_i \boldsymbol{c}_i$$

この式の左辺は W_1 に属し，右辺は W_2 に属する．よって，両者とも $W_1 \cap W_2$ に属することになり，$\sum_{i=1}^{d_0} p_i \boldsymbol{a}_i$ と書ける．したがって，$\sum_{i=1}^{d_0} p_i \boldsymbol{a}_i + \sum_{i=1}^{d_2-d_0} \gamma_i \boldsymbol{c}_i = \boldsymbol{0}$. $\boldsymbol{a}_i$, $\boldsymbol{c}_k$ は W_2 の基底であるから線形独立で，$p_i = 0$, $\gamma_k = 0$ が得られる．よって，$\sum_{i=1}^{d_0} \alpha_i \boldsymbol{a}_i + \sum_{i=1}^{d_1-d_0} \beta_i \boldsymbol{b}_i = \boldsymbol{0}$ となるが，$\boldsymbol{a}_i$, $\boldsymbol{b}_j$ は W_1 の基底であることから，同様に $\alpha_i = 0$, $\beta_j = 0$ となる．以上から，$\boldsymbol{a}_i$, $\boldsymbol{b}_j$, $\boldsymbol{c}_k$ は線形独立であることがわかった．

4. (a) 線形独立 (b) 線形従属 (c) 線形独立 (d) n 本中に $\boldsymbol{0}$ がなければ線形独立．$\boldsymbol{0}$ があれば線形従属 (e) 線形独立

5. (a) $m > n$ とする．$\boldsymbol{w}_i$（$1 \leqq i \leqq m$）は V の要素であるから，$\boldsymbol{w}_j = \sum_{i=1}^{n} a_{ij} \boldsymbol{v}_i$ と書ける．ここで，$\sum_{j=1}^{m} x_j \boldsymbol{w}_j = \boldsymbol{0}$ となる $x_1, \ldots, x_m$ を選ぶと，$\sum_{j=1}^{m} \sum_{i=1}^{n} a_{ij} x_j \boldsymbol{v}_i = \boldsymbol{0}$ で，$\boldsymbol{v}_1, \ldots, \boldsymbol{v}_n$ は線形独立であるから，$\sum_{j=1}^{m} a_{ij} x_j = 0$（$1 \leqq i \leqq n$）．これは a_{ij} を成分に持つ行列 A を係数行列とする同次連立 1 次方程式である．$m > n$ により A の行数は列数よりも小さく，A を行階段型に基本変形したとき自由パラメーターとなる変数が少なくとも 1 つ存在する．よって，$\boldsymbol{w}_1, \ldots, \boldsymbol{w}_m$ は線形従属となり，これらが基底であることに反するので，$m \leqq n$ でなければならない．同様にして $n \leqq m$ であることも示され，$m \leqq n$ かつ $n \leqq m$ により $n = m$. (b) (a) と同様にして示すことができる． (c) $\boldsymbol{x} = \sum_{i=1}^{n} a_i \boldsymbol{v}_i = \sum_{i=1}^{n} b_i \boldsymbol{v}_i$ と表せたとすると，$\sum_{i=1}^{n} (a_i - b_i) \boldsymbol{v}_i = \boldsymbol{0}$. よって $a_i = b_i$（$1 \leqq i \leqq n$）が成り立つ． (d)

いずれも基底でない．補充すべきベクトルの例は，i. $\boldsymbol{e}_1$, $\boldsymbol{e}_2$, $\boldsymbol{e}_3$ ii. $\boldsymbol{e}_3-\boldsymbol{e}_4$. iii. $\begin{bmatrix}0&1\\1&0\end{bmatrix}$

6. (a) $V=W_1\oplus W_2$ (b) $V=W_1\oplus W_2$ (c) $V=W_1+W_2$ であるが $V=W_1\oplus W_2$ ではない (d) $V\neq W_1+W_2$ (e) $V=W_1\oplus W_2$. 対称行列かつ交代行列となる行列は零行列しかない． (f) $V=W_1+W_2$ であるが $V\neq W_1\oplus W_2$. 対角行列は対称かつ上三角であることに注意． (g) $V=W_1\oplus W_2$. 交代行列の対角成分は 0 であることに注意．

7. (a) $\boldsymbol{v}\in W\cap W^\perp$ とすると，$\boldsymbol{v}\in W$ かつ $\boldsymbol{v}\in W^\perp$ により $\boldsymbol{v}\cdot\boldsymbol{v}=0$. よって $\boldsymbol{v}=\boldsymbol{0}$ となるので $W\cap W^\perp=\{\boldsymbol{0}\}$.

【注　意】 これにより，$W+W^\perp$ は自動的に $W\oplus W^\perp$ となる．

(b) $\boldsymbol{x}\in W_2^\perp$ とする．$\boldsymbol{a}\in W_1$ に対して，$W_1\subset W_2$ により $\boldsymbol{a}\in W_2$ でもあるから $\boldsymbol{x}\cdot\boldsymbol{a}=0$ である．よって任意の $\boldsymbol{x}\in W_2^\perp$ は $\boldsymbol{x}\in W_1^\perp$ でもあるから，$W_1^\perp\supset W_2^\perp$. (c) 3. (e) により $\mathrm{Dim}\,W+\mathrm{Dim}\,W^\perp=\mathrm{Dim}\,(W+W^\perp)+\mathrm{Dim}\,W\cap W^\perp$ であるが，$W\cap W^\perp=\{\boldsymbol{0}\}$ により $\mathrm{Dim}\,W\cap W^\perp=0$ で，定義から $W+W^\perp=V$ であるから，$\mathrm{Dim}\,W+\mathrm{Dim}\,W^\perp=\mathrm{Dim}\,V$ を得る． (d) $\boldsymbol{x}\in W$ ならば，任意の $\boldsymbol{y}\in W^\perp$ に対して $\boldsymbol{x}\cdot\boldsymbol{y}=0$ をみたす．また，$(W^\perp)^\perp$ は $W^\perp$ の任意の要素と直交するベクトルを集めたものであるから，$\boldsymbol{x}\in(W^\perp)^\perp$ となる．よって $W\subset(W^\perp)^\perp$. ここで (c) により，$\mathrm{Dim}\,(W^\perp)^\perp=\mathrm{Dim}\,V-\mathrm{Dim}\,W^\perp$, $\mathrm{Dim}\,W^\perp=\mathrm{Dim}\,V-\mathrm{Dim}\,W$ であるから，$\mathrm{Dim}\,(W^\perp)^\perp=\mathrm{Dim}\,W$. よって $(W^\perp)^\perp=W$. (e) $W_1\subset W_1+W_2$ により，(b) を用いて $W_1^\perp\supset(W_1+W_2)^\perp$. 同様にして $W_2^\perp\supset(W_1+W_2)^\perp$ であるから，$(W_1+W_2)^\perp\subset W_1^\perp\cap W_2^\perp$. 次に，$\boldsymbol{x}\in W_1^\perp\cap W_2^\perp$ とする．任意の $\boldsymbol{y}\in W_1+W_2$ に対して，$\boldsymbol{y}=\boldsymbol{y}_1+\boldsymbol{y}_2$（$\boldsymbol{y}_1\in W_1$, $\boldsymbol{y}_2\in W_2$）と書けることと $\boldsymbol{x}\in W_1^\perp$ かつ $\boldsymbol{x}\in W_2^\perp$ に注意し，

$$\boldsymbol{x}\cdot\boldsymbol{y}=\boldsymbol{x}\cdot(\boldsymbol{y}_1+\boldsymbol{y}_2)=\boldsymbol{x}\cdot\boldsymbol{y}_1+\boldsymbol{x}\cdot\boldsymbol{y}_2=0$$

よって $\boldsymbol{x}\in(W_1+W_2)^\perp$ となり，$(W_1+W_2)^\perp\supset W_1^\perp\cap W_2^\perp$. 以上をあわせて $(W_1+W_2)^\perp=W_1^\perp\cap W_2^\perp$. また，$(W_1\cap W_2)^\perp=W_1^\perp+W_2^\perp$ については，

$$(W_1^\perp+W_2^\perp)^\perp=(W_1^\perp)^\perp\cap(W_2^\perp)^\perp=W_1\cap W_2$$

となるので，これに (d) を適用して示すことができる．

8. (a) 内積である（$x=a_r+ix_i$, $y=y_r+iy_i$ として $(x,y)=x_ry_r+x_iy_i$ となることに注意） (b) 内積とはならない（$x=x_r+ix_i, y=y_r+iy_i\in V$ とする．$\mathrm{Im}\,(\bar{x}y)=x_ry_i-x_iy_r$ となるので，任意の $x,y\in\mathbb{C}$ に対し $(x,x)=0$, $(x,y)=-(y,x)$ となり，(1), (2) が成り立たない） (c) 内積とはならない（(1), (2) は成り立つが，$(a\boldsymbol{x}+b\boldsymbol{y},\boldsymbol{z})=|a|(\boldsymbol{a},\boldsymbol{c})+|b|(\boldsymbol{b},\boldsymbol{c})$ となり，(3) が成り立たない） (d) 内積である（$(A,B)=\displaystyle\sum_{i,j=1}^{n}A_{ij}B_{ij}$ となることに注意） (e) 内積とはならない（(2), (3) は成り立つが，$(A,A)=A_{11}^2+\cdots+A_{nn}^2$ により，$A=O$ でなくても $(A,A)=0$ となることがあっ

3
章

て (1) が成り立たない)

9. (a) W の要素は $k(2,2,1)$ ($k \in \mathbb{R}$) と書ける．$\boldsymbol{x} = (x,y,z) \in W^{\perp}$ とすると，任意の $k \in \mathbb{R}$ に対して $\boldsymbol{x} \cdot (2k,2k,k) = 0$ となり，$k(2x+2y+z) = 0$. よって，$W^{\perp} = \{(x,y,z) \mid 2x+2y+z=0\}$. (b) $x \in W$ とすると，$x = \alpha(1+i)$ ($\alpha \in \mathbb{R}$) である．$y = y_r + iy_i \in W^{\perp}$ とすれば，$\mathrm{Re}\,(\bar{x}y) = \alpha y_r + \alpha y_i = \alpha(y_r + y_i) = 0$. よって，$y_r + y_i = 0$ となる．したがって，$W^{\perp} = \{\alpha(1-i),\ \alpha \in \mathbb{R}\}$. (c) $A = \begin{bmatrix} 0 & \alpha \\ \alpha & 0 \end{bmatrix} \in W$, $B = \begin{bmatrix} a & b \\ c & d \end{bmatrix} \in W^{\perp}$ とすると，$\mathrm{Tr}\,(A^{\mathrm{T}}B) = \alpha b + \alpha c = 0$ であるから $b+c=0$. よって，$W^{\perp} = \left\{ \begin{bmatrix} p & q \\ -q & r \end{bmatrix},\ p,q,r \in \mathbb{R} \right\}$

10. (a) $\boldsymbol{x}_1, \boldsymbol{x}_2 \in W$ とすると，$\boldsymbol{a} \cdot (\boldsymbol{x}_1 + \boldsymbol{x}_2) = \boldsymbol{0}$ となるので，$\boldsymbol{x}_1 + \boldsymbol{x}_2 \in W$ が成り立つ．このとき，(3.2) の 1. a.,b. は幾何ベクトルの合成の定義により成り立つ．また，$\boldsymbol{0} \in W$ であるから c. が，任意の $\boldsymbol{x} \in W$ に対して $\boldsymbol{a} \cdot (-\boldsymbol{x}) = 0$ により $-\boldsymbol{x} \in W$ であるから d. が成り立つ．次に，$\boldsymbol{x} \in W, \lambda \in \mathbb{R}$ に対して $\boldsymbol{a} \cdot (\lambda \boldsymbol{x}) = \lambda \boldsymbol{a} \cdot \boldsymbol{x} = 0$ であるから，$\lambda \boldsymbol{x} \in W$ である．このとき，(3.1) の 2. a.~d. は幾何ベクトルの合成とスカラー倍の定義からいずれも成り立つ．以上により，W がベクトル空間であることが示された． (b) W は $\boldsymbol{a}$ と直交する幾何ベクトル全体であるから，$W^{\perp}$ は $\boldsymbol{a}$ に平行な幾何ベクトル全体である．よって，求めるべき図形は原点を通り，$\boldsymbol{a}$ に平行な直線． (c) $\boldsymbol{x}_1 = \boldsymbol{x} - \dfrac{(\boldsymbol{a} \cdot \boldsymbol{x})}{|\boldsymbol{a}|^2}\boldsymbol{a}$, $\boldsymbol{x}_2 = \dfrac{(\boldsymbol{a} \cdot \boldsymbol{x})}{|\boldsymbol{a}|^2}\boldsymbol{a}$ ($\boldsymbol{x} = \boldsymbol{x}_1 + \boldsymbol{x}_2$ としたとき，(b) により $\boldsymbol{x}_2 = k\boldsymbol{a}$. $\boldsymbol{x}_1 \in W_1$ であることに注意すると，$\boldsymbol{x} \cdot \boldsymbol{a} = k\boldsymbol{a} \cdot \boldsymbol{a}$ となるので，これから k を得て，$\boldsymbol{x}_2$ がわかる．$\boldsymbol{x}_1$ は $\boldsymbol{x} = \boldsymbol{x}_1 + \boldsymbol{x}_2$ を $\boldsymbol{x}_1$ について解くことによって求められる)

11. (a) $p(\boldsymbol{a}+\alpha\boldsymbol{b}) + q(\boldsymbol{b}+\alpha\boldsymbol{c}) + r(\boldsymbol{c}+\alpha\boldsymbol{a}) = \boldsymbol{0}$ を $\boldsymbol{a}, \boldsymbol{b}, \boldsymbol{c}$ について整理し，$p + \alpha r = 0$, $\alpha p + q = 0$, $\alpha q + r = 0$ を得る．これを p, q, r に関する連立方程式として，これが零解以外の解を持たない条件を求めればよい．$\alpha \neq -1$. (b) (a) と同様にして，$\alpha \neq 1, -2$.

12. (a) $\overline{\mathrm{AB}} = \overline{\mathrm{BC}} = \overline{\mathrm{CA}} = \sqrt{6}$ により示される． (b) 題意の点を A$'$ として，$\overrightarrow{\mathrm{AA}'} = \dfrac{t}{2}(\overrightarrow{\mathrm{AB}} + \overrightarrow{\mathrm{AC}}) = \left(-\dfrac{3t}{2}, 0, \dfrac{3t}{2}\right)$. したがって，求めるべき位置ベクトルは $\overrightarrow{\mathrm{OA}'} = \overrightarrow{\mathrm{OA}} + \overrightarrow{\mathrm{AA}'} = \left(3 - \dfrac{3t}{2}, 2, 1 + \dfrac{3t}{2}\right)$. (c) BF と CD の交点を G とし，また DG : GC $= t : 1-t$, FG : GB $= r : 1-r$ とすると，

$$\overrightarrow{\mathrm{AG}} = (1-t)\overrightarrow{\mathrm{AD}} + t\overrightarrow{\mathrm{AC}} = (1-t)s\overrightarrow{\mathrm{AB}} + t\overrightarrow{\mathrm{AC}}$$
$$= r\overrightarrow{\mathrm{AB}} + (1-r)\overrightarrow{\mathrm{AF}} = r\overrightarrow{\mathrm{AB}} + (1-r)(1-s)\overrightarrow{\mathrm{AC}}$$

これから $t = \dfrac{(1-s)^2}{1-s+s^2}$, $r = \dfrac{s^2}{1-s+s^2}$ となって，$\overrightarrow{\mathrm{AG}} = \dfrac{s^2\overrightarrow{\mathrm{AB}} + (1-s)^2\overrightarrow{\mathrm{AC}}}{1-s+s^2}$. こ

れが $\overrightarrow{\mathrm{AE}}=(1-s)\overrightarrow{\mathrm{AB}}+s\overrightarrow{\mathrm{AC}}$ に平行であるから $\left(\dfrac{1-s}{s}\right)^2=\dfrac{s}{1-s}$. よって $s=\dfrac{1}{2}$ となり，$\overrightarrow{\mathrm{AG}}=\dfrac{\overrightarrow{\mathrm{AB}}+\overrightarrow{\mathrm{AC}}}{3}$. 交点 G の座標は $(2,2,2)$, AG : GE = 2 : 1.

13. (a) $\overrightarrow{\mathrm{AD}}$ は $\boldsymbol{a}$ を $\boldsymbol{b}$ 上に射影したものであるから，$\overrightarrow{\mathrm{AD}}=\dfrac{\boldsymbol{a}\cdot\boldsymbol{b}}{|\,\boldsymbol{b}\,|^2}\boldsymbol{b}$. よって，$\overrightarrow{\mathrm{BD}}=\overrightarrow{\mathrm{AD}}-\overrightarrow{\mathrm{AB}}=\dfrac{\boldsymbol{a}\cdot\boldsymbol{b}}{|\,\boldsymbol{b}\,|^2}\boldsymbol{b}-\boldsymbol{a}$. 同様に，$\overrightarrow{\mathrm{CE}}=\dfrac{\boldsymbol{a}\cdot\boldsymbol{b}}{|\,\boldsymbol{a}\,|^2}\boldsymbol{a}-\boldsymbol{b}$.　(b) BD と CE の交点を F とする．12. と同様にして $\overrightarrow{\mathrm{AF}}=\dfrac{\boldsymbol{a}\cdot\boldsymbol{b}(|\,\boldsymbol{b}\,|^2-\boldsymbol{a}\cdot\boldsymbol{b})}{|\,\boldsymbol{a}\,|^2|\,\boldsymbol{b}\,|^2-(\boldsymbol{a}\cdot\boldsymbol{b})^2}\boldsymbol{a}+\dfrac{\boldsymbol{a}\cdot\boldsymbol{b}(|\,\boldsymbol{a}\,|^2-\boldsymbol{a}\cdot\boldsymbol{b})}{|\,\boldsymbol{a}\,|^2|\,\boldsymbol{b}\,|^2-(\boldsymbol{a}\cdot\boldsymbol{b})^2}\boldsymbol{b}$ となる．これを用いて $\overrightarrow{\mathrm{AF}}\cdot(\boldsymbol{a}-\boldsymbol{b})=0$ を示せばよい．

14. (a) i. 与えられた表現で，$|\boldsymbol{a}\times\boldsymbol{b}|^2=|\,\boldsymbol{a}\,|^2|\,\boldsymbol{b}\,|^2-(\boldsymbol{a}\cdot\boldsymbol{b})^2$ となって 1) が，$\boldsymbol{a}\cdot(\boldsymbol{a}\times\boldsymbol{b})=\boldsymbol{0}$, $\boldsymbol{b}\cdot(\boldsymbol{a}\times\boldsymbol{b})=\boldsymbol{0}$ により 2) が成り立つ．3) は，$\boldsymbol{a}=\begin{bmatrix}1\\0\\0\end{bmatrix}$, $\boldsymbol{b}=\begin{bmatrix}0\\1\\0\end{bmatrix}$ 等として確かめればよい．ii. から v. までは計算により確かめられる．　(b) $(\boldsymbol{a}\times\boldsymbol{b})\times\boldsymbol{c}=-\boldsymbol{c}\times(\boldsymbol{a}\times\boldsymbol{b})=\boldsymbol{c}\times(\boldsymbol{b}\times\boldsymbol{a})$ に (a) v. を適用して，$(\boldsymbol{a}\times\boldsymbol{b})\times\boldsymbol{c}=(\boldsymbol{a}\cdot\boldsymbol{c})\boldsymbol{b}-(\boldsymbol{b}\cdot\boldsymbol{c})\boldsymbol{a}$. また，$\boldsymbol{a}\times(\boldsymbol{b}\times\boldsymbol{c})=(\boldsymbol{a}\cdot\boldsymbol{c})\boldsymbol{b}-(\boldsymbol{a}\cdot\boldsymbol{b})\boldsymbol{c}$. よって $(\boldsymbol{a}\cdot\boldsymbol{b})\boldsymbol{c}=(\boldsymbol{b}\cdot\boldsymbol{c})\boldsymbol{a}$ を得る．これに再度 (a) v. を適用して変形すると，$(\boldsymbol{a}\cdot\boldsymbol{b})\boldsymbol{c}-(\boldsymbol{b}\cdot\boldsymbol{c})\boldsymbol{a}=\boldsymbol{b}\times(\boldsymbol{c}\times\boldsymbol{a})=\boldsymbol{0}$. $\boldsymbol{a}$, $\boldsymbol{b}$, $\boldsymbol{c}$ は零ベクトルではないから，$\boldsymbol{b}\parallel(\boldsymbol{a}\times\boldsymbol{c})$ のときである．

4 章

1.1 次の表にまとめる通り．

	(a)	(b)	(c)	(d)
行空間とその次元	$\{\boldsymbol{0}\}$, 0	$\mathbb{R}_n$, n	$\mathbb{R}_2$, 2	$\left\{k\begin{bmatrix}1 & 2\end{bmatrix},\ k\in\mathbb{R}\right\}$, 1
行空間の基底の例	なし	$\boldsymbol{e}'_1,\ldots,\boldsymbol{e}'_n$	$\begin{bmatrix}1 & 0\end{bmatrix}$, $\begin{bmatrix}0 & 1\end{bmatrix}$	$\begin{bmatrix}1 & 2\end{bmatrix}$
列空間とその次元	$\{\boldsymbol{0}\}$, 0	$\mathbb{R}^n$, n	$\mathbb{R}^2$, 2	$\left\{k\begin{bmatrix}1\\-3\end{bmatrix},\ k\in\mathbb{R}\right\}$, 1
列空間の基底の例	なし	$\boldsymbol{e}_1,\ldots,\boldsymbol{e}_n$	$\begin{bmatrix}1\\0\end{bmatrix}$, $\begin{bmatrix}0\\1\end{bmatrix}$	$\begin{bmatrix}1\\-3\end{bmatrix}$

2.1 例題 4.2 の議論から，AQ の列空間 $\subset$ A の列空間であることは明らか．AQ の列空間と A の列空間が等しくなるのは，任意の $\boldsymbol{x}\in\mathbb{R}^n$ に対して $A\boldsymbol{x}=AQ\boldsymbol{y}$ となる $\boldsymbol{y}\in\mathbb{R}^n$ が存在するときである．これから $A(\boldsymbol{x}-Q\boldsymbol{y})=\boldsymbol{0}$ となり，$\boldsymbol{x}-Q\boldsymbol{y}\in\operatorname{Kern}A$. すなわち，任意の $\boldsymbol{x}\in\mathbb{R}^n$ に対して $Q\boldsymbol{y}=\boldsymbol{x}-\boldsymbol{a}$ が解をもつような $\boldsymbol{a}\in\operatorname{Kern}A$ を（$\boldsymbol{x}$ に応じて）選べることが条件である．

2.2 例題 4.2 で列を行にして示すことができる.

3.1 (a) $P = \begin{bmatrix} 1 & 0 & 0 \\ \frac{1}{2} & 0 & \frac{1}{2} \\ 0 & \frac{1}{2} & \frac{1}{2} \end{bmatrix}, Q = \begin{bmatrix} \frac{1}{2} & \frac{1}{2} & 0 \\ \frac{1}{2} & 0 & 0 \\ 0 & \frac{1}{2} & 1 \end{bmatrix}$ (b) $P = \begin{bmatrix} 1 & 0 & 0 & 0 \\ 1 & 0 & 0 & 1 \\ \frac{1}{8} & \frac{1}{8} & 0 & \frac{1}{2} \\ 0 & 0 & 1 & 1 \end{bmatrix}$,

Q は存在しない

(c) $P = \begin{bmatrix} 1 & 0 & 0 \\ 2 & -1 & 0 \\ -1 & 1 & 1 \end{bmatrix}, Q = \begin{bmatrix} \alpha_1 & \alpha_2 & \alpha_3 & \alpha_4 \\ \alpha_1 + \frac{8}{5} & \alpha_2 - \frac{34}{5} & \alpha_3 - \frac{26}{5} & \alpha_4 - \frac{39}{5} \\ -\alpha_1 - \frac{2}{5} & -\alpha_2 + \frac{21}{5} & -\alpha_3 + \frac{19}{5} & -\alpha_4 + \frac{21}{5} \\ -1 & 3 & 2 & 4 \end{bmatrix}$

3.2 $m \times n$ 行列 A の各行の行ベクトルを $\boldsymbol{a}_1^{\mathrm{T}}, \ldots, \boldsymbol{a}_m^{\mathrm{T}}$ とすると, A の行空間は $\left\{ \sum_{i=1}^{m} \alpha_i \boldsymbol{a}_i^{\mathrm{T}} \,\middle|\, \alpha_1, \ldots, \alpha_m \in \mathbb{R} \right\}$ である. 基本行変形のうち, 行の交換と行の 0 でない定数倍についてはこの集合が変化しないことは明らかである. また第 i 行に第 j 行の α 倍を加えた行列の行空間は $\left\{ \sum_{k=1}^{m} \alpha_k (\boldsymbol{a}_k^{\mathrm{T}} + \delta_{k,i} \alpha \boldsymbol{a}_j^{\mathrm{T}}) \,\middle|\, \alpha_1, \ldots, \alpha_m \in \mathbb{R} \right\}$ で, $\alpha_j + \alpha\alpha_i$ を改めて α_j と置き直すことで行空間が不変であることが確かめられる. 列空間も同様.

3.3 $\alpha, \beta \neq 0$ とする. $P(i,j)$ と $P(k,l)$ の積は, $(i,j) = (k,l), (l,k)$ のとき, および i, j が k にも l にも等しくないときに交換可能. $P(i,j)$ と $Q(k;\alpha)$ は, $k \neq i, j$ のときに交換可能. $P(i,j)$ と $R(k,l;\alpha)$ は i, j が k にも l にも等しくない場合にのみ交換可能. $Q(i;\alpha)$ と $Q(j;\beta)$ は常に交換可能. $Q(i;\alpha)$ と $R(j,k;\beta)$ は, $i \neq j, k$ のとき交換可能. $R(i,j;\alpha)$ と $R(k,l;\beta)$ は, $i = k$ のとき, $j = l$ のとき, および i, j が k にも l にも等しくないとき交換可能.

4.1 A を基本行変形によって行階段型行列 M に変形すると, $M = P_1 A$ (P_1 は可逆行列) で, M の行空間の次元は $\mathrm{Rank}\, A$ である. M を基本列変形により標準形に変形すると, $MQ_1 = P_1 A Q_1$ (Q_1 は可逆) が標準形となり, $\mathrm{Rank}\, A$ が $P_1 A Q_1$ の行空間の次元となるような可逆行列 P_1, Q_1 が存在し, 基本列変形によっては零ベクトルでない行は消せないので, $P_1 A Q_1$ の行空間の次元と列空間の次元は等しい.

A を基本列変形によって列階段型 N に変形し, さらに基本行変形によって標準形に変形すると, A の列空間の次元と N の列空間の次元は等しく, さらにこれは M の行空間に等しい.

以上から, M の行空間の次元と列空間の次元は等しく $\mathrm{Rank}\, A$ である.

4.2 A^{T} の行空間と A の列空間が, 行ベクトルを列ベクトルにする操作で移り合うことから明らか

4.3 PAQ の標準形 $P_1(PAQ)Q_1$ は, $(P_1 P)A(QQ_1)$ により A の標準形でもあり, $\mathrm{Rank}\, A$ と $\mathrm{Rank}\, PAQ$ は等しい.

5.1 標準形とともに，与えられた行列を A として，PAQ が標準形となる際の P, Q の例も併記する（あくまでも例であって，下記が唯一のものではない）.

(a) $\begin{bmatrix}1&0&0\\0&1&0\\0&0&1\end{bmatrix}, P=\begin{bmatrix}0&1&0\\0&\frac{1}{4}&\frac{1}{4}\\\frac{1}{5}&-\frac{7}{20}&\frac{1}{20}\end{bmatrix}, Q=\begin{bmatrix}1&-1&1\\0&1&0\\0&0&1\end{bmatrix}$

(b) $\begin{bmatrix}1&0&0\\0&1&0\\0&0&0\end{bmatrix}, P=\begin{bmatrix}1&0&0\\\frac{1}{2}&0&-\frac{1}{2}\\-1&1&0\end{bmatrix}, Q=\begin{bmatrix}1&-1&-1\\0&1&2\\0&0&1\end{bmatrix}$

(c) $\begin{bmatrix}1&0&0&0\\0&1&0&0\\0&0&1&0\end{bmatrix}, P=\begin{bmatrix}-1&1&0\\2&-1&0\\-1&-1&1\end{bmatrix}, Q=\begin{bmatrix}1&0&-2&6\\0&1&3&-8\\0&0&0&1\\0&0&1&-3\end{bmatrix}$

6.1 (a) なし

(b) $\begin{bmatrix}-2\\1\\1\end{bmatrix}$ (c) $\begin{bmatrix}-1\\0\\1\end{bmatrix}$ (d) $\begin{bmatrix}-2\\1\\1\\0\end{bmatrix}, \begin{bmatrix}1\\-1\\0\\1\end{bmatrix}$ (e) $\begin{bmatrix}1\\-3\\-2\\0\\0\end{bmatrix}, \begin{bmatrix}0\\-1\\-2\\1\\0\end{bmatrix}, \begin{bmatrix}0\\-1\\0\\0\\1\end{bmatrix}$

6.2 λ, μ, ν は任意定数とする．なお，(a) および (c)〜(f) では問題 6.1 で $\mathrm{Kern}\,A$ の基底がすでに求められている.

(a) $\begin{bmatrix}2\\-1\end{bmatrix}$ (b) $\begin{bmatrix}1\\0\end{bmatrix}+\lambda\begin{bmatrix}1\\2\end{bmatrix}$ (c) $\begin{bmatrix}3\\-2\\0\end{bmatrix}+\lambda\begin{bmatrix}-2\\1\\1\end{bmatrix}$ (d) $\begin{bmatrix}2\\1\\0\end{bmatrix}+\lambda\begin{bmatrix}-1\\0\\1\end{bmatrix}$

(e) $\begin{bmatrix}0\\1\\0\\0\end{bmatrix}+\lambda\begin{bmatrix}-2\\1\\1\\0\end{bmatrix}+\mu\begin{bmatrix}1\\-1\\0\\1\end{bmatrix}$ (f) $\begin{bmatrix}1\\1\\0\\0\\0\end{bmatrix}+\lambda\begin{bmatrix}1\\-3\\-2\\0\\0\end{bmatrix}+\mu\begin{bmatrix}0\\-1\\-2\\1\\0\end{bmatrix}+\nu\begin{bmatrix}0\\-1\\0\\0\\1\end{bmatrix}$

6.3 与えられた条件から，$\mathrm{Rank}\,A=n$ であるから（第 2.4 節），A は基本行変形のみによって対角成分がすべて 1 の行階段型行列 M に変形される．すなわち，$C'A=M$ となる $C'\in\mathbb{R}^{n\times n}$ が存在する．さらに基本行変形のみを用いて M の第 n 列から順に第 1 列まで対角成分以外を消去できる．すなわち，$C''M=En$ となる $C''\in\mathbb{R}^{n\times n}$ が存在する．よって，$C''C'A=En$ となり，$C=C''C'$ とすれば題意を得る.

4 章

7.1 (a) $\begin{bmatrix} \frac{1}{8} & -\frac{1}{2} & \frac{5}{8} \\ -\frac{1}{2} & 1 & -\frac{1}{2} \\ \frac{5}{8} & -\frac{1}{2} & \frac{1}{8} \end{bmatrix}$ (b) $\begin{bmatrix} \frac{1}{2} & 0 & \frac{1}{2} \\ 0 & 1 & 0 \\ \frac{1}{2} & 0 & -\frac{1}{2} \end{bmatrix}$ (c) $\begin{bmatrix} 1 & -1 & 0 \\ 0 & 1 & 1 \\ 0 & 0 & 1 \end{bmatrix}$

7.2 (a) $\begin{bmatrix} 1 & 0 \\ 1 & 1 \end{bmatrix}\begin{bmatrix} 3 & -1 \\ 0 & 2 \end{bmatrix}$ (b) $\begin{bmatrix} 1 & 0 & 0 \\ -1 & 1 & 0 \\ 1 & -1 & 1 \end{bmatrix}\begin{bmatrix} 1 & 2 & 1 \\ 0 & -2 & 2 \\ 0 & 0 & 2 \end{bmatrix}$

(c) $\begin{bmatrix} 1 & 0 & 0 & 0 \\ 0 & 1 & 0 & 0 \\ 1 & 0 & 1 & 0 \\ 0 & 1 & 0 & 1 \end{bmatrix}\begin{bmatrix} 1 & 1 & 0 & 1 \\ 0 & 1 & 1 & 0 \\ 0 & 0 & -1 & 1 \\ 0 & 0 & 0 & -1 \end{bmatrix}$

演習問題

1. 与えられた行列を A とする．

(a) $P = \frac{1}{4}\begin{bmatrix} 2 & 0 \\ 3 & -2 \end{bmatrix}, Q = \begin{bmatrix} 1 & -1 \\ 0 & 1 \end{bmatrix}, PAQ = \begin{bmatrix} 1 & 0 \\ 0 & 1 \end{bmatrix}$

(b) $P = \frac{1}{7}\begin{bmatrix} 0 & -7 & 14 \\ 0 & 7 & -7 \\ 1 & 1 & -3 \end{bmatrix}, Q = \begin{bmatrix} 1 & 0 & 3 \\ 0 & 1 & -2 \\ 0 & 0 & 1 \end{bmatrix}, PAQ = \begin{bmatrix} 1 & 0 & 0 \\ 0 & 1 & 0 \\ 0 & 0 & 1 \end{bmatrix}$

(c) $P = \begin{bmatrix} 0 & 0 & 1 \\ 0 & 1 & 0 \\ 1 & 2 & -3 \end{bmatrix}, Q = \begin{bmatrix} 1 & 0 & -1 \\ 0 & 1 & -1 \\ 0 & -1 & 2 \end{bmatrix}, PAQ = \begin{bmatrix} 1 & 0 & 0 \\ 0 & 1 & 0 \\ 0 & 0 & 0 \end{bmatrix}$

(d) $P = \begin{bmatrix} 0 & 1 & 0 & 0 \\ 1 & -2 & 1 & 0 \\ 3 & -5 & 2 & -1 \\ 9 & -17 & 6 & -2 \end{bmatrix}, Q = \begin{bmatrix} 1 & -1 & -2 \\ 0 & 1 & 0 \\ 0 & 0 & 1 \end{bmatrix} PAQ = \begin{bmatrix} 1 & 0 & 0 \\ 0 & 1 & 0 \\ 0 & 0 & 1 \\ 0 & 0 & 0 \end{bmatrix}$

(e) $P = \begin{bmatrix} 1 & 0 & 0 & 0 \\ -2 & 0 & 1 & 0 \\ -3 & -1 & 2 & 0 \\ 1 & 0 & -2 & 1 \end{bmatrix}, Q = \begin{bmatrix} 1 & 1 & 2 \\ 0 & -2 & -10 \\ 0 & 1 & 6 \end{bmatrix}, PAQ = \begin{bmatrix} 1 & 0 & 0 \\ 0 & 1 & 0 \\ 0 & 0 & 0 \\ 0 & 0 & 0 \end{bmatrix}$

(f) $P = \begin{bmatrix} 1 & 0 & 1 \\ -1 & 0 & -2 \\ 2 & 1 & 5 \end{bmatrix}, Q = \begin{bmatrix} 1 & 0 & -3 & -6 \\ 0 & 1 & -1 & -3 \\ 0 & 0 & 1 & 2 \\ 0 & 0 & 5 & 11 \end{bmatrix}, PAQ = \begin{bmatrix} 1 & 0 & 0 & 0 \\ 0 & 1 & 0 & 0 \\ 0 & 0 & 1 & 0 \end{bmatrix}$

(g) $P = \frac{1}{2}\begin{bmatrix} 0 & 1 & 1 & 0 \\ 1 & 0 & 0 & -1 \\ 1 & 0 & 0 & 1 \\ 0 & 1 & -1 & 0 \end{bmatrix}$, $Q = E_4$, $PAQ = E_4$

2. (a) $\boldsymbol{x} = \lambda \begin{bmatrix} 0 \\ 1 \\ -3 \end{bmatrix}$ (b) $\boldsymbol{x} = \boldsymbol{0}$ (c) $\boldsymbol{x} = \lambda \begin{bmatrix} -7 \\ -8 \\ 3 \end{bmatrix}$

(d) $\boldsymbol{x} = \lambda \begin{bmatrix} 1 \\ -1 \\ 0 \\ -1 \\ 0 \end{bmatrix} + \mu \begin{bmatrix} 0 \\ -1 \\ 0 \\ 0 \\ 1 \end{bmatrix}$ (e) $\boldsymbol{x} = \lambda \begin{bmatrix} -3 \\ -1 \\ 2 \\ 3 \\ 0 \end{bmatrix} + \mu \begin{bmatrix} -1 \\ -2 \\ 1 \\ 1 \\ 1 \end{bmatrix}$ または $\boldsymbol{x} = \lambda \begin{bmatrix} -1 \\ 3 \\ 0 \\ 1 \\ -2 \end{bmatrix} + \mu \begin{bmatrix} 0 \\ -5 \\ 1 \\ 0 \\ 3 \end{bmatrix}$

3. (a) $\begin{bmatrix} x \\ y \end{bmatrix} = \begin{bmatrix} 0 \\ -1 \end{bmatrix}$ (b) $\begin{bmatrix} x \\ y \end{bmatrix} = \begin{bmatrix} -1 \\ 0 \end{bmatrix} + \lambda \begin{bmatrix} 1 \\ 1 \end{bmatrix}$ (c) $\begin{bmatrix} x \\ y \\ z \end{bmatrix} = \begin{bmatrix} -1 \\ 1 \\ 1 \end{bmatrix}$

(d) $\begin{bmatrix} x \\ y \\ z \end{bmatrix} = \begin{bmatrix} 13 \\ -4 \\ 0 \end{bmatrix} + \lambda \begin{bmatrix} 14 \\ -5 \\ -1 \end{bmatrix}$ (e) $\begin{bmatrix} x \\ y \\ z \\ w \end{bmatrix} = \begin{bmatrix} 1 \\ 0 \\ -1 \\ 0 \end{bmatrix} + \lambda \begin{bmatrix} -3 \\ 1 \\ 0 \\ 1 \end{bmatrix}$

4. (a) $\begin{bmatrix} 1 & -7 & -1 \\ 2 & -16 & -3 \\ -1 & 10 & 2 \end{bmatrix}$ (b) $\begin{bmatrix} -2 & 7 & 3 \\ 1 & -7 & -3 \\ 1 & -2 & -1 \end{bmatrix}$ (c) $\begin{bmatrix} 2 & 2 & -1 \\ 0 & 1 & 1 \\ 1 & 2 & 0 \end{bmatrix}$

(d) $\begin{bmatrix} 3 & 6 & 2 \\ -2 & -5 & -2 \\ 2 & 3 & 1 \end{bmatrix}$ (e) 可逆でない (f) $\begin{bmatrix} 1 & 6 & -11 \\ -1 & -5 & 10 \\ -1 & -7 & 13 \end{bmatrix}$

(g) $\begin{bmatrix} 3 & -2 & 1 & 2 \\ 1 & 1 & 0 & -1 \\ 1 & -2 & 0 & 1 \\ -2 & -1 & -1 & 0 \end{bmatrix}$ (h) $\begin{bmatrix} 9 & -3 & -5 & -3 & 2 \\ -5 & -1 & 2 & 3 & -1 \\ -3 & 2 & 2 & 1 & -1 \\ -2 & 1 & 1 & 0 & 0 \\ -2 & 0 & 1 & 1 & 0 \end{bmatrix}$

5. (a) $\begin{bmatrix} 1 & 0 \\ \frac{1}{2} & 1 \end{bmatrix} \begin{bmatrix} 2 & 5 \\ 0 & \frac{1}{2} \end{bmatrix}$ (d) $\begin{bmatrix} 1 & 0 & 0 \\ 1 & 1 & 0 \\ 2 & \frac{1}{2} & 1 \end{bmatrix} \begin{bmatrix} 1 & 0 & 1 \\ 0 & 2 & 1 \\ 0 & 0 & \frac{3}{2} \end{bmatrix}$

(b), (c) は分解できない

6. $(AP_n(i,j))^{-1} = P_n(i,j)^{-1}A^{-1} = P_n(i,j)A^{-1}$ により，$AP_n(i,j)$ の逆行列は A^{-1}

の第 i 行と第 j 行を入れ換えたものである．同様にして，$(P_n(i,j)A)^{-1} = A^{-1}P_n(i,j)$ となるので，$(P_n(i,j)A)^{-1}$ は A^{-1} の第 i 列と第 j 列を入れ換えたもの．

$(AR_n(i,j;\alpha))^{-1} = R_n(i,j;-\alpha)A^{-1}$ であるから，$(AR_n(i,j;\alpha))^{-1}$ は A^{-1} の第 i 行から第 j 行の α 倍を差し引いたもの．$(R_n(i,j;\alpha)A)^{-1}$ は A^{-1} の第 j 列から第 i 列の α 倍を差し引いたものとなる

7. (k,l) をかなめとして左から第 l 列を掃き出す場合，$P \in \mathbb{R}^{m\times m}$ として PA の第 l 列が $\boldsymbol{e}_l$ となるとすると，P は $R_m(i,l;-a_{il}/a_{kl})$ を $i=1$ から m まで順にかけ，さらに左から $Q_m(k;1/a_{kl})$ をかけたものとなる．よって P の列表現は，

$$P = \begin{bmatrix}\boldsymbol{e}_1 & \cdots & \boldsymbol{e}_{l-1} & \boldsymbol{v}_l^{(k)} & \boldsymbol{e}_{l+1} & \cdots & \boldsymbol{e}_m\end{bmatrix}$$

$$\left.\boldsymbol{v}_l^{(k)}\right|_i := (-1)^{\delta_{ik}} a_{il} a_{kl}^{-(1+\delta_{ik})} = \begin{cases} -\dfrac{a_{il}}{a_{kl}} & (i \neq k) \\ \dfrac{1}{a_{kl}} & (i = k) \end{cases}$$

となる．同様に，(k,l) をかなめとして右から第 k 行を掃き出す場合，$Q \in \mathbb{R}^{n\times n}$ として AQ の第 k 行が $\boldsymbol{e}'_k$ となるときの Q の行表現は，次の通りである．

$$\boldsymbol{w}_k^{(l)} := \left[(-1)^{\delta_{il}} a_{ki} a_{kl}^{-(1+\delta_{il})}\right] \in \mathbb{R}_n, \quad \boldsymbol{q}_j := \begin{cases} \boldsymbol{e}'_j & (j \neq k) \\ \boldsymbol{w}_k^{(l)} & (j = k) \end{cases} \text{として，} \quad Q = \begin{bmatrix} \boldsymbol{q}_1 \\ \vdots \\ \boldsymbol{q}_n \end{bmatrix}$$

8. (a) 与えられた行列を A, その右逆元を $R = \begin{bmatrix} a & d \\ b & e \\ c & f \end{bmatrix}$ と書くと，$AR = \begin{bmatrix} a+2b+2c & d+2e+2f \\ -a+b-c & -d+e-f \end{bmatrix}$．これが単位行列となるから，2 組の連立 1 次方程式

$$\begin{cases} a+2b+c = 1 \\ -a+b-c = 0 \end{cases}, \quad \begin{cases} d+2e+f = 0 \\ -d+e-f = 1 \end{cases}$$

を得る．これを解いて $a = \dfrac{1-4c}{3}$, $b = \dfrac{1-c}{3}$, $d = -\dfrac{2+4f}{3}$, $e = \dfrac{1-f}{3}$ となるので，$R = \dfrac{1}{3}\begin{bmatrix} 1-4\alpha & -2-4\beta \\ 1-\alpha & 1-\beta \\ 3\alpha & 3\beta \end{bmatrix}$ $(\alpha, \beta \in \mathbb{R})$ を得る．一方，A の左逆元を $L = \begin{bmatrix} a & b \\ c & d \\ e & f \end{bmatrix}$ とすると，LA が単位行列になることから，3 組の連立方程式

$$\begin{cases} a-b = 1 \\ 2a+b = 0 \\ 2a-b = 0 \end{cases}, \quad \begin{cases} c-d = 0 \\ 2c+d = a \\ 2c-d = 0 \end{cases}, \quad \begin{cases} e-f = 0 \\ 2e+f = 0 \\ 2e-f = 1 \end{cases}$$

を得るが，これをみたすような a～f は存在しない．よって左逆元は存在しない．

(b)　(a) と同様にして，右逆元は $\frac{1}{5}\begin{bmatrix} 2 & 1 \\ 1+2\alpha & -2+2\beta \\ \alpha & \beta \end{bmatrix}$，左逆元は存在しない．

(c)　(a) と同様にして，右逆元は存在しない．左逆元は $\frac{1}{4}\begin{bmatrix} 1-\alpha & 1-5\alpha & 4\alpha \\ -1-\beta & 3-5\beta & 4\beta \end{bmatrix}$

5 章

1.1　(a)　18　　(b)　12　　(c)　-3

1.2　行列式の定義により，繰り返し計算すればよい．

1.3　いずれの場合も B を A と同じ型の行列として，$AB=E$ が解を持つ条件を調べればよい．一般の場合は問題 2.3 および問題 4.2 を参照．

2.1　**交代性**：$A \in \mathbb{R}^{2\times2}$ に対し，直接計算すれば交代性が成り立つ．$A \in \mathbb{R}^{n\times n}$ で交代性が成り立つとする．$A \in \mathbb{R}^{(n+1)\times(n+1)}$ の第 i 行と第 j 行（$i<j$）を入れ換えた行列を B，A の第 (i,j) 成分を a_{ij} とし，A, B の第 1 列と第 k 行を除いた行列をそれぞれ A_k, B_k と書くと，$\det B = \sum_{k \neq i,j}(-1)^{k+1}a_{k1}\det B_k + (-1)^{i+1}a_{j1}\det B_i + (-1)^{j+1}a_{i1}\det B_j$ となる．$k \neq i,j$ の場合，帰納法の仮定により $\det B_k = -\det A_k$．また $\det B_i$ において a_{ik}（$1 \leqq k \leqq n$）のある行を $j-1$ 行目から本来の位置（i 行目）に移動して A_j と同じ順に行を並べるとき，$\mathbb{R}^{n\times n}$ 行列において行を $j-i-1$ 回交換することになるので，$\det B_i = (-1)^{j-i-1}\det A_j$．同様に，$\det B_j = (-1)^{j-i-1}\det A_i$．よって

$$\det B = \sum_{k \neq i,j}(-1)^{k}a_{k1}\det A_k + (-1)^{j}a_{j1}\det A_j + (-1)^{2j-i}a_{i1}\det A_i = -\det A$$

多重線形性：$A \in \mathbb{R}^{2\times2}$ で多重線形性が成り立つことは，直接確かめられる．$A \in \mathbb{R}^{n\times n}$ で多重線形性が成り立つとする．$A \in \mathbb{R}^{(n+1)\times(n+1)}$ のとき，A の第 i 行を α 倍した行列を C とし，C の第 1 列と第 k 行を除いた行列を C_k と書くと，

$$\begin{aligned}\det C &= \sum_{k \neq i}(-1)^{k+1}a_{k1}\det C_k + (-1)^{i+1}(\alpha a_{i1})\det C_i \\ &= \sum_{k \neq i}(-1)^{k+1}a_{k1}(\alpha\det A_k) + (-1)^{i+1}(\alpha a_{i1})\det A_i = \alpha\det A\end{aligned}$$

となる．A の第 i 行を 2 つに分割した場合も同様．

2.2　(a)　多重線形性により，A のある行が他の行と等しい場合のみを示せばよい．A の等しい行を交換した行列の行列式は $\det A$ に等しい．一方，交代性により，これは $-\det A$ である．よって $\det A = -\det A$ から $\det A = 0$.　　(b)　零ベクトルに等しい行は $0\boldsymbol{a}$（$\boldsymbol{a}$ は任意のベクトル）と書けるので，$\det A$ はある行列式の 0 倍，すなわち 0 となる．

2.3　A が可逆でないとき，A の行 $\boldsymbol{a}_1^{\mathrm{T}},\ldots,\boldsymbol{a}_n^{\mathrm{T}}$ は線形従属である．ここで，少なくとも 1 つは 0 ではない $\alpha_1,\ldots,\alpha_n$ に対して $\alpha_1\boldsymbol{a}_1^{\mathrm{T}}+\cdots+\alpha_n\boldsymbol{a}_n^{\mathrm{T}}=\boldsymbol{0}$ が成り立つ．$\alpha_1 \neq 0$ としても一般性を失わない．そのとき，A の第 1 行は他の行の線形結合で書けるから，多重線形性に

5章

よって0になることが示される．

3.1 (a) 3 (b) −6 (c) 0

4.1 $\det[AP_n(i,j)] = \det[AP_n(i,j)]^{\mathrm{T}} = \det[P_n(i,j)^{\mathrm{T}}A^{\mathrm{T}}] = \det[P_n(i,j)A^{\mathrm{T}}] = -\det A^{\mathrm{T}} = -\det A$. $\det[AQ_n(i;\alpha)]$, $\det[AR_n(i,j;\alpha)]$ についても同様.

4.2 (a) $\det(A^k) = \det(A^{k-1}A) = \det A^{k-1}\det A$ を繰り返し用いる． (b) A が可逆ならば $AB = E_n$ なる B が存在する．$\det(AB) = \det A \cdot \det B = \det E_n = 1$ から $\det A \neq 0$ を得る．また，$A \cdot A^{-1} = E_n$ により，$\det A \det A^{-1} = 1$ であるから，後半も成り立つ． (c) $\det(C^{-1}AC) = \det C^{-1}\det A \det C$ と (b) により示される．

5.1 恒等置換を1とし，i, j を入れ替える互換を (i, j) と書くと，

偶置換 $\begin{pmatrix}1\,2\,3\\1\,2\,3\end{pmatrix} = 1$, $\begin{pmatrix}1\,2\,3\\2\,3\,1\end{pmatrix} = (1,3)(1,2)$, $\begin{pmatrix}1\,2\,3\\3\,1\,2\end{pmatrix} = (1,2)(1,3)$

奇置換 $\begin{pmatrix}1\,2\,3\\1\,3\,2\end{pmatrix} = (2,3)$, $\begin{pmatrix}1\,2\,3\\3\,2\,1\end{pmatrix} = (1,3)$, $\begin{pmatrix}1\,2\,3\\2\,1\,3\end{pmatrix} = (1,2)$

5.2 $\boldsymbol{a}_i = \sum_{j=1}^{n} a_{ij}\boldsymbol{e}_j$ $(i = 1, \ldots, n)$ とする．このとき，第2式及び第3式から

$$F(\boldsymbol{a}_1, \ldots, \boldsymbol{a}_n) = F\left(\sum_{j=1}^{n} a_{1j}\boldsymbol{e}_j, \ldots, \sum_{j=1}^{n} a_{nj}\boldsymbol{e}_j\right) = \sum_{j_1,\ldots,j_n} a_{1j_1}\cdots a_{nj_n}F(\boldsymbol{e}_{j_1}, \ldots, \boldsymbol{e}_{j_n})$$

となる．第1式から，$j_1, \ldots, j_n$ の中で同じ番号が現れると $F(\boldsymbol{e}_{j_1}, \ldots, \boldsymbol{e}_{j_n}) = 0$ となるから，σ を列 $\{1, \ldots, n\}$ に対する置換 $\sigma : k \to \sigma_k$ として，$F(\boldsymbol{a}_1, \ldots, \boldsymbol{a}_n) = \sum_{\sigma} a_{1\sigma_1}\cdots a_{n\sigma_n}F(\boldsymbol{e}_{\sigma_1}, \ldots, \boldsymbol{e}_{\sigma_n})$．このとき，$F(\boldsymbol{e}_{\sigma_1}, \ldots, \boldsymbol{e}_{\sigma_n}) = \varepsilon(\sigma)F(\boldsymbol{e}_1, \ldots, \boldsymbol{e}_n)$ および $\sum_{\sigma}\varepsilon(\sigma)a_{1\sigma_1}\cdots a_{n\sigma_n} = \det\left[\boldsymbol{a}_1, \ldots, \boldsymbol{a}_n\right]$ であるから，題意を得る．

5.3 A, B の第 (i, j) 成分を a_{ij}, b_{ij} として，AB の行列式の列に関する展開を，第1列から第 n 列まで繰り返し行い，多重線形性を用いると，

$$\det(AB) = \left|\sum_{k=1}^{n} a_{ik}b_{kj}\right| = \sum_{k_1,\ldots,k_n=1}^{n}\begin{vmatrix} a_{1k_1} & \cdots & a_{1k_n} \\ \vdots & \ddots & \vdots \\ a_{nk_1} & \cdots & a_{nk_n}\end{vmatrix} b_{k_1 1}b_{k_2 2}\cdots b_{k_n n}$$

となる．$k_1, \ldots, k_n$ に等しいものがあれば行列式の交代性より0となるのでこれらは相異なるとしてよい．和記号の中の A の成分からなる行列式の列を入れ替えて $(k_1, \ldots, k_n)$ が $(1, \ldots, n)$ の順になるような置換を k で表すと，上式の右辺は $\det A\sum_{k}\varepsilon(k)b_{k_1 1}b_{k_2 2}\cdots b_{k_n n} = \det A \cdot \det B$ となる．

6.1 A^{-1} の第 j 列を $\boldsymbol{b}_j$, その第 i 成分を b_{ij} とすると，$A\boldsymbol{b}_j = \boldsymbol{e}_j$ が成り立つ．これをクラメルの公式によって解いて，$b_{ij} = \dfrac{\det \widehat{A}_{i;j}}{\det A}$ （$\widehat{A}_{i;j}$ は A の第 i 列を $\boldsymbol{e}_j$ で置き換えた行列）

となるので，分子の $\det \widehat{A}_{i;j}$ を第 i 列で展開する．

6.2 α, β, γ を成分とするベクトルを $\boldsymbol{x}$ とし，$\boldsymbol{a}, \boldsymbol{b}, \boldsymbol{c}$ を順に列とする行列を A とする．このとき，式 $\boldsymbol{r} = \alpha\boldsymbol{a} + \beta\boldsymbol{b} + \gamma\boldsymbol{c}$ は $A\boldsymbol{x} = \boldsymbol{r}$ と書ける．これを連立 1 次方程式とみなしてクラメルの公式を用いる．

7.1 x, y, z 軸の正の向きを向いた単位ベクトルを $\boldsymbol{i}, \boldsymbol{j}, \boldsymbol{k}$ として，$\boldsymbol{b} \times \boldsymbol{c} = \begin{vmatrix} \boldsymbol{i} & b_1 & c_1 \\ \boldsymbol{j} & b_2 & c_2 \\ \boldsymbol{k} & b_3 & c_3 \end{vmatrix}$ および $\boldsymbol{a} = a_1\boldsymbol{i} + a_2\boldsymbol{j} + a_3\boldsymbol{k}$ により示される．

7.2 スカラー三重積 $[x_1\boldsymbol{a} + y_1\boldsymbol{b} + z_1\boldsymbol{c}, x_2\boldsymbol{a} + y_2\boldsymbol{b} + z_2\boldsymbol{c}, x_3\boldsymbol{a} + y_3\boldsymbol{b} + z_3\boldsymbol{c}]$ を展開し，係数を比較するとよい．

7.3 与式を展開して整理すると，$x^2 + y^2 + ax + by + c = 0$ のタイプの関係式となって円を表す．また，$(x, y) = (x_1, y_1), (x_2, y_2), (x_3, y_3)$ はいずれも与式をみたす．

8.1 $\lambda \in \mathbb{R}$ とする．

(a) $k = \omega = 0,\ \begin{bmatrix} x \\ y \end{bmatrix} = \lambda \begin{bmatrix} 1 \\ 0 \end{bmatrix}$ (b) $k = 1,\ \begin{bmatrix} x \\ y \end{bmatrix} = \lambda \begin{bmatrix} 1 \\ 0 \end{bmatrix}$

(c) $\omega^3 + 3\omega = 0$ より，$\omega = 0.\ \begin{bmatrix} x \\ y \\ z \end{bmatrix} = \lambda \begin{bmatrix} 1 \\ 1 \\ 1 \end{bmatrix}$

なお，ω, k として複素数も許容すれば，(a) $k = \pm i\omega$ に対して $\begin{bmatrix} x \\ y \end{bmatrix} = \lambda \begin{bmatrix} \pm 1 \\ i\omega \end{bmatrix}$ (c) $\omega = \pm\sqrt{3}i$ に対して $\begin{bmatrix} x \\ y \\ z \end{bmatrix} = \lambda \begin{bmatrix} \pm\sqrt{3}i - 1 \\ \mp\sqrt{3}i - 1 \\ 2 \end{bmatrix}$ も解となる（複号同順）．

演習問題

1. (a) 1 (b) -2 (c) -2 (d) 0 (e) -1 (f) -8
(g) 15

2. (a) 与えられた行列式を $\Delta(x_1, \ldots, x_n)$ と書く．この第 n 行から第 $n-1$ 行の x_n 倍を差し引き，第 $n-1$ 行から第 $n-2$ 行の x_n 倍を差し引き，というように順に各行の差を作って第 n 列で展開すると，

$$\Delta(x_1,\ldots,x_n)=\begin{vmatrix} 1 & 1 & \cdots & 1 & 1 \\ x_1-x_n & x_2-x_n & \cdots & x_{n-1}-x_n & 0 \\ x_1^2-x_1x_n & x_2^2-x_2x_n & \cdots & x_{n-1}^2-x_{n-1}x_n & 0 \\ x_1^3-x_1^2x_n & x_2^3-x_2^2x_n & \cdots & x_{n-1}^3-x_{n-1}^2x_n & 0 \\ \vdots & \vdots & & \vdots & \vdots \\ x_1^{n-1}-x_1^{n-2}x_n & x_2^{n-1}-x_2^{n-2}x_n & \cdots & x_{n-1}^{n-1}-x_{n-1}^{n-2}x_n & 0 \end{vmatrix}$$

$$=(-1)^{n+1}\begin{vmatrix} x_1-x_n & x_2-x_n & \cdots & x_{n-1}-x_n \\ x_1(x_1-x_n) & x_2(x_2-x_n) & \cdots & x_{n-1}(x_{n-1}-x_n) \\ x_1^2(x_1-x_n) & x_2^2(x_2-x_n) & \cdots & x_{n-1}^2(x_{n-1}-x_n) \\ \vdots & \vdots & & \vdots \\ x_1^{n-2}(x_1-x_n) & x_2^{n-2}(x_2-x_n) & \cdots & x_{n-1}^{n-2}(x_{n-1}-x_n) \end{vmatrix}$$

$$=\begin{vmatrix} x_n-x_1 & x_2-x_n & \cdots & x_n-x_{n-1} \\ x_1(x_n-x_1) & x_2(x_n-x_2) & \cdots & x_{n-1}(x_n-x_{n-1}) \\ x_1^2(x_n-x_1) & x_2^2(x_n-x_2) & \cdots & x_{n-1}^2(x_n-x_{n-1}) \\ \vdots & \vdots & & \vdots \\ x_1^{n-2}(x_n-x_1) & x_2^{n-2}(x_n-x_2) & \cdots & x_{n-1}^{n-2}(x_n-x_{n-1}) \end{vmatrix}$$

第 i 列から因子 x_n-x_i を括り出すことにより,

$$\Delta(x_1,\ldots,x_n)=\prod_{j=1}^{n-1}(x_n-x_j)\cdot\Delta(x_1,\ldots,x_{n-1})$$

これを繰り返し用いて

$$\begin{aligned}\Delta(x_1,\ldots,x_n)&=\prod_{j=1}^{n-1}(x_n-x_j)\cdot\prod_{j=1}^{n-2}(x_{n-1}-x_j)\cdots\prod_{j=1}^{2}(x_3-x_j)\cdot(x_2-x_1)\\&=\prod_{i<j}(x_j-x_i)=(-1)^{\frac{n(n-1)}{2}}\prod_{i<j}(x_i-x_j)\end{aligned}$$

(b) $\Delta:=\begin{vmatrix} A_{11} & A_{12} \\ O & A_{22}\end{vmatrix}=\det A_{11}\cdot\det A_{22}$ が証明されれば，これを繰り返し用いることで与えられた式が示される．ここで Δ を A_{22} の行ベクトルの関数と考えると，Δ は A_{22} の行ベクトルについて交代性と多重線形性を持つ．よって $\Delta=c\det A_{22}$（c は A_{22} の行によらない数，問題 5.2 参照）となる．ここで，A_{22} を単位行列として，Δ を最も下の行から順に，行に関して展開すると，$c=\det A_{11}$ を得る．

(c) $A,B\in\mathbb{R}^{n\times n}$ として，第 i 列から第 $n+i$ 列（$1\leqq i\leqq n$）を順次差し引き，続いて第 $n+i$ 行に第 i 行（$1\leqq i\leqq n$）を順次加えると，$\begin{vmatrix} A & B \\ B & A\end{vmatrix}=\begin{vmatrix} A-B & B \\ B-A & A\end{vmatrix}=\begin{vmatrix} A-B & B \\ O & A+B\end{vmatrix}$

となる．これに (b) の結果を適用すると示すべき式を得る．　(d)　行列式の完全な展開 $\det A = \sum_i \varepsilon(i) a_{i_1 1} a_{i_2 2} \cdots a_{i_n n}$ $\bigl((i_1, \ldots, i_n)$ は列 $(1, \ldots, n)$ に置換 i を作用させて得られる列$\bigr)$ と積の微分公式から，

$$\frac{d}{dx} \det A = \sum_{j=1}^{n} \sum_i \varepsilon(i) a_{i_1 1} \ \cdots \ a_{i_{j-1} j-1} \ \frac{d a_{i_j j}}{dx} \ a_{i_{j+1} j+1} \ \cdots \ a_{i_n n}$$

を得る．これを，行列式の完全な展開を用いてまとめ，示すべき式を得る．　(e)　(d) によると，$W(f_1, \ldots, f_n)$ を微分したものは，W の 1 つの列を微分して得られる行列式の和である．第 i 列（$1 \leqq i \leqq n-1$）を微分したものは第 $i+1$ 列に一致するので，第 $1 \sim n-1$ 列を選んで微分した行列式は 0 となり，第 n 列を微分したものだけが残る．

3.　(a)　$a = (k-1)^2$　(b)　$k = 1$ または $k = p + q - 1$　(c)　$k = 1 - a^2$ または $k^2 - (a^2+2)k + 1 - a^2 = 0$

4.　$\det A$ を第 i 行で展開すると，$\det A = \sum_{k=1}^{n} a_{ik} \widetilde{A}_{ik}$　（$\widetilde{A}_{ik}$ は A の第 (i, k) 余因子）．したがって，$\dfrac{\partial \det A}{\partial a_{ij}} = \widetilde{A}_{ij}$ である．逆行列の公式 (5.12) を用いると，これを成分とする行列は $\det A \cdot (A^{-1})^{\mathrm{T}}$ である．また，$(A^{\mathrm{T}})^{-1} = (A^{-1})^{\mathrm{T}}$ により，2 番目の等号も成り立つ．

5.　(a)　$(2,4)(2,3)(1,2)$　(b)　$(2,4)(2,3)$　(c)　$(4,6)(4,5)(1,4)(1,3)$
(d)　$(1,4)(4,6)(2,3)(1,5)$

【注　意】　これらの積において，右側の互換から作用することに注意．また，一般に互換の順序は必ずしも交換できない．たとえば (b) の互換の順序を変えた $(2,3)(2,4)$ によって与えられる置換は $\begin{pmatrix} 1 & 2 & 3 & 4 \\ 1 & 4 & 2 & 3 \end{pmatrix}$ となる．

6.　(a)　$\begin{bmatrix} 0 & 0 & 1 \\ 0 & 1 & 0 \\ 1 & 0 & 0 \end{bmatrix}$　(b)　$\begin{bmatrix} 1 & 0 & 0 & 0 & 0 & 0 \\ 0 & 0 & 0 & 1 & 0 & 0 \\ 0 & 1 & 0 & 0 & 0 & 0 \\ 0 & 0 & 0 & 0 & 1 & 0 \\ 0 & 0 & 1 & 0 & 0 & 0 \\ 0 & 0 & 0 & 0 & 0 & 1 \end{bmatrix}$　(c)　$\begin{bmatrix} 0 & 1 & 0 & \cdots & 0 \\ 0 & 0 & 1 & \ddots & \vdots \\ \vdots & & \ddots & \ddots & 0 \\ 0 & \cdots\cdots & & 0 & 1 \\ 1 & 0 & \cdots\cdots\cdots & & 0 \end{bmatrix}$　(d)

$J := \begin{bmatrix} 0 & 1 \\ 1 & 0 \end{bmatrix}$ として，これを対角に並べたもの．すなわち $\begin{bmatrix} J & O & \cdots & O \\ O & J & \ddots & \vdots \\ \vdots & \ddots & \ddots & O \\ O & \cdots & O & J \end{bmatrix}$

7　(a)　基本行列 $P_n(i,j)$　(b)　$A(\tau)A(\sigma)$　(c)　任意の置換は互換の積で表現できるから，(a), (b) により任意の σ に対して $A(\sigma)$ は基本行列 $P_n(i,j)$ の積によって表現できる．$\det P_n(i,j) = -1$ なので，$\det A(\sigma) \neq 0$ であり，$A(\sigma)$ は可逆．行列式の値は，$A(\sigma)$ を

$P_n(i,j)$ の積に分解したときの行列の個数による．$A(\sigma)$ が $P_n(i,j)$ の奇数個の積で表されるときは，置換が奇数個の互換の積で表されることになって奇置換，$P_n(i,j)$ の偶数個の積で表されるときは偶置換であることに注意し，$\det A(\sigma) = \varepsilon(\sigma)$（置換 σ の符号）．

8. 偶置換は偶数個の互換の積，奇置換は奇数個の互換の積であるから，偶置換と偶置換の積，奇置換と奇置換の積はいずれも偶数個の互換の積となって偶置換である．偶置換と奇置換の積の場合は奇数個の互換の積であり，奇置換.

9. (a) $\det X \cdot \mathrm{Tr}\left(X^{-1}\dfrac{dX}{dx}\right) = \displaystyle\sum_{j=1}^{n} \det X \cdot X^{-1}\dfrac{dX}{dx}\bigg|_{jj}$ である．ここで X の第 (i,j) 成分を x_{ij}, 第 j 列を $\boldsymbol{x}_j$, 第 (i,j) 余因子を $\widetilde{X}_{ij}$ と書く．逆行列の公式により $\det X \cdot X^{-1}$ の第 (i,j) 成分は $\widetilde{X}_{ji}$ であるから，$\det X \cdot X^{-1}\dfrac{dX}{dx}\bigg|_{jj} = \left[\widetilde{X}_{ji}\right]\left[\dfrac{dx_{ij}}{dx}\right]\bigg|_{jj} = \displaystyle\sum_{k=1}^{n} \widetilde{X}_{kj}\dfrac{dx_{kj}}{dx}$ が成り立つ．ここで，右辺は X の第 j 列を $\dfrac{dx_{ij}}{dx}$ で置き換えた行列を，その列で展開したものに等しいから，$\det X \cdot \mathrm{Tr}\left(X^{-1}\dfrac{dX}{dx}\right) = \displaystyle\sum_{j=1}^{n}\begin{vmatrix} \boldsymbol{x}_1 & \cdots & \boldsymbol{x}_{j-1} & \dfrac{d\boldsymbol{x}_j}{dx} & \boldsymbol{x}_{j+1} & \cdots & \boldsymbol{x}_n \end{vmatrix} = \dfrac{d}{dx}\det X$ となる． (b) $B := \exp(tA)$ と書くと，対数の微分公式および (a) の結果により，

$$\frac{d}{dt}\log(\det B) = \frac{1}{\det B}\frac{d}{dt}\det B = \mathrm{Tr}\left(B^{-1}\frac{dB}{dt}\right)$$

が成り立つ．ここで，$A^0 = E$ と略記すると，

$$\begin{aligned}\frac{d\exp(tA)}{dt} &= \frac{d}{dt}\sum_{n=0}^{\infty}\frac{t^n}{n!}A^n = \sum_{n=0}^{\infty}\frac{nt^{n-1}}{n!}A^n = \sum_{n=1}^{\infty}\frac{nt^{n-1}}{n!}AA^{n-1} = A\sum_{n=0}^{\infty}\frac{t^n}{n!}A^n \\ &= A\exp(tA) = \exp(tA)A\end{aligned}$$

であるから，$B^{-1}\dfrac{dB}{dt} = B^{-1}BA = A$. よって与えられた式が示された． (c) (b) で示した式を $0 \leqq t \leqq 1$ で積分する．その左辺は

$$\int_0^1 \frac{d}{dt}\log\{\det[\exp(tA)]\}\,dt = \log[\det(\exp A)] - \log[\det(\exp O)]$$

ここで，$\exp O = E$（単位行列）であるから，$\det\exp O = \det E = 1$. よってこの積分の値は $\log[\det(\exp A)]$. また，(b) の式の右辺の積分は $\displaystyle\int_0^1 \mathrm{Tr}\,A\,dt = \mathrm{Tr}\,A\int_0^1 dt = \mathrm{Tr}\,A$ となるので，$\log[\det(\exp A)] = \mathrm{Tr}\,A$ すなわち $\det(\exp A) = \exp(\mathrm{Tr}\,A)$ を得る．

10. (a) 与えられた θ_1, θ_2 を方程式に代入して，

$$\begin{aligned}-2\omega^2 a\sin(\omega t+\phi) - \omega^2 b\sin(\omega t+\phi) &= -2\omega_0^2 a\sin(\omega t+\phi) \\ -\omega^2 a\sin(\omega t+\phi) - \omega^2 b\sin(\omega t+\phi) &= -\omega_0^2 b\sin(\omega t+\phi)\end{aligned}$$

これが任意の t について成り立つから，$\begin{bmatrix} 2(\omega^2-\omega_0^2) & \omega^2 \\ \omega^2 & \omega^2-\omega_0^2 \end{bmatrix}\begin{bmatrix} a \\ b \end{bmatrix} = \begin{bmatrix} 0 \\ 0 \end{bmatrix}$ を得る．

(b)　$\omega^2 = (2 \pm \sqrt{2})\omega_0^2$

11.　(a)　$J(\boldsymbol{a})\boldsymbol{b}$ を実際に計算すると，$J(\boldsymbol{a})\boldsymbol{b} = \begin{vmatrix} a_2 & b_2 \\ a_3 & b_3 \end{vmatrix} \boldsymbol{e}_1 + \begin{vmatrix} a_3 & b_3 \\ a_1 & b_1 \end{vmatrix} \boldsymbol{e}_2 + \begin{vmatrix} a_1 & b_1 \\ a_2 & b_2 \end{vmatrix} \boldsymbol{e}_3$ となる．同様に $J(\boldsymbol{b})\boldsymbol{a}$ を計算して比較すると，$J(\boldsymbol{a})\boldsymbol{b} = -J(\boldsymbol{b})\boldsymbol{a}$ が確かめられる．
(b)　(a) で計算した表現を $J(\boldsymbol{b})\boldsymbol{c}$ に適用し，$\boldsymbol{a}$ とのスカラー積を計算すると，

$$\boldsymbol{a}^{\mathrm{T}} J(\boldsymbol{b})\boldsymbol{c} = \begin{vmatrix} a_2 & b_2 \\ a_3 & b_3 \end{vmatrix} a_1 + \begin{vmatrix} a_3 & b_3 \\ a_1 & b_1 \end{vmatrix} a_2 + \begin{vmatrix} a_1 & b_1 \\ a_2 & b_2 \end{vmatrix} a_3$$

これは，行列 $(\boldsymbol{a}\ \boldsymbol{b}\ \boldsymbol{c})$ の行列式を第 1 列で展開したものである．さらに転置行列を考えることにより，与えられた式が成り立つ．　(c)　(a) の式を適用して確かめれば与えられた式が成り立つことがわかる．この式と (b) で示した式を比較すれば，$K = \begin{bmatrix} 0 & \boldsymbol{e}_3 & -\boldsymbol{e}_2 \\ -\boldsymbol{e}_3 & 0 & \boldsymbol{e}_1 \\ \boldsymbol{e}_2 & -\boldsymbol{e}_1 & 0 \end{bmatrix}$.

12.　(a)　P の第 (i,j) 成分を p_{ij} と書く．9. (a) の結果により，

$$\frac{d}{dx}\det P = \mathrm{Tr}\left[(\det P \cdot P^{-1})\frac{dP}{dx}\right] = \sum_{j=1}^{n}\left[(\det P \cdot P^{-1})\frac{dP}{dx}\right]_{jj}$$
$$= \sum_{j=1}^{n}\sum_{i=1}^{n}(\det P \cdot P^{-1})_{ji}\frac{dp_{ij}}{dx} = \sum_{j=1}^{n}\sum_{i=1}^{n}\widetilde{P}_{ij}\frac{dp_{ij}}{dx}$$

P は対称行列で，$\dfrac{dp_{ij}}{dx} = \dfrac{dp_{ji}}{dx} = -c_i c_j e^{-(\kappa_i+\kappa_j)x}$. よって与えられた式が成り立つ．
(b)　P の第 i 列を $\boldsymbol{a}$ で置き換えた行列を $\widehat{P}_i$ とすると，クラメルの公式により，$\psi_i = \dfrac{\det \widehat{P}_i}{\det P}$ である．分子の $\det \widehat{P}_i$ を第 i 列で展開すると与えられた式になる．　(c)　$\boldsymbol{a}$ の第 i 成分を a_i と書くと，$\boldsymbol{\psi}\cdot\boldsymbol{a} = \sum_{i=1}^{n}\psi_i a_i$ である．(b) の結果および $a_i = c_i e^{-\kappa_i x}$ によって，

$$\boldsymbol{\psi}\cdot\boldsymbol{a} = \sum_{i=1}^{n} c_i e^{-\kappa_i x}\frac{1}{\det P}\sum_{k=1}^{n} c_k e^{-\kappa_k x}\widetilde{P}_{ki} = \frac{1}{\det P}\sum_{i=1}^{n}\sum_{j=1}^{n} c_i c_j e^{-(\kappa_i+\kappa_j)x}\widetilde{P}_{ji}$$

これと (a) の結果を比較し，$\widetilde{P}_{ij} = \widetilde{P}_{ji}$ を用いると，与えられた式を得る．

6 章

1.1　(a), (b) いずれも線形写像の定義をみたすことを，直接計算して示す．

1.2　$\boldsymbol{u}, \boldsymbol{v} \in U$ に対し，$g(\boldsymbol{u}+\boldsymbol{v}) = g(\boldsymbol{u}) + g(\boldsymbol{v})$ より $f\circ g(\boldsymbol{u}+\boldsymbol{v}) = f(g(\boldsymbol{u}+\boldsymbol{v})) = f(g(\boldsymbol{u})+g(\boldsymbol{v})) = f(g(\boldsymbol{u}))+f(g(\boldsymbol{v})) = f\circ g(\boldsymbol{u})+f\circ g(\boldsymbol{v})$. また $f\circ g(\alpha\boldsymbol{u}) = f(g(\alpha\boldsymbol{u})) = f(\alpha g(\boldsymbol{u})) = \alpha f(g(\boldsymbol{u})) = \alpha f\circ g(\boldsymbol{u})$ が成り立つことによって示される．

1.3　$\alpha = \beta = 1$ とすれば，(6.1a) の 1 が，$\beta = 0$ とすれば同じく 2 が成り立つ．なお，f

が線形写像ならば与えられた式の成立を示すこともでき，(6.1a) との同値性が示される．

2.1 (a) $\boldsymbol{a}=\boldsymbol{0}$ の場合にのみ線形写像　(b)〜(f) 線形写像　(g) $n=1$ かつ $a_0=0$ の場合にのみ線形写像

3.1 $y:=\displaystyle\sum_{j=0}^{n-1}a_jx^j$, 与えられた基底に関する z の座標ベクトルを $\boldsymbol{z}$ とする．

	z	$\boldsymbol{z}$	写像行列
(a)	$a_0x^{n-1}+\displaystyle\sum_{j=0}^{n-2}a_{j+1}x^j$	$\begin{bmatrix}a_1\\a_2\\\vdots\\a_{n-1}\\a_0\end{bmatrix}$	$\begin{bmatrix}0&1&0&\cdots&0\\0&0&1&\cdots&0\\\vdots&\vdots&\ddots&\ddots&\vdots\\0&0&\cdots&0&1\\1&0&\cdots&\cdots&0\end{bmatrix}$
(b)	$-a_{n-1}+\displaystyle\sum_{j=1}^{n-1}\frac{a_{j-1}}{j}x^j$	$\begin{bmatrix}-a_{n-1}\\a_0\\\frac{a_1}{2}\\\vdots\\\frac{a_{n-2}}{n-1}\end{bmatrix}$	$\begin{bmatrix}0&0&0&\cdots&-1\\1&0&0&\cdots&0\\0&\frac{1}{2}&0&\cdots&0\\\vdots&\vdots&\ddots&\ddots&\vdots\\0&0&\cdots&\frac{1}{n-1}&0\end{bmatrix}$

4.1 $\boldsymbol{x},\boldsymbol{y}\in\mathbb{R}^3$, $\alpha\in\mathbb{R}$ に対して，

$$((\boldsymbol{x}+\boldsymbol{y})\cdot\boldsymbol{a})\boldsymbol{a}=(\boldsymbol{x}\cdot\boldsymbol{a}+\boldsymbol{y}\cdot\boldsymbol{a})\boldsymbol{a}=(\boldsymbol{x}\cdot\boldsymbol{a})\boldsymbol{a}+(\boldsymbol{y}\cdot\boldsymbol{a})\boldsymbol{a}$$
$$((\alpha\boldsymbol{x})\cdot\boldsymbol{a})\boldsymbol{a}=(\alpha(\boldsymbol{x}\cdot\boldsymbol{a}))\boldsymbol{a}=\alpha(\boldsymbol{x}\cdot\boldsymbol{a})\boldsymbol{a}=\alpha((\boldsymbol{x}\cdot\boldsymbol{a})\boldsymbol{a})$$

であるから線形写像である．写像行列は $\boldsymbol{x}$ の像の各成分を $(\boldsymbol{a}\boldsymbol{a}^{\mathrm{T}})\boldsymbol{x}$ と比較して求められる．

5.1 $AA^{\mathrm{T}}=E_n$, $\det A=\det A^{\mathrm{T}}$, $\det E_n=1$ から $(\det A)^2=1$ を得る．

5.2 たとえば $\begin{bmatrix}1&1\\0&1\end{bmatrix}$ など．一般に $\mathbb{R}^{2\times2}$ の直交行列は $\begin{bmatrix}\cos\theta&\sin\theta\\\pm\sin\theta&\mp\cos\theta\end{bmatrix}$ ($\theta\in\mathbb{R}$, 複号同順) と表される．

6.1 例題 6.6 の P を用いると，$Q=E_n-P$ であるから，$Q=E_n-\dfrac{1}{|\boldsymbol{a}|^2}\boldsymbol{a}\boldsymbol{a}^{\mathrm{T}}$. また，$Q^2=E_n^2-E_nP-PE_n+P^2=E_n-P$ によって $Q^2=Q$ も成り立つ．

6.2 $P^2=P$ について，$\boldsymbol{x}\in V$ に対し，$\boldsymbol{x}=\boldsymbol{x}_1+\boldsymbol{x}_2$ ($\boldsymbol{x}_1\in W$, $\boldsymbol{x}_2\in W^{\perp}$) となるとする．$P^2\boldsymbol{x}=P\boldsymbol{x}_1$ であるが，$\boldsymbol{x}_1\in W$ により，$P\boldsymbol{x}_1=\boldsymbol{x}_1=P\boldsymbol{x}$. したがって，任意の $\boldsymbol{x}\in V$ に対して $P^2\boldsymbol{x}=P\boldsymbol{x}$ となり，$P^2=P$ が成り立つ．

$P^{\mathrm{T}}=P$ について，$\boldsymbol{x},\boldsymbol{y}\in V$ に対し，$\boldsymbol{x}=\boldsymbol{x}_1+\boldsymbol{x}_2$, $\boldsymbol{y}=\boldsymbol{y}_1+\boldsymbol{y}_2$ (ただし $\boldsymbol{x}_1,\boldsymbol{y}_1\in W$, $\boldsymbol{x}_2,\boldsymbol{y}_2\in W^{\perp}$) と分解したとき，$\boldsymbol{x}\cdot(P\boldsymbol{y})=\boldsymbol{x}\cdot\boldsymbol{y}_1=\boldsymbol{x}_1\cdot\boldsymbol{y}_1=\boldsymbol{x}_1\cdot(\boldsymbol{y}_1+\boldsymbol{y}_2)=(P\boldsymbol{x})\cdot\boldsymbol{y}$ が成り立つ．ここで，$(P\boldsymbol{x}\cdot\boldsymbol{y})=(P\boldsymbol{x})^{\mathrm{T}}\boldsymbol{y}=\boldsymbol{x}^{\mathrm{T}}P^{\mathrm{T}}\boldsymbol{y}=\boldsymbol{x}\cdot(P^{\mathrm{T}}\boldsymbol{y})$ であるから，任意の $\boldsymbol{x},\boldsymbol{y}\in V$ に対して $\boldsymbol{x}\cdot(P\boldsymbol{y})=\boldsymbol{x}\cdot(P^{\mathrm{T}}\boldsymbol{y})$ となる．よって $P^{\mathrm{T}}=P$.

6.3 (a) 任意の部分空間（部分空間 W に対し，$\boldsymbol{x} \in W$ ならば $E_n\boldsymbol{x} = \boldsymbol{x} \in W$）． (b) 任意の部分空間（任意の $\boldsymbol{x}$ に対し，$O\boldsymbol{x} = \boldsymbol{0}$ となるが，$\boldsymbol{0}$ はすべての部分空間に含まれるから）． (c) $\mathbb{R}^2$ の部分空間で $\{\boldsymbol{0}\}$ でも $\mathbb{R}^2$ でもないものは次元 1 の部分空間に限る．その基底を $\{\boldsymbol{a}\}$ とすると，$A\boldsymbol{a} = k\boldsymbol{a}$ が成り立てばよい．この方程式は $k^2 = 1$ のときに零解以外の解を持ち，$k = 1$ のとき $\boldsymbol{a} = \begin{bmatrix} 1 & 1 \end{bmatrix}^{\mathrm{T}}$, $k = -1$ のときは $\boldsymbol{a} = \begin{bmatrix} 1 & -1 \end{bmatrix}^{\mathrm{T}}$ である．したがって，求めるべき不変部分空間は $\left\{ k \begin{bmatrix} 1 \\ 1 \end{bmatrix},\ k \in \mathbb{R} \right\}$ および $\left\{ k \begin{bmatrix} 1 \\ -1 \end{bmatrix},\ k \in \mathbb{R} \right\}$ である． (d) (c) と同様にして，$\left\{ k \begin{bmatrix} 1 \\ 0 \end{bmatrix},\ k \in \mathbb{R} \right\}$ および $\left\{ k \begin{bmatrix} 0 \\ 1 \end{bmatrix},\ k \in \mathbb{R} \right\}$.

【注　意】 (c), (d) は固有空間を求めていることに他ならない（第 6.7 節参照）．

7.1 第 1 列から順にシュミットの正規直交化法を適用する場合，列の規格化は列に 0 でない定数をかける操作になる．また，第 1 列から第 $j-1$ 列までに直交するように第 j 列を計算する操作は，第 j 列に別の列の 0 でない定数倍を加えることに対応する．

7.2 各列にシュミットの正規直交化を適用する．左の列から順に正規直交化した場合，$\begin{bmatrix} \frac{1}{\sqrt{14}} & \frac{1}{\sqrt{3}} & \frac{5}{\sqrt{42}} \\ \frac{2}{\sqrt{14}} & \frac{1}{\sqrt{3}} & \frac{-4}{\sqrt{42}} \\ \frac{3}{\sqrt{14}} & \frac{-1}{\sqrt{3}} & \frac{1}{\sqrt{42}} \end{bmatrix}$．与えられた行列に $\begin{bmatrix} \frac{1}{\sqrt{14}} & -\frac{1}{\sqrt{3}} & \frac{13}{4\sqrt{42}} \\ 0 & \frac{1}{\sqrt{3}} & -\frac{7}{\sqrt{42}} \\ 0 & 0 & \frac{21}{4\sqrt{42}} \end{bmatrix}$ を右からかけると直交化される．正規直交化する際，どの順で列を選ぶかによって得られる直交行列は異なる．

8.1 (a) $\begin{bmatrix} \frac{1}{\sqrt{2}} & \frac{-1}{\sqrt{2}} \\ \frac{1}{\sqrt{2}} & \frac{1}{\sqrt{2}} \end{bmatrix} \begin{bmatrix} \sqrt{2} & \frac{1}{\sqrt{2}} \\ 0 & \frac{1}{\sqrt{2}} \end{bmatrix}$ (b) $\begin{bmatrix} \frac{3}{\sqrt{10}} & \frac{-1}{\sqrt{10}} \\ \frac{1}{\sqrt{10}} & \frac{3}{\sqrt{10}} \end{bmatrix} \begin{bmatrix} \sqrt{10} & \frac{-2}{\sqrt{10}} \\ 0 & \frac{4}{\sqrt{10}} \end{bmatrix}$

(c) $\begin{bmatrix} \frac{1}{\sqrt{3}} & \frac{-1}{\sqrt{6}} & \frac{1}{\sqrt{2}} \\ \frac{1}{\sqrt{3}} & \frac{2}{\sqrt{6}} & 0 \\ \frac{1}{\sqrt{3}} & \frac{-1}{\sqrt{6}} & \frac{-1}{\sqrt{2}} \end{bmatrix} \begin{bmatrix} \sqrt{3} & \frac{1}{\sqrt{3}} & 0 \\ 0 & -\frac{4}{\sqrt{6}} & -\frac{3}{\sqrt{6}} \\ 0 & 0 & \frac{3}{\sqrt{2}} \end{bmatrix}$

(d) $\begin{bmatrix} \frac{1}{\sqrt{2}} & 0 & \frac{-1}{\sqrt{2}} \\ \frac{1}{\sqrt{2}} & 0 & \frac{1}{\sqrt{2}} \\ 0 & 1 & 0 \end{bmatrix} \begin{bmatrix} \sqrt{2} & \sqrt{2} & \frac{1}{\sqrt{2}} \\ 0 & 1 & 1 \\ 0 & 0 & \frac{1}{\sqrt{2}} \end{bmatrix}$

9.1 (a) $\frac{1}{2}\begin{bmatrix} 1 & -3 \\ 1 & 1 \end{bmatrix}$ (b) $\begin{bmatrix} 1 & 0 \\ 1 & 3 \end{bmatrix}$

10.1 (a) A^{T} の特性方程式は，$\chi_{A^{\mathrm{T}}}(\lambda) = \det(A^{\mathrm{T}} - \lambda E_n) = \det(A^{\mathrm{T}} - \lambda E_n^{\mathrm{T}}) = \det(A - \lambda E_n)^{\mathrm{T}} = \det(A - \lambda E_n) = \chi_A(\lambda)$ をみたすことを用いる． (b) $A\boldsymbol{b} = \lambda\boldsymbol{b}$ であるから，$A^n\boldsymbol{b} = \lambda^n\boldsymbol{b}$ となり，$p(A)\boldsymbol{b} = p(\lambda)\boldsymbol{b}$ が成り立つ．

10.2 (a) 固有値 1, 固有ベクトル $\begin{bmatrix}1\\1\end{bmatrix}$, 固有値 -1, 固有ベクトル $\begin{bmatrix}1\\-1\end{bmatrix}$

(b) k を 0 以上の整数として，$A^{2k} = \begin{bmatrix}1&0\\0&1\end{bmatrix}$, $A^{2k+1} = \begin{bmatrix}0&1\\1&0\end{bmatrix}$ (c) $p(x) := 3+2x$ とすると，$\begin{bmatrix}3&2\\2&3\end{bmatrix} = 3E + 2A = p(A)$. よって，固有値 $p(1) = 5$ に対して固有ベクトル $\begin{bmatrix}1\\1\end{bmatrix}$, 固有値 $p(-1) = 1$ に対して固有ベクトル $\begin{bmatrix}1\\-1\end{bmatrix}$

11.1 固有値を λ, 固有値 λ に対する固有ベクトルを $\boldsymbol{v}_\lambda$, 対角化のための行列を B とする．

(a) $\lambda = -1$, $\boldsymbol{v}_{-1} = \begin{bmatrix}1\\0\\1\end{bmatrix}$, $\lambda = 1$, $\boldsymbol{v}_1 = \begin{bmatrix}1\\1\\1\end{bmatrix}$, $\lambda = 2$, $\boldsymbol{v}_2 = \begin{bmatrix}1\\-1\\0\end{bmatrix}$

$B = \begin{bmatrix}1&1&1\\0&1&-1\\1&1&0\end{bmatrix}$, $B^{-1} = \begin{bmatrix}-1&-1&2\\1&1&-1\\1&0&-1\end{bmatrix}$, $B^{-1}AB = \mathrm{Diag}\,(-1,1,2)$

(b) $\lambda = 0$, $\boldsymbol{v}_0 = \begin{bmatrix}1\\0\\1\end{bmatrix}$, $\lambda = 1$, $\boldsymbol{v}_1 = \begin{bmatrix}1\\1\\1\end{bmatrix}$, $\lambda = 2$, $\boldsymbol{v}_2 = \begin{bmatrix}1\\-1\\0\end{bmatrix}$. B は (a) と同じで，$B^{-1}AB = \mathrm{Diag}\,(0,1,2)$

(c) $\lambda = 1$（2 重根），$\boldsymbol{v}_1 = \begin{bmatrix}-1\\1\\0\end{bmatrix}$, $\begin{bmatrix}-1\\0\\1\end{bmatrix}$, $\lambda = 2$, $\boldsymbol{v}_2 = \begin{bmatrix}1\\1\\-1\end{bmatrix}$

$B = \begin{bmatrix}-1&-1&1\\1&0&1\\0&1&-1\end{bmatrix}$, $B^{-1} = \begin{bmatrix}-1&0&-1\\1&1&2\\1&1&1\end{bmatrix}$, $B^{-1}AB = \mathrm{Diag}\,(1,1,2)$

(d) $\lambda = 1$（3 重根），$\boldsymbol{v}_1 = \begin{bmatrix}1\\-1\\0\end{bmatrix}$, $\begin{bmatrix}2\\0\\-1\end{bmatrix}$

12.1 (a) 固有値 $1 \pm \sqrt{2}$, 固有ベクトル $\begin{bmatrix}1 \pm \sqrt{2}\\1\end{bmatrix}$（複号同順） (b) 固有値 2（重根），固有ベクトル $\boldsymbol{v} := \begin{bmatrix}1\\-1\end{bmatrix}$ (c) 固有値 $\pm i$, 固有ベクトル $\begin{bmatrix}1\\\pm i\end{bmatrix}$（複号同順）

以上いずれの場合も，各固有値に付随する固有空間は，その固有値に対する固有ベクトルを

$\boldsymbol{v}$ として，$\{\lambda\boldsymbol{v};\lambda\in\mathbb{R}\}$ で与えられる．

12.2 次の表にまとめる通り．

	固有値	A の固有空間	A^{T} の固有空間
(a)	2 (単純)	$\left\{\lambda\begin{bmatrix}1\\0\end{bmatrix};\lambda\in\mathbb{R}\right\}$	$\left\{\lambda\begin{bmatrix}1\\1\end{bmatrix};\lambda\in\mathbb{R}\right\}$
	1 (単純)	$\left\{\lambda\begin{bmatrix}1\\-1\end{bmatrix};\lambda\in\mathbb{R}\right\}$	$\left\{\lambda\begin{bmatrix}0\\1\end{bmatrix};\lambda\in\mathbb{R}\right\}$
(b)	1 (重複)	$\left\{\lambda\begin{bmatrix}1\\0\end{bmatrix};\lambda\in\mathbb{R}\right\}$	$\left\{\lambda\begin{bmatrix}0\\1\end{bmatrix};\lambda\in\mathbb{R}\right\}$
(c)	2 (単純)	$\left\{\lambda\begin{bmatrix}1\\0\\1\end{bmatrix};\lambda\in\mathbb{R}\right\}$	$\left\{\lambda\begin{bmatrix}0\\1\\1\end{bmatrix};\lambda\in\mathbb{R}\right\}$
	1 (重複)	$\left\{\lambda\begin{bmatrix}1\\0\\0\end{bmatrix}+\mu\begin{bmatrix}0\\1\\-1\end{bmatrix};\lambda,\mu\in\mathbb{R}\right\}$	$\left\{\lambda\begin{bmatrix}1\\0\\-1\end{bmatrix}+\mu\begin{bmatrix}0\\1\\0\end{bmatrix};\lambda,\mu\in\mathbb{R}\right\}$

12.3 A の特性多項式 $\chi_A(\lambda)=\det(A-\lambda E_n)$ は，

$$\chi_A(\lambda)=(\lambda_1-\lambda)(\lambda_2-\lambda)\cdots(\lambda_n-\lambda) \qquad (*)$$

と書ける． (a) 式 $(*)$ に $\lambda=0$ を代入すればよい． (b) 式 $(*)$ の右辺を展開すると，$\chi_A(\lambda)$ の λ^{n-1} の係数は $(-1)^{n+1}(\lambda_1+\cdots+\lambda_n)$ に等しい．よって，$\chi_A(\lambda)$ の λ^{n-1} の係数を調べる．$A-\lambda E_n$ の第 (i,j) 余因子を B_{ij} として $\det(A-\lambda E_n)$ を第 1 列で展開すると，$\chi_A(\lambda)=(a_{11}-\lambda)B_{11}+\sum_{i=2}^{n}a_{i1}B_{i1}$ となるが，第 2 項の B_{i1} $(2\leqq i\leqq n)$ はいずれも λ に関して $n-2$ 次以下であって，λ^{n-1} の係数には関係しない．A から第 1 行と第 1 列を除いた行列を A_1 とすると，

$$(a_{11}-\lambda)\det(A_1-\lambda E_{n-1})=-\lambda\det(A_1-\lambda E_{n-1})+(-1)^{n-1}a_{11}\lambda^{n-1}+\cdots$$

となるので，求めるべき係数は $(-1)^{n-1}a_{11}$ と $\det(A_1-\lambda E_{n-1})$ の λ^{n-2} の係数の和である．これを繰り返せばよい．

演習問題

1. (a) 固有値 ±1 に対して固有ベクトル $\begin{bmatrix}\sin\alpha\\-\cos\alpha\pm1\end{bmatrix}$ (b) 固有値 $e^{\pm\alpha}$ に対して固有ベクトル $\begin{bmatrix}1\\\pm1\end{bmatrix}$ (a), (b) とも複号同順.

2. (a) $\boldsymbol{x}\in\mathbb{R}^n$, $A\in\mathbb{R}^{n\times n}$ に対し，$A\boldsymbol{x}\in\mathbb{R}^n$ であること，$A\boldsymbol{0}=\boldsymbol{0}$ であることから

明らか． (b) λ を A の固有値の 1 つとすると，固有値 λ の固有空間 $V(\lambda)$ に対して，$\boldsymbol{x}, \boldsymbol{y} \in V(\lambda)$ ならば $(A-\lambda E)(\boldsymbol{x}+\boldsymbol{y}) = \boldsymbol{0}$, $(A-\lambda E)(a\boldsymbol{x}) = \boldsymbol{0}$ （$a \in \mathbb{C}$）が成り立つので，$V(\lambda)$ は部分空間である．$\boldsymbol{x} \in V(\lambda)$, すなわち $(A-\lambda E)\boldsymbol{x} = \boldsymbol{0}$ とすると，$A\boldsymbol{x} = \lambda\boldsymbol{x} \in V(\lambda)$ であるから，A の固有空間は A について不変な部分空間である．逆については，(a) の議論から $\mathbb{R}^n$ や $\{\boldsymbol{0}\}$ は A-不変であるが，これらは一般に A の固有空間とは限らないので，A について不変な部分空間は必ずしも固有空間とは限らない．

3. $\boldsymbol{v}_B = \begin{bmatrix} a_0 + \dfrac{a_2}{3} \\ a_1 + \dfrac{3a_3}{5} \\ \dfrac{a_2}{3} \\ \dfrac{a_3}{5} \end{bmatrix}$ $(\boldsymbol{b}_1 := 1, \boldsymbol{b}_2 := x, \boldsymbol{b}_3 := 3x^2 - 1, \boldsymbol{b}_4 := 5x^3 - 3x)$

4. $(x_1, \ldots, x_n) \longmapsto (f_1(\boldsymbol{x}), \ldots, f_n(\boldsymbol{x}))$ が線形写像であるから，

$$f_i(\boldsymbol{x}+\boldsymbol{y}) = f_i(\boldsymbol{x}) + f_i(\boldsymbol{y}), \quad f_i(\alpha\boldsymbol{x}) = \alpha f_i(\boldsymbol{x}) \quad (1 \leqq i \leqq n) \qquad (*)$$

が成り立つ．ここで，$\boldsymbol{y} = h_j\boldsymbol{e}_j$ とすると，$f_i(\boldsymbol{x}+\boldsymbol{y}) - f_i(\boldsymbol{x}) = f_i(\boldsymbol{x}) + f_i(h_j\boldsymbol{e}_j) - f_i(\boldsymbol{x}) = h_j f_i(\boldsymbol{e}_j)$ となる．したがって，

$$\lim_{h_j \to 0} \frac{f_i(x_1, \ldots, x_{j-1}, x_j + h_j, x_{j+1}, \ldots, x_n) - f_i(x_1, \ldots, x_n)}{h_j} = f_i(\boldsymbol{e}_j)$$

であるから，$f_i(\boldsymbol{x})$ はすべての x_j について偏微分可能で，$\dfrac{\partial f_i}{\partial x_j} = f_i(\boldsymbol{e}_j)$. これを a_{ij} として $x_1, \ldots, x_n$ で順次積分すると，$f_i(\boldsymbol{x}) = \displaystyle\sum_{j=1}^{n} a_{ij}x_j + C_i$（$1 \leqq i \leqq n$ で，C_i は定数）となる．ここで，$(*)$ の第 1 式で $\boldsymbol{x} = \boldsymbol{y} = \boldsymbol{0}$ とするか，第 2 式で $\alpha = 0$ とすれば $f_i(\boldsymbol{0}) = 0$ となるので，$C_i = 0$ を得て，各 f_i が 1 次の同次式であることがわかった．

5. (a) $\boldsymbol{x}$ とその像 $s_3(\boldsymbol{x})$ の中点が平面 $\boldsymbol{x} \cdot \boldsymbol{a} = \boldsymbol{0}$ 上にあり，かつ両者を結ぶ直線は平面に垂直（$\boldsymbol{a}$ に平行）である．したがって，

$$\boldsymbol{a} \cdot \left(\frac{\boldsymbol{x} + s_3(\boldsymbol{x})}{2} \right) = 0, \quad s_3(\boldsymbol{x}) - \boldsymbol{x} = k\boldsymbol{a} \quad (k \in \mathbb{R})$$

これから $k = -\dfrac{2(\boldsymbol{a} \cdot \boldsymbol{x})}{|\,\boldsymbol{a}\,|^2}$ を得て，$s_3(\boldsymbol{x}) = \boldsymbol{x} - \dfrac{2(\boldsymbol{a} \cdot \boldsymbol{x})}{|\,\boldsymbol{a}\,|^2}\boldsymbol{a}$ を得る．また，$\boldsymbol{x}$ に $(\boldsymbol{a} \cdot \boldsymbol{x})\boldsymbol{a}$ を対応させる写像は線形写像であるから，s_3 も線形写像である． (b) 問題 4.1 により $(\boldsymbol{a} \cdot \boldsymbol{x})\boldsymbol{a} = (\boldsymbol{a}\boldsymbol{a}^{\mathrm{T}})\boldsymbol{x}$ であるから，

$$S_3 = E_3 - \frac{2\boldsymbol{a}\boldsymbol{a}^{\mathrm{T}}}{|\,\boldsymbol{a}\,|^2} = \frac{1}{|\,\boldsymbol{a}\,|^2} \begin{bmatrix} a_2^2 + a_3^2 - a_1^2 & -2a_1a_2 & -2a_1a_3 \\ -2a_2a_1 & a_3^2 + a_1^2 - a_2^2 & -2a_2a_3 \\ -2a_3a_1 & -2a_3a_2 & a_1^2 + a_2^2 - a_3^2 \end{bmatrix}$$

となる． (c) $\det S_3 = -1$. 固有値は，1（重複度 2）および -1（重複度 1）． (d) 平

面上のベクトルを $\boldsymbol{x}$, 題意の鏡像を s_2 と書くと, $[s_2(\boldsymbol{x})-\boldsymbol{x}]\cdot\boldsymbol{b}=0$, $s_2(\boldsymbol{x})+\boldsymbol{x}=k\boldsymbol{b}$ $(k\in\mathbb{R})$ となる．これから，$k=2\dfrac{\boldsymbol{b}\cdot\boldsymbol{x}}{|\boldsymbol{b}|^2}$ となり，$s_2(x)=-\boldsymbol{x}+2\dfrac{\boldsymbol{b}\cdot\boldsymbol{x}}{|\boldsymbol{b}|^2}\boldsymbol{b}=\left(2\dfrac{\boldsymbol{b}\boldsymbol{b}^{\mathrm{T}}}{|\boldsymbol{b}|^2}-E_2\right)\boldsymbol{x}$ であるから，$S_2=\dfrac{2\boldsymbol{b}\boldsymbol{b}^{\mathrm{T}}}{|\boldsymbol{b}|^2}-E_2=\dfrac{1}{|\boldsymbol{b}|^2}\begin{bmatrix}b_1^2-b_2^2 & 2b_1b_2\\ 2b_2b_1 & b_2^2-b_1^2\end{bmatrix}$. ただし，$\boldsymbol{b}=\begin{bmatrix}b_1\\ b_2\end{bmatrix}$ とした.

6. $D=\begin{bmatrix}\cos\varphi & -\sin\varphi\\ \sin\varphi & \cos\varphi\end{bmatrix}$. 固有値：$\cos\varphi\pm i\sin\varphi$, 固有ベクトル：$\begin{bmatrix}\mp 1\\ i\end{bmatrix}$ （複号同順）

7. (a) 右図のように単位ベクトル $\boldsymbol{e}$ を定めると,

$$d_\varphi(\boldsymbol{t})=\cos\varphi\,\boldsymbol{t}+|\boldsymbol{t}|\sin\varphi\,\boldsymbol{e}$$

ここで，外積の定義により $\boldsymbol{e}=\dfrac{\boldsymbol{a}\times\boldsymbol{t}}{|\boldsymbol{a}||\boldsymbol{t}|}$ であるから，題意を得る.

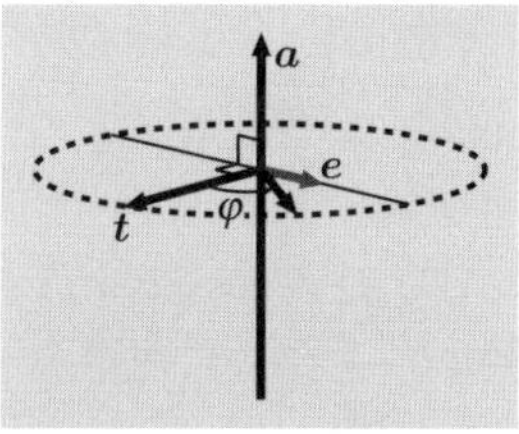

【別　解】 $d_\varphi(\boldsymbol{t})$ は $\boldsymbol{a}$ に垂直な平面上にある．この平面上の任意のベクトルは，$\boldsymbol{t}$ および $\boldsymbol{a}\times\boldsymbol{t}$ の線形結合で表される（$\boldsymbol{t},\boldsymbol{a}\neq\boldsymbol{0}$, $\boldsymbol{t}\perp\boldsymbol{a}$ であるから，$\boldsymbol{t}$, $\boldsymbol{a}\times\boldsymbol{t}$ は互いに垂直で $\boldsymbol{a}$ にも垂直，かつ線形独立）ので，$d_\varphi(\boldsymbol{t})=\alpha\boldsymbol{t}+\beta\boldsymbol{a}\times\boldsymbol{t}$. ここで，

$$\begin{aligned}
&|d_\varphi(\boldsymbol{t})|=|\boldsymbol{t}|\text{ により} && d_\varphi(\boldsymbol{t})\cdot d_\varphi(\boldsymbol{t})=\boldsymbol{t}\cdot\boldsymbol{t}\\
&\angle(d_\varphi(\boldsymbol{t}),\boldsymbol{t})=\varphi\text{ により} && \boldsymbol{t}\cdot d_\varphi(\boldsymbol{t})=|d_\varphi(\boldsymbol{t})||\boldsymbol{t}|\cos\varphi\\
& && \boldsymbol{t}\times d_\varphi(\boldsymbol{t})=|d_\varphi(\boldsymbol{t})||\boldsymbol{t}|\sin\varphi\,\frac{\boldsymbol{a}}{|\boldsymbol{a}|}
\end{aligned}$$

$|\boldsymbol{t}|\neq 0$, $\boldsymbol{t}\cdot(\boldsymbol{a}\times\boldsymbol{t})=\boldsymbol{0}$, また $\boldsymbol{a}\perp\boldsymbol{t}$ から $|\boldsymbol{a}\times\boldsymbol{t}|=|\boldsymbol{a}||\boldsymbol{t}|$ により，第 1 式から，$\alpha^2+\beta^2|\boldsymbol{a}|^2=1$, 第 2 式から $\alpha=\cos\varphi$. また，$\boldsymbol{t}\times\boldsymbol{t}=\boldsymbol{0}$, $\boldsymbol{t}\times(\boldsymbol{a}\times\boldsymbol{t})=|\boldsymbol{t}|^2\boldsymbol{a}$ であるから，第 3 式より $\beta=\dfrac{\sin\varphi}{|\boldsymbol{a}|}$. 以上から $d_\varphi(\boldsymbol{t})=\cos\varphi\boldsymbol{t}+\dfrac{\sin\varphi}{|\boldsymbol{a}|}\boldsymbol{a}\times\boldsymbol{t}$. 　(b) $\boldsymbol{x}$ を $\boldsymbol{a}$ に平行な成分 $\boldsymbol{x}_a$ と $\boldsymbol{a}$ に垂直な成分 $\boldsymbol{x}_\perp$ に分解すると，d_φ によって $\boldsymbol{x}_\perp$ は (a) の結果に従って写され，$\boldsymbol{x}_a$ は変化しない．$\boldsymbol{x}_a$ は $\boldsymbol{x}$ を $\boldsymbol{a}$ 上に射影することで得られるから，例題 6.6 により $\boldsymbol{x}_a=\dfrac{\boldsymbol{a}\cdot\boldsymbol{x}}{|\boldsymbol{a}|^2}\boldsymbol{a}$, したがって，$\boldsymbol{x}_\perp=\boldsymbol{x}-\dfrac{\boldsymbol{a}\cdot\boldsymbol{x}}{|\boldsymbol{a}|^2}\boldsymbol{a}$ で,

$$\begin{aligned}
d_\varphi(\boldsymbol{x})&=d_\varphi(\boldsymbol{x}_a)+d_\varphi(\boldsymbol{x}_\perp)=\boldsymbol{x}_a+d_\varphi(\boldsymbol{x}_\perp)=\frac{\boldsymbol{a}\cdot\boldsymbol{x}}{|\boldsymbol{a}|^2}\boldsymbol{a}+d_\varphi\left(\boldsymbol{x}-\frac{\boldsymbol{a}\cdot\boldsymbol{x}}{|\boldsymbol{a}|^2}\boldsymbol{a}\right)\\
&=\frac{\boldsymbol{a}\cdot\boldsymbol{x}}{|\boldsymbol{a}|^2}\boldsymbol{a}+\cos\varphi\left(\boldsymbol{x}-\frac{\boldsymbol{a}\cdot\boldsymbol{x}}{|\boldsymbol{a}|^2}\boldsymbol{a}\right)+\frac{\sin\varphi}{|\boldsymbol{a}|}\boldsymbol{a}\times\left(\boldsymbol{x}-\frac{\boldsymbol{a}\cdot\boldsymbol{x}}{|\boldsymbol{a}|^2}\boldsymbol{a}\right)\\
&=\cos\varphi\boldsymbol{x}+(1-\cos\varphi)\frac{\boldsymbol{a}\cdot\boldsymbol{x}}{|\boldsymbol{a}|^2}\boldsymbol{a}+\frac{\sin\varphi}{|\boldsymbol{a}|}\boldsymbol{a}\times\boldsymbol{x}
\end{aligned}$$

(c) $\mathbb{R}^3$ の自然基底で表現すると,

6
章

$$\frac{\boldsymbol{a}\cdot\boldsymbol{x}}{|\boldsymbol{a}|^2}\boldsymbol{a}=\frac{\boldsymbol{a}\boldsymbol{a}^{\mathrm{T}}}{|\boldsymbol{a}|^2}\boldsymbol{x},\quad \frac{1}{|\boldsymbol{a}|}\boldsymbol{a}\times\boldsymbol{x}=\frac{1}{|\boldsymbol{a}|}\begin{bmatrix}0 & -a_3 & a_2\\ a_3 & 0 & -a_1\\ -a_2 & a_1 & 0\end{bmatrix}\boldsymbol{x}$$

である．よって，$b_i := \dfrac{a_i}{|\boldsymbol{a}|}$　$(i=1,2,3)$ と定義すると，D は次のようになる．

$$\begin{bmatrix}\cos\varphi+b_1^2(1-\cos\varphi) & b_1b_2(1-\cos\varphi)-b_3\sin\varphi & b_1b_3(1-\cos\varphi)+b_2\sin\varphi\\ b_2b_1(1-\cos\varphi)+b_3\sin\varphi & \cos\varphi+b_2^2(1-\cos\varphi) & b_2b_3(1-\cos\varphi)-b_1\sin\varphi\\ b_3b_1(1-\cos\varphi)-b_2\sin\varphi & b_3b_2(1-\cos\varphi)+b_1\sin\varphi & \cos\varphi+b_3^2(1-\cos\varphi)\end{bmatrix}$$

(d)　$A := \dfrac{\boldsymbol{a}\boldsymbol{a}^{\mathrm{T}}}{|\boldsymbol{a}|^2}, B := \dfrac{1}{|\boldsymbol{a}|}\begin{bmatrix}0 & -a_3 & a_2\\ a_3 & 0 & -a_1\\ -a_2 & a_1 & 0\end{bmatrix}$ とすると，$A^{\mathrm{T}}=A,\ B^{\mathrm{T}}=-B$ である．ここで，$D=\cos\varphi E+(1-\cos\varphi)A+\sin\varphi B$ であるから $D^{\mathrm{T}}=\cos\varphi E+(1-\cos\varphi)A-\sin\varphi B$. また，$A^2=A,\quad B^2=A-E,\quad AB=BA=O$ が成り立つ．よって，

$$\begin{aligned}D^{\mathrm{T}}D&=[\cos\varphi E+(1-\cos\varphi)A-\sin\varphi B][\cos\varphi E+(1-\cos\varphi)A+\sin\varphi B]\\&=\cos^2\varphi E+2\cos\varphi(1-\cos\varphi)A+(1-\cos\varphi)^2A^2-\sin^2\varphi B^2\\&=\cos^2\varphi E+(1-\cos^2\varphi)A-\sin^2\varphi(A-E)=E\end{aligned}$$

となり，D は直交行列である．$\det D=1$ であることは，直接計算することによって示すことができる．

【別　解】 $\det D=1$ であることは，次のようにして示してもよい．$\det D$ は $\cos\varphi, \sin\varphi$ の多項式であるから，φ の連続関数である．$D^{\mathrm{T}}D=E$ によって $\det D=\pm1$, また $\varphi=0$ では $D=E$ となるから，$\det D\big|_{\varphi=0}=1$. したがって，任意の φ で $\det D=1$.

8.　以下，$D_3(t) := \begin{bmatrix}\cos t & \sin t & 0\\ -\sin t & \cos t & 0\\ 0 & 0 & 1\end{bmatrix},\ D_2(t) := \begin{bmatrix}\cos t & 0 & -\sin t\\ 0 & 1 & 0\\ \sin t & 0 & \cos t\end{bmatrix}$ と定義する．(a) $\begin{bmatrix}\boldsymbol{e}_1'\\ \boldsymbol{e}_2'\\ \boldsymbol{e}_3'\end{bmatrix}=D_3(\varphi)\begin{bmatrix}\boldsymbol{e}_1\\ \boldsymbol{e}_2\\ \boldsymbol{e}_3\end{bmatrix},\ \begin{bmatrix}x_1'\\ x_2'\\ x_3'\end{bmatrix}=D_3(\varphi)\begin{bmatrix}x_1\\ x_2\\ x_3\end{bmatrix}$　(b) $\begin{bmatrix}\boldsymbol{e}_1''\\ \boldsymbol{e}_2''\\ \boldsymbol{e}_3''\end{bmatrix}=D_2(\theta)\begin{bmatrix}\boldsymbol{e}_1'\\ \boldsymbol{e}_2'\\ \boldsymbol{e}_3'\end{bmatrix}=D_2(\theta)D_3(\varphi)\begin{bmatrix}\boldsymbol{e}_1\\ \boldsymbol{e}_2\\ \boldsymbol{e}_3\end{bmatrix}$　(c) $\begin{bmatrix}\boldsymbol{e}_1'''\\ \boldsymbol{e}_2'''\\ \boldsymbol{e}_3'''\end{bmatrix}=D_3(\psi)D_2(\theta)D_3(\varphi)\begin{bmatrix}\boldsymbol{e}_1\\ \boldsymbol{e}_2\\ \boldsymbol{e}_3\end{bmatrix}$, 写像行列は，$D_3(\psi)D_2(\theta)D_3(\varphi)$.

9.　自然基底に関する $d_{x;\alpha}$ の写像行列を $D_x(\alpha)$, $d_{z;\beta}$ の写像行列を $D_z(\beta)$ とすると，

$$D_x(\alpha)=\begin{bmatrix}1 & 0 & 0\\ 0 & \cos\alpha & -\sin\alpha\\ 0 & \sin\alpha & \cos\alpha\end{bmatrix}\quad D_z(\beta)=\begin{bmatrix}\cos\beta & -\sin\beta & 0\\ \sin\beta & \cos\beta & 0\\ 0 & 0 & 1\end{bmatrix}$$

ここで，$d_{z;\beta}d_{x;\alpha}$ の写像行列は $D_z(\beta)D_x(\alpha)$, $d_{x;\alpha}d_{z;\beta}$ の写像行列は $D_x(\alpha)D_z(\beta)$ である．よって，$d_{z;\beta}d_{x;\alpha} = d_{x;\alpha}d_{z;\beta}$ となるのは $D_x(\alpha)D_z(\beta) = D_z(\beta)D_x(\alpha)$ となるときで，それぞれの積を計算して比較することにより，$\cos\alpha\sin\beta = \sin\beta$ かつ $\sin\alpha\cos\beta = \sin\alpha$ かつ $\sin\alpha\sin\beta = 0$. これから n, m を整数として，

$$\alpha = 2n\pi \text{ または } \beta = 2m\pi \text{ または } \alpha = (2n+1)\pi \text{ かつ } \beta = (2m+1)\pi.$$

10. (a) $\sin\theta$, $\cos\theta$ をテイラー展開し，θ^2 よりも高次の項を無視すればよい．$r(\boldsymbol{x}) = \theta\boldsymbol{a}\times\boldsymbol{x}$. (b) $d_{\boldsymbol{b};\varphi}(d_{\boldsymbol{a};\theta}(\boldsymbol{x})) - \boldsymbol{x}$ を実際に計算し，θ, φ に関して 2 次よりも高次の項を無視する．$d_{\boldsymbol{b};\varphi}(d_{\boldsymbol{a};\theta}(\boldsymbol{x})) - \boldsymbol{x} = \theta\boldsymbol{a}\times\boldsymbol{x} + \varphi\boldsymbol{b}\times\boldsymbol{x}$. これが $d_{\boldsymbol{b};\varphi}$, $d_{\boldsymbol{a};\theta}$ の作用の順によらないことは，ベクトルの加法の規則から明らか．

(c) $R(\boldsymbol{p}) = \begin{bmatrix} 0 & -p_3 & p_2 \\ p_3 & 0 & -p_1 \\ -p_2 & p_1 & 0 \end{bmatrix}$ (d) $R(\boldsymbol{p}_1)R(\boldsymbol{p}_2) - R(\boldsymbol{p}_2)R(\boldsymbol{p}_1)$

11. (a) $P^{\mathrm{T}} = P$ により，$P_j^{\mathrm{T}}P_i^{\mathrm{T}} = P_iP_j$. ここで P_i, P_j は対称行列なので，$P_iP_j = P_jP_i$ を得る．逆に，$P_iP_j = P_jP_i$ のとき，$P^{\mathrm{T}} = P$ は明らかに成り立ち，また $P^2 = P_iP_jP_iP_j = P_i^2P_j^2 = P_iP_j = P$ となる．よって求めるべき条件は $P_iP_j = P_jP_i$.
(b) $\boldsymbol{x} \in A_i$ のとき，$\boldsymbol{x} = P_i\boldsymbol{x}_0$ となる $\boldsymbol{x}_0 \in \mathbb{R}^n$ が存在する．このような $\boldsymbol{x}_0$ を用いると，$P_i\boldsymbol{x} = P_i^2\boldsymbol{x}_0 = P_i\boldsymbol{x}_0 = \boldsymbol{x}$ が成り立つ． (c) $A_i \subset A_j$ のとき，任意の $\boldsymbol{x} \in \mathbb{R}^n$ に対して $P_i\boldsymbol{x} \in A_i \subset A_j$. よって，$P_i\boldsymbol{x}$ に (b) を適用すると，$P_jP_i\boldsymbol{x} = P_i\boldsymbol{x}$. よって $P_jP_i = P_i$. 逆に，$P_jP_i = P_i$ のときは，$P_i\boldsymbol{x} = P_j(P_i\boldsymbol{x}) \in A_j$ から，$A_i \subset A_j$ が成り立つ．
(d) 任意の $\boldsymbol{x}, \boldsymbol{y} \in \mathbb{R}^n$ に対して，$(P_i\boldsymbol{x})\cdot(P_j\boldsymbol{y}) = \boldsymbol{x}^{\mathrm{T}}P_i^{\mathrm{T}}P_j\boldsymbol{y} = \boldsymbol{x}^{\mathrm{T}}(P_iP_j)\boldsymbol{y} = 0$ をみたす（ただし，$P_i^{\mathrm{T}} = P_i$ を用いた）．よって，$P_iP_j = O$.

12. (a) P は V から W への射影であるから，$P^2 = P$ が成り立つ．P の固有値を λ, 固有値 λ に対する固有ベクトルを $\boldsymbol{x}$ とすると，$P\boldsymbol{x} = \lambda\boldsymbol{x}$ により，

$$P^2\boldsymbol{x} = P(P\boldsymbol{x}) = \lambda P\boldsymbol{x} = \lambda^2\boldsymbol{x}$$

また，$P^2 = P$ から $P^2\boldsymbol{x} = \lambda\boldsymbol{x}$. したがって，$(\lambda^2-\lambda)\boldsymbol{x} = \boldsymbol{0}$ となり，$\boldsymbol{x} \neq \boldsymbol{0}$ から $\lambda^2-\lambda = 0$. よって $\lambda = 0$ または 1. Q についても，同様． (b) W, $W^{\perp}$ に属するベクトルは直交するから，11. (d) と同様． (c) $V = W \oplus W^{\perp}$ となることから明らか．

13. (a) $\boldsymbol{x} \in V$ に対して，(∗) 式のように分解する方法は 1 通りに限って存在し，$\boldsymbol{x}_i = F_i\boldsymbol{x}$ であるから，$\boldsymbol{x} = F_1\boldsymbol{x} + \cdots + F_k\boldsymbol{x} = (F_1 + \cdots + F_k)\boldsymbol{x}$. よって，$F_1 + \cdots + F_k = E$.
(b) まず，$\boldsymbol{x}_i \in W_i$ を (∗) のように $\boldsymbol{x}_i = \boldsymbol{y}_1 + \cdots + \boldsymbol{y}_k$ （$\boldsymbol{y}_l \in W_l$, $1 \leqq l \leqq k$）と分解したとすると，

$$\boldsymbol{x}_i - \boldsymbol{y}_i = \boldsymbol{y}_1 + \cdots + \boldsymbol{y}_{i-1} + \boldsymbol{y}_{i+1} + \cdots + \boldsymbol{y}_k \qquad (**)$$

となる．この式で左辺は W_i に，右辺は $W_1 + \cdots + W_{i-1} + W_{i+1} + \cdots + W_k$ に属すから，直和の定義により共に $\boldsymbol{0}$ でなければならない．よって，$\boldsymbol{y}_i = \boldsymbol{x}_i$ となり，$\boldsymbol{x}_i \in W_i$ ならば $F_i\boldsymbol{x}_i = \boldsymbol{x}_i$ を得る．また，(∗∗) の右辺に順次同様の手続きを行って，$\boldsymbol{y}_j = \boldsymbol{0}$ （$j \neq i$）となる

6章

ので，$F_j\boldsymbol{x}_i=\mathbf{0}$ である．ここで，$\boldsymbol{x}\in V$ に対して $F_i\boldsymbol{x}\in W_i$ であるから，$F_i(F_i\boldsymbol{x})=F_i\boldsymbol{x}$ および $F_j(F_i\boldsymbol{x})=\mathbf{0}$ $(i\neq j)$．よって，任意の $\boldsymbol{x}$ に対し，$F_i^2\boldsymbol{x}=F_i\boldsymbol{x}, F_jF_i\boldsymbol{x}=\mathbf{0}$ となり，$F_i^2=F_i, F_iF_j=O$ $(i\neq j)$．　(c)　任意の $\boldsymbol{x},\boldsymbol{y}\in V$ に対して，$\boldsymbol{x}=\boldsymbol{x}_1+\boldsymbol{x}_2$, $\boldsymbol{y}=\boldsymbol{y}_1+\boldsymbol{y}_2$ $(\boldsymbol{x}_1,\boldsymbol{y}_1\in W, \boldsymbol{x}_2,\boldsymbol{y}_2\in W^{\perp})$ とすると，

$$(F_1\boldsymbol{x})\cdot\boldsymbol{y}=\boldsymbol{x}_1\cdot(\boldsymbol{y}_1+\boldsymbol{y}_2)=\boldsymbol{x}_1\cdot\boldsymbol{y}_1$$
$$\boldsymbol{x}\cdot(F_1\boldsymbol{y})=(\boldsymbol{x}_1+\boldsymbol{x}_2)\cdot\boldsymbol{y}_1=\boldsymbol{x}_1\cdot\boldsymbol{y}_1$$
$$(F_1\boldsymbol{x})\cdot\boldsymbol{y}=\boldsymbol{x}^{\mathrm{T}}F_1^{\mathrm{T}}\boldsymbol{y}=\boldsymbol{x}\cdot(F_1^{\mathrm{T}}\boldsymbol{y})$$

によって，$\boldsymbol{x}\cdot(F_1\boldsymbol{y})=\boldsymbol{x}\cdot(F_1^{\mathrm{T}}\boldsymbol{y})$. したがって，$F_1^{\mathrm{T}}=F_1$. F_2 については，$F_2=E-F_1$ より $F_2^{\mathrm{T}}=(E-F_1)^{\mathrm{T}}=E^{\mathrm{T}}-F_1^{\mathrm{T}}=E-F_1=F_2$.

14. 内積の定義は，第 3 章問題 8. 参照.

- $(f,f)=\displaystyle\int_{-1}^{1}f(x)^2\,dx\geqq 0$ は明らか．等号が成り立つのは $-1\leqq x\leqq 1$ で $f(x)$ が恒等的に 0 になるときに限る．
- $(f,g)=(g,f)$ と $(c_1f+c_2g,h)=c_1(f,h)+c_2(g,h)$ は積分の性質により成り立つ

以上から，与えられた (f,g) は内積であることがわかる．次に，シュミットの方法により，与えられた内積について正規直交化した n 次多項式を $p_n(x)$ とする．最高次の項の係数が正になるようにすると，

$$p_0(x)=\frac{1}{\sqrt{2}},\quad p_1(x)=\frac{\sqrt{3}}{\sqrt{2}}x,\quad p_2(x)=\frac{\sqrt{5}}{2\sqrt{2}}(3x^2-1),\quad p_3(x)=\frac{\sqrt{7}}{2\sqrt{2}}x(5x^2-1)$$
$$p_4(x)=\frac{3}{8\sqrt{2}}(35x^4-30x^2+3),\quad p_5(x)=\frac{\sqrt{11}}{8\sqrt{2}}x(63x^4-70x^2+15)$$

7 章

7 章

1.1 (a)　$A=\big[a_{ij}\big]$ とすると，$A-\bar{A}=\big[a_{ij}-\bar{a}_{ij}\big]=\big[2i\,\mathrm{Im}\,a_{ij}\big]$ となる．これをまとめて $2i\,\mathrm{Im}\,A$ と書いてもよい．　(b)　$A=\big[a_{ij}\big]$ とすると，$A+A^*=\big[a_{ij}+\bar{a}_{ji}\big]$. $A^{\mathrm{T}}=A$ により $a_{ij}=a_{ji}$ であるから，$A+A^*=\big[a_{ij}+\bar{a}_{ij}\big]=\big[2\,\mathrm{Re}\,a_{ij}\big]=2\,\mathrm{Re}\,A$　(c)　A^* の行表現は $A^*=\begin{bmatrix}\boldsymbol{a}_1^*\\ \vdots\\ \boldsymbol{a}_n^*\end{bmatrix}$ であるから，$A^*A=\big[\boldsymbol{a}_i^*\boldsymbol{a}_j\big]$

1.2 (a) $\begin{bmatrix}1 & i\\ -i & 1\end{bmatrix}$　(b) $\begin{bmatrix}2-i & 1-2i\\ 3+i & 1+i\end{bmatrix}$　(c) $\begin{bmatrix}1 & e^{-i\beta}\\ e^{-i\alpha} & 1\end{bmatrix}$

1.3 (a)　$A=\big[a_{ij}\big]$ とする．$\bar{A}=A$ のときは，$\bar{a}_{ij}=a_{ij}$ となって $a_{ij}\in\mathbb{R}$. $\bar{A}=A$ の転置を取って，$A^*=A^{\mathrm{T}}$.　(b)　実行列の場合と同様にして示される．　(c)　$\bar{A}$ は A の各要素をその複素共役に置き換えたものであるから $\det\bar{A}=\overline{\det A}$. また，$A^*=\bar{A}^{\mathrm{T}}$ により，(b) を用いて $\det\bar{A}=\det A^*$.　(d)　λ が A の固有値ならば $\det(A-\lambda E)=0$. 両

辺の複素共役をとり，(c) を用いると $\overline{\det(A-\lambda E)} = \det(\overline{A-\lambda E}) = \det(\bar{A}-\bar{\lambda}E) = 0$ となり，$\bar{\lambda}$ は $\bar{A}$ の固有値．これの転置を考えれば $\bar{\lambda}$ は A^* の固有値でもある．　(e) A を成分表示し，λ 倍の定義を用いて計算する．

1.4　$P^2 = P$ については実ベクトル空間の場合と同じ（第 6 章問題 6.2 参照）．$V = W \oplus W^{\perp}$ も実ベクトル空間と同様．よって $P^* = P$ については，$\boldsymbol{x}, \boldsymbol{y} \in V$ に対して，$\boldsymbol{x} = \boldsymbol{x}_1 + \boldsymbol{x}_2$, $\boldsymbol{y} = \boldsymbol{y}_1 + \boldsymbol{y}_2$　$(\boldsymbol{x}_1, \boldsymbol{y}_1 \in W,\ \boldsymbol{x}_2, \boldsymbol{y}_2 \in W^{\perp})$ とすると，

$$\begin{aligned}\boldsymbol{y}\cdot(P\boldsymbol{x}) &= \boldsymbol{y}^*P\boldsymbol{x} = (\boldsymbol{y}_1+\boldsymbol{y}_2)^*\boldsymbol{x}_1 = \boldsymbol{y}_1^*\boldsymbol{x}_1 + \boldsymbol{y}_2^*\boldsymbol{x}_1 = \boldsymbol{y}_1^*\boldsymbol{x}_1 \\ &= \boldsymbol{y}_1^*\boldsymbol{x}_1 + \boldsymbol{y}_1^*\boldsymbol{x}_2 = (P\boldsymbol{y})^*(\boldsymbol{x}_1+\boldsymbol{x}_2) = (P\boldsymbol{y})^*\boldsymbol{x} = (P\boldsymbol{y})\cdot\boldsymbol{x}\end{aligned}$$

一方，一般に $\boldsymbol{y}\cdot(P\boldsymbol{x}) = \boldsymbol{y}^*P\boldsymbol{x} = (P^*\boldsymbol{y})^*\boldsymbol{x} = (P^*\boldsymbol{y})\cdot\boldsymbol{x}$ であるから，$P^* = P$ となる．

2.1　$A^* = -A$ を用いると，$(iA)^* = -iA^* = iA$ が成り立つ．

2.2　$A\boldsymbol{a} = \lambda\boldsymbol{a}$ のエルミート共役をとり，$A^* = -A$ とすれば，$-\boldsymbol{a}^*A = \bar{\lambda}\boldsymbol{a}^*$．これから $\boldsymbol{a}^*A\boldsymbol{a} = \lambda\boldsymbol{a}^*\boldsymbol{a}$ および $-\boldsymbol{a}^*A\boldsymbol{a} = \bar{\lambda}\boldsymbol{a}^*\boldsymbol{a}$ が得られ，$(\lambda+\bar{\lambda})\boldsymbol{a}^*\boldsymbol{a} = 0$ となって $\lambda+\bar{\lambda} = 0$ を得る．または，iA がエルミート行列であることを用いても示せる．

2.3　$A = M + iN$ とすると，M, N がエルミートであるから $A^* = M - iN$．これから $M = \dfrac{1}{2}(A + A^*)$, $N = \dfrac{1}{2i}(A - A^*)$.

3.1　ユニタリ行列 U の列表現を $\begin{bmatrix}\boldsymbol{u}_1 & \cdots & \boldsymbol{u}_n\end{bmatrix}$ とすると，$U^*U = \begin{bmatrix}\boldsymbol{u}_i^*\boldsymbol{u}_j\end{bmatrix} = E$ となるから，$\boldsymbol{u}_1, \ldots, \boldsymbol{u}_n$ が内積 $\boldsymbol{a}\cdot\boldsymbol{b} = \boldsymbol{a}^*\boldsymbol{b}$ のもとで直交し，かつ規格化されていることがわかる．

3.2　ユニタリ行列 U の固有値を λ, $\boldsymbol{a}$ を λ に属する固有ベクトルとして，$U\boldsymbol{a} = \lambda\boldsymbol{a}$．この式のエルミート共役をとり，$\boldsymbol{a}^*U^* = \bar{\lambda}\boldsymbol{a}^*$．これらより，$\boldsymbol{a}^*U^*U\boldsymbol{a} = |\lambda|^2\boldsymbol{a}^*\boldsymbol{a}$ を得る．したがって，$U^*U = E$ および $\boldsymbol{a} \neq \boldsymbol{0}$ により，$|\lambda|^2 = 1$ すなわち $|\lambda| = 1$ を得る．

3.3　$\boldsymbol{x} \in \mathbb{C}^n$ とユニタリ行列 U に対して $\boldsymbol{y} = U\boldsymbol{x}$ とすると，$|\boldsymbol{y}|^2 = \boldsymbol{y}^*\boldsymbol{y} = (U\boldsymbol{x})^*(U\boldsymbol{x}) = \boldsymbol{x}^*U^*U\boldsymbol{x} = \boldsymbol{x}^*\boldsymbol{x} = |\boldsymbol{x}|^2$ となる．

3.4　(a)　ユニタリ行列を $U = \begin{bmatrix} a & b \\ c & d \end{bmatrix}$ とすると，$UU^* = U^*U = E$ より

$$\begin{aligned}&|a|^2+|b|^2 = 1,\ |a|^2+|c|^2 = 1,\ |c|^2+|d|^2 = 1,\ |b|^2+|d|^2 = 1,\\ &\bar{a}b + \bar{c}d = 0,\ \bar{a}c + \bar{b}d = 0\end{aligned}$$

第 1〜4 式から $|a| = |d|$, $|b| = |c|$ を得て，$a = e^{i\alpha}\cos\theta$, $b = e^{i\beta}\sin\theta$, $c = e^{i\gamma}\sin\theta$, $d = e^{i\delta}\cos\theta$．これらを第 5, 6 式に代入すれば，$[e^{i(\beta-\alpha)} + e^{i(\delta-\gamma)}]\cos\theta\sin\theta = 0$ かつ $[e^{i(\gamma-\alpha)} + e^{i(\delta-\beta)}]\cos\theta\sin\theta = 0$ となるが，前者に $e^{i(\alpha+\gamma)}$，後者に $e^{i(\alpha+\beta)}$ をかけると，いずれも $[e^{i(\alpha+\delta)} + e^{i(\beta+\gamma)}]\cos\theta\sin\theta = 0$ となる．よって，$\cos\theta = 0$ または $\sin\theta = 0$ または $e^{i(\alpha+\delta)} + e^{i(\beta+\gamma)} = 0$ を得る．

$\cos\theta = 0$ のとき，$a = d = 0$ となる．$b = \pm e^{i\beta}$, $c = \pm e^{i\gamma}$ であるから，b, c の正負に応じて $\beta = \phi + q$ または $\beta = \phi + q + \pi$，$\gamma = \phi - q$ または $\gamma = \phi - q + \pi$ とする．

$\sin\theta = 0$ のときは，$a = \pm e^{i\alpha}$, $b = c = 0$, $d = \pm e^{i\delta}$ となるので，$\phi + p = \alpha$ または $\phi + p = \alpha + \pi$, $\phi - p = \delta$ または $\phi - p = \delta + \pi$ とすればよい．

7章

$e^{i(\alpha+\delta)}+e^{i(\beta+\gamma)}=0$ の場合，$\alpha+\delta=\beta+\gamma+(2n+1)\pi$ となる．ここで，

$$\alpha=\frac{\alpha+\delta}{2}+\frac{\alpha-\delta}{2},\ \delta=\frac{\alpha+\delta}{2}-\frac{\alpha-\delta}{2},\ \beta=\frac{\beta+\gamma}{2}+\frac{\beta-\gamma}{2},\ \gamma=\frac{\beta+\gamma}{2}-\frac{\beta-\gamma}{2}$$

となるので，$\phi=\dfrac{\alpha+\delta}{2}$, $p=\dfrac{\alpha-\delta}{2}$, $q=\dfrac{\beta-\gamma}{2}+\left(n+\dfrac{1}{2}\right)\pi$ とすれば与式を得る．

(b) 固有値は $e^{i\phi}(\cos p\cos\theta\pm i\sqrt{1-\cos^2 p\cos^2\theta})$,

固有ベクトルは $\begin{bmatrix} e^{iq}\sin\theta \\ i(\sin p\cos\theta\mp\sqrt{1-\cos^2 p\cos^2\theta}) \end{bmatrix}$（複号同順）

4.1 対角化された行列を A, 対角化のための直交行列を P と書く．

(a) $P=\dfrac{1}{\sqrt{2}}\begin{bmatrix} 1 & 1 \\ -1 & 1 \end{bmatrix}$, $A=\begin{bmatrix} 0 & 0 \\ 0 & 2 \end{bmatrix}$ (b) $P=\dfrac{1}{\sqrt{5}}\begin{bmatrix} 2 & 1 \\ -1 & 2 \end{bmatrix}$, $A=\begin{bmatrix} -1 & 0 \\ 0 & 4 \end{bmatrix}$

(c) $P=\dfrac{1}{\sqrt{2}}\begin{bmatrix} 1 & 0 & 1 \\ 0 & \sqrt{2} & 0 \\ -1 & 0 & 1 \end{bmatrix}$, $A=\begin{bmatrix} 1 & 0 & 0 \\ 0 & 2 & 0 \\ 0 & 0 & 3 \end{bmatrix}$

4.2 対称行列 A に対し，$A\boldsymbol{a}=\lambda\boldsymbol{a}$, $A\boldsymbol{b}=\mu\boldsymbol{b}$ $(\lambda\neq\mu)$ とする．第 1 式から $\boldsymbol{b}^{\mathrm{T}}A\boldsymbol{a}=\lambda\boldsymbol{b}^{\mathrm{T}}\boldsymbol{a}$. また，第 2 式の転置をとると，$\boldsymbol{b}^{\mathrm{T}}A^{\mathrm{T}}=\mu\boldsymbol{b}^{\mathrm{T}}$ となるから，$A^{\mathrm{T}}=A$ を用いて $\boldsymbol{b}^{\mathrm{T}}A\boldsymbol{a}=\mu\boldsymbol{b}^{\mathrm{T}}\boldsymbol{a}$. したがって，$(\lambda-\mu)\boldsymbol{b}\cdot\boldsymbol{a}=0$ となって，$\lambda\neq\mu$ により $\boldsymbol{a}\cdot\boldsymbol{b}=0$.

4.3 $B^{\mathrm{T}}AB=\Lambda$（Λ は対角行列）とすると，$A=B\Lambda B^{\mathrm{T}}$. よって，

$$A^{\mathrm{T}}=(B\Lambda B^{\mathrm{T}})^{\mathrm{T}}=(B^{\mathrm{T}})^{\mathrm{T}}\Lambda^{\mathrm{T}}B^{\mathrm{T}}=B\Lambda B^{\mathrm{T}}=A$$

ただし，Λ は対角行列であるから $\Lambda^{\mathrm{T}}=\Lambda$ となることを用いた．また，以上は複素数の行列に対しても成り立つ性質のみを用いているから，複素数の場合でも成り立つ．

【注　意】 B をユニタリ行列として，B^*AB が実対角行列 Λ になる場合は，$A=B\Lambda B^*$ となるので，上記と同様にして $A^*=A$ が得られ，A はエルミート行列となる．また，B^*AB が複素対角行列となるのは A が正規行列であるとき（第 7.4 節）．

5.1 対角化のためのユニタリ行列を U, 対角化された行列を B と書く．(a) $U=\dfrac{1}{\sqrt{5}}\begin{bmatrix} -2i & 1 \\ 1 & -2i \end{bmatrix}$, $B=\mathrm{Diag}\,(-2,3)$ (b) $U=\dfrac{1}{\sqrt{2}}\begin{bmatrix} 1 & i \\ i & 1 \end{bmatrix}$, $B=\mathrm{Diag}\,(-1,1)$

(c) $U=\dfrac{1}{\sqrt{5}}\begin{bmatrix} 2i & 1 \\ 1 & 2i \end{bmatrix}$, $B=\mathrm{Diag}\,(1,6)$ (d) $U=\dfrac{1}{\sqrt{3}}\begin{bmatrix} i-1 & 1 \\ 1 & 1+i \end{bmatrix}$, $B=\mathrm{Diag}\,(0,3)$ (e) $U=\dfrac{1}{\sqrt{10}}\begin{bmatrix} \sqrt{5} & \sqrt{5} \\ -(1+2i) & 1+2i \end{bmatrix}$, $B=\mathrm{Diag}\,(-\sqrt{5},\sqrt{5})$

(f) $U=\dfrac{1}{2}\begin{bmatrix} -i & -\sqrt{2} & i \\ \sqrt{2} & 0 & \sqrt{2} \\ -i & \sqrt{2} & i \end{bmatrix}$, $B=\mathrm{Diag}\,(1-\sqrt{2},1,1+\sqrt{2})$

5.2 B が反エルミート行列でもあることは容易に確かめられる．よって iB はエルミート行列で，ユニタリ行列 $U:=\dfrac{1}{\sqrt{2}}\begin{bmatrix} 1 & i \\ i & 1 \end{bmatrix}$ によって対角化され，$U^*(iB)U=\mathrm{Diag}\,(-1,1)$

である（問題 5.1(b)）．よって，B もこの U で対角化され，$U^*BU = \mathrm{Diag}\,\big(i, -i\big)$ となる．

5.3 $\boldsymbol{y} \in W$, $\boldsymbol{z} \in W^{\perp}$ とする．$(A^*\boldsymbol{z}) \cdot \boldsymbol{y} = \boldsymbol{z} \cdot (A\boldsymbol{y})$ となるが，$\boldsymbol{y} \in W$ であるから，$A\boldsymbol{y} = \lambda\boldsymbol{y} \in W$ となる．よって $(A^*\boldsymbol{z}) \cdot \boldsymbol{y} = 0$ となるから，$A^*\boldsymbol{z} \in W^{\perp}$ である．

6.1 (a) 固有値は -2 および 2 である．それぞれに対する固有空間を W_{-2}, W_2 とすると，

$$W_{-2} = \left\{ p\begin{bmatrix} -i \\ 1 \\ i \\ -1 \end{bmatrix},\ p \in \mathbb{C} \right\},\ W_2 = \left\{ p\begin{bmatrix} 1 \\ 0 \\ 1 \\ 0 \end{bmatrix} + q\begin{bmatrix} -i \\ 0 \\ 0 \\ 1 \end{bmatrix} + r\begin{bmatrix} i \\ 1 \\ 0 \\ 0 \end{bmatrix},\ p, q, r \in \mathbb{C} \right\}$$

(b) $\boldsymbol{x} \in \mathbb{C}^4$ を W_{-2}, W_2 に射影するときの写像行列をそれぞれ P_{-2}, P_2 とすると，

$$P_{-2} = \frac{1}{4}\begin{bmatrix} 1 & -i & -1 & i \\ i & 1 & -i & -1 \\ -1 & i & 1 & -i \\ -i & -1 & i & 1 \end{bmatrix}, \quad P_2 = \frac{1}{4}\begin{bmatrix} 3 & i & 1 & -i \\ -i & 3 & i & 1 \\ 1 & -i & 3 & i \\ i & 1 & -i & 3 \end{bmatrix}$$

$P_{-2} + P_2 = E_4$, $-2P_{-2} + 2P_2 = A$ は，直接計算して確かめる．

なお，ベクトル空間 V の要素 $\boldsymbol{x}$ を，V の部分空間 W へ射影して $\boldsymbol{y}$ を得たとすると，$\boldsymbol{y}$ は次のようにして求められる．W の 1 組の基底を $\boldsymbol{a}_1, \ldots, \boldsymbol{a}_k$ とすると，$\boldsymbol{y} = \displaystyle\sum_{j=1}^{k} \alpha_j \boldsymbol{a}_j$ と書ける．$\boldsymbol{x} - \boldsymbol{y} \in W^{\perp}$ により，$\boldsymbol{a}_i \cdot \boldsymbol{y} = \boldsymbol{a}_i \cdot \boldsymbol{x}$ を得る．よって，$\displaystyle\sum_{j=1}^{k} (\boldsymbol{a}_i \cdot \boldsymbol{a}_j)\alpha_j = \boldsymbol{a}_i \cdot \boldsymbol{x}$. これを解いて $\alpha_1, \ldots, \alpha_k$ を求めるとよい．

(c) (b) の結果より直接計算することで確かめられる．

7.1 $U^*AU = \mathrm{Diag}\,(\lambda_1, \ldots, \lambda_n)$ とすると，$(U^*AU)^* = U^*A^*U = \mathrm{Diag}\,(\bar{\lambda}_1, \ldots, \bar{\lambda}_n)$ となる．対角行列は交換するので，$(U^*AU)(U^*A^*U) = (U^*A^*U)(U^*AU)$. U はユニタリであるから $U^*AA^*U = U^*A^*AU$ となり，両辺に左から U, 右から U^* をかけると $A^*A = AA^*$ となる．

7.2 正規行列かどうか調べればユニタリ行列による対角化可能性がわかる．以下，与えられた行列を A, 対角化のための行列を P とする．(a), (e) は対角化不可能，残りは対角化可能．

(b) $P = \dfrac{1}{2}\begin{bmatrix} \sqrt{2} & \sqrt{2} \\ 1+i & -(1+i) \end{bmatrix}$, $P^*AP = \mathrm{Diag}\left(1 + \dfrac{\sqrt{6}}{2}(1+i), 1 - \dfrac{\sqrt{6}}{2}(1+i)\right)$

(c) $P = \dfrac{1}{\sqrt{2}}\begin{bmatrix} 1 & 1 \\ 1 & -1 \end{bmatrix}$, $P^*AP = \mathrm{Diag}\,\big(i+2, i-2\big)$

(d) $P = \dfrac{1}{\sqrt[4]{8}}\begin{bmatrix} i\sqrt{\sqrt{2}-1} & -i\sqrt{\sqrt{2}+1} \\ \sqrt{\sqrt{2}+1} & \sqrt{\sqrt{2}-1} \end{bmatrix}$, $P^*AP = \mathrm{Diag}\,\big(-\sqrt{2}, \sqrt{2}\big)$

(f) $P = \dfrac{1}{2 \cdot \sqrt[4]{3}}\begin{bmatrix} (i-1)\sqrt{\sqrt{3}-1} & (1-i)\sqrt{\sqrt{3}+1} \\ \sqrt{2(\sqrt{3}+1)} & \sqrt{2(\sqrt{3}-1)} \end{bmatrix}$,

$P^*AP = \mathrm{Diag}\left((2-\sqrt{3})i, (2+\sqrt{3})i\right)$

(g) $P = \dfrac{1}{2}\begin{bmatrix} \sqrt{2} & 0 & \sqrt{2} \\ 0 & 1 & 0 \\ -(1+i) & 0 & 1+i \end{bmatrix}$, $P^*AP = \mathrm{Diag}\left(1-\sqrt{2}\,i, 1, 1+\sqrt{2}\,i\right)$

7.3 正規行列を $A = \begin{bmatrix} a & b \\ c & d \end{bmatrix}$ とおけば，$A^*A = AA^*$ により

$$|b|^2 = |c|^2, \quad a^*c + b^*d = ab^* + cd^*$$

となる．第 1 式から $b = \rho e^{ip}$, $c = \rho e^{iq}$ ($\rho, p, q \in \mathbb{R}$) と表され，また第 2 式から $(a-d)b^* = (a-d)^*c$ であるので，$a-d = 2re^{is}$ ($r, s \in \mathbb{R}$) とすると，$r\rho[e^{2is} - e^{i(p+q)}] = 0$. よって $\rho = 0$ または $r = 0$ または $2s = p+q+2n\pi$ (n は整数) となる．

以下，s を θ と書き改めると，$\rho = 0$ のときは，$A = \begin{bmatrix} a & 0 \\ 0 & d \end{bmatrix}$ となり，$r = 0$ のときは，

$A = \begin{bmatrix} a & \rho e^{ip} \\ \rho e^{iq} & a \end{bmatrix}$ となる．

$r, \rho \neq 0$ のときは，$p + q = 2\theta - 2n\pi$ であるから，

$$p = \frac{p+q}{2} + \frac{p-q}{2} = \theta + \frac{p-q}{2} - n\pi, \quad q = \frac{p+q}{2} - \frac{p-q}{2} = \theta - \frac{p-q}{2} - n\pi$$

となるので，$\phi = \dfrac{p-q}{2} - n\pi$ とすれば，$p = \theta + \phi$, $q = \theta - \phi - 2n\pi$. さらに $\alpha = \dfrac{a+d}{2}$, $\beta = re^{i\theta}$, $\gamma = \dfrac{\rho}{r}e^{i\phi}$ として $A = \begin{bmatrix} \alpha+\beta & \beta\gamma \\ \beta\bar{\gamma} & \alpha-\beta \end{bmatrix}$ を得る．これは $\rho = 0$ の場合も含む．

よって，2×2 の正規行列の一般形は

$$\begin{bmatrix} \alpha+\beta & \beta\gamma \\ \beta\bar{\gamma} & \alpha-\beta \end{bmatrix} \quad \text{または} \quad \begin{bmatrix} \alpha & \rho e^{i\theta} \\ \rho e^{i\phi} & \alpha \end{bmatrix} \quad (\alpha, \beta, \gamma \in \mathbb{C},\ \rho, \theta, \phi \in \mathbb{R})$$

8.1 ジョルダン標準形を K, ジョルダン標準形を求めるための行列を P とする．

(a) $P = \begin{bmatrix} 2 & -1 \\ -1 & 0 \end{bmatrix}$, $K = \begin{bmatrix} 1 & 1 \\ 0 & 1 \end{bmatrix}$ (b) $P = \begin{bmatrix} 1 & 3 \\ 1 & 2 \end{bmatrix}$, $K = \begin{bmatrix} 1 & 0 \\ 0 & 2 \end{bmatrix}$ (c) $P = \begin{bmatrix} 1 & 2 & 3 \\ 1 & 1 & 0 \\ 2 & 3 & 2 \end{bmatrix}$, $K = \begin{bmatrix} 1 & 0 & 0 \\ 0 & 2 & 1 \\ 0 & 0 & 2 \end{bmatrix}$ (d) $P = \begin{bmatrix} 3 & 0 & -1 \\ -5 & -1 & 1 \\ 1 & 0 & 0 \end{bmatrix}$, $K = \begin{bmatrix} 1 & 1 & 0 \\ 0 & 1 & 1 \\ 0 & 0 & 1 \end{bmatrix}$

(e) $P = \begin{bmatrix} 0 & 1 & 0 & 5/2 \\ 1 & 0 & 2 & 0 \\ 1 & 1 & 1 & 3 \\ 0 & 0 & 0 & 1/2 \end{bmatrix}$, $K = \begin{bmatrix} 1 & 1 & 0 & 0 \\ 0 & 1 & 1 & 0 \\ 0 & 0 & 1 & 1 \\ 0 & 0 & 0 & 1 \end{bmatrix}$

(f) $P = \begin{bmatrix} 1 & 1 & 0 & 1 \\ 0 & 0 & 1 & 1 \\ 0 & 1 & 1 & 0 \\ 1 & 0 & 0 & 1 \end{bmatrix}, K = \begin{bmatrix} 1 & 1 & 0 & 0 \\ 0 & 1 & 0 & 0 \\ 0 & 0 & 2 & 1 \\ 0 & 0 & 0 & 2 \end{bmatrix}$

8.2 与えられた行列は $P = \begin{bmatrix} 2 & 1 \\ 1 & 1 \end{bmatrix}$ によってジョルダン標準形となり，$P^{-1}AP = \begin{bmatrix} 1 & 1 \\ 0 & 1 \end{bmatrix}$. 問題 9.1 と同様にして，$(P^{-1}AP)^n = \begin{bmatrix} 1 & n \\ 0 & 1 \end{bmatrix}$ となる．$(P^{-1}AP)^n = P^{-1}A^nP$ により，

$$A^n = P(P^{-1}AP)^nP^{-1} = \begin{bmatrix} 2 & 1 \\ 1 & 1 \end{bmatrix}\begin{bmatrix} 1 & n \\ 0 & 1 \end{bmatrix}\begin{bmatrix} 1 & -1 \\ -1 & 2 \end{bmatrix} = \begin{bmatrix} 1-2n & 4n \\ -n & 1+2n \end{bmatrix}$$

となる．また，$\exp(tA) = \sum_{n=0}^{\infty} \frac{t^n}{n!} A^n$ により $\exp(tA)$ を計算すると，

$$\exp(tA) = \sum_{n=0}^{\infty} \frac{t^n}{n!} \begin{bmatrix} 1-2n & 4n \\ -n & 1+2n \end{bmatrix}$$
$$= \begin{bmatrix} \sum_{n=0}^{\infty} \frac{t^n}{n!} - 2\sum_{n=1}^{\infty} \frac{t^n}{(n-1)!} & 4\sum_{n=1}^{\infty} \frac{t^n}{(n-1)!} \\ -\sum_{n=1}^{\infty} \frac{t^n}{(n-1)!} & \sum_{n=0}^{\infty} \frac{t^n}{n!} + 2\sum_{n=1}^{\infty} \frac{t^n}{(n-1)!} \end{bmatrix} = \begin{bmatrix} e^t - 2te^t & 4te^t \\ -te^t & e^t + 2te^t \end{bmatrix}$$

9.1 $A = \begin{bmatrix} 1 & 1 \\ 0 & 1 \end{bmatrix}$ により，A^n は $A^n = \begin{bmatrix} \alpha_n & \beta_n \\ 0 & \gamma_n \end{bmatrix}$ の形である．$A^{n+1} = AA^n$ により，$\begin{bmatrix} \alpha_{n+1} & \beta_{n+1} \\ 0 & \gamma_{n+1} \end{bmatrix} = \begin{bmatrix} \alpha_n & \beta_n + \gamma_n \\ 0 & \gamma_n \end{bmatrix} = \begin{bmatrix} \alpha_n & \alpha_n + \beta_n \\ 0 & \gamma_n \end{bmatrix}$. よって，$\alpha_n = 1, \beta_n = n,$ $\gamma_n = 1$ を得る．また，$B = \begin{bmatrix} 1 & 1 & 0 \\ 0 & 1 & 1 \\ 0 & 0 & 1 \end{bmatrix}$ については，$B^n = \begin{bmatrix} 1 & \alpha_n & \beta_n \\ 0 & 1 & \alpha_n \\ 0 & 0 & 1 \end{bmatrix}$ とすると，A の場合と同様に漸化式を導いて $\beta_{n+1} = \beta_n + 1, \gamma_{n+1} = \gamma_n + \beta_n$ となる．これを解いて，$\beta_n = n, \gamma_n = \frac{n(n-1)}{2}$ を得る．以上から

$$\begin{bmatrix} 1 & 1 \\ 0 & 1 \end{bmatrix}^n = \begin{bmatrix} 1 & n \\ 0 & 1 \end{bmatrix}, \quad \begin{bmatrix} 1 & 1 & 0 \\ 0 & 1 & 1 \\ 0 & 0 & 1 \end{bmatrix}^n = \begin{bmatrix} 1 & n & n(n-1)/2 \\ 0 & 1 & n \\ 0 & 0 & 1 \end{bmatrix}$$

9.2 $A-\alpha E = \mathrm{Diag}\left(J_k(0), J_l(\beta-\alpha)\right)$ により，$(A-\alpha E)^n = \mathrm{Diag}\left(J_k(0)^n, J_l(\beta-\alpha)^n\right)$ となる．一般に，問題 9.1 と同様にすれば，$J_m(a)^n$ は上三角行列で，対角成分に平行な箇所にある成分は等しいことが確かめられる．この対角成分を $c_1^{(n)}(a)$, その隣の対角成分（第

$(i, i+1)$ 成分）を $c_2^{(n)}(a)$, というように順に $c_k^{(n)}(a)$ $(1 \leqq k \leqq m)$ を定め，最右上の成分を $c_m^{(n)}(a)$ とすると，

$$a \neq 0 \text{ のとき，} c_k^{(n)}(a) = \frac{n \cdot (n-1) \cdots (n-k+2)}{(k-1)!} a^{n-k+1}$$

$$a = 0 \text{ のとき，} c_k^{(n)}(0) = \begin{cases} 1 & (k = n+1) \\ 0 & (k \neq n+1) \end{cases}$$

となる．よって，$(A - \alpha E)^n$ は左上の $k \times k$ 成分と右下の $l \times l$ 成分が上三角行列で，特に左上は $n \geqq k$ の場合は零行列となる．これ以外の成分はすべて零．

9.3 $(A - \lambda E)^k \boldsymbol{x} = \boldsymbol{0}$ ならば，$(A - \lambda E)^{k+1} \boldsymbol{x} = \boldsymbol{0}$ である．よって，$\boldsymbol{x} \in W^{(k)}$ ならば，$\boldsymbol{x} \in W^{(k+1)}$ である．

演習問題

1. (a) A を実交代行列，その固有値と固有ベクトルを λ, $\boldsymbol{x}$ とすると，$A\boldsymbol{x} = \lambda \boldsymbol{x}$ から $\boldsymbol{x}^* A \boldsymbol{x} = \lambda |\boldsymbol{x}|^2$．また，$A^* = A^{\mathrm{T}} = -A$ であるから $\boldsymbol{x}^* A^* = -\boldsymbol{x}^* A = \bar{\lambda} \boldsymbol{x}^*$ となり，$-\boldsymbol{x}^* A \boldsymbol{x} = \bar{\lambda} |\boldsymbol{x}|^2$．よって，$(\lambda + \bar{\lambda}) |\boldsymbol{x}|^2 = 0$. $\boldsymbol{x} \neq \boldsymbol{0}$ であるから，$\bar{\lambda} + \lambda = 0$ を得て，λ は純虚数または 0 である． (b) B は実直交行列であり，その固有値は絶対値が 1 の複素数である（実直交行列はユニタリ行列であるから）．また，B の特性方程式 $\det(B - \lambda E) = 0$ は，λ に関する実係数の方程式であるから，λ が固有値ならば $\bar{\lambda}$ も固有値である．よって，B の固有値であり得るのは，絶対値が 1 の共役な複素数の組および 1, -1 であるから，-1 の重複度を k とすれば，$\det B = (-1)^k$. $\det B = -1$ ならば，k は奇数であり，固有値 -1 が少なくとも 1 つは存在する． (c) $A\boldsymbol{x} = \lambda \boldsymbol{x}$ とすると，$A^m = O$ だから $A^m \boldsymbol{x} = \lambda^m \boldsymbol{x} = \boldsymbol{0}$. よって $\lambda = 0$.

2. (a) B は正規行列であるから，あるユニタリ行列 U で対角化できる．よって，$E + B$ も同じ U で対角化され，$U^*(E+B)U = E + U^*BU$ により，対角成分は B の固有値に 1 を加えたものとなる．B が -1 を固有値としないので，$E + B$ は 0 を固有値とせず，したがって $\det(E + B) \neq 0$ がわかる． (b) A^{T} を計算する．$[(E+B)^{-1}]^{\mathrm{T}} = [(E+B)^{\mathrm{T}}]^{-1} = (E + B^{\mathrm{T}})^{-1}$ であることと，B が直交行列であることを用いて，

$$\begin{aligned} A^{\mathrm{T}} &= [(E-B)(E+B)^{-1}]^{\mathrm{T}} = [(E+B)^{-1}]^{\mathrm{T}} (E-B)^{\mathrm{T}} \\ &= (E + B^{\mathrm{T}})^{-1} (E - B^{\mathrm{T}}) = (E + B^{-1})^{-1} (E - B^{-1}) \end{aligned}$$

となる．ここで，$E + B^{-1} = B^{-1}(B + E)$, $E - B^{-1} = B^{-1}(B - E)$ である．また，$E + B$ が可逆であるから $(E+B)^{-1}(E-B) = (E-B)(E+B)^{-1}$ （下記注意参照）．よって

$$\begin{aligned} A^{\mathrm{T}} &= (B+E)^{-1}(B^{-1})^{-1} B^{-1} (B - E) = -(E+B)^{-1}(E-B) \\ &= -(E-B)(E+B)^{-1} = -A \end{aligned}$$

【注　意】 M を一般の行列として，$(E+M)(E-M) = (E-M)(E+M)$ であるか

ら，$(E+M)^{-1}$ が存在すれば $(E+M)^{-1}(E-M)=(E-M)(E+M)^{-1}$ が成り立つ．これは次の (c) でも用いる．

(c)　$A=(E-B)(E+B)^{-1}$ より，$A+AB=E-B$. よって $(E+A)B=E-A$. (b) の結果により A は実交代行列であるから，1. により -1 はその固有値ではありえない．よって，(a) と同様にして $E+A$ は可逆となり，$B=(E+A)^{-1}(E-A)=(E-A)(E+A)^{-1}$.

(d)　(c) と同様に，A が実交代行列であるから $E+A$ は可逆である．また，

$$X^{\mathrm{T}}=[(E-A)(E+A)^{-1}]^{\mathrm{T}}=[(E+A)^{-1}(E-A)]^{\mathrm{T}}$$
$$=(E-A)^{\mathrm{T}}[(E+A)^{-1}]^{\mathrm{T}}=(E-A^{\mathrm{T}})(E+A^{\mathrm{T}})^{-1}=(E+A)(E-A)^{-1}$$

したがって，$X^{\mathrm{T}}X=[(E+A)(E-A)^{-1}][(E-A)(E+A)^{-1}]=E$ となり，A, E の各成分が実数であるから，X が実直交行列であることがわかる．また，

$$X+E=(E-A)(E+A)^{-1}+E=(E-A)(E+A)^{-1}+(E+A)(E+A)^{-1}$$
$$=(E-A+E+A)(E+A)^{-1}=2(E+A)^{-1}$$

となるが，$E+A$ が可逆であるから $X+E$ も可逆であり，(a) と同様にして X は -1 を固有値に持たない．したがって，$\det X=1$ である．　(e)　$Y=(E+X)^{-1}(E-X)$ より，$Y=\dfrac{\sin\theta}{1+\cos\theta}\begin{bmatrix}0 & 1\\ -1 & 0\end{bmatrix}=\tan\dfrac{\theta}{2}\begin{bmatrix}0 & 1\\ -1 & 0\end{bmatrix}$.

3.　(a)　$(AB)^*=B^*A^*$ が AB に等しくなければならないが，$A^*=A,\ B^*=B$ を用いると，求めるべき条件は $AB=BA$.　(b)　$A\boldsymbol{b}_j=\lambda\boldsymbol{b}_j$ により，$\boldsymbol{b}_i\cdot A\boldsymbol{b}_j=\lambda_i\delta_{ij}$.

(c)　$\boldsymbol{b}_1,\ldots,\boldsymbol{b}_n$ が $\mathbb{C}^n$ の正規直交系をなすから，$\boldsymbol{x}=\displaystyle\sum_{i=1}^{n}x_i\boldsymbol{b}_i$ と展開することができ，$x_i=\boldsymbol{b}_i\cdot\boldsymbol{x}$. 同様に，$\boldsymbol{y}=\displaystyle\sum_{i=1}^{n}y_i\boldsymbol{b}_i,\ y_i=\boldsymbol{b}_i\cdot\boldsymbol{y}$. ここで，

$$\boldsymbol{x}\cdot A\boldsymbol{y}=\left[\sum_{i=1}^{n}(\boldsymbol{x}\cdot\boldsymbol{b}_i)\,\boldsymbol{b}_i\right]^*A\sum_{j=1}^{n}(\boldsymbol{y}\cdot\boldsymbol{b}_j)\,\boldsymbol{b}_j=\sum_{i=1}^{n}\sum_{j=1}^{n}\overline{(\boldsymbol{x}\cdot\boldsymbol{b}_i)}(\boldsymbol{y}\cdot\boldsymbol{b}_j)\boldsymbol{b}_i^*A\boldsymbol{b}_j$$

となるから，(b) の結果とあわせて $\boldsymbol{x}\cdot A\boldsymbol{y}=\displaystyle\sum_{i=1}^{n}\lambda_i\overline{(\boldsymbol{x}\cdot\boldsymbol{b}_i)}(\boldsymbol{y}\cdot\boldsymbol{b}_i)$ を得る．

4.　(a)　$A^*=(\boldsymbol{a}\boldsymbol{a}^*)^*=(\boldsymbol{a}^*)^*\boldsymbol{a}^*=\boldsymbol{a}\boldsymbol{a}^*=A$　(b)　$A^2=(\boldsymbol{a}\boldsymbol{a}^*)(\boldsymbol{a}\boldsymbol{a}^*)=\boldsymbol{a}(\boldsymbol{a}^*\boldsymbol{a})\boldsymbol{a}^*=|\,\boldsymbol{a}\,|^2\boldsymbol{a}\boldsymbol{a}^*=\boldsymbol{a}\boldsymbol{a}^*=A$　(c)　$A\boldsymbol{x}=\lambda\boldsymbol{x}$ とすると，$A^2\boldsymbol{x}=\lambda^2\boldsymbol{x}$. また，$A^2=A$ より $A^2\boldsymbol{x}=A\boldsymbol{x}=\lambda\boldsymbol{x}$. よって，$\lambda$ は 1 または 0 に限る．

$\lambda=1$ の場合，$A\boldsymbol{x}=\boldsymbol{a}\boldsymbol{a}^*\boldsymbol{x}=\boldsymbol{a}(\boldsymbol{a}\cdot\boldsymbol{x})$ で，$\boldsymbol{a}\cdot\boldsymbol{x}\in\mathbb{C}$ であるから $\boldsymbol{x}=k\boldsymbol{a}$ に限る．

$\lambda=0$ の場合，$\lambda=1$ のときと同様に，$A\boldsymbol{x}=(\boldsymbol{a}\cdot\boldsymbol{x})\boldsymbol{a}$ であるから，$\boldsymbol{x}\perp\boldsymbol{a}$.

以上により，

固有値 1 に対して　固有ベクトルは $\boldsymbol{a}$

固有値 0 に対して　固有ベクトルは $\boldsymbol{a}$ に直交するベクトルで線形独立なものすべて

7
章

5. (a) $\boldsymbol{x} \in W_\lambda^\perp$ とする．$\boldsymbol{y} \in W_\lambda$ に対し，$(A^*\boldsymbol{x}) \cdot \boldsymbol{y} = (A^*\boldsymbol{x})^*\boldsymbol{y} = \boldsymbol{x}^*A\boldsymbol{y} = \boldsymbol{x} \cdot (A\boldsymbol{y})$ であるが，$A\boldsymbol{y} = \lambda\boldsymbol{y}$ によってこれは 0 である．よって $A^*\boldsymbol{x} \in W_\lambda^\perp$ となり，W_λ は A^* に関して不変である． (b) $\boldsymbol{a}_1, \ldots, \boldsymbol{a}_k$ に対し，$A\boldsymbol{a}_i = \lambda\boldsymbol{a}_i$ であることと，$\boldsymbol{a}_i \cdot \boldsymbol{a}_j = \delta_{i,j}$ であることから明らか． (c) $\boldsymbol{x} \in W_\lambda$ とする．$A\boldsymbol{x} = \lambda\boldsymbol{x}$ により $A^*A\boldsymbol{x} = \lambda A^*\boldsymbol{x}$．$A$ は正規行列であるから，$A(A^*\boldsymbol{x}) = \lambda A^*\boldsymbol{x}$ となり，$A^*\boldsymbol{x} \in W_\lambda$ である．よって，W_λ は A^*-不変．次に，$\boldsymbol{p} \in W_\lambda^\perp$, $\boldsymbol{q} \in W_\lambda$ とする．$\boldsymbol{q} \cdot (A\boldsymbol{p}) = (A^*\boldsymbol{q}) \cdot \boldsymbol{p}$ であるが，W_λ は A^* 不変であるから $A^*\boldsymbol{q} \in W_\lambda$．よって，$\boldsymbol{q} \cdot (A\boldsymbol{p}) = 0$ で，$A\boldsymbol{p} \in W_\lambda^\perp$ となり，$W_\lambda^\perp$ は A-不変． (d) $\boldsymbol{a}_{k+1}, \ldots .\boldsymbol{a}_n$ は $W_\lambda^\perp$ の正規直交基底であり，(c) で示したように $W_\lambda^\perp$ は A-不変であるから，$P = O$ は明らか．また，U はその作り方からユニタリ行列であり，$(U^*AU)(U^*A^*U) = U^*AA^*U = U^*A^*AU = U^*A^*UU^*AU = (U^*A^*U)(A^*UA)$ となる．$U^*AU = \begin{bmatrix} \lambda E_k & O \\ O & Q \end{bmatrix}$, $U^*A^*U = \begin{bmatrix} \lambda E_k & O \\ O & Q^* \end{bmatrix}$ により，$QQ^* = Q^*Q$ が成り立つ．

【注　意】 一般に $\boldsymbol{a}_{k+1}, \ldots .\boldsymbol{a}_n$ は A の固有ベクトルとは限らず，Q は対角行列ではない．

6. (a) f で不変な部分空間を U とする．任意の $\boldsymbol{x} \in U$ に対して $f(\boldsymbol{x}) = \boldsymbol{x} - \dfrac{2\boldsymbol{a} \cdot \boldsymbol{x}}{|\,\boldsymbol{a}\,|^2}\boldsymbol{a} \in U$ となるから，$\dfrac{2\boldsymbol{a} \cdot \boldsymbol{x}}{|\,\boldsymbol{a}\,|^2}\boldsymbol{a} \in U$．よって，$U$ は $\boldsymbol{a}$ を含む部分空間か，$\boldsymbol{a}$ と直交するベクトルからなる部分空間のいずれか．W は，$\boldsymbol{a}$ に直交するベクトル全体．$W^\perp$ は，$\boldsymbol{a}$ によって生成される部分空間 $\mathrm{Lin}\,(\boldsymbol{a})$． (b) $W^\perp$ の基底は $\boldsymbol{a}$ のみで，$F\boldsymbol{a} = -\boldsymbol{a}$．また，$W$ の正規直交基底を $\boldsymbol{b}_1, \ldots, \boldsymbol{b}_{n-1}$ とすると，これらは $\boldsymbol{a}$ に直交するので $F\boldsymbol{b}_i = \boldsymbol{b}_i$．したがって，$\boldsymbol{a}$ を規格化したベクトルを $\widetilde{\boldsymbol{a}}$ とし，$A := \big[\widetilde{\boldsymbol{a}}, \boldsymbol{b}_1, \ldots, \boldsymbol{b}_{n-1}\big]$ とすると，$FA = \big[F\widetilde{\boldsymbol{a}}, F\boldsymbol{b}_1, \ldots, F\boldsymbol{b}_{n-1}\big] = \big[-\widetilde{\boldsymbol{a}}, \boldsymbol{b}_1, \ldots, \boldsymbol{b}_{n-1}\big]$ となる．また，$\widetilde{\boldsymbol{a}}, \boldsymbol{b}_1, \ldots, \boldsymbol{b}_{n-1}$ は $\mathbb{R}^n$ の正規直交基底であるから，A は直交行列となり，$A^{-1}FA = A^{\mathrm{T}}FA = \mathrm{Diag}\,\big(-1, 1, \ldots, 1\big)$．ただし，$A$ における $\widetilde{\boldsymbol{a}}$ の位置によって，-1 は対角線上の任意の場所に移り得る．

7. (a), (c), (d) 群をなさない　(b), (e) 群をなす
群をなさないものについて，その理由は次の通り． (a) 積が定義されないことがある．また，可逆でない行列を含む． (c) 単位元がない． (d) エルミート行列の積はエルミート行列とは限らない（$A^* = A$, $B^* = B$ としても，$(AB)^* = B^*A^* = BA$ で，一般にこれは AB には等しくない）．

8. (a) $\boldsymbol{a} \in W^{(i)}$ とすると，$A^i\boldsymbol{x} = \boldsymbol{0}$ であるから，$A^{i+1}\boldsymbol{x} = \boldsymbol{0}$．よって，$\boldsymbol{x} \in W^{(i+1)}$ となって $W^{(i)} \in W^{(i+1)}$ が成り立つ．また，$A^m = O$ により，任意の $\boldsymbol{x}$ に対して $A^m\boldsymbol{x} = \boldsymbol{0}$ となるから $W^{(m)} = \mathbb{R}^n$． (b) $A^{m-1}(A\boldsymbol{a}_j^{(m)}) = A^m\boldsymbol{a}_j^{(m)}$ であるから，$A\boldsymbol{a}_j^{(m)} \in W^{(m-1)}$ $(1 \leqq j \leqq \nu_m)$．ここで，$\displaystyle\sum_{j=1}^{\nu_m} c_j A\boldsymbol{a}_j^{(m)} = \boldsymbol{0}$ とすると，両辺に A^{m-2} をかけて，$A^{m-1}\displaystyle\sum_{j=1}^{\nu_m} c_j\boldsymbol{a}_j^{(m)} = \boldsymbol{0}$．よって $\displaystyle\sum_{j=1}^{\nu_m} c_j\boldsymbol{a}_j^{(m)} \in W^{(m-1)}$．とこ

ろが，$\boldsymbol{a}_1^{(m)}, \ldots, \boldsymbol{a}_{\nu_m}^{(m)}$ は $W^{(m-1)}$ の基底に補充して $W^{(m)}$ の基底をなしたものであるから，$\mathrm{Lin}\left(\boldsymbol{a}_1^{(m)}, \ldots, \boldsymbol{a}_{\nu_m}^{(m)}\right) \cap W^{(m-1)} = \{\boldsymbol{0}\}$．したがって，$\displaystyle\sum_{j=1}^{\nu_m} c_j \boldsymbol{a}_j^{(m)} = \boldsymbol{0}$ となり，$\boldsymbol{a}_1^{(m)}, \ldots, \boldsymbol{a}_{\nu_m}^{(m)}$ の線形独立性から $c_1 = \cdots = c_{\nu_m} = 0$．　(c) (b) と同様．すなわち，$\displaystyle\sum_{j=1}^{\nu_m} c_j A\boldsymbol{a}_j^{(m)} \in W^{(m-2)}$ とすると，$\displaystyle A^{m-2}\sum_{j=1}^{\nu_m} c_j A\boldsymbol{a}_j^{(m)} = A^{m-1}\sum_{j=1}^{\nu_m} c_j \boldsymbol{a}_j^{(m)} = \boldsymbol{0}$ となるので，$\boldsymbol{a}_j^{(m)}$ の定義により，$c_j = 0$（$1 \leqq j \leqq \nu_m$）しかない．後半はこれによって明らかに成り立つ．　(d) (c) の手続きを $W^{(1)}$ になるまで繰り返す．$W^{(i)}$ の基底は，

$$\boldsymbol{a}_1^{(i)}, \ldots, \boldsymbol{a}_{\nu_i}^{(i)},\ A\boldsymbol{a}_1^{(i+1)}, \ldots, A\boldsymbol{a}_{\nu_{i+1}}^{(i+1)},\ \ldots, A^{m-i}\boldsymbol{a}_1^{(m)}, \ldots, A^{m-i}\boldsymbol{a}_{\nu_m}^{(m)}$$

で，その本数は $\displaystyle\sum_{j=i}^{m} \nu_j$．　(e) $\boldsymbol{a}_k^{(j)}$ は，$W^{(j)}$ の基底で $W^{(j-1)}$ の基底に補充されたものである．よって，$A^l \boldsymbol{a}_k^{(j)} \neq \boldsymbol{0}$（$1 \leqq l \leqq j-1$），$A^j \boldsymbol{a}_k^{(j)} = \boldsymbol{0}$ である．したがって，

$$AB = \left[\boldsymbol{0}, A^{j-1}\boldsymbol{a}_k^{(j)}, \ldots, A\boldsymbol{a}_k^{(j)}\right] = B \begin{bmatrix} 0 & 1 & & 0 \\ & \ddots & \ddots & \\ & & \ddots & 1 \\ 0 & & & 0 \end{bmatrix}$$

9. (a) $\dfrac{d\boldsymbol{y}}{dx} = k\boldsymbol{a}e^{kx}$ となるので，$k\boldsymbol{a} = A\boldsymbol{a}$ が成り立ち，k は A の固有値，$\boldsymbol{a}$ は固有値 k に対する固有ベクトルである．　(b) $\dfrac{d\boldsymbol{y}}{dx} = (kx\boldsymbol{a} + k\boldsymbol{b} + \boldsymbol{a})e^{kx}$, $A\boldsymbol{y} = (xA\boldsymbol{a} + A\boldsymbol{b})e^{kx}$ により，$A\boldsymbol{a} = k\boldsymbol{a}$, $A\boldsymbol{b} = k\boldsymbol{b} + \boldsymbol{a}$ で定められる．　(c) ジョルダン細胞．すなわち，重複した固有値を k として，$\begin{bmatrix} k & 1 \\ 0 & k \end{bmatrix}$．

10. (a) $S^{\mathrm{T}}JS = J$ により，$\det S^{\mathrm{T}} \cdot \det J \cdot \det S = \det J$．ここで，$\det J = 1$, $\det S^{\mathrm{T}} = \det S$ であるから，$(\det S)^2 = 1$．よって $\det S = \pm 1 \neq 0$ となり，S は可逆である．次に S^{-1} については，$J = S^{\mathrm{T}}JS$ に左から J, 右から S^{-1} をかけると，$J^2S^{-1} = JS^{\mathrm{T}}J$．ここで，$J^2 = -E_{2n}$ はすぐ確かめられるので，$S^{-1} = -JS^{\mathrm{T}}J$．　(b) まず S^{T} について，$(S^{\mathrm{T}})^{\mathrm{T}}JS^{\mathrm{T}} = SJS^{\mathrm{T}}$ により，$SJS^{\mathrm{T}} = J$ を確かめる．(a) から $S^{-1} = -JS^{\mathrm{T}}J$ となるので，これを変形し $S^{\mathrm{T}} = -JS^{-1}J$．よって $SJS^{\mathrm{T}} = -SJ^2S^{-1}J = SS^{-1}J = J$．次に S^{-1} について，$S^{-1} = -JS^{\mathrm{T}}J$ と $J^{\mathrm{T}} = -J$ から，$(S^{-1})^{\mathrm{T}} = -JSJ$．したがって，$(S^{-1})^{\mathrm{T}}JS^{-1} = -JSJ \cdot JS^{-1} = JSS^{-1} = J$．　(c) (a) より $S^{-1} = -JS^{\mathrm{T}}J$ が成り立つので，

$$\begin{aligned} S - \lambda E_{2n} &= S(E_{2n} - \lambda S^{-1}) = \lambda S\left(\frac{-1}{\lambda}J^2 + JS^{\mathrm{T}}J\right) \\ &= \lambda SJ\left(S^{\mathrm{T}} - \frac{1}{\lambda}E_{2n}\right)J = \lambda SJ\left(S - \frac{1}{\lambda}E_{2n}\right)^{\mathrm{T}} J \end{aligned}$$

したがって，$\det S=\sigma_S$, $\det J=1$ を用いて

$$\chi_S(\lambda)=\det\left[\lambda SJ\left(S-\frac{1}{\lambda}E_{2n}\right)^{\mathrm{T}}J\right]=\sigma_S\lambda^{2n}\det\left(S-\frac{1}{\lambda}E_{2n}\right)^{\mathrm{T}}$$
$$=\sigma_S\lambda^{2n}\det\left(S-\frac{1}{\lambda}E_{2n}\right)=\sigma_S\lambda^{2n}\chi_S\left(\frac{1}{\lambda}\right)$$

(d)　(c) の結果により，$\chi_S(\lambda)=0$ ならば，$\lambda^{2n}\chi_S(1/\lambda)=0$ であり，(a) により S は可逆であるから $\lambda\neq 0$. よって，$\chi_S(\lambda)=0$ ならば $\chi_S(1/\lambda)=0$ となることから，λ が S の固有値ならば，その逆数も固有値である．　(e)　同じ型のシンプレクティック行列 S_1, S_2, S_3 に対して $S_1(S_2S_3)=(S_1S_2)S_3$ は，行列の積の規則により成り立つ．単位行列がシンプレクティックであることは定義から明らか．逆行列がシンプレクティックであることは (b) で示した．よって，シンプレクティック行列の積がシンプレクティックになることを示せばよい．S_1, S_2 がシンプレクティックであるとすると，$(S_1S_2)^{\mathrm{T}}J(S_1S_2)=S_2^{\mathrm{T}}S_1^{\mathrm{T}}JS_1S_2=S_2^{\mathrm{T}}JS_2=J$. よって積 S_1S_2 もシンプレクティックである．　(f)　$\boldsymbol{\xi}:=S\boldsymbol{x}$, $\boldsymbol{\eta}:=S\boldsymbol{y}$ とすると，$[\boldsymbol{\xi},\boldsymbol{\eta}]=(S\boldsymbol{x})^{\mathrm{T}}J(S\boldsymbol{y})=\boldsymbol{x}^{\mathrm{T}}S^{\mathrm{T}}JS\boldsymbol{y}=\boldsymbol{x}^{\mathrm{T}}J\boldsymbol{y}=[\boldsymbol{x},\boldsymbol{y}]$ となるので，$[\boldsymbol{x},\boldsymbol{y}]$ は不変．

11.　(a)　定義に基づいて計算すればよい．　(b)　合成関数の微分公式を用いて，$\dfrac{dZ_i}{dt}=\displaystyle\sum_{j=1}^{2n}\frac{\partial Z_i}{\partial z_j}\frac{dz_j}{dt}$. よって，$M=\left[\dfrac{\partial Z_i}{\partial z_j}\right]_{2n\times 2n}$ となる．z のかわりに x, y を用いて表すと，$M=\begin{bmatrix}\dfrac{\partial X_i}{\partial x_j} & \dfrac{\partial X_i}{\partial y_{j-n}}\\ \dfrac{\partial Y_{i-n}}{\partial x_j} & \dfrac{\partial Y_{i-n}}{\partial y_{j-n}}\end{bmatrix}_{2n\times 2n}$. また，$\dfrac{\partial K}{\partial z_i}=\displaystyle\sum_{j=1}^{2n}\frac{\partial Z_j}{\partial z_i}\frac{\partial K}{\partial Z_j}$ であるから，$N=\left[\dfrac{\partial Z_j}{\partial z_i}\right]_{2n\times 2n}$. よって，$N=M^{\mathrm{T}}$.　(c)　$\dfrac{d\boldsymbol{z}}{dt}=J\dfrac{\partial K}{\partial \boldsymbol{z}}$ から，$M^{-1}\dfrac{d\boldsymbol{Z}}{dt}=JM^{\mathrm{T}}\dfrac{\partial K}{\partial \boldsymbol{Z}}$. よって，$\dfrac{d\boldsymbol{Z}}{dt}=MJM^{\mathrm{T}}\dfrac{\partial K}{\partial \boldsymbol{Z}}$ となるから，$MJM^{\mathrm{T}}=J$ を得る．すなわち，M はシンプレクティックである．　(d)　$\dfrac{\partial u}{\partial \boldsymbol{z}}=M^{\mathrm{T}}\dfrac{\partial u}{\partial \boldsymbol{Z}}$ 等を用いて直接計算することにより，示すことができる．

8
章

8章

1.1　(a) $\begin{bmatrix}1&0&1\\0&1&0\\1&0&-1\end{bmatrix}$　(b) $\begin{bmatrix}1&2&3\\2&3&2\\3&2&1\end{bmatrix}$　(c) $\begin{bmatrix}1&1&-1\\1&0&1\\-1&1&1\end{bmatrix}$

(d) $\dfrac{1}{2}\begin{bmatrix}0&1&1\\1&0&1\\1&1&0\end{bmatrix}$

1.2　(a)　$U(x,y)-U(0,0)=\dfrac{A}{2}x^2+\dfrac{B}{2}y^2$　(b)　$U(x,y)-U(0,0)=y^2$

(c) $U(x,y,z)-U(0,0,0)=x^2+2y^2+2xy-z^2$

1.3 $\boldsymbol{a}^{\mathrm{T}}A\boldsymbol{b}\in\mathbb{R}$ であるから，$\left(\boldsymbol{a}^{\mathrm{T}}A\boldsymbol{b}\right)^{\mathrm{T}}=\boldsymbol{b}^{\mathrm{T}}A^{\mathrm{T}}(\boldsymbol{a}^{\mathrm{T}})^{\mathrm{T}}=\boldsymbol{b}^{\mathrm{T}}A\boldsymbol{a}$

2.1 (a) $\zeta_1=\dfrac{x+y}{\sqrt{2}},\ \zeta_2=\dfrac{x-y}{\sqrt{2}}-\dfrac{1}{\sqrt{2}}$ として $\zeta_1^2-\zeta_2^2+\dfrac{3}{2}=0$. 双曲線

(b) $\zeta_1=\dfrac{x-y}{\sqrt{2}},\ \zeta_2=\dfrac{x+y}{\sqrt{2}}$ として $-\zeta_1^2+3\zeta_2^2+1=0$. 双曲線

(c) $\zeta_1=\dfrac{\sqrt{\sqrt{5}-1}x+\sqrt{\sqrt{5}+1}y}{\sqrt[4]{20}},\ \zeta_2=\dfrac{\sqrt{\sqrt{5}+1}x-\sqrt{\sqrt{5}-1}y}{\sqrt[4]{20}}$ として $\dfrac{3+\sqrt{5}}{2}\zeta_1^2+\dfrac{3-\sqrt{5}}{2}\zeta_2^2-1=0$. 楕円 (d) $\zeta_1=\dfrac{x-2y}{\sqrt{5}}-\dfrac{1}{\sqrt{5}},\ \zeta_2=\dfrac{2x+y}{\sqrt{5}}$ として $\zeta_1+\sqrt{5}\zeta_2^2=0$. 放物線

3.1 (a) $W=\begin{bmatrix}1 & -\frac{1}{2}\\ 0 & 1\end{bmatrix},\ B=\mathrm{Diag}\,(2,\frac{5}{2})$ (b) $W=\begin{bmatrix}0 & 1\\ 1 & -\frac{1}{2}\end{bmatrix}$, $B=\mathrm{Diag}\,(2,-\frac{1}{2})$ (c) $W=\dfrac{1}{2}\begin{bmatrix}2 & -1\\ 2 & 1\end{bmatrix},\ B=\mathrm{Diag}\,(2,-\frac{1}{2})$

(d) $W=\dfrac{1}{3}\begin{bmatrix}3 & -2 & -3\\ 3 & 1 & -3\\ 0 & 0 & 3\end{bmatrix},\ B=\mathrm{Diag}\,(3,-\frac{1}{3},-4)$ (e) $W=\dfrac{1}{2}\begin{bmatrix}2 & -1 & -6\\ 2 & 1 & -4\\ 0 & 0 & 2\end{bmatrix}$, $B=\mathrm{Diag}\,(2,-\frac{1}{2},-12)$

【注　意】 すでに例題 8.3 の注意でも述べたように，上記の W は唯一のものではなく，さまざまな W に対して対角成分の値が全く異なる場合があることに注意したい．たとえば，(d) では $W=\begin{bmatrix}0 & 1 & -1\\ 1 & -1 & -1\\ 0 & 0 & 1\end{bmatrix}$ によって対角化すると，$B=\mathrm{Diag}\,(1,-1,-4)$ となる．

3.2 $\boldsymbol{y}$ の第 i 成分を y_i, $W^{\mathrm{T}}AW=\mathrm{Diag}\,(\lambda_1,\lambda_2,\ldots)$ とすると，2 次形式は $\lambda_1y_1^2+\lambda_2y_2^2+\cdots$ となる．これを $\boldsymbol{x}$ で表すと，各変数に関して順次平方完成した 2 次形式に対応することが確かめられる．(a) $2\left(x+\dfrac{y}{2}\right)^2+\dfrac{5}{2}y^2$ (b) $2\left(\dfrac{x}{2}+y\right)^2-\dfrac{1}{2}x^2$

(c) $\dfrac{1}{2}(x+y)^2-\dfrac{1}{2}(x-y)^2$ (d) $3\left(\dfrac{x}{3}+\dfrac{2y}{3}+z\right)^2-\dfrac{1}{3}(x-y)^2-4z^2$

(e) $\dfrac{1}{2}(x+y+5z)^2-\dfrac{1}{2}(x-y+z)^2-12z^2$

4.1 (a) $f(x,y)=(x+2y)^2-3y^2$, 符号数は $(1,1,0)$ (b) $f(x,y)=(x+y)^2+y^2$, 符号数は $(2,0,0)$ (c) $f(x,y,z)=(x+y-z)^2-(y-3z)^2+9z^2$, 符号数は $(2,1,0)$ (d) $f(x,y,z)=(x+2y+3z)^2-(y+2z)^2-4z^2$, 符号数は $(1,2,0)$ (e) $f(x,y,z)=x^2+(y+x)^2-(z-x)^2$, 符号数は $(2,1,0)$

5.1 (a), (c), (e) 不定値　(b) 負定値　(d) 正定値

5.2 $f(a,b)$ が (a,b) の近くで真に最小となることは，任意の $(h,k) \neq (0,0)$ に対して $\Delta := f(a+h,b+k) - f(a,b) > 0$ となることと同値である．(x,y) として (a,b) の近くを考えるならば，h^2+k^2 が十分小さく，

$$\boldsymbol{x} := \begin{bmatrix} h \\ k \end{bmatrix} \text{ として } \Delta \fallingdotseq \frac{1}{2}\boldsymbol{x}^{\mathrm{T}} M \boldsymbol{x},\ M := \begin{bmatrix} f_{xx}(a,b) & f_{xy}(a,b) \\ f_{yx}(a,b) & f_{yy}(a,b) \end{bmatrix}$$

となる．したがって M が正定値であれば真に最小となる．すなわち，

$$f_{xx}(a,b) > 0, \quad f_{xx}(a,b)f_{yy}(a,b) - f_{xy}(a,b)^2 > 0$$

（ただし，正定値でなく半正定値であっても，h, k の高次の項の効果で $\Delta > 0$ が保証されることがある）

$f(a,b)$ が最小に含まれるときは，M が半正定値であればその可能性はあるが，その場合でも h, k の高次項の効果によって Δ 自体は定符号でない可能性がある．M が半正定値であることは，$f(a,b)$ が最小に含まれることの必要条件である．

6.1 (a) 対角行列は，すべての対角成分が負のときにのみ負定値となる．　(b) 対称行列 A は，$W^{\mathrm{T}}AW$ が負定値となる可逆行列 W が存在するときにのみ負定値となる．

6.2 実対称行列 A は，直交行列 B を用いて $B^{\mathrm{T}}AB = \mathrm{Diag}\,(\lambda_1, \lambda_2, \ldots)$ （$\lambda_1, \lambda_2, \ldots$ は A の固有値）と変形できる（第 7.3 節 (7.13) 式参照）から，例題 8.6 によりすべての固有値が正の場合に限って A は正定値，すべての固有値が負の場合に限って負定値になる．

6.3 正定値となるときは，A の固有値がすべて正のときだから，符号数は $(n,0,0)$. 半正定値のときは，固有値が 0 になることもあるので，符号数は $(n-k,0,k)$ （k は $0 \leqq k \leqq n$ の整数）．同様に，負定値のときの符号数は $(0,n,0)$, 半負定値のときの符号数は $(0,n-k,k)$ （k は $0 \leqq k \leqq n$ の整数）．

演習問題

1. (a) (1,1,0)　(b) (1,1,0)　(c) (2,0,0)　(d) (2,1,0)　(e) (1,1,1)　(f) (2,2,0)

2. 与えられた行列の第 i 次の主座小行列 H_i の行列式を求めると，

$$\det H_1 = 1, \quad \det H_2 = a-1, \quad \det H_3 = ab-a-b, \quad \det H_4 = (c-1)\det H_3$$

となる．与えられた行列が正定値になる必要十分条件は，これらがすべて正になることであるので，求めるべき条件は $a>1$ かつ $b > \dfrac{a}{a-1}$ かつ $c>1$ である．

3. (a) $A\{\boldsymbol{x}\} = \boldsymbol{x}^*A\boldsymbol{x}$ であるから，$\overline{A\{\boldsymbol{x}\}} = (\boldsymbol{x}^*A\boldsymbol{x})^* = \boldsymbol{x}^*A^*\boldsymbol{x}$ となる．$A^* = A$ により，$A\{\boldsymbol{x}\} = \overline{A\{\boldsymbol{x}\}}$ が得られ，$A\{\boldsymbol{x}\} \in \mathbb{R}$ が成り立つ．　(b) U としては A を対角化するユニタリ行列を用いるとよい．　(c) i. 正定値　ii. 不定値　iii. 不定値

4. (a) $A := [a_{ij}]$, $\boldsymbol{x} := [x_i]$ とすると，条件 $\displaystyle\sum_{i=1}^{n} x_i^2 - 1 = 0$ の下で $\displaystyle\sum_{i,j=1}^{n} a_{ij}x_i x_j$ が極値を取るための条件を求めることになる．ラグランジュの未定乗数法により $G(x_1, \ldots, x_n; \mu) := \displaystyle\sum_{i,j=1}^{n} a_{ij}x_i x_j - \mu\left(\sum_{i=1}^{n} x_i^2 - 1\right)$ とすると，

$$\frac{\partial G}{\partial x_k} = \sum_{i=1}^{n} a_{ik}x_i + \sum_{j=1}^{n} a_{kj}x_j - 2\mu x_k = 2\left(\sum_{i=1}^{n} a_{ki}x_i - \mu x_k\right) = 0$$

$$(k = 1, \ldots, n)$$

$$\frac{\partial G}{\partial \mu} = \sum_{i=1}^{n} x_i^2 - 1 = 0$$

上側の式は $A\boldsymbol{x} - \mu\boldsymbol{x} = \boldsymbol{0}$ の第 k 成分である．これに下側の $|\boldsymbol{x}|^2 = 1$ をあわせて，

$$(A - \mu E)\boldsymbol{x} = \boldsymbol{0}, \quad |\boldsymbol{x}| = 1$$

この条件は A の固有ベクトルのうち，長さが 1 のものを求める問題と同じである．

(b) B を A の主軸系として，$\boldsymbol{y} := B^{-1}\boldsymbol{x}$ とすると，$B^{\mathrm{T}}AB = \mathrm{Diag}\,(\lambda_1, \ldots, \lambda_n)$ である．このとき，$|\,\boldsymbol{y}\,|^2 = \boldsymbol{y}^{\mathrm{T}}\boldsymbol{y} = \boldsymbol{x}^{\mathrm{T}}BB^{\mathrm{T}}\boldsymbol{x} = \boldsymbol{x}^{\mathrm{T}}\boldsymbol{x} = |\,\boldsymbol{x}\,|^2 = 1$ であり，この $\boldsymbol{y}$ を用いると

$$F = \boldsymbol{y}^{\mathrm{T}}\mathrm{Diag}\,(\lambda_1, \ldots, \lambda_n)\boldsymbol{y} = \sum_{i=1}^{n} \lambda_i y_i^2, \quad \sum_{i=1}^{n} y_i^2 = 1$$

となる．　(c) A の固有値を $\lambda_1, \ldots, \lambda_n$, これらのうちで最大のものを $\lambda_{\max}$, 最小のものを $\lambda_{\min}$ と書く．(b) で求めた標準形に対し，$G(\boldsymbol{y}; \mu) := \displaystyle\sum_{i=1}^{n} \lambda_i y_i^2 - \mu\left(\sum_{i=1}^{n} y_i^2 - 1\right)$ としてラグランジュの未定乗数法を適用すると，$(\lambda_i - \mu)y_i = 0$ $(1 \leqq i \leqq n)$ を得る．$|\boldsymbol{y}| = 1$ によって，$\boldsymbol{y}$ の少なくとも 1 つの成分が非零である．$y_j \neq 0$ とすると，$\mu = \lambda_j$. このとき，$i \neq j$ で $y_i = 0$, その結果 $y_j = \pm 1$ となるから，F の値は λ_j となる．よって F は $\mu = \lambda_{\max}$ のときに最大，$\mu = \lambda_{\min}$ のときに最小となり，値も対応する固有値に等しい．

5. A を対角化する直交行列を P と書き，$\boldsymbol{y} := P^{-1}\boldsymbol{x}$ とすると，

$$F(\boldsymbol{x}) = \frac{\boldsymbol{x}^{\mathrm{T}}A\boldsymbol{x}}{\boldsymbol{x}^{\mathrm{T}}\boldsymbol{x}} = \frac{(P\boldsymbol{y})^{\mathrm{T}}A(P\boldsymbol{y})}{(P\boldsymbol{y})^{\mathrm{T}}(P\boldsymbol{y})} = \frac{\boldsymbol{y}^{\mathrm{T}}P^{\mathrm{T}}AP\boldsymbol{y}}{\boldsymbol{y}^{\mathrm{T}}P^{\mathrm{T}}P\boldsymbol{y}} = \frac{\boldsymbol{y}^{\mathrm{T}}P^{\mathrm{T}}AP\boldsymbol{y}}{\boldsymbol{y}^{\mathrm{T}}\boldsymbol{y}}$$

ここで，$P^{\mathrm{T}}AP = \mathrm{Diag}\,(\lambda_1, \ldots, \lambda_n)$ とすれば，$F = \lambda_1 \dfrac{y_1^2}{|\,\boldsymbol{y}\,|^2} + \cdots + \lambda_n \dfrac{y_n^2}{|\,\boldsymbol{y}\,|^2}$ となる．さらに $z_i := \dfrac{y_i}{|\,\boldsymbol{y}\,|}$ とすれば，$F = \displaystyle\sum_{j=1}^{n} \lambda_j z_j^2$, $\displaystyle\sum_{j=1}^{n} z_j^2 = 1$ となって，これは 4. (c) の問題と同じであり，題意を示すことができる．

6. (a) A を対角化する直交行列を B, A の固有値を $\lambda_1, \ldots, \lambda_n$（重複するものも含む）と

8
章

すると，$B^{\mathrm{T}}AB = \mathrm{Diag}\,(\lambda_1, \ldots, \lambda_n)$. このとき，$\boldsymbol{x} = B\boldsymbol{y}$ とすると，

$$\begin{aligned}
&\int_{\mathbb{R}} dx_1 \cdots \int_{\mathbb{R}} dx_n \, \exp\left(-\frac{1}{2}\boldsymbol{x}^{\mathrm{T}}A\boldsymbol{x}\right) \\
&\quad = \int_{\mathbb{R}} dy_1 \cdots \int_{\mathbb{R}} dy_n \left|\frac{\partial(x_1, \ldots, x_n)}{\partial(y_1, \ldots, y_n)}\right| \exp\left(-\frac{1}{2}\boldsymbol{y}^{\mathrm{T}}B^{\mathrm{T}}AB\boldsymbol{y}\right) \\
&\quad = \int_{\mathbb{R}} dy_1 \cdots \int_{\mathbb{R}} dy_n |\det B| \exp\left(-\frac{1}{2}\sum_{i=1}^{n}\lambda_i y_i^2\right) \\
&\quad = \int_{\mathbb{R}} dy_1 \, \exp\left(-\frac{\lambda_1}{2}y_1^2\right) \cdots \int_{\mathbb{R}} dy_n \, \exp\left(-\frac{\lambda_n}{2}y_n^2\right)
\end{aligned}$$

ただし，$|\det B| = 1$ であることを用いた．A は正定値であるから，$\lambda_1, \ldots, \lambda_n$ はすべて正であり，$\int_{\mathbb{R}} dy_j \, \exp\left(-\frac{\lambda_j}{2}y_j^2\right)$ はすべて収束して，その値は $\sqrt{\frac{2\pi}{\lambda_j}}$ である．$\det A = \lambda_1 \cdots \lambda_n$ に注意して，$\int_{\mathbb{R}} dx_1 \cdots \int_{\mathbb{R}} dx_n \, \exp\left(-\frac{1}{2}\boldsymbol{x}^{\mathrm{T}}A\boldsymbol{x}\right) = \sqrt{\frac{(2\pi)^n}{\lambda_1 \cdots \lambda_n}} = \sqrt{\frac{(2\pi)^n}{\det A}}$ が成り立つ．
(b) V の固有値がすべて正であるので，V^{-1} の固有値は V の固有値の逆数となることから明らか．　(c) (b) の結果から，V^{-1} は正定値対称行列である．したがって，(a) の結果を用いることができて，$\int_{\mathbb{R}} dx_1 \cdots \int_{\mathbb{R}} dx_n \, f(\boldsymbol{x}, \boldsymbol{m}) = 1$ である．ここで，$\boldsymbol{y} := \boldsymbol{x} - \boldsymbol{m}$ とすれば，

$$\begin{aligned}
&\int_{\mathbb{R}} dx_1 \cdots \int_{\mathbb{R}} dx_n \, \boldsymbol{x} f(\boldsymbol{x}, \boldsymbol{m}) \\
&\quad = \int_{\mathbb{R}} dx_1 \cdots \int_{\mathbb{R}} dx_n \, (\boldsymbol{x} - \boldsymbol{m}) f(\boldsymbol{x}, \boldsymbol{m}) + \boldsymbol{m} \int_{\mathbb{R}} dx_1 \cdots \int_{\mathbb{R}} dx_n \, f(\boldsymbol{x}, \boldsymbol{m}) \\
&\quad = \boldsymbol{m} + \frac{1}{\sqrt{(2\pi)^n \det V}} \int_{\mathbb{R}} dy_1 \cdots \int_{\mathbb{R}} dy_n \, \boldsymbol{y} \exp\left(-\frac{1}{2}\boldsymbol{y}^{\mathrm{T}}V^{-1}\boldsymbol{y}\right)
\end{aligned}$$

である．さらに (a) と同様にして，V^{-1} を対角化する直交行列を Q，$Q^{\mathrm{T}}V^{-1}Q = \mathrm{Diag}\,(\mu_1, \ldots, \mu_n)$，$\boldsymbol{z} := Q^{\mathrm{T}}\boldsymbol{y}$ とすると，第 2 項の積分の第 i 成分は

$$\begin{aligned}
&\sum_{j=1}^{n} Q_{ij} \int_{\mathbb{R}} dz_1 \cdots \int_{\mathbb{R}} dz_n \, z_j \exp\left(-\frac{1}{2}\boldsymbol{z}^{\mathrm{T}}Q^{\mathrm{T}}V^{-1}Q\boldsymbol{z}\right) \\
&\quad = \sum_{j=1}^{n} Q_{ij} \int_{\mathbb{R}} dz_j \, z_j \exp\left(-\frac{1}{2}\mu_j z_j^2\right) \prod_{\substack{i=1 \\ i \neq j}}^{n} \int_{\mathbb{R}} dz_i \, \exp\left(-\frac{1}{2}\mu_i z_i^2\right)
\end{aligned}$$

$\int_{\mathbb{R}} dz_j \, z_j \exp\left(-\frac{1}{2}\mu_j z_j^2\right) = 0$ であるから，$\int_{\mathbb{R}} dx_1 \cdots \int_{\mathbb{R}} dx_n \, \boldsymbol{x} f(\boldsymbol{x}, \boldsymbol{m}) = \boldsymbol{m}$ が示された．

次に，$\int_{\mathbb{R}} dx_1 \cdots \int_{\mathbb{R}} dx_n \, \exp\left[-\frac{1}{2}(\boldsymbol{x} - \boldsymbol{m})^{\mathrm{T}}V^{-1}(\boldsymbol{x} - \boldsymbol{m})\right] = \sqrt{(2\pi)^n \det V}$ において，$W := V^{-1}$ とし，この両辺を W_{ij} で偏微分する．$\det W = (\det V)^{-1}$ に注意して，

$$\int_{\mathbb{R}} dx_1 \cdots \int_{\mathbb{R}} dx_n \left[\frac{-1}{2}(x_i - m_i)(x_j - m_j)\right] \exp\left[-\frac{1}{2}(\boldsymbol{x}-\boldsymbol{m})^{\mathrm{T}} W(\boldsymbol{x}-\boldsymbol{m})\right]$$
$$= \sqrt{(2\pi)^n}\frac{\partial}{\partial W_{ij}}\frac{1}{\sqrt{\det W}} = -\frac{1}{2}\sqrt{\frac{(2\pi)^n}{(\det W)^3}}\frac{\partial \det W}{\partial W_{ij}}$$
$$= -\frac{1}{2}\sqrt{(2\pi)^n(\det V)^3}\frac{\partial \det W}{\partial W_{ij}}$$

よって，$\int_{\mathbb{R}} dx_1 \cdots \int_{\mathbb{R}} dx_n\,(x_i - m_i)(x_j - m_j) f(\boldsymbol{x}, \boldsymbol{m}) = \det V \dfrac{\partial \det W}{\partial W_{ij}}$．第 5 章の演習問題 4. と $W^{-1} = V$ により，$\dfrac{\partial \det W}{\partial W_{ij}} = \det W \cdot (W^{-1})^{\mathrm{T}}\Big|_{ij}$ となるが，これは $\dfrac{V_{ji}}{\det V}$ に等しい．さらに，V が対称行列であること（$V_{ij} = V_{ji}$）を用いると，

$$\int_{\mathbb{R}} dx_1 \cdots \int_{\mathbb{R}} dx_n\,(x_i - m_i)(x_j - m_j) f(\boldsymbol{x}, \boldsymbol{m}) = \det V \cdot \frac{V_{ij}}{\det V} = V_{ij}$$

7. まず，A を対角化する．A の固有値と固有ベクトルは

$$\text{固有値 } 1,\ \text{固有ベクトル} \begin{bmatrix}1\\0\\1\end{bmatrix} \text{ および } \begin{bmatrix}0\\1\\0\end{bmatrix},\quad \text{固有値 } 3,\ \text{固有ベクトル} \begin{bmatrix}-1\\0\\1\end{bmatrix}$$

である．よって，$B := \begin{bmatrix}\frac{1}{\sqrt{2}} & 0 & \frac{-1}{\sqrt{2}}\\ 0 & 1 & 0\\ \frac{1}{\sqrt{2}} & 0 & \frac{1}{\sqrt{2}}\end{bmatrix}$, $\boldsymbol{x} := B\boldsymbol{y}$ とすると，

$$-\frac{1}{2}\boldsymbol{x}^{\mathrm{T}}A\boldsymbol{x} + \boldsymbol{b}^{\mathrm{T}}\boldsymbol{x} = -\frac{1}{2}\boldsymbol{y}^{\mathrm{T}}(B^{\mathrm{T}}AB)\boldsymbol{y} + \boldsymbol{b}^{\mathrm{T}}B\boldsymbol{y}$$
$$= -\frac{1}{2}(y_1^2 + y_2^2 + 3y_3^2) + \frac{1}{\sqrt{2}}y_1 + y_2 - \frac{1}{\sqrt{2}}y_3$$
$$= -\frac{1}{2}\left(y_1 - \frac{1}{\sqrt{2}}\right)^2 - \frac{1}{2}(y_2 - 1)^2 - \frac{3}{2}\left(y_3 + \frac{1}{3\sqrt{2}}\right)^2 + \frac{5}{6}$$

となる．$\det B = 1$ に注意して計算すると，次の結果を得る．

$$\int_{\mathbb{R}^3} dx_1 dx_2 dx_3 \exp\left(-\frac{1}{2}\boldsymbol{x}^{\mathrm{T}}A\boldsymbol{x} + \boldsymbol{b}^{\mathrm{T}}\boldsymbol{x}\right)$$
$$= e^{\frac{5}{6}} \int_{\mathbb{R}} dy_1 \exp\left[-\frac{1}{2}\left(y_1 - \frac{1}{\sqrt{2}}\right)^2\right] \int_{\mathbb{R}} dy_2 \exp\left[-\frac{1}{2}(y_2 - 1)^2\right]$$
$$\times \int_{\mathbb{R}} dy_3 \exp\left[-\frac{3}{2}\left(y_3 + \frac{1}{3\sqrt{2}}\right)^2\right] = e^{\frac{5}{6}}\sqrt{\frac{8\pi^3}{3}}$$

8. $\Delta := f(a_1 + h_1, \ldots, a_n + h_n) - f(a_1, \ldots, a_n)$ とすると，$f_{x_i}(a_1, \ldots, a_n) = 0$ である

8章

から，$\Delta \doteqdot \dfrac{1}{2}\left(h_1\dfrac{\partial}{\partial x_1}+\cdots+h_n\dfrac{\partial}{\partial x_n}\right)^2 f(a_1,\ldots,a_n)=\dfrac{1}{2}\boldsymbol{h}^{\mathrm{T}}H\boldsymbol{h}$ となる．ただし，H は $f(a_1,\ldots,a_n)=f(\boldsymbol{a})$ などと略記して

$$\boldsymbol{h} := \begin{bmatrix} h_1 \\ h_2 \\ \vdots \\ h_n \end{bmatrix}, \quad H := \begin{bmatrix} f_{x_1x_1}(\boldsymbol{a}) & \cdots & f_{x_1x_n}(\boldsymbol{a}) \\ f_{x_2x_1}(\boldsymbol{a}) & \cdots & f_{x_2x_n}(\boldsymbol{a}) \\ \vdots & & \vdots \\ f_{x_nx_1}(\boldsymbol{a}) & \cdots & f_{x_nx_n}(\boldsymbol{a}) \end{bmatrix}$$

で与えられる行列である．任意の変化 $\boldsymbol{h}$ に対して $\Delta > 0$ ならば f は増加，$\Delta < 0$ ならば f は減少である．すなわち，H が正定値ならば増加，負定値ならば減少となる．これ以外の場合，H が不定値ならば f は増加でも減少でもない．半正定値，半負定値の場合は 2 次の偏微分係数だけで判断することはできない．

【注　意】 上記の H はヘッセ行列，その行列式をヘシアンという．

9. (a)　8. と同様にすると，$V := \left[\dfrac{\partial^2 U}{\partial q_i \partial q_j}(a_1,\ldots,a_n)\right]_{n\times n}$ として，V が正定値となる条件をみたせばよい．

(b)　$\boldsymbol{q} := \begin{bmatrix} q_1 \\ q_2 \\ q_3 \end{bmatrix}, V := \begin{bmatrix} K+2k & -k & -k \\ -k & K+2k & -k \\ -k & -k & K+2k \end{bmatrix}$ と定めて，$U \doteqdot \dfrac{1}{2}\boldsymbol{q}^{\mathrm{T}}V\boldsymbol{q}$.

(c)　V の固有値と固有ベクトルは，

$$\text{固有値 } K,\ \text{固有ベクトル} \begin{bmatrix} 1 \\ 1 \\ 1 \end{bmatrix},\ \text{固有値 } K+3k,\ \text{固有ベクトル} \begin{bmatrix} 1 \\ 0 \\ -1 \end{bmatrix}, \begin{bmatrix} -1 \\ 2 \\ -1 \end{bmatrix}$$

ここで，固有値 $K+3k$ に対する固有ベクトルは，互いに直交する 1 組を選んだ．このように選んだときの主軸系は，以上の固有ベクトルを規格化して各列に並べた行列で与えられ，

$$B = \begin{bmatrix} \frac{1}{\sqrt{3}} & \frac{1}{\sqrt{2}} & \frac{-1}{\sqrt{6}} \\ \frac{1}{\sqrt{3}} & 0 & \frac{2}{\sqrt{6}} \\ \frac{1}{\sqrt{3}} & \frac{-1}{\sqrt{2}} & \frac{-1}{\sqrt{6}} \end{bmatrix} \text{ である．}$$

8
章

10. (a)　$\boldsymbol{r} = \begin{bmatrix} x \\ y \\ z \end{bmatrix}, \boldsymbol{\omega} = \begin{bmatrix} \omega_1 \\ \omega_2 \\ \omega_3 \end{bmatrix}$ とすると，

$$\boldsymbol{\omega}\times\boldsymbol{r} = \begin{bmatrix} \omega_2 z - \omega_3 y \\ \omega_3 x - \omega_1 z \\ \omega_1 y - \omega_2 x \end{bmatrix}, \quad \boldsymbol{r}\times(\boldsymbol{\omega}\times\boldsymbol{r}) = \begin{bmatrix} \omega_1 y^2 + \omega_1 z^2 - \omega_2 xy - \omega_3 zx \\ \omega_2 x^2 + \omega_2 z^2 - \omega_1 xy - \omega_3 yz \\ \omega_3 x^2 + \omega_3 y^2 - \omega_1 xz - \omega_2 yz \end{bmatrix}$$

である．したがって，$\boldsymbol{\omega}$ が定ベクトルであることを用いると，

$$\boldsymbol{L} = \left(\int_{\mathrm{B}} \rho \begin{bmatrix} y^2+z^2 & -xy & -zx \\ -xy & z^2+x^2 & -yz \\ -zx & -xy & x^2+y^2 \end{bmatrix} dV \right) \boldsymbol{\omega}$$

となるので，これを成分ごとの積分で表して，

$$I = \begin{bmatrix} \int_{\mathrm{B}} \rho(y^2+z^2)\,dV & -\int_{\mathrm{B}} \rho xy\,dV & -\int_{\mathrm{B}} \rho zx\,dV \\ -\int_{\mathrm{B}} \rho xy\,dV & \int_{\mathrm{B}} \rho(z^2+x^2)\,dV & -\int_{\mathrm{B}} \rho yz\,dV \\ -\int_{\mathrm{B}} \rho zx\,dV & -\int_{\mathrm{B}} \rho xy\,dV & \int_{\mathrm{B}} \rho(x^2+y^2)\,dV \end{bmatrix}$$

が得られる．I が対称行列であることは一見してわかる．また，

$$\boldsymbol{\omega}^{\mathrm{T}} I \boldsymbol{\omega} = \int_{\mathrm{B}} \rho[(\omega_2 z - \omega_3 y)^2 + (\omega_3 x - \omega_1 z)^2 + (\omega_1 y - \omega_2 x)^2]\,dV = \int_{\mathrm{B}} \rho|\boldsymbol{\omega} \times \boldsymbol{r}|^2\,dV$$

であるが，これは任意の $\boldsymbol{\omega} \neq \boldsymbol{0}$ に対して正である．よって I は正定値である． (b) $\boldsymbol{\omega} \cdot \boldsymbol{L} = \boldsymbol{\omega}^{\mathrm{T}} I \boldsymbol{\omega}$ である．$\boldsymbol{\omega} \times \boldsymbol{r}$ は位置ベクトル $\boldsymbol{r}$ の点の速度を表すから，これは運動エネルギーの 2 倍の量である． (c) i. $(x, y, z) = (\mu\cos\theta, \mu\sin\theta, z)$ として計算する．

$$I_{11} = \rho \int_{-\frac{h}{2}}^{\frac{h}{2}} dz \int_r^R d\mu \int_0^{2\pi} \mu d\theta\,(\mu^2 \sin^2\theta + z^2) = \pi\rho \left[\frac{h^3(R^2-r^2)}{12} + \frac{h(R^4-r^4)}{4} \right]$$

$$I_{22} = \rho \int_{-\frac{h}{2}}^{\frac{h}{2}} dz \int_r^R d\mu \int_0^{2\pi} \mu d\theta\,(z^2 + \mu^2 \cos^2\theta) = \pi\rho \left[\frac{h^3(R^2-r^2)}{12} + \frac{h(R^4-r^4)}{4} \right]$$

$$I_{33} = \rho \int_{-\frac{h}{2}}^{\frac{h}{2}} dz \int_r^R d\mu \int_0^{2\pi} \mu d\theta\,\mu^2 = \frac{\pi\rho h(R^4-r^4)}{2}$$

$$I_{12} = I_{21} = -\rho \int_{-\frac{h}{2}}^{\frac{h}{2}} dz \int_r^R d\mu \int_0^{2\pi} \mu d\theta\,\mu^2 \cos\theta \sin\theta = 0$$

$$I_{13} = I_{31} = -\rho \int_{-\frac{h}{2}}^{\frac{h}{2}} dz \int_r^R d\mu \int_0^{2\pi} \mu d\theta\,z\mu \cos\theta = 0$$

$$I_{23} = I_{32} = -\rho \int_{-\frac{h}{2}}^{\frac{h}{2}} dz \int_r^R d\mu \int_0^{2\pi} \mu d\theta\,z\mu \sin\theta = 0$$

この場合，I は対角行列で，主軸系は単位行列である．

ii. ρ は $(x, y, z) = \pm(a\sin\theta\cos\phi, a\sin\theta\sin\phi, a\cos\theta)$ にのみ質量 M を与えるような分布である．すなわち，

$$\begin{aligned} \rho(x,y,z) =& M\delta(x - a\sin\theta\cos\phi)\delta(y - a\sin\theta\sin\phi)\delta(z - a\cos\theta) \\ &+ M\delta(x + a\sin\theta\cos\phi)\delta(y + a\sin\theta\sin\phi)\delta(z + a\cos\theta) \end{aligned}$$

よって，慣性テンソルの各成分を計算すると，

$$I_{11} = \int_{\mathbb{R}^3} dxdydz\,\rho(x,y,z)(y^2+z^2) = 2Ma^2(\cos^2\theta + \sin^2\theta\sin^2\phi)$$

$$I_{22} = \int_{\mathbb{R}^3} dxdydz\,\rho(x,y,z)(z^2+x^2) = 2Ma^2(\cos^2\theta + \sin^2\theta\cos^2\phi)$$

$$I_{33} = \int_{\mathbb{R}^3} dxdydz\,\rho(x,y,z)(x^2+y^2) = 2Ma^2\sin^2\theta$$

$$I_{12} = I_{21} = -\int_{\mathbb{R}^3} dxdydz\,\rho(x,y,z)xy = -2Ma^2\sin^2\theta\cos\phi\sin\phi$$

$$I_{13} = I_{31} = -\int_{\mathbb{R}^3} dxdydz\,\rho(x,y,z)zx = -2Ma^2\cos\theta\sin\theta\cos\phi$$

$$I_{23} = I_{32} = -\int_{\mathbb{R}^3} dxdydz\,\rho(x,y,z)yz = -2Ma^2\cos\theta\sin\theta\sin\phi$$

これらを成分とする慣性テンソル I に対し，$\det(I-\lambda E) = -\lambda(2Ma^2-\lambda)^2$ となって，固有値は 0 および $2Ma^2$ である．このときの固有ベクトルは，

$$\text{固有値 } 0 \text{ に対して } \begin{bmatrix} \sin\theta\cos\phi \\ \sin\theta\sin\phi \\ \cos\theta \end{bmatrix}, \quad \text{固有値 } Ma^2 \text{ に対して } \begin{bmatrix} \cos\theta\cos\phi \\ \cos\theta\sin\phi \\ -\sin\theta \end{bmatrix}, \begin{bmatrix} -\sin\phi \\ \cos\phi \\ 0 \end{bmatrix}$$

よって，求めるべき主軸系は $\begin{bmatrix} \sin\theta\cos\phi & \cos\theta\cos\phi & -\sin\phi \\ \sin\theta\sin\phi & \cos\theta\sin\phi & \cos\phi \\ \cos\theta & -\sin\theta & 0 \end{bmatrix}$ である．

索　引

さ 行

た　行

な　行

は　行

や　行

ら　　行

わ　　行

欧　　字

著者略歴

矢嶋　徹（やじま　てつ）

1990年　東京大学大学院理学系研究科博士課程
　　　　中途退学
現　在　宇都宮大学工学部助教授
　　　　博士（理学）

及川正行（おいかわ　まさゆき）

1974年　京都大学大学院工学研究科博士課程修了
現　在　九州大学教授（応用力学研究所）
　　　　工学博士

Key Point & Seminar-1
Key Point & Seminar
工学基礎　線形代数

2004年11月10日© 初版発行

著　者　矢嶋　徹　　発行者　森平勇三
　　　　及川正行　　印刷者　小宮山一雄

発行所　株式会社　サイエンス社

〒151-0051　東京都渋谷区千駄ヶ谷1丁目3番25号
営業　☎ (03)5474-8500(代)　振替 00170-7-2387
編集　☎ (03)5474-8600(代)
FAX　☎ (03)5474-8900

印刷・製本　小宮山印刷工業（株）

ISBN 4-7819-1076-9

PRINTED IN JAPAN